DNA

Das Molekül und seine Funktionsweise

Cris R. Calladine, Horace R. Drew, Ben F. Luisi,
Andrew A. Travers

DNA

Das Molekül und seine Funktionsweise

3. Auflage

Aus dem Englischen übersetzt von Jorunn Wissmann

ELSEVIER
SPEKTRUM
AKADEMISCHER
VERLAG

Spektrum
AKADEMISCHER VERLAG

Zuschriften und Kritik an:
Elsevier GmbH, Spektrum Akademischer Verlag, Verlagsbereich Biologie, Chemie und Geowissenschaften, Dr. Ulrich G. Moltmann, Slevogtstraße 3-5, 69126 Heidelberg

Titel der Originalausgabe: Understanding DNA – The Molecule and How it Works, Third Edition

Aus dem Englischen übersetzt von Jorunn Wissmann

Bibliografische Information Der Deutschen Bibliothek
Die Deutsche Bibliothek verzeichnet diese Publikation in der Deutschen Nationalbibliografie; detaillierte bibliografische Daten sind im Internet über http://dnb.ddb.de abrufbar.

1. Auflage 2006

Spektrum Akademischer Verlag ist ein Imprint der Elsevier GmbH.

06 07 08 09 10 5 4 3 2 1 0

Planung und Lektorat: Dr. Ulrich G. Moltmann, Martina Mechler
Herstellung: Detlef Mädje
Umschlaggestaltung: SpieszDesign, Neu-Ulm
Titelfotografie: © Steve Allen/Corbis
Satz: Mitterweger & Partner, Plankstadt
Druck und Bindung: LegoPrint S.p.A., Lavis

Printed in Italy

ISBN 3-8274-1605-1

Aktuelle Informationen finden Sie im Internet unter www.elsevier.de

Vorwort

> Heute wissen wir auch, dass die Molekularbiologie kein trivialer Aspekt biologischer Systeme ist. Sie ist im Zentrum der Dinge. Praktisch alle Aspekte des Lebens werden auf molekularer Ebene umgesetzt, und ohne Wissen über die Moleküle können wir nur sehr ungenaue Kenntnisse über das Leben selbst haben. Alle Ansätze auf höherer Ebene bleiben so lange zweifelhaft, bis sie auf molekularer Ebene bestätigt werden.
> Francis Crick: *What Mad Pursuit* (1988).

Dieses Buch befasst sich mit der DNA, der wichtigsten Substanz in jeglicher Lebensform auf Erden. Es handelt davon, wie die DNA auf molekularer Ebene arbeitet. Wir haben den Titel *DNA - das Molekül und seine Funktionsweise* gewählt, weil das Wissen über unser Thema heute in vielen Teilen so weit fortgeschritten ist, dass wir die wichtigsten Gedanken klar und einfach darstellen können. Allerdings dürfen wir nicht verhehlen, dass immer noch viele Aspekte unbekannt oder nicht verstanden sind.

Das Buch kann auf zweierlei Arten gelesen werden. Zum einen lässt es sich als leicht verständliches Lehrbuch für Studenten oder Doktoranden der Chemie oder Biochemie nutzen. Zum anderen können es auch Laien lesen, die zwar keine Kenntnisse in Biochemie haben, aber einige der grundlegenden Prozesse des Lebens verstehen möchten. Dabei denken wir an Menschen, die aus Zeitschriften, Zeitungen und aus dem Fernsehen schon einiges über die DNA erfahren haben. Sie wissen beispielsweise, dass die DNA die „Gene" der klassischen Genetik enthält – jene Einheiten der Vererbung, die Merkmale wie rotes Haar oder eine lange Nase von Eltern zu Kindern weitergeben, aber auch fatale Krankheiten wie die Sichelzellanämie oder Thalassämie. Wahrscheinlich wissen sie auch, dass die DNA ein lang gestrecktes Molekül ist, ähnlich einem Computer-Magnetband – ein Band, das unserem Körper sagt, wie er wachsen und wie er Nahrung verdauen soll, und vielleicht auch, wie er sich verhalten soll. Und wenn Sie gerne Quizsendungen und dergleichen sehen, wissen Sie vielleicht auch, dass das Kürzel DNA für „Desoxyribonucleinsäure" (englisch Deoxyribo-Nucleic Acid) steht, eine bestimmte Säure, die man im Zellkern findet und die vor über 100 Jahren entdeckt wurde. Menschen wie diese, die gerne mehr wissen möchten, können in diesem Buch viel darüber erfahren, wie die DNA ihre Aufgaben in unserem Körper auf molekularer Ebene erfüllt.

Die vorliegende dritte Auflage dieses Buches umfasst elf Kapitel. Kapitel 1 bietet eine allgemeine Einführung in die Molekularbiologie und richtet sich an Leser ohne entsprechende Vorkenntnisse; Studenten, die sich in der Biologie schon etwas auskennen, können es also überspringen. Die Kapitel 2, 3 und 4 informieren über bestimmte Aspekte der Molekularstruktur der DNA, etwa warum sie die Form einer Helix hat und wie sie sich um Proteine krümmen kann. Dies ist Basiswissen, das dennoch noch nicht in anderen Lehrbüchern zu finden ist. Die Kapitel 5 und 6 beschäftigen sich noch eingehender mit der dreidimensionalen Struktur der DNA. Hier gibt es auch kleine Exkurse in Mathematik und Geometrie, die für Laien und Biologiestudenten vielleicht ungewohnt sind, doch bemühen wir uns, wann immer möglich die entscheidenden Gedanken mithilfe klarer Diagramme zu verdeutlichen. Kapitel 7 liefert einen Überblick über die Organisation der Chromosomen, großer Partikel, die sowohl Protein als auch DNA enthalten: Dort wickelt sich die DNA in verschiedenen Strukturebenen um das Protein. In Kapitel 8 wird der Mechanismus des „direkten Lesens" (*direct reading*) von DNA-Sequenzen durch Proteine behandelt; das Wissen auf diesem Gebiet hat seit Erscheinen der ersten Auflage 1992 sehr zugenommen. Kapitel 9 erläutert die verschiedenen Versuchstechniken, mit deren Hilfe Wissenschaftler die DNA erforschen. In Kapitel 10 beschreiben wir, wie DNA-Techniken immer mehr Anwendung in der Medizin finden, und das in dieser Auflage neu hinzugekommene Kapitel 11 fasst das schnell an Bedeutung zunehmende Gebiet der Cytosin-Methylierung und DNA-Epigenetik zusammen. Wir schließen mit einem Nachwort über all das, was wir ausgelassen haben, gefolgt von drei Anhängen über Themen, die für das eigentliche Buch zu sehr ins Detail gehen. Am Ende der meisten Kapitel steht eine Bibliographie der Titel, auf die wir im Text Bezug nehmen; wir geben eine Auswahl weiterführender Literatur für Studenten und auch einige Hinweise auf Quellen im Internet. Wir haben für die vorliegende dritte Auflage die Literaturangaben gründlich aktualisiert und am Ende der meisten Kapitel einige Übungen hinzugefügt.

Abgesehen von den oben genannten haben wir gegenüber der ersten und zweiten Auflage noch viele weitere Veränderungen vorgenommen. Wir haben Text und Abbildungen aktualisiert, wo immer nötig, besonders in den Kapiteln 7 bis 10 und in den Anhängen; an diesen Revisionen haben vor allem die beiden neuen Autoren in unserem Team, B. F. L. und A. A. T., großen Anteil. Wie schon in den vorherigen Auflagen haben wir uns darum bemüht, eine leicht verständliche Sprache und möglichst wenig für den Leser verwirrende Fachwörter zu verwenden.

DNA - das Molekül und seine Funktionsweise dürfte seinen Platz als kleines Lehrbuch neben den sehr umfangreichen allgemeinen Lehrbüchern finden, die heute überall im Biochemiestudium zum Einsatz kommen; es könnte bei speziellen Kursen zur DNA-Struktur aber auch als Hauptlehrbuch dienen, vorausgesetzt, die Studenten haben Vorkenntnisse in Biologie und sind willens, sich in der Fachliteratur über weitere Details zu informieren, wie von uns vorgeschlagen. Man kann es aber natürlich auch einfach als Buch lesen.

Bei der Arbeit an diesem Buch haben uns viele Freunde und Kollegen sehr geholfen. Wir danken Nick Cozzarelli, Mustafa El Hassan, Malcolm Ferguson-Smith, John Finch, Robert Henderson, Ron Hill, Chris Hunter, Maxine McCall, Garth Nicholson, Dinshaw Patel, Tim Richmond, Masashi Suzuki, David Tremethick, Takeshi Urayama und Sue Whytock für die von uns benutzten Fotos, Diagramme und dergleichen; Dick Dickerson für Daten zur Röntgenstrukturanalyse; Aaron Klug, John Melki, Kiyoshi Nagai, Daniela Rhodes, Deidre Scadden, Chris Smith, Jean Thomas und Michael Waring für ihre offenen Kommentare zu verschiedenen Manuskriptentwürfen der vorangegangen und der vorliegenden Ausgabe sowie dem verstorbenen Julian Wells dafür, dass er uns überhaupt dazu ermutigt hat, ein Buch über die DNA zu schreiben. Wir danken Japan Graphers und Kyoritsu Shuppan Co., Ltd (bei denen die japanische Ausgabe unserer ersten Auflage erschienen ist) für die Graphiken am Anfang jedes Kapitels und Elliott Stollar für seine Hilfe beim Titelbild. Tessa Picknett war und ist nie um editorischen Rat verlegen und ermutigte uns immer wieder. Für die Arbeit von Cary Wilkinson beim Gegenlesen und Ergänzen des Manuskripts und von Dennis Halls bei der Aktualisierung und Erstellung neuer Diagramme können wir gar nicht genug danken. Schließlich möchten wir uns auch bei unseren jeweiligen Ehefrauen bedanken, bei Mary, Maxine, Sandra und Carrie, die uns im Laufe der Jahre auf vielerlei Weise geholfen haben. Wir widmen ihnen diese neue Auflage in Dankbarkeit.

C. R. C.	H. R. D.	B. F. L.	A. A. T.
Cambridge	Sydney	Cambridge	Cambridge

Über die Autoren

Chris Calladine ist Professor emeritus für strukturelle Mechanik der Universität Cambridge. Er hat nicht nur viele Aspekte der strukturellen Ingenieurwissenschaften erforscht, sondern hat die Methoden der strukturellen Mechanik auch auf die Erforschung von Bakterienflagellen, DNA und Proteinen angewandt.

Horace Drew gelangen zusammen mit Richard Dickerson vom Caltech (California Institute of Technology) einige der ersten röntgenologischen Darstellungen von DNA-Kristallen; anschließend widmete er sich fünf Jahre lang gemeinsam mit Aaron Klug im MRC Laboratory of Molecular Biology in Cambridge (England) der Erforschung von DNA- und Chromosomenstrukturen. Er lebt heute in Australien und ist Principal Research Scientist im CSIRO Molecular Science Laboratory in Sydney.

Ben Luisi erforschte gemeinsam mit Max Perutz in Cambridge die Struktur des Hämoglobins und untersuchte später Protein-DNA-Interaktionen zusammen mit Paul Sigler an der Yale University. Er ist Wellcome Trust Senior Fellow an der biochemischen Fakultät der Universität Cambridge.

Andrew Travers ist Wissenschaftler im MRC Laboratory of Molecular Biology in Cambridge (England). Er erforschte die Transkriptionssteuerung bei Bakterien und Fliegen, das Aufwickeln von DNA in Nucleosomen und die Funktion von HMG-Proteinen in Zellen.

Inhaltsverzeichnis

1 Einführung in die Molekularbiologie für Nichtwissenschaftler

Eines Tages saßen zwei von uns in einem College in Cambridge zusammen beim Lunch. Wir kamen mit unserem Tischnachbarn ins Gespräch, einem Studenten der Geschichte. Nach einiger Zeit fragte er uns, was wir beruflich machten, und wir erklärten, dass wir Wissenschaftler seien und uns mit den winzigen biologischen Molekülen befassten. Daraufhin sagte er: »Ich verstehe nicht, wie Sie das machen.«

»Was machen?«

»Die ganze Zeit mit etwas arbeiten, das Sie nicht sehen können.«

Wie Sie sehen, denken selbst sehr intelligente und hoch gebildete Menschen, die ihr Leben damit verbringen, Belege zu sammeln und darüber gründlich nachzudenken, ganz anders als moderne Biologen. Sie können sich nur schwer vorstellen, wie Atome und Moleküle aussehen. Wie schwer muss dies dann erst für einen Studenten am Beginn seines Biologiestudiums sein?

Aus diesem Grund müssen wir am Anfang dieses Buches zunächst einmal die *Größenverhältnisse* der Dinge sorgfältig erläutern. Ein einzelnes DNA-Molekül ist zu klein, um mit dem bloßen Auge wahrgenommen zu werden. Eine große Masse zusammengeballter DNA-Moleküle jedoch ist sichtbar und erscheint als saubere, weiße, fädige, visköse Masse, die ein wenig an Zuckersirup erinnert. Dennoch kann man einzelne DNA-Moleküle *sehen*, wenn man eine besondere Ausrüstung mit Röntgenstrahlen, ein Elektronenmikroskop oder die Atomic Force Microscopy (AFM, Rasterkraftmikroskop) benutzt. Auf den späteren Seiten dieses Kapitels werden wir einige Bilder einzelner DNA-Moleküle zeigen.

Um aber ein gewisses Gefühl für diese mikroskopische Welt zu entwickeln, wollen wir zunächst einmal die Größe des DNA-Moleküls mit anderen Dingen vergleichen, besonders solchen, die ebenfalls zu klein sind, um mit dem bloßen Auge gesehen zu werden. Abbildung 1.1 zeigt eine Reihe typischer Größenangaben. In dieser logarithmischen Reihe ist jede Zeile um den Faktor 10 vermindert. Die linke Spalte umfasst zehn Größenordnungen von 1 m bis hinunter zu 0,000 000 000 1 oder 10^{-10} m. Ganz oben stehen die größten Objekte, an die wir hier denken wollen: Menschliche Wesen sind grob bemessen etwa einen Meter lang, um einen Maßstab zu haben. Ganz unten in der Reihe stehen die kleinsten Objekte, mit denen wir uns beschäftigen werden: Atome, die meist einen Durchmesser von etwa 10^{-10} m (oder 1 Ångström, Å) haben. Exakt auf halbem Wege zwischen diesen beiden Extremen haben wir in dieser Reihe den Durchmesser einer typischen menschlichen Zelle mit etwa 10^{-5} m oder 10 µm.

Manche Dinge in unserer Größentabelle sind größer als eine Zelle, und andere sind kleiner. Man mag sich darüber wundern, dass die Länge der aus einem einzelnen menschlichen Chromosom[1] (3 cm oder 3×10^{-2} m) oder aus einem einzelnen Bakterium (1 mm,

---

[1] Siehe Anmerkung am Ende dieses Kapitels.

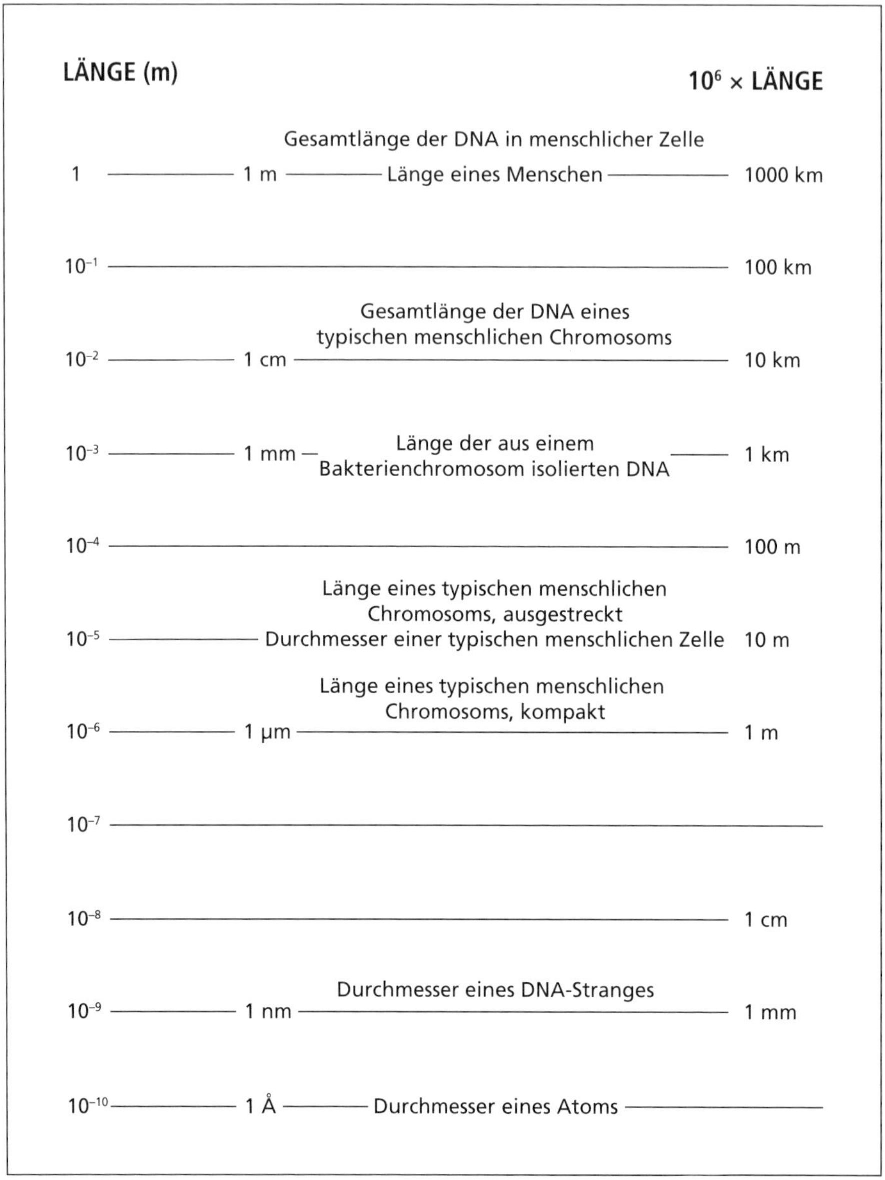

Abb. 1.1 Relative Längen im mikroskopischen Bereich.

oder 10^{-3} m) isolierten reinen, strangförmigen DNA so viel länger ist als die Zelle, aus der sie stammt (zehn^{-5} m). Das verdeutlicht jedoch einen wichtigen Punkt: Die DNA ist in der Länge etwa um den Faktor 10 000 verdichtet, wenn sie sich in einer lebenden Zelle befindet. Sie ist ein sehr schmaler Faden mit einem Durchmesser von nur 2 x 10^{-9} m, und obwohl die DNA einer einzigen menschlichen Zelle eine Gesamtlänge von 2 m hat, ließe sie sich – wie ein Wollknäuel – zu einer dicht gepackten Kugel von nur 2 x 10^{-6}

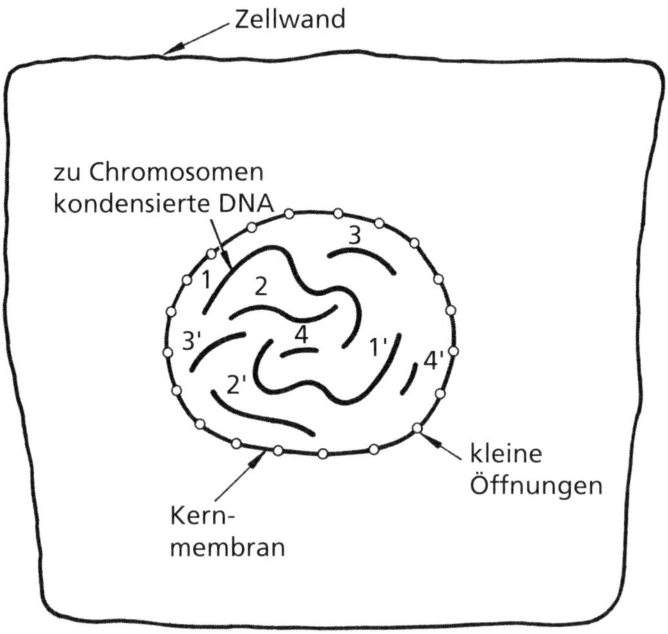

Abb. 1.2 Schematische Darstellung einer typischen Zelle höherer Organismen. Die Chromosomen enthalten eine Mischung aus Proteinen und DNA; sie treten in homologen Paaren auf. Dieses Bild zeigt eine hypothetische Zelle mit vier solcher Paare, die sich nach ihrer Größe unterscheiden lassen. Sie sind mit 1, 1', 2, 2' und so fort bezeichnet.

m Durchmesser aufwickeln. Allerdings zieht die Natur es vor, die DNA in eine etwas weniger verdichtete Form zu stecken, nämlich in einzelne, kompakte Chromosomen von jeweils etwa 3 x 10^{-6} m Länge. Wäre die DNA in der Zelle zu dicht gepackt, wäre die Information über ihre Länge, die so genannten „Gene"[1] (siehe unten) wahrscheinlich nicht zugänglich.

Unser Körper besteht aus Milliarden einzelner Zellen, und die DNA ist das Kontrollzentrum jeder dieser Zellen. Diese DNA gleicht in gewisser Weise einem Computer-Magnetband, auf dem zahlreiche Programme gespeichert sind, mit denen ein Großcomputer läuft. Sie liegt in jeder Zelle in Gestalt einer bestimmten Zahl von Chromosomen vor. Chromosomen sind paarweise arrangiert (siehe Abbildung 1.2); die beiden Chromosomen eines Paares sind dabei fast identische oder „homologe"[1] Kopien voneinander, ähnlich den Sicherungsdisketten bei einem Computer: Eine Kopie bewahrt das funktionsfähige Programm, wenn die andere Schaden nimmt.

Die DNA-Masse ist in den meisten Zellen von einer kräftigen Membran mit winzigen, selektiv arbeitenden Öffnungen umgeben, die manche Dinge durchlassen, andere aber innen oder außen festhalten. Wichtige Moleküle passieren diese Öffnungen, so wie Memos aus dem Zentralbüro einer Fabrik in ihre Werkstätten gelangen, und tatsächlich erinnert die einzelne Zelle in vielerlei Hinsicht an eine komplette, wenn auch sehr winzige Fabrik. Der Raum im Zellinneren, der nicht von DNA und sonstigen Arten von Maschinerie besetzt ist, enthält Wasser.

Auf der rechten Seite von Abbildung 1.1 finden wir eine zweite Abfolge von Längen, die dem Ergebnis entsprächen, wenn wir die genannten Objekte in jeder linearen Dimen-

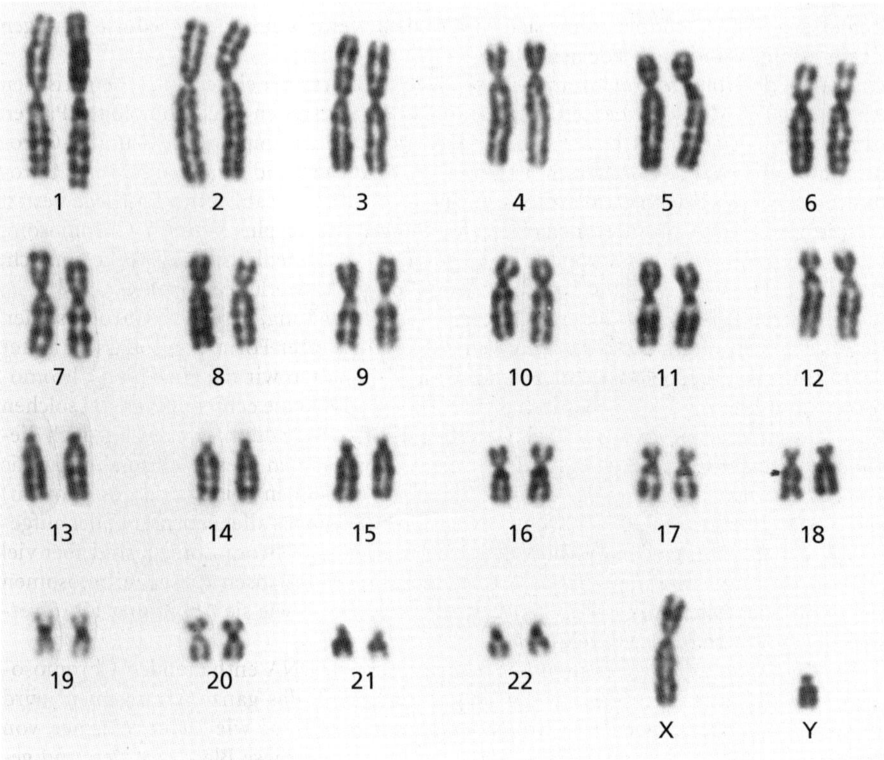

Abb. 1.3 Fotografien von menschlichen Chromosomenpaaren, isoliert unmittelbar vor der Zellteilung (in der Metaphase[1]) und dann nach ihrer Länge zu Paaren zusammengestellt. Jede Ziffer bezeichnet die beiden Chromosomen eines homologen Paares. X und Y sind nicht homologe Chromosomen, die das Geschlecht einer Person als weiblich (XX) oder männlich (XY) bestimmen. Die beiden Duplikatkopien jedes Chromosoms haben die Form eines X, weil sie sich noch nicht vollständig geteilt haben. Maßstab: Die Chromosomen 3 sind etwa 10^{-5} m oder 10 µm lang. Mit freundlicher Genehmigung von Malcolm Ferguson-Smith.

sion um den Faktor 1 000 000 oder 10^6 vergrößern würden. Manchmal ist es nützlich, im Geiste eine solche Vergrößerung vorzunehmen. Dabei bleiben die Größenverhältnisse und Proportionen der Objekte natürlich dieselben. Die Länge der DNA eines typischen Chromosoms betrüge bei einer solchen „Hochrechnung" zum Beispiel etwa 30 km, und das bei einem Durchmesser von gerade einmal 2 mm. Nur wenige Objekte der physikalischen Welt sind so lang und so schmal.

Nachdem wir nun eine gewisse Vorstellung von den Größenverhältnissen und von der großen Bedeutung der DNA bei der Steuerung der Zelle haben, wollen wir betrachten, wie DNA und Chromosomen tatsächlich aussehen.

Menschliche Chromosomen werden kompakt und gedrungen, bevor sich die Zellen teilen, und sind dann auch unter dem Lichtmikroskop gut sichtbar. Die in Abbildung 1.3 gezeigten menschlichen Chromosomen sind sortiert und in Paaren angeordnet. Jedes Chromosom hat sich, wie in Abbildung 1.2, im Vorfeld der Zellteilung dupliziert und dann in der Länge um den Faktor zehn reduziert, sodass sich die Duplikatkopien bei der

Zellteilung trennen können, ohne sich zu verhakeln. Jeweils eine Hälfte jedes x-förmigen Chromosoms wandert in jede neue Zelle.

Hier sind weitaus mehr Chromosomen abgebildet als in der einfachen, schematischen Abbildung 1.2. Menschliche Zellen enthalten 46 Chromsomen in 22 homologen Paaren (durchnummeriert von 1 bis 22) und außerdem die nicht homologen X- und Y-Chromosomen, die über das Geschlecht entscheiden. Alle Tiere und Pflanzen besitzen Chromosomen, die so aussehen, allerdings in unterschiedlicher Zahl: Eine Taufliege besitzt beispielsweise acht Chromosomen in drei homologen Paaren plus X- und Y-Chromosom. Ein Karyogramm wie das in Abbildung 1.3 gezeigte ist für medizinische Zwecke nützlich, etwa um die Gesundheit eines Ungeborenen schon im Mutterleib zu prüfen.

In anderen Lebensstadien der Zelle, fernab der Zellteilung, liegen die Chromosomen im allgemeinen in gestreckterer und weniger kondensierter Form vor, sodass sie unter dem Lichtmikroskop nicht sichtbar sind. Deshalb mussten wir die einzelnen Chromosomen in Abbildung 1.2 schematisch darstellen – es gibt keine echten Bilder von solchen Chromosomen. In einigen speziellen Geweben der Taufliege duplizieren sich jedoch diese gestreckten, als Einzelkopien vorliegenden Chromosomen etwa 1 000-mal, ohne die kompakte Form anzunehmen. Diese „Riesenchromosomen" (Polytänchromosomen) enthalten schließlich 1 000 identische DNA-Moleküle, die parallel nebeneinander aufgereiht liegen. Sie ähneln den in Abbildung 1.2 dargestellten Chromosomen, sind aber viel breiter. Aufgrund ihrer gewaltigen Größe sind diese monströsen Riesenchromosomen auch unter dem Lichtmikroskop deutlich zu erkennen, so wie sie Abbildung 1.4 in verschiedenen Vergrößerungen zeigt.

In Abbildung 1.4a sieht man außer den gestreckten, DNA enthaltenden Chromosomen auch die feste Membran, in die sie gewickelt sind; das ganze Arrangement wird als „Nucleus"[1] bezeichnet. Die Chromosomen sehen hier aus wie kleine Würmer, von Wasser umgeben und in einer Blase gefangen. Wenn wir diese Blase eröffnen und genauer hinsehen, so wie in Abbildung 1.4b, c und d, erkennen wir, dass jedes Chromosom auf ganzer Länge helle und dunklere Querstreifen aufweist. Diese bezeichnet man als „Banden" und „Interbanden"; die Banden bestehen aus dichten Anhäufungen von Protein[1] plus DNA, die Interbanden sind vereinzelte Regionen von geringer Dichte. Niemand weiß, weshalb die Variationen von hell und dunkel so scharf begrenzt und sogar von einer Fliege zur nächsten so reproduzierbar sind. Diese Unterteilungen sind vermutlich durch bestimmte Molekülmuster entlang des DNA-Stranges abgegrenzt. Allerdings ist es biologisch durchaus sinnvoll, ein Chromosom der Länge nach so zu unterteilen: Schließlich speichern auch Computer-Magnetbänder Informationen auf genau diese Weise als diskrete Dateien – jeweils mit einem Anfang und einem Ende – auf der ganzen Länge des Bandes.

Über die feineren Details wissen wir mehr. Jeder Strang des Materials einer solchen Chromosomenbande bei der Taufliege (oder auch beim Menschen) besteht aus einer wohldefinierten Mischung von Protein und DNA. Dieses besondere Protein bildet „Spulen", und die DNA wickelt sich zweimal um jede Spule, wie in Abbildung 1.5 schematisch dargestellt ist. So entsteht eine Reihe von Doppelschlaufen. Durch dieses zweifache Umwickeln jeder Spule verringert die DNA ihre Länge etwa um den Faktor 6.

Wenn wir die Protein-Spulen entfernen, bleibt ein sehr langes, strangförmiges DNA-Molekül übrig. Die DNA des längsten einzelnen Chromosoms des Menschen würde – um den Faktor 10^6 vergrößert, sodass sie die Breite eines normalen Bindfadens bekommt – eine Länge von etwa 100 km erreichen. Stellen Sie sich vor, Sie sitzen im Zug von Bremen nach Hamburg oder von Cambridge nach London und sehen während der ganzen Fahrt

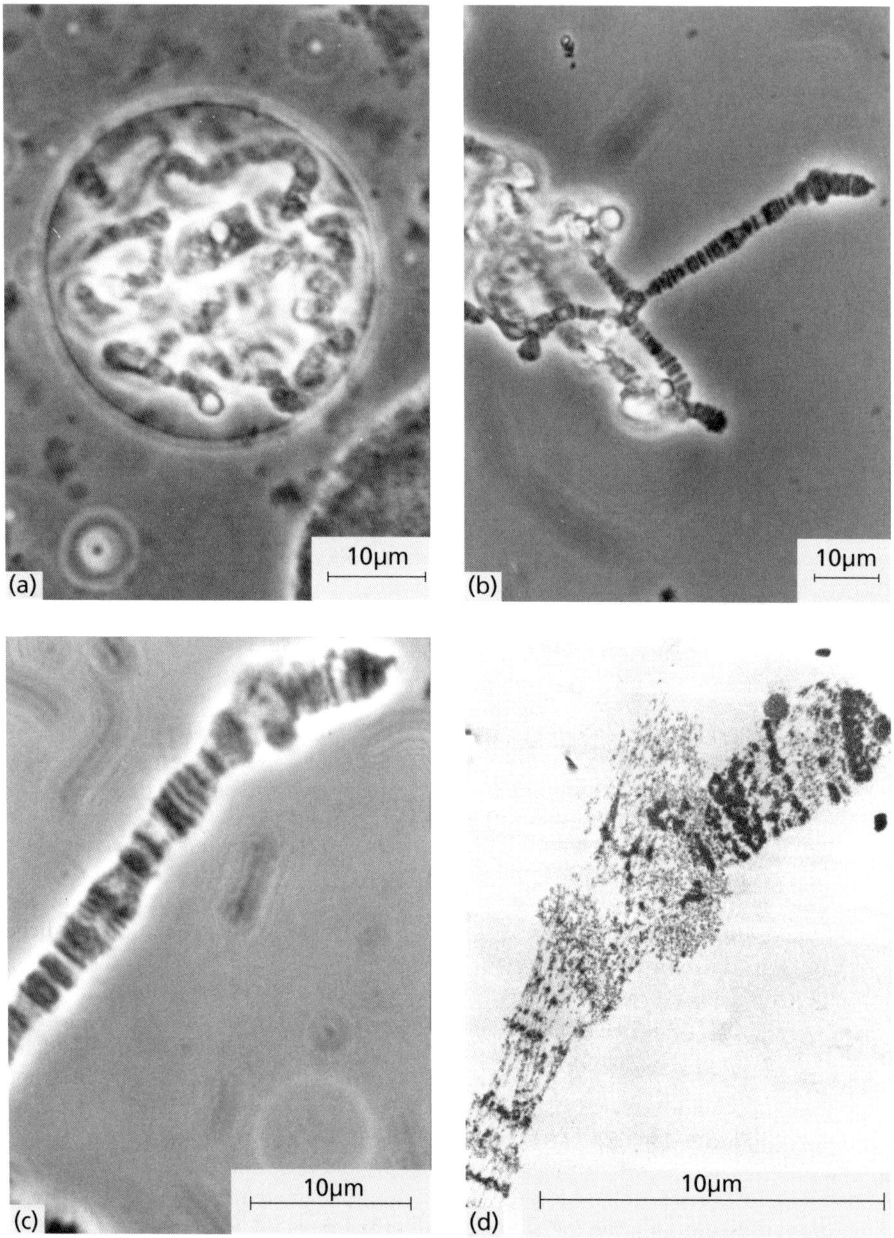

Abb. 1.4 Riesenchromosomen (Polytänchromosomen) aus der Speicheldrüse einer Taufliege, elektronenmikroskopisch dargestellt. Maßstab: 100 000 Å oder 10 µm. Mit freundlicher Genehmigung von Ron Hill und Margaret Mott.

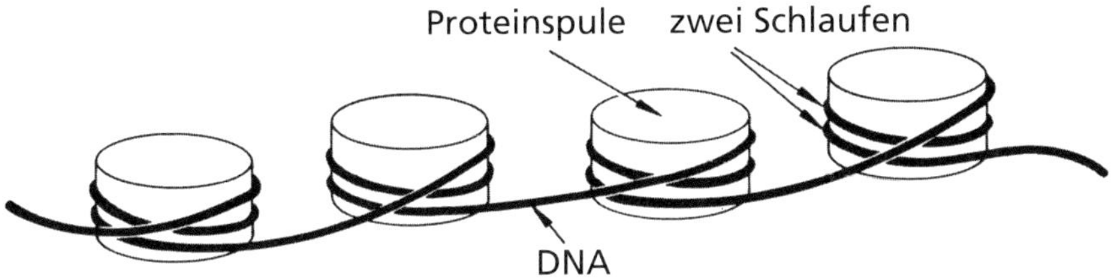

Abb. 1.5 Ein DNA-Strang bildet (linksherum) jeweils zwei Schlaufen um eine Reihe von Proteinspulen. Dieses Aufwickeln könnte man bei stärkerer Vergrößerung auch in den Chromosomen aus den Abb. 1.2, 1.3 und 1.4 erkennen. Jede DNA-Protein-Spule hat einen Durchmesser von etwa 100 Å (oder 10^{-8} m).

Abb. 1.6 DNA-Doppelhelix; die Basenpaare sind als kurze vertikale Linien dargestellt. Hier ist der DNA-Strang aus Abb. 1.5 in seiner tatsächlichen Form gezeigt, nämlich als Doppelspirale aus zwei DNA-Ketten. Der Durchmesser der Spirale oder Helix beträgt etwa 10 Å.

draußen vor dem Fenster einen einzelnen DNA-Strang mit all seinen Genen vorbeiziehen!

Die Grundform dieses ungeheuer langen DNA-Stranges ist in Abbildung 1.6 dargestellt. Er besteht aus zwei Einzelsträngen, die sich umeinander winden und eine „Doppelhelix" bilden. „Helix" ist einfach nur ein anderes Wort für „Schraube" oder „Spirale". Die Drehrichtung dieser beiden Einzelstränge ist (wenn man dem Strangverlauf vorwärts folgt) meist im Uhrzeigersinn oder rechtsherum – genau wie bei einem gewöhnlichen Korkenzieher.

Würden wir die beiden Stränge auseinander drehen, wie in Abbildung 1.7 gezeigt, so könnten wir erkennen, dass jeder Strang aus einer Serie von Einheiten besteht, die wir „Nucleotide" nennen. Diese sind mit einer bestimmten „Direktionalität" gegenläufig (vom 5'-Ende zum 3'-Ende und umgekehrt) miteinander verbunden, die wir unten noch erläutern werden. Die beiden Stränge verlaufen also in entgegengesetzter Richtung, was durch die Bezeichnungen „5'" und „3'" sowie die Pfeile verdeutlicht wird.

Jedes Nucleotid besteht aus etwa 20 Atomen, beispielsweise Kohlenstoff, Stickstoff und Sauerstoff. Diese Atome lassen sich wiederum zu kleineren Untereinheiten gruppieren, die auf bestimmte Weise miteinander verbunden sind. Ein Nucleotid besteht aus drei Teilen: Zucker, Phosphat und Base (in Abbildung 1.8 als Z, P und B bezeichnet). Für den Augenblick wollen wir den Zucker als fünfeckigen Ring darstellen, denn die Atome in einem solchen Zucker bilden zusammen ein solches Fünfeck. Wir waren so frei, den Ring wie einen Pfeil zu zeichnen, um so seine Direktionalität zu zeigen, und aus demselben Grund haben wir die Buchstaben P, Z und B so gesetzt, dass man sie in derselben Richtung, von links nach rechts, liest. Würden wir das mittlere Nucleotid aus Abbildung 1.8

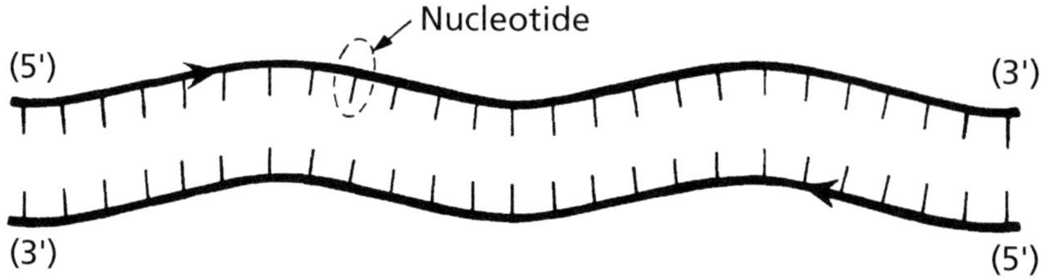

Abb. 1.7 Die beiden Einzelstränge der DNA voneinander getrennt. Jedes Nucleotid ist etwa 6 Å breit.

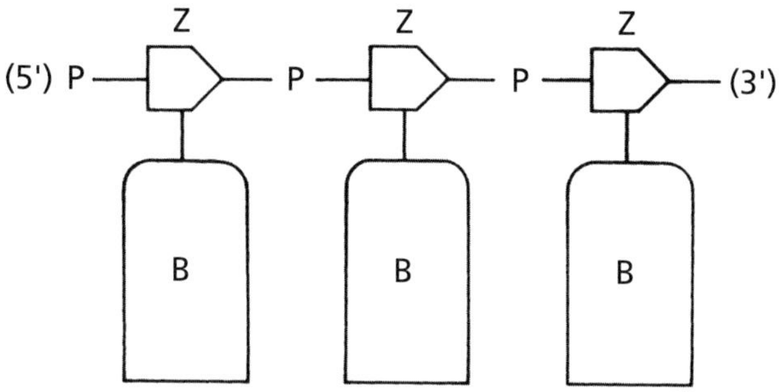

Abb. 1.8 Drei Nucleotide mit ihren Bestandteilen Zucker (Z), Phosphat (P) und Base (B).

herausnehmen, um 180° um eine senkrechte Achse drehen und wieder einzusetzen versuchen, müssten wir feststellen, dass es nicht hineinpasst.

Wir können die Base als Rechteck zeichnen, weil ihre Atome zusammen eine flache, starre Form bilden. Es gibt normalerweise vier verschiedene Nucleotide in der DNA, die jeweils dieselben Zucker und Phosphate enthalten, aber unterschiedliche Basen, die mit diesen verbunden sind. Diese vier verschiedenen Basen finden sich paarweise zusammen und verbinden so die beiden DNA-Stränge locker miteinander (siehe Kapitel 2).

Die drei Bestandteile eines Nucleotids lassen sich auch isoliert betrachten, einfach als Ansammlung einiger Atome. Ein Phosphat enthält beispielsweise ein Phosphor- und drei Sauerstoffatome, wie in Abbildung 1.9 gezeigt. Die Atome selbst bestehen aus Protonen, Neutronen und Elektronen. Sie sind über gemeinsame Elektronen miteinander verbunden, und die verschiedenen chemischen Bindungen, die Atome miteinander verknüpfen, sind allesamt Aspekte dieser Verbindung. Wir könnten noch weiter gehen und Atome auf Ebene der subatomaren Physik erläutern, doch das wäre hier nicht sinnvoll, weil unser Wissen über Lebewesen bei der Chemie (oder Biochemie) beginnt und bis in die Biologie reicht. Darum beenden wir unsere Beschreibung der DNA mit dem relativ einfachen Bild der Atome, wie es Abbildung 1.9 zeigt, ohne dass uns etwas entgeht.

Wenn Sie sich bisher noch nicht mit Biologie beschäftigt haben, fragen Sie sich vielleicht, weshalb wir der *Zelle* so viel Aufmerksamkeit schenken. Wäre es nicht sinnvoller, mit den Körperteilen zu beginnen, etwa den Gliedmaßen, Augen und der Lunge? Nun, all diese verschiedenen Organe und Gewebe setzen sich im Grunde auf dieselbe Weise aus Zellen zusammen.

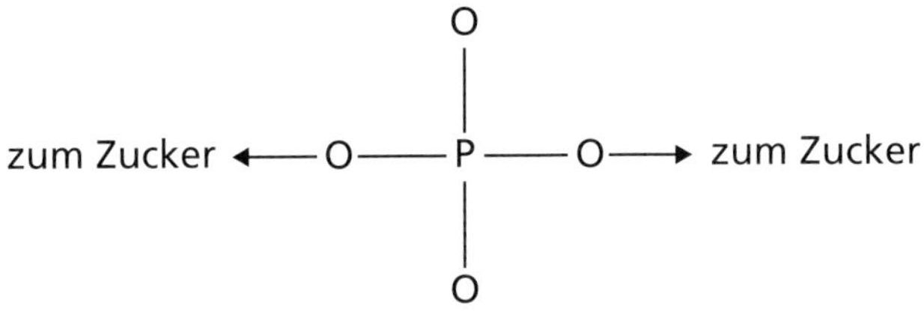

Abb. 1.9 Die Phosphatgruppe als Teil einer Phosphat-Zucker-Kette. Jedes Atom hat eine Breite von etwa 1–2 Å; hier sind es Phosphor- (P) und Sauerstoffatome (O).

Wahrscheinlich wissen Sie ungefähr, wie man ein Haus baut. Die verschiedenen Bestandteile – Ziegelsteine, Zement, Dachziegel, Bretter, Fensterrahmen und dergleichen – werden zunächst an der Baustelle angeliefert und dann entsprechend dem Bauplan des Architekten oder der „Blaupause“ zusammengefügt. Dieser Plan ist ein Bogen Papier mit Zeichnungen des fertigen Hauses aus verschiedenen Blickwinkeln. Möglicherweise gibt es nur ein Exemplar dieses Bauplanes, das der Polier vielleicht in der Hosentasche hat und ab und zu – je nach Bedarf – hervorholt, um etwas nachzusehen. Ein solcher Bauplan ist typisch für unbelebte Dinge wie Häuser, Autos und Maschinen.

Der Bauplan für Lebewesen, ganz gleich, ob Pflanzen oder Tiere, ist da in fast jeder Hinsicht anders. Das Werden eines Menschen beginnt beispielsweise mit einer einzigen Zelle – einer Eizelle der Mutter, die durch ein väterliches Spermatozoon befruchtet wurde. Diese zusammengesetzte Zelle enthält DNA von der Mutter und vom Vater; eine solche DNA verfügt über die gesamte genetische Information, die für den Bau eines Menschen nötig ist. Wachstum erfolgt durch Zellteilung: Jede Zelle teilt sich in zwei neue, die sich wiederum teilen und so fort. Unmittelbar vor ihrer Teilung dupliziert jede Zelle ihre komplette DNA, sodass jede neue Zelle einen kompletten DNA-Satz enthält, der seinerseits alle Gene dieses Organismus umfasst. (In Abbildung 1.3 sind solche duplizierten Chromosomen abgebildet.)

In jedem Zelltyp ist nur ein kleiner Teil aller Gene, die sich auf dieser DNA befinden, aktiviert. Zellen, die sich zu einem Auge entwickeln, benutzen also nur die Gene, die für das Wachstum von Augenzellen codieren. Woher Zellen „wissen“, zu welchem Organ sie gehören, gehört in das weite und nur in Teilen geklärte Forschungsgebiet der *Entwicklungsbiologie*, in das wir hier nicht weiter vordringen wollen.

Wir erwähnen all dies, weil es einem Nicht-Wissenschaftler vielleicht ungeheuer verschwenderisch vorkommt, dass die Natur für jede der Milliarden Zellen eines Tieres oder einer Pflanze einen kompletten DNA-Satz zu Verfügung stellt. Wäre es nicht praktischer und effizienter, nur ein Exemplar des Bauplanes zu haben, so wie beim Bau eines Hauses? Wenn man kurz nachdenkt, wird jedoch deutlich, dass das Versorgen jeder Zelle mit einem kompletten DNA-Satz eigentlich eine sehr einfache Methode ist, um diese nötigen Informationen überall dort zur Verfügung zu stellen, wo sie gebraucht werden. Allerdings muss die DNA dazu in großem Umfang kopiert und dupliziert werden. Die Maschinerie zur DNA-Duplikation arbeitet so exakt, dass das ganze System gut funktioniert, und die Doppelhelixstruktur der DNA ist für die Zwecke der Duplikation besonders gut geeignet, wie wir in Kapitel 2 noch erfahren werden.

Wenden wir uns nun einer anderen Frage zu: In welcher Form enthält die DNA die Informationen, die nötig sind, um die „Fabrikation“ in der Zelle als „Leitzentrale“ oder „Hauptbüro“ aufrechtzuerhalten? Im Grunde steuert die DNA diese Aktivitäten, indem sie die Zusammensetzung und Struktur von Proteinmolekülen festlegt. Es gibt Prote-

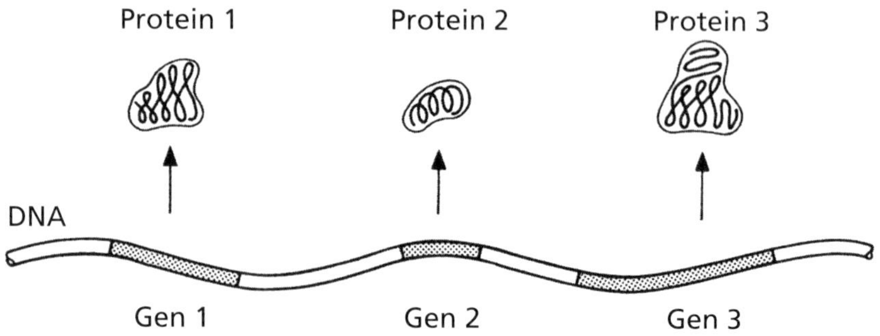

Abb. 1.10 Gene in der DNA codieren für Proteine. Der hier abgebildete DNA-Strang entspricht der in Abb. 1.6 gezeigten Doppelhelix, ist aber hier etwa 100-mal länger. Gene wie Proteine können – jeweils direkt proportional zueinander – unterschiedlich groß sein. Jedes Proteinmolekül ist mit einer schematischen, kettenähnlichen Struktur dargestellt.

ine in allen möglichen Formen und Größen, und sie haben im Leben einer Zelle die unterschiedlichsten Aufgaben. Manche Proteine sind kräftig und starr und bilden die Bausteine von Muskulatur, Sehnen und Fingernägeln. Andere Proteine oder „Enzyme"[1] katalysieren eine Vielzahl chemischer Reaktionen, etwa den Abbau der Nahrung oder die Synthese von Hormonen. Andere Proteine transportieren den Sauerstoff im Blut, und wieder andere bilden die Proteinspulen, um die sich die DNA in einem Chromosom wickelt. Woher kommen all diese Proteine? Und woher weiß eine Zelle, welche Proteine sie bilden soll?

Wie sich herausstellt, lässt die DNA ein sehr klares Programm ablaufen, wann immer die Zelle ein bestimmtes Protein bilden muss. Das Programm teilt der Zelle mit, welche Art von Protein und welche ungefähre Menge davon herzustellen ist. Dieses Programm ist das wohlbekannte „Gen" der klassischen Genetik, und jedes DNA-Molekül enthält auf seiner ganzen Länge zahlreiche Gene, wie Abbildung 1.10 zeigt. In unserem Zug von Bremen nach Hamburg könnten wir Tausende davon sehen, während die DNA an uns vorüberzieht!

Die Proteine unterscheiden sich zwar in ihren physikalischen und chemischen Eigenschaften sehr voneinander, haben aber einen Bauplan gemeinsam: Sie alle sind langkettige Moleküle aus einer einzigen, unverzweigten Kette, die aus der End-zu-End-Verbindung unzähliger kleiner Untereinheiten besteht, den so genannten „Aminosäuren". Proteine bestehen aus Aminosäuren, so wie die DNA aus Nucleotiden besteht. Der Süßstoff in Diät-Cola ist beispielsweise ein winziges Protein, das künstlich aus lediglich zwei Aminosäuren hergestellt wird; das Hämoglobin im Blut dagegen ist ein viel größeres Protein aus 600 Aminosäuren. Insgesamt gibt es 20 verschiedene Aminosäuren, aus denen Proteine gebildet werden, und diese Vielfalt von Bausteinen lässt die Bildung einer großen Zahl verschiedener Proteine mit vollkommen unterschiedlichen physikalischen Eigenschaften zu.

Ein Programm oder Gen in der DNA teilt der Zelle mit, in welcher Anordnung sie diese Aminosäuren zusammenfügen und wie lang die Proteinkette werden soll. Die Abfolge von Aminosäuren in einem Protein wird durch die Abfolge der Nucleotide im entsprechenden DNA-Abschnitt festgelegt. Da es 20 mögliche Aminosäuren, aber nur vier mögliche Nucleotide gibt, muss die Zelle auf mehr als ein Nucleotid in der DNA zurückgreifen, um jede Aminosäure eines Proteins festzulegen. Die allgemeingültige Regel lautet, dass *drei Nucleotide eine Aminosäure* festschreiben. Die Länge der Proteinkette

Tabelle 1.1 Der genetische Code

1. Base	2. Base				3. Base
	T	C	A	G	
T	Phe	Ser	Tyr	Cys	T
	Phe	Ser	Tyr	Cys	C
	Leu	Ser	STOPP	STOPP	A
	Leu	Ser	STOPP	Trp	G
C	Leu	Pro	His	Arg	T
	Leu	Pro	His	Arg	C
	Leu	Pro	Gln	Arg	A
	Leu	Pro	Gln	Arg	G
A	Ile	Asn	Asn	Ser	T
	Ile	Asn	Asn	Ser	C
	Ile	Lys	Lys	Arg	A
	Met	Lys	Lys	Arg	G
G	Val	Ala	Asp	Gly	T
	Val	Ala	Asp	Gly	C
	Val	Ala	Glu	Gly	A
	Val	Ala	Glu	Gly	G

Jede Dreierfolge von Basen (oder Nucleotiden) in der DNA schreibt eine Aminosäure in der Proteinkette fest oder signalisiert „Translation stoppen". Die Basen werden stets von links nach rechts gelesen. Die Kette beginnt meist mit ATG oder Methionin (Met).
Abkürzungen: A = Adenin, G = Guanin, C = Cytosin, T = Thymin (oder, bei der RNA, U = Uracil).
Ala = Alanin, Arg = Arginin, Asn = Asparagin, Asp = Asparaginsäure, Cys = Cystein, Gln = Glutamin, Glu = Glutaminsäure, Gly = Glycin, His = Histidin, Ile = Isoleucin, Leu = Leucin, Lys = Lysin, Met = Methionin, Phe = Phenylalanin, Pro = Prolin, Ser = Serin, Thr = Threonin, Trp = Tryptophan, Tyr = Tyrosin, Val = Valin.

variiert mit der Länge des DNA-„Programms" und liegt meist zwischen 100 und 1000 Aminosäuren.

Die zelluläre Apparatur, mit deren Hilfe eine Gruppe von drei Nucleotiden in der DNA mit nur einer von 20 möglichen Aminosäuren assoziiert wird, ist äußerst kompliziert. Ähnlich kompliziert muss die Umsetzung der magnetisierten Abschnitte auf einem Computer-Magnetband in gedruckte Buchstaben sein. Wir brauchen uns jedoch mit solch komplizierten Apparaturen nicht zu beschäftigen, um den einfachen Code zu erklären, mit dem die DNA Proteine erzeugt. Dieser wird meist in Form einer Tabelle dargestellt, die als „genetischer Code" bekannt ist (Tabelle 1.1). Genau dieser Code dient – von wenigen Ausnahmen abgesehen – allen Lebewesen zum Festschreiben von Proteinen, Bakterien und Pflanzen genauso wie Tieren.

Die vier Nucleotide in der DNA heißen Adenin, Guanin, Cytosin und Thymin oder einfach nur A, G, C und T. Die 20 möglichen Aminosäuren in einem Protein heißen beispielsweise „Methionin", was man meist zu „Met" oder „M" abkürzt. Wie in Tabelle 1.1 gezeigt, schreibt jedes mögliche Dreierset von Nucleotiden in der DNA eine Aminosäure fest. So codiert „TTT" für Phenylalanin, „AAA" fordert Lysin und „GCT" ergibt Alanin. In jedem Fall werden die Buchstaben von links nach rechts gelesen. Es gibt 4 x 4 x 4 = 64 Kombinationen von DNA-Tripletts, und häufig spezifizieren zwei solcher Tripletts – wie „AAG" und „AAA" – dieselbe Aminosäure. Eine Abfolge von Nucleotiden wie „TTTAAAAGGCT" codiert also für einen Proteinabschnitt mit der Aminosäurensequenz

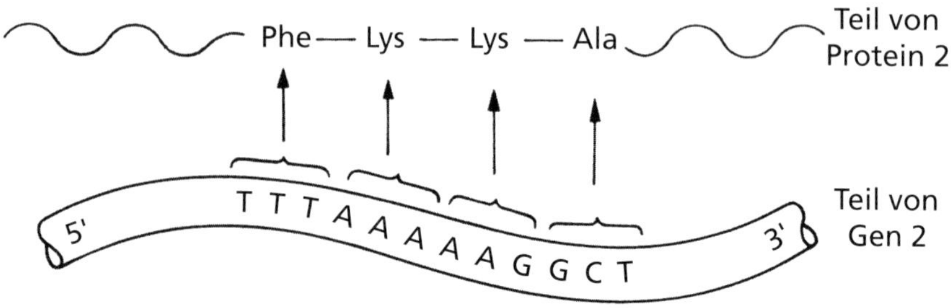

Abb. 1.11 Ein Stück des Gens codiert für ein Stück der Proteinkette. Jedes Nucleotid- oder Basentriplett der DNA steht entsprechend dem in Tabelle 1.1 dargestellten Schema für eine Aminosäure.

„Phe-Lys-Lys-Ala“, wie sie in Abbildung 1.11 dargestellt ist. Bestimmte Tripletts im Verlauf der DNA übernehmen zudem die besondere Aufgabe, der Proteinkette mitzuteilen, wo sie anfangen und enden soll.

Schließlich faltet sich die vollendete Proteinkette meist noch selbst in eine exakt vorbestimmte Form, die von der genauen Anordnung der Aminosäuren in der Kette abhängig ist. Eine korrekte dreidimensionale Form ist für die physikalische oder chemische Aktivität eines Proteins unerlässlich.

Man darf aber nicht annehmen, dass jegliche DNA Proteine erzeugt wie ein Computer-Magnetband. Tatsächlich beinhaltet sogar nur ein kleiner Teil des langen DNA-Moleküls in einem Chromosom – beim Menschen etwa ein Prozent – Programme zur Herstellung bestimmter Proteine. Der weitaus größte Teil der DNA in unserem Körper tut Dinge, die wir bis jetzt noch nicht verstehen. Hier gibt es jede Menge Raum für neue Entdeckungen.

Wie wir bereits erwähnten, können wir die komplexe Maschinerie, mit deren Hilfe die Zelle Proteine herstellt, getrost vernachlässigen. Das gilt zumindest für den größten Teil; allerdings müssen wir einige Eigenschaften dieses Prozesses kennen. Wie schon erwähnt, sind die DNA enthaltenden Chromosomen im Kern (Nucleus) jeder Zelle von einer Membran umgeben (außer bei Bakterien[1] – und bakterienähnlichen Mikroorganismen, den so genannten Archaea[1], die keine Kernmembran besitzen). Inzwischen weiß man, dass Proteine im intrazellulären Raum, außerhalb dieser Membran, hergestellt werden. Die DNA stellt zunächst eine Kopie von sich selbst her, die durch die kleinen Öffnungen in der Membran dringen kann; diese Kopie wandert dann zur „Proteinfabrik“, dem so genannten „Ribosom“. Dieser Prozess ist in Abbildung 1.12 schematisch dargestellt. Diese Kopien der DNA bestehen aus einem etwas anderen Molekül, der „RNA“ (Ribonucleinsäure). Verglichen mit der DNA-Darstellung in Abbildung 1.8 hat die RNA ein zusätzliches Sauerstoffatom an ihrem Zuckerring. Ein weiterer Unterschied ist, dass der RNA ein Kohlenstoffatom und drei daran hängende Wasserstoffatome an der Thyminbase (T) fehlen, sodass diese Base hier den neuen Namen „Uracil“ (U) erhält. Die RNA-Kopie selbst bezeichnet man als „Messenger-RNA“, weil sie wie ein Bote die Anweisungen für den Bau eines bestimmten Proteins vom Chromosom in das Ribosom überbringt.

Interessanterweise stellt die Messenger-RNA nur einen kleinen Teil der gesamten RNA in jeder Zelle, nämlich rund fünf Prozent; insgesamt gibt es außerdem weitaus mehr RNA als DNA. Eine große Menge an RNA wird aus der DNA kopiert und dann nie zur Proteinherstellung gebraucht. Diese in großer Menge vorhandenen RNA-Moleküle unterscheiden sich von der Messenger-RNA und sind meist zwei Typen zuzuordnen:

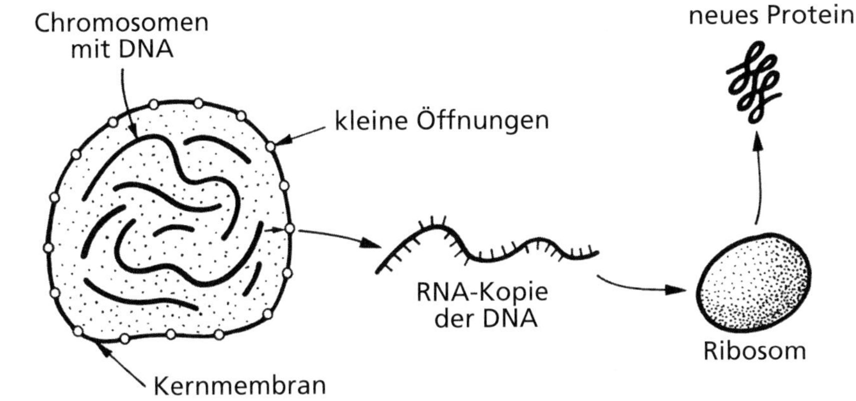

Abb. 1.12 Von der DNA über die RNA zum Protein. Von der DNA wird eine messenger-RNA-Kopie hergestellt, die den Kern verlässt und zum Ribosom wandert, wo sie den Bau eines bestimmten Proteins entsprechend der Nucleotidabfolge (wie in Tab. 1.1 gezeigt) in ihrer Molekülkette festschreibt. Der Einfachheit halber haben wir nicht erwähnt, dass viele Gene höherer Organismen beträchtliche Mengen nicht codierender DNA, so genannte „Introns" enthalten, die aus der RNA herausgeschnitten werden, bevor diese den Nucleus verlässt.

der „Transfer-RNA" und der „ribosomalen RNA". Transfer-RNA transportiert einzelne Aminosäuren von anderen Orten in der Zelle zum Ribosom; dort können sich die noch immer mit der Transfer-RNA verbundenen Aminosäuren mit spezifischen Nucleotid-Tripletts der Messenger-RNA-Molekülkette verbinden und so dem in Tabelle 1.1 aufgeführten Schlüssel entsprechend ein Protein aufbauen. Die Transfer-RNA erfüllt also die Funktion der vertikalen Pfeile in Abbildung 1.11, nachdem von der DNA eine Messenger-RNA-Kopie erstellt wurde, doch darüber mehr in Kapitel 2. Ribosomale RNA, die mit einigen Proteinen assoziiert ist, bildet den größten Anteil des Ribosoms; sie hilft dabei, mehrere Transfer-RNA-Moleküle entlang einer Messenger-RNA-Kette auszurichten, sodass eine Reihe von Aminosäuren chemisch gebunden werden können, um ein langkettiges Protein zu bilden. Es ist schon bemerkenswert, dass an so vielen Zwischenschritten der Proteinsynthese RNA beteiligt ist. Diese Beobachtung hat viele zu der Vermutung gebracht, dass das Leben auf der Erde mit RNA und nicht mit DNA als Gensubstanz begann.

Jetzt haben wir alle Hintergrundinformationen geliefert, die für das Verständnis des Wirkens der DNA in der Biologie vonnöten sind. Über die RNA und Proteine ließen sich andere Bücher schreiben; hier aber konzentrieren wir uns ausschließlich auf die Rolle der DNA. Dabei schreiten wir vom Kleinen zum Großen voran; wir beginnen mit der grundlegenden Chemie der DNA und enden mit ihrer Bedeutung für die Medizin und dem neuen Fachgebiet der „Epigenetik". Obwohl es in den letzten Jahren viele Fortschritte gab, werden die großen Entdeckungen der Biologie zweifellos im jungen 21. Jahrhundert stattfinden. Wir können nicht verhehlen, dass unser gegenwärtiges Wissen kaum mehr ist als ein grobes und unvollständiges Fundament, auf das andere bauen können.

Anmerkung

1. Die linguistische oder historische Herkunft der so gekennzeichneten Wörter finden Sie in Anhang 1.

Weiterführende Literatur

Alberts, B. M.; Johnson, A.; Lewis, J.; Raff, M. C.; Roberts, K.; Walter, P. *Molecular Biology of the Cell.* 4. Aufl. New York (Garland) 2002. Gutes allgemeines Nachschlagewerk.

Chargaff, E. *Essays on Nucleic Acids.* New York (Elsevier) 1963. Wichtiges historisches Dokument, das den Wissensstand zu DNA in den späten 1950er Jahren beschreibt.

Crick, F. H. C. *The recent excitement in the coding problem.* In: *Progress in Nucleic Acid Research* 1 (1963) S. 163–217. Gute wissenschaftliche Darstellung der Entdeckung des genetischen Codes.

Crick, F. H. C. *What Mad Pursuit.* London (Weidenfeld & Nicolson) 1988. [deutsch: *Ein irres Unternehmen.* München (Piper) 1990.] Anekdotische Schilderung der Entdeckung der DNA-Struktur und des genetischen Codes. Aus diesem Buch stammt auch das Zitat im Vorwort unseres Buches.

Judson, H. F. *The Eighth Day of Creation.* New York (Simon & Schuster) 1979. Gründliche historische Darstellung der Entwicklung der Molekularbiologie zu einem eigenständigen Wissenschaftszweig.

McCarty, M. *A retrospective look at the first discovery of the genetic role of DNA.* In: *The FASEB Journal* 8 (1994) S. 889f. Augenzeugenbericht darüber, wie man entdeckte, dass die DNA die Substanz der Gene ist.

Yusopova, G. Z.; Yusupov, M. M.; Cate, J. H.; Noller, H. F. *Path of messenger RNA through the ribosome.* In: *Cell* 106 (2001) S. 233–241. Sehr hoch aufgelöstes Bild von Messenger-RNA in einer „Proteinfabrik", also einem Ribosom, mithilfe röntgenologischer Darstellung.

Zhimulev, I. F. *Morphology and structure of polytene chromosomes.* In: *Advances in Genetics* 34 (1996) S. 1–490. Umfassende Zusammenstellung von Informationen über die Riesen- oder Polytänchromosomen von Taufliegen.

Aufgaben

1.1 Jede menschliche Zelle, die sich nicht im Teilungsstadium befindet, enthält insgesamt etwa 6×10^9 Basenpaare DNA. Der Durchmesser einer typischen menschlichen Zelle liegt bei 10 µm = 10^5 Å.

a Betrachten Sie die DNA als Zylinder mit einer Länge von 3,3 Å pro Basenpaar und berechnen Sie nun die Gesamtlänge der DNA in jeder Zelle. Vergleichen Sie dies mit dem Durchmesser der Zelle.

b Betrachten Sie die DNA als Zylinder mit einem Durchmesser von 10 Å und berechnen Sie nun das Gesamtvolumen der DNA in jeder Zelle. Vergleichen Sie dies mit dem Gesamtvolumen der Zelle unter der Annahme, dass diese kugelförmig ist. (Volumen eines Zylinders = $\pi r^2 l$, r = Radius, l = Länge; Volumen einer Kugel = $\frac{4}{3}\pi r^3$, r = Radius.)

c Betrachten Sie ein typisches Chromosom, das durchschnittlich 1/46 der Gesamt-DNA einer Zelle enthält. Berechnen Sie die Gesamtlänge der DNA in diesem Chromosom und dann den Durchmesser einer massiven Kugel, in die dieses Volumen an DNA prinzipiell passen würde. Vergleichen Sie den Durchmesser dieser kompakten Kugel mit der durchschnittlichen Länge eines wirklichen Metaphasen-Chromosoms, ausgehend davon, dass das Längen-Verdichtungsverhältnis der DNA bei einem solchen Chromosom etwa bei 10000 liegt.

1.2a Benutzen Sie Tabelle 1.1, um die Aminosäurensequenz eines Proteins anzugeben, das durch die folgende Basensequenz codiert ist:

GCCAAGCAACTCATTCAAGGT
123

Beginnen Sie mit Base 1.

b Wiederholen Sie nun diesen Vorgang, beginnen Sie aber diesmal mit Base 2, und dann noch einmal beginnend mit Base 3. (Beachten Sie, dass die Aminosäurensequenz einer Proteinkette entscheidend davon abhängt, welches Leseraster bei der DNA benutzt wird.)

1.3a Fügen Sie nun eine weitere Base G zwischen den Basen C und T an den Positionen 10 und 11 der Sequenz aus Aufgabe 1.2 ein. Lesen Sie die neue Aminosäurensequenz ab, beginnend mit Base 1.

b Die Sequenz aus Aufgabe 1.2 wird wieder verändert, aber nun durch Löschen der Base C an Position 10. Lesen Sie jetzt die neue Aminosäurensequenz ab, beginnend mit Base 1. (Beide Variationen sind als *frameshift*-Mutationen oder Leserasterverschiebung bekannt.)

1.4a Übersetzen Sie die folgende DNA-Sequenz in eine Aminosäurensequenz für ein Proteinmolekül:

ACGCTATGTCACATGGTACCTAACGTAT

Beginnen Sie hier nicht an Position 1, sondern entsprechend dem tatsächlichen, in Tabelle 1.1 beschriebenen Startschema, und lesen Sie nach einem Stopptriplett nicht weiter.

b Suchen Sie in der unten angegebenen Basensequenz nach möglichen Stopptripletts. Welche Aminosäurensequenz wird dabei herauskommen, wenn man wie in 1.4a beginnt?

GCTCATGGTCATTCGTAACAGTTAGGCCATGACCG

2 Warum eine Helix?

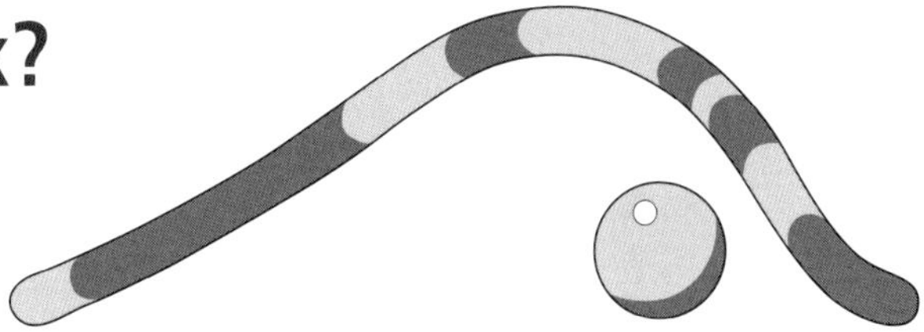

Nicht nur in der Biologie, sondern in allen Wissenschaftsgebieten ist es äußerst wichtig, die inneren Abläufe der Natur genauso zu verstehen wie ihre äußere Form. Betrachten wir beispielsweise das seltsam aussehende Objekt, das in Abbildung 2.1 in zwei Ansichten gezeigt ist. Es hat fünf verschiedene Farben, aber was *ist* es? Wie würde man ein solches Objekt herstellen? Ein weniger guter Wissenschaftler würde das Objekt oberflächlich untersuchen und jede seiner Eigenschaften benennen, etwa die fünfkantigen Formen; er würde die Winkel der oberflächlichen Kanten des Objekts gründlich vermessen und dabei nach einem Muster suchen. Ein scharfsinnigerer Wissenschaftler dagegen würde zunächst einmal nachdenken, worin die innere Struktur dieses Objekts besteht.

Betrachten wir nun das Objekt erneut, wobei wir uns diesmal aber nur auf eine Farbe – etwa Gelb – konzentrieren: Siehe da, die gelben Anteile bilden einen Würfel, der etwas zur Seite geneigt ist. Auch die Anteile jeder anderen Farbe bilden einen Würfel. Dieses Spielzeug heißt sogar „Komposition aus fünf Würfeln".

Das Entdecken der fünf Würfel – bei dem die Verwendung von fünf verschiedenen Farben hilfreich war – ist der erste Schritt zum Verständnis der inneren Struktur dieses Objekts. Der nächste Gedanke führt uns zur geometrischen Symmetrie, und wenn wir diesen mathematischen Gedankengang weiter verfolgen würden, wäre uns schließlich klar, warum es fünf Würfel sind und nicht sechs oder vier. Wir könnten dann sogar andere, ähnliche Objekte herstellen, indem wir auf dieselben strukturellen Prinzipien zurückgreifen.

Dieses Beispiel verdeutlicht einen wichtigen Aspekt der Wissenschaft. Indem man die innere Struktur eines Objekts wahrnimmt, lernt man viel über die Natur; untersucht man nur die äußere Form und legt dabei besonders viel Wert auf Details und Nomenklatur, erfährt man nur wenig Wissenswertes.

In diesem Kapitel wollen wir die innere Struktur der DNA beschreiben. Der innere Aufbau ist der Schlüssel, um die Funktionsweise der DNA zu verstehen. Beim Verfassen dieses Buches haben wir uns bemüht, alles so einfach zu machen wie das Erkennen der fünf Würfel in dem oben beschriebenen Objekt. Hier und da kommen wir jedoch um ein wenig Mathematik nicht herum, denn die Mathematik erfasst die verschiedenen Zusammenhänge, die wir noch entdecken werden. Und obwohl es vieles über die DNA zu erfahren gibt, haben wir versucht, nur die wichtigsten und allgemeingültigsten Aspekte auszuwählen. Zunächst einmal wollen wir klären, warum die DNA eine *Doppelhelix* bildet, wie in Kapitel 1 beschrieben, und keine andere Form annimmt; anschließend erfahren wir, wie die Doppelhelix in ihrem Inneren zusammengehalten wird.

Wie schon in Kapitel 1 dargestellt, besteht die DNA aus drei Bestandteilen: Phosphaten, Zuckern und Basen. Diese Komponenten sind auf bestimmte Weise chemisch miteinander verbunden. Die Phosphate sind jedoch hoch wasserlöslich. Wenn Landwirte auf ihren Feldern zu viel Phosphat als Dünger einsetzen, gelangt ein Teil davon in nahe

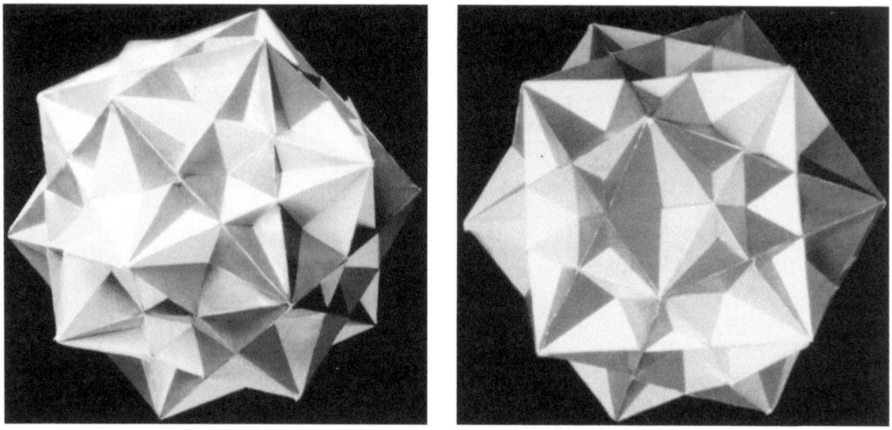

Abb. 2.1 Ein seltsames Objekt in zwei verschiedenen Ansichten. Aus einem Bastelbuch von E. Jenkins und M. Bear, Diss (Tarquin Publications) 1985.

gelegene Teiche und Flüsse, verursacht Algenwachstum und schließlich ein Fischsterben. Phosphate sind also in Wasser leicht löslich.

Auch Zucker sind wasserlöslich. Es wäre unsinnig, Zucker in den Kaffee oder Tee zu rühren, wenn er sich darin nicht lösen würde: Wenn er sich einfach am Boden der Tasse sammeln würde, hätte er keinen süßenden Effekt auf das Getränk. Zucker sind also wie Phosphate wasserlöslich.

Wie verhält es sich aber mit den Basen? Für die vier DNA- (oder RNA-) Basen Guanin, Adenin, Cytosin und Thymin (oder Uracil) haben wir kein intuitives Gefühl, weil wir sie nicht aus dem Alltag kennen. Es ist jedoch nicht schwer herauszufinden, ob sich die Basen in Wasser lösen; geben Sie einfach eine kleine Menge in ein Reagenzglas, fügen Sie Wasser hinzu, und beobachten Sie, was passiert. Adenin und Uracil sind relativ preiswert; nehmen Sie von jeder Base etwa 50 mg. Bei diesem Experiment werden Sie erkennen, dass sich weder Adenin noch Uracil in normalem Wasser löst. Weitere einfache Versuche zeigen aber, dass sich Adenin in einer schwachen Säure löst und Uracil in Ammoniak, einer Lauge, aber nicht umgekehrt.

In Kapitel 1 erwähnten wir auch, dass der Raum im Inneren unserer Zellen, in dem sich keine wichtigen Bestandteile wie DNA, RNA und Enzyme befinden, mit Wasser gefüllt ist. Dieses Wasser ist weder sauer noch alkalisch. Technisch ausgedrückt ist es „pH-neutral“. Daraus folgt demnach, dass Adenin und Uracil (und auch alle anderen genannten Basen) in der wässrigen Umgebung unseres Körpers praktisch unlöslich sind. Zwar sind uns die Basen A, C, G, T und U aus dem Alltag nicht vertraut, wir kennen aber andere Substanzen, die sich in Wasser nicht lösen, beispielsweise Fette und Öle. Man spricht hier von „hydrophoben“ („Wasser fürchtenden“) Substanzen.

Die Unlöslichkeit von Basen in Wasser stellt für die Zelle kein wirkliches Problem dar, denn die Basen werden wasserlöslich, sobald sie sich mit einem Zucker und einem Phosphat zu einem „Nucleotid“ verbunden haben, also zu einem Baustein der DNA oder RNA (siehe Abbildung 1.8). Diese Unlöslichkeit schafft aber strikte Vorgaben für die Gesamtkonformation jedes größeren DNA- oder RNA-Moleküls in Lösung. Damit ein solches Molekül in einer pH-neutralen wässrigen Lösung stabil bleibt, müssen die Basen ganz innen in eine gefaltete Struktur gesteckt werden, um dem Wasser fernzubleiben; die

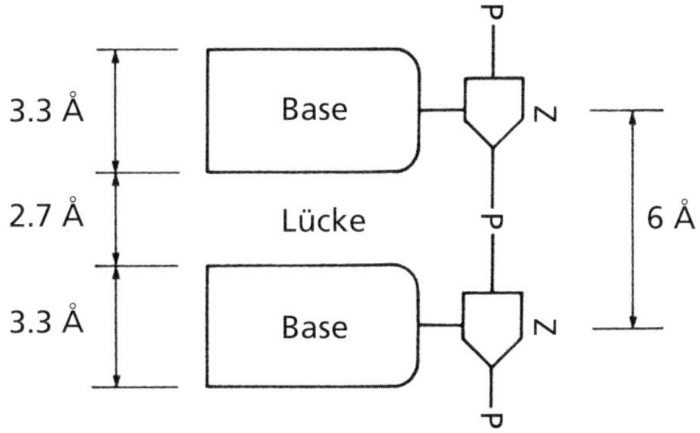

Abb. 2.2 Zwei Nucleotide in schematischer Darstellung; wichtige Größen sind angegeben.

wasserlöslichen Zucker und Phosphate dagegen müssen sich an der Außenseite befinden. Und genau das geschieht. Wenn wir die bekannte Struktur einer Zucker-Phosphat-Kette der DNA (durch Röntgenanalyse bestimmt, wie in Kapitel 9 beschrieben) vermessen, erkennen wir deutlich, dass die DNA der geringen Wasserlöslichkeit der Basen entsprechend eine Spirale oder Helix bildet. Wir können sogar ungefähr berechnen, welche Art von Helix sie bildet.

Aus der elementaren Chemie wissen wir, dass der Abstand zwischen benachbarten Zuckern oder Phosphaten in der DNA-Kette normalerweise 6 Å (oder 0,6 nm) beträgt (Abbildung 2.2). Er kann nicht viel größer als 6,5 Å oder kleiner als 5,5 Å sein; andernfalls würden die starken Bindungen zwischen den Atomen zu sehr belastet. Der flache Teil einer DNA-Base ist 3,3 Å dick, und auch dieser Abstand kann kaum schwanken, denn die Basen sind chemisch starr und haben zwischen ihren Atomen starke, nicht flexible Bindungen. So bleibt eine „Lücke" von 2,7 Å zwischen den Basen, die irgendein öliges Objekt (und keinesfalls Wasser) füllen muss; andernfalls hätten wir hier ein Vakuum. Kurzum, die Basen hängen an einer Zucker-Phosphatkette, die zweimal so lang ist wie die Dicke der Base selbst.

Wie können wir diese unlöslichen Basen in das Innere eines DNA-Moleküls stecken, wo sie dem Wasser fern sind, und gleichzeitig die „Lücken" loswerden? Die nahe liegendste Form der DNA als Zusammenschluss zweier Ketten mit den Basen im Inneren ist eine Strickleiter. Ein Stück einer solchen hypothetischen Strickleiter ist in Abbildung 2.3 dargestellt. (Eine einzelne DNA-Kette könnte umklappen und allein ebenfalls eine Strickleiter bilden, doch diese Struktur wäre der abgebildeten so ähnlich, dass wir sie nicht gesondert betrachten müssen.) Bei unserem Strickleitermodell sind die zwei Basen von gegenüber liegenden Strängen auf eine Weise miteinander verbunden, die wir im Folgenden noch beschreiben werden, und halten die jeweiligen Phosphate auf einem Abstand von 18 Å. Die beiden Ketten sind zudem gegenläufig; die Gründe dafür werden wir ebenfalls noch erläutern. In dieser Hinsicht scheint alles zufriedenstellend zu sein, doch es bleiben immer noch viele „Lücken" zwischen den Basen jedes Stranges. Wie können wir diese loswerden?

Abbildung 2.4a zeigt eine mögliche Lösung: Man neigt die Leiter stark zu einer Seite. Sobald die Zucker-Phosphat-Ketten einen Winkel von etwa 30° zur Horizontalen einnehmen, verschwinden die Lücken, wie oben dargestellt. Die geometrische Erklärung liefert Abbildung 2.4b; sie zeigt ein rechtwinkliges Dreieck, das der Struktur genau ent-

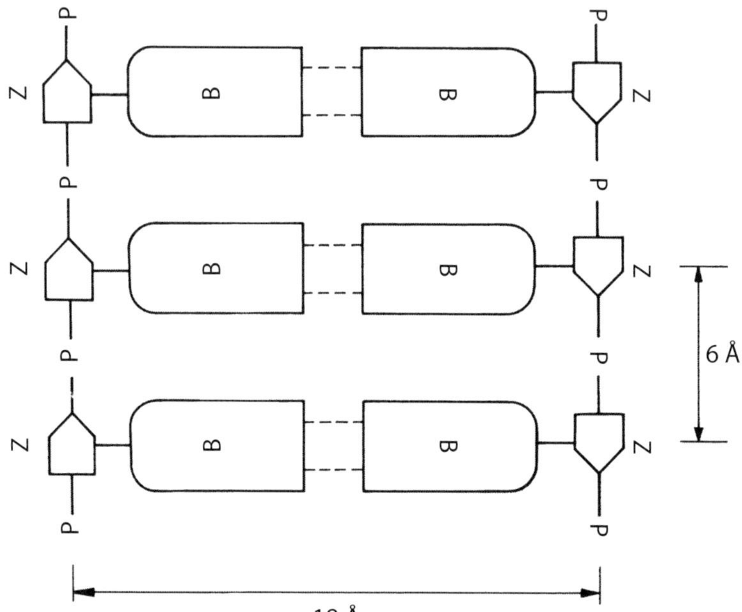

Abb. 2.3 Stück einer hypothetischen DNA-Strickleiter, gebildet aus miteinander verpaarten Basen zweier Ketten.

spricht. Die Phosphate sind entlang der Hypotenuse dieses Dreiecks mit einem Abstand von 6 Å miteinander verbunden, während die Basen mit Abständen von 3,3 Å entlang der rechten Seite aufsteigen. Die Seitwärtsverschiebung der Leiter pro Basenschritt von links nach rechts über das Papier lässt sich daher mit folgender Formel beschreiben:

$$x = \sqrt{(6^2 - 3{,}3^2)} = 5{,}0 \text{ Å}$$

Unsere schiefe Strickleiter ist offenbar eine ideale Lösung, um die Basen lückenlos gegen das Wasser abzuschirmen. Sie entspricht aber nicht ganz der Konformation, welche die DNA in der Natur einnimmt. Wie schon in Kapitel 1 erwähnt, hat die DNA die Form einer Spirale oder Helix. Die DNA-Doppelhelix ist eigentlich nichts anderes als eine um sich selbst gedrehte Strickleiter. Dabei bietet sie eine etwas andere Lösung desselben Problems: die Basen 3,3 Å auseinander zu halten und zwischen den Phosphaten 6 Å Zwischenraum zu lassen. Abbildung 2.5a zeigt eine vereinfachte Darstellung zweier Basenpaare aus unserer schiefen Leiter, Abbildung 2.5b dagegen zeigt, wie sich die Basen ebenso lückenlos aufeinanderstapeln können, wenn sie sich um eine imaginäre vertikale Achse herum zu einer Helix aufdrehen. Die beiden Ketten steigen aus der Horizontalen in exakt demselben Winkel auf wie vorher – etwa 30° –, liegen aber jetzt auf der Oberfläche eines Zylinders mit einem Durchmesser von 18 Å, und die Basenpaare im Inneren der Helix sind angeordnet wie die Stufen einer Wendeltreppe.

Warum bildet die DNA lieber eine Helix als eine schiefe Leiter? Unser gegenwärtiges Modell ist zu stark vereinfacht, um diese Frage überzeugend zu beantworten. Bauen wir aber ein exakteres Modell, in dem die einzelnen Atome zu erkennen sind, erkennen wir, dass es bei der schiefen Leiter zu viele zu enge Kontakte zwischen benachbarten Atomen

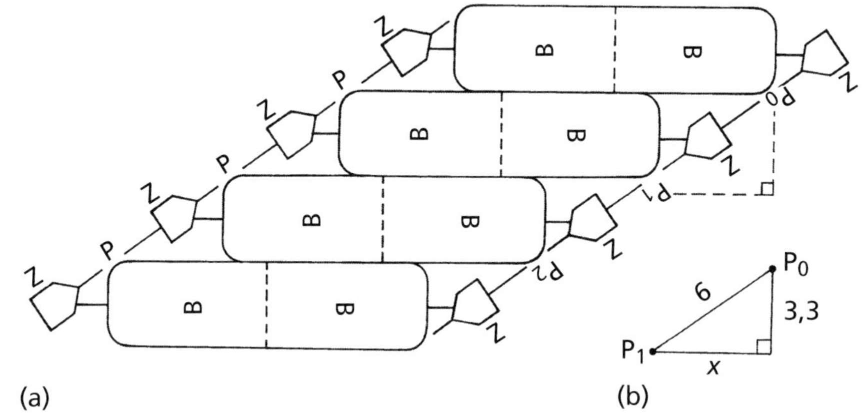

Abb. 2.4 Schräg liegende Leiter ohne Lücken zwischen den Basenpaaren. Teil b zeigt die zweidimensionale Geometrie dieser Leiter.

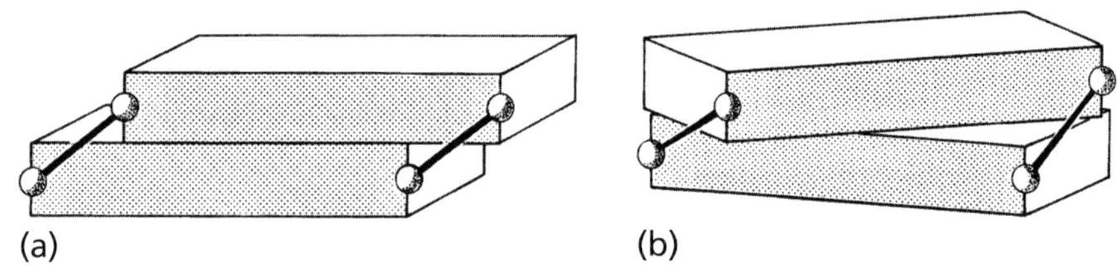

Abb. 2.5 a: Stapelung der Basenpaare wie bei der schräg liegenden Leiter aus Abb. 2.4; b: Stapelung der Basenpaare mit helikaler Drehung (*Twist*).

gibt. Dieses Modell muss also verworfen werden. Dennoch ist die „schiefe Leiter" ein hilfreiches Mittel, um sich die innere Struktur der DNA vorzustellen, denn sie hat verschiedene wichtige geometrische Merkmale mit der tatsächlichen DNA-Helix gemeinsam, liegt aber in einer Ebene und lässt sich daher leicht vorstellen.

Wenn wir nun in die dritte Dimension gehen und die Form einer DNA-Helix betrachten, ist deren Geometrie fast dieselbe wie bei unserer schiefen Leiter oben. Wir können eine Reihe der gedrehten Zwei-Basenpaar-Einheiten aus Abbildung 2.5b nehmen und sie übereinanderstapeln; so erhalten wir ein brauchbares Doppelhelixmodell der DNA. Abbildung 2.6a stellt ein solches Modell schematisch dar. Nur die ersten beiden Basenpaare werden gezeigt, aber außerdem zeigen wir alle Teile der Zucker-Phosphat-Ketten. Diese Ketten schlingen sich spiralförmig um eine imaginäre zylindrische Oberfläche mit einem Radius von 9 Å. Jeder Zuckerring ist als Punkt dargestellt. Abbildung 2.6b zeigt eine Seitenansicht des Zylinders mit nur einer der beiden Zucker-Phosphat-Ketten. Hier sind die Phosphate P_0, P_1, P_2 und so fort – von oben nach unten durchgezählt – als Kreise dargestellt, und dieselben Abstände von 6,0 Å, 3,3 Å und 5 Å, die wir in unserer schiefen Leiter finden, bezeichnen auch den Verlauf dieser Phosphate im Raum. Schließlich zeigt Abbildung 2.6c den DNA-Zylinder in Aufsicht entlang seiner Vertikalachse. Auch hier ist zur Vereinfachung nur eine Kette dargestellt, und die Phosphate dieser Kette sind mit P_0, P_1, ..., P_{10} bezeichnet. Jedes Phosphat liegt bei dieser Ansicht 3,3 Å weiter von uns entfernt als sein Vorgänger. Die Kette ist mit einer Unterbrechung zwischen P_{10} und P_0 dargestellt,

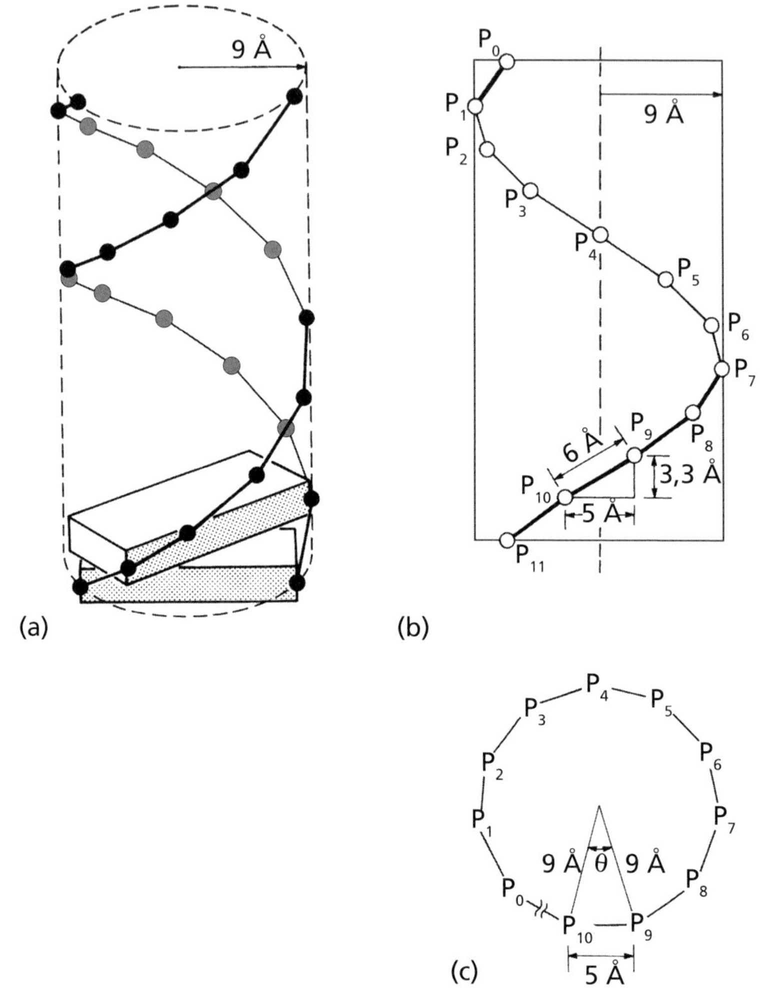

Abb. 2.6 Zucker-Phosphat-Ketten, die sich helikal um einen Zylinder wickeln, in drei verschiedenen Ansichten. Teil a zeigt Zuckerringe als schwarze oder graue Punkte, Phosphate dagegen als dünne Linien. Teil b zeigt Phosphate als Kreise und die Zucker als dünne Linien. Teil c zeigt den Zylinder in Aufsicht, die Blickachse entspricht hier der gestrichelten Linie aus Teil b.

weil P_{11} bei dieser Ansicht direkt hinter P_1 liegt: Es ist 11 x 3,3 Å = 36 Å weiter von uns entfernt, wenn wir sozusagen in das Papier hinein blicken.

Einfache Geometrie macht es uns möglich, den Winkel θ (*theta*) zu berechnen, um den sich jedes Phosphat relativ zu den benachbarten Phosphaten entlang der Helix verschiebt. Wie in Abbildung 2.6c gezeigt, ist der Abstand $x = 5{,}0$ Å die Basis eines gleichschenkligen Dreiecks, dessen Scheitelpunkt in der Mitte des Zylinders liegt und zu jedem Phosphat einen Abstand von 9 Å hat. Der Wert von θ lässt sich demnach herausfinden, wenn man eine maßstabsgetreue Zeichnung anfertigt, oder folgendermaßen berechnen: 2 x arcsin (2,5/9,0) = 32,3°. Jede Phosphat-zu-Phosphat-Rotation beträgt also bei einem

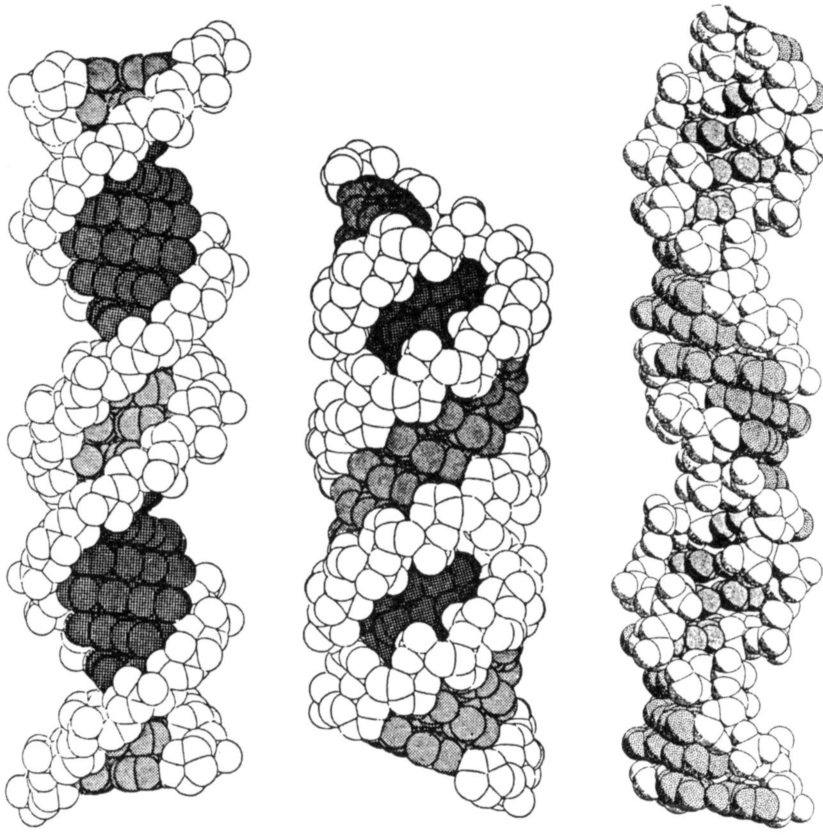

Abb. 2.7 Drei geläufige (aber stark idealisierte) Konformationen der DNA: „B" und „A" sind rechtsgewunden und weisen je Helixwindung zehn beziehungsweise elf Phosphate auf, „Z" ist linksgewunden und hat zwölf Phosphate je Windung. Tatsächliche rechtsgewundene DNA hat in wässriger Lösung durchschnittlich 10,5 Phosphate je Helixwindung, liegt also zwischen „B" und „A". Darstellungen von „A" und „B" aus C. J. Alden und S.-H. Kim im *Journal of Molecular Biology* 132 (1979) S. 411–434. Darstellung von „Z" aus H. R. Drew und R. E. Dickerson im *Journal of Molecular Biology* 152 (1981) S. 723–736 (Atome dort etwas kleiner).

Winkel von 32,3° 1/11 (32,3°/360°) des Kreisumfangs; darum haben wir in Abbildung 2.6c elf Phosphate abgebildet, um eine vollständige Windung der DNA darzustellen.

Das Ergebnis dieser einfachen Rechnung stimmt eng mit dem Experiment überein: Praktisch alle DNA-Doppelhelices besitzen in jedem Strang zwischen zehn und zwölf Phosphate pro Windung. So hat die bekannte A-Konformation der DNA (siehe Abbildung 2.7) elf Phosphate je Windung, die B-Konformation zehn und die Z-Konformation zwölf. Diese geringfügigen Unterschiede sind biologisch durchaus signifikant; wir werden uns später noch mit ihnen beschäftigen. Entscheidend ist hier aber, dass wir etwas Wichtiges über die innere Struktur der Helix erfahren haben. Einfach durch Untersuchung der Dimensionen der Basen und Zucker-Phosphat-Ketten und mit dem Wissen, dass die Basen

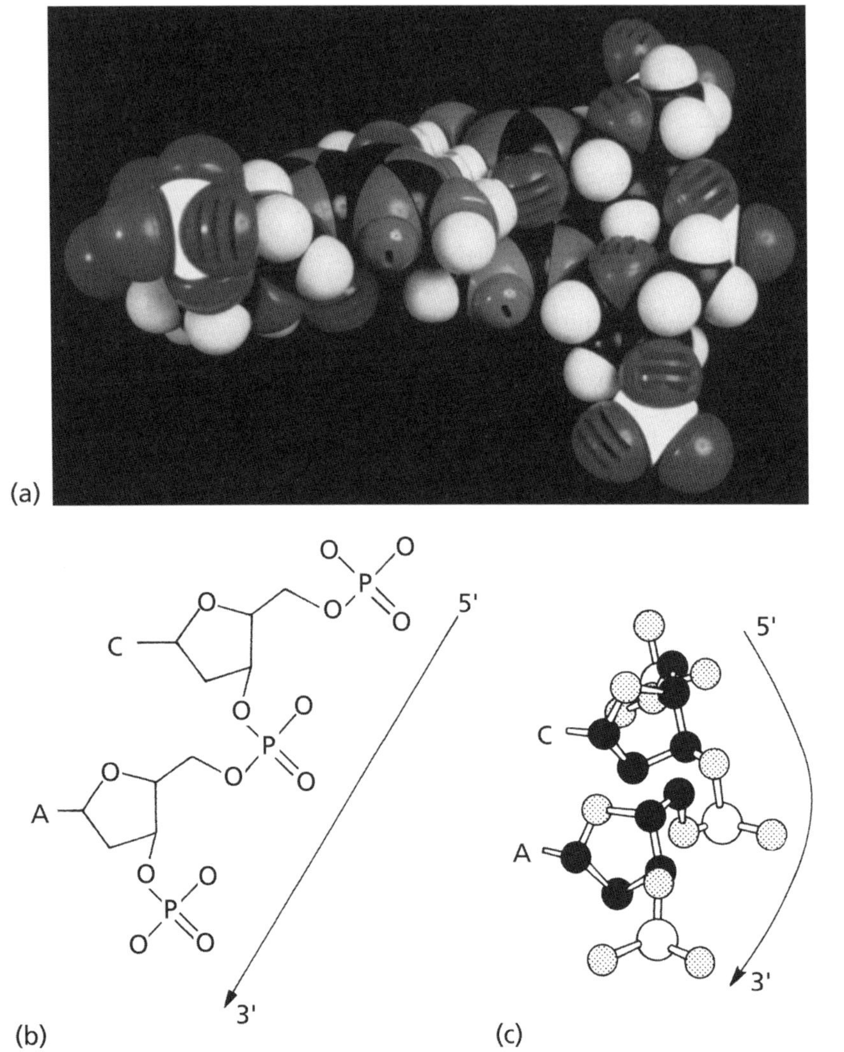

Abb. 2.8 a: Dreidimensionales Modell zweier aufeinander gestapelter Basenpaare mit anhängenden Zucker-Phosphat-Ketten; b: schematisches, zweidimensionales Bild der rechtsgewundenen Kette, die Basen Cytosin (C) und Adenin (A) sind nur als Buchstaben dargestellt; c: dreidimensionale Version von b in derselben Konfiguration wie a.

in Wasser nicht löslich sind (und deshalb eng zusammenrücken müssen), konnten wir bestimmen, dass die DNA eine Helix mit etwa elf Phosphaten je Windung bildet.

Einen Punkt haben wir bisher vernachlässigt: Wonach können wir entscheiden, ob sich unsere Helix rechts- oder linksherum dreht? Das heißt, ob sich die Phosphate mit oder gegen den Uhrzeigersinn aufwinden sollen? Es sind Beispiele für rechts- wie linksgewundene Doppelhelices bekannt: Bei der „Z“-Konformation (Abbildung 2.7) sollte man vielleicht eher von −12 Phosphaten je Windung sprechen als von +12, denn sie ist links- und nicht rechtsgewunden. Die meisten DNA-Helices sind jedoch rechtsgewunden, was in bestimmten Details der chemischen Struktur begründet ist.

Diese Details sind deutlich erkennbar, wenn wir exakte, dreidimensionale Modelle der DNA bauen: Die Atome passen nicht so einfach zusammen, wenn wir linksgewundene Versionen herzustellen versuchen. Nur ganz bestimmte Kombinationen von DNA-Basen können sich linksherum aufwinden. Und selbst dann sind die gebildeten Strukturen so kompliziert und schwer nachvollziehbar, dass wir in diesem Buch kaum auf sie eingehen werden.

Bevor wir weitergehen, sollten wir einige realistische Darstellungen der DNA betrachten, die sämtliche Atome umfassen. Abbildung 2.8a zeigt ein dreidimensionales Modell eines sehr kurzen Abschnittes rechtsgewundener DNA, der in etwa dem vereinfachter dargestellten Fragment aus Abbildung 2.5b oder einem kleinen Stück der „B"-Helix aus Abbildung 2.7 entspricht. Die Atome dieses Modells haben bestimmte Farben: Wasserstoff ist weiß, Kohlenstoff schwarz, Stickstoff blau, Sauerstoff rot und Phosphor gelb. Die Basen sind in der Mitte zu „Paaren" verbunden (siehe unten), Zucker und Phosphate liegen an der Außenseite. Solche Modelle finden bei Wissenschaftlern breite Anwendung, weil sie so exakt sind. Man könnte an diesem Modell sogar bei den Basen einen Abstand von 3,3 Å und bei den Phosphaten von 6 Å nachmessen und so unsere oben angestellte Berechnung überprüfen. Und wenn man versucht, die Basenpaare dieses Modells in die andere Richtung von rechts- auf linksgewunden zu drehen, brechen alle Bindungen der Atome auseinander.

Weitere detailliertere Darstellungen eines einzelnen DNA-Stranges zeigen die Abbildungen 2.8b und 2.8c. Hier sind die Atome (oder Atomgruppen) als Buchstaben oder Punkte abgebildet, beispielsweise P = Phosphor, O = Sauerstoff, C = Cytosin und A = Adenin, und die Bindungen zwischen den Atomen als Linien oder Stäbe. Auch die 5'–>3'-Richtung der Stränge ist ebenfalls dargestellt.

Wenden wir uns nun noch einmal Abbildung 2.7 zu, um die drei Konformationen der DNA genauer zu betrachten. Weil wir einiges über die innere Struktur der DNA wissen, können wir diese Modelle nachvollziehen. Bei allen dreien erkennen wir, dass die Basen das Innere der Helices komplett ausfüllen und dort erfolgreich den Kontakt mit dem umgebenden Wasser vermeiden, und dass sich die Zucker und Phosphate spiralförmig um die Außenseite jeder Helix winden, und zwar mit jeweils zehn bis zwölf Phosphaten pro Windung. Die „Z"-Konformation zeigt außerdem einige zackige Strukturen an ihrer Zucker-Phosphat-Kette, auf die wir an dieser Stelle jedoch nicht weiter eingehen wollen; sie entstehen durch Unregelmäßigkeiten in der Stapelung der Basen im Inneren der Helix. Mit Abbildung 2.8 als Leitfaden können Sie versuchen, einzelne Basen, Zucker und Phosphate oder sogar einzelne Atome in Abbildung 2.7 zu identifizieren, wenn Sie genügend Geduld aufbringen. Ausdrücklich sei gesagt, dass alle Bilder in den Abbildungen 2.7 und 2.8 gleichermaßen brauchbare Darstellungen derselben Sache sind; man mag das eine Bild dem anderen vorziehen, je nachdem, wie detailliert man die DNA darstellen möchte.

Bisher sind wir stets davon ausgegangen, dass die beiden Stränge einer DNA-Doppelhelix in gegenläufiger oder „antiparalleler" Richtung verlaufen (Abbildungen 1.7, 2.3 und 2.4), weil „parallele" Doppelhelices in der Natur nicht zu finden sind. Die Interaktionen oder Paarungen zwischen den Basen im Inneren der Helix erfordern in den meisten Fällen jene in der Natur vorkommende DNA aus antiparallelen Strängen. Einige Wissenschaftler haben kurze DNA-Moleküle synthetisch hergestellt, bei denen sich die Basen nur miteinander verpaaren können, wenn die Stränge parallel verlaufen; diese Ba-

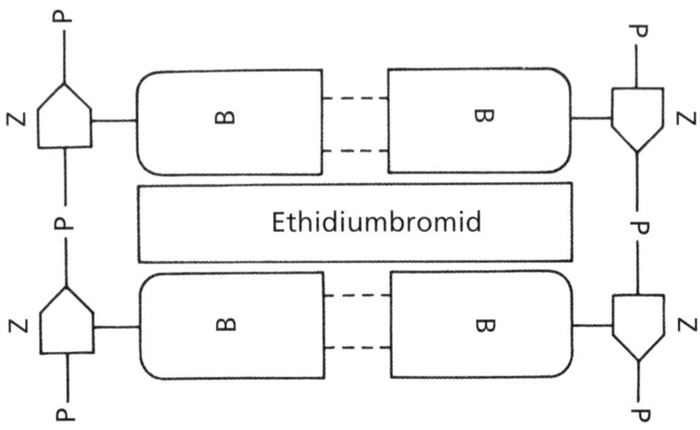

Abb. 2.9 Ethidiumbromid füllt den Raum zwischen zwei Basenpaaren (vgl. Abb. 2.3).

senpaare sind jedoch weitaus instabiler als bei den antiparallelen Strängen, wie man sie natürlicherweise findet.

Und noch ein Hinweis, bevor wir weitergehen: Wissenschaftler geben manchmal der DNA eine Substanz namens Ethidiumbromid zu, die unter ultraviolettem Licht hellrosa fluoresziert, besonders wenn sie sich mit DNA verbunden hat. So kann man genau erkennen, wo sich die DNA in bestimmten Präparationen befindet; Ethidiumbromid ist also eine wichtige Hilfe bei der Untersuchung von DNA. Wie verbindet sich die Substanz genau mit der DNA? Es handelt sich um ein öliges, größtenteils hydrophobes Molekül etwa von der Größe eines Basenpaares. Es kann den Kontakt mit Wasser vermeiden, indem es zwischen benachbarte Basenpaare entlag des Stranges schlüpft, wie in Abbildung 2.9 dargestellt. Wenn wir noch einmal Abbildung 2.3 betrachten, müssen wir davon ausgehen, dass sich die DNA lokal entwinden und eine normale „Strickleiter" bilden wird, damit das Ethidiumbromid hineinpasst; und tatsächlich ist es so, dass DNA plus Ethidiumbromid eine größtenteils entwundene Leiterstruktur hat. Diese Eigenschaft in Kombination mit der oben genannten Fluoreszenz macht Ethidiumbromid zu einem wichtigen Hilfsmittel der Wissenschaft bei der Erforschung der DNA.

Die Zucker-Phosphat-Ketten verdanken es ihrer *Flexibilität*, dass sie sich bei Zugabe von Ethidiumbromid von einer Spirale zu einer geraden Leiter verformen können. Diese Flexibilität ist von einer ungewöhnlichen und indirekten Art, die sich aus den in Abbildung 2.10 gezeigten Eigenschaften ergibt. In Abbildung 2.10a sehen wir, dass die Phosphatgruppe im Grunde einem starren Tetraeder entspricht, mit einem Phosphoratom im Zentrum und einem Sauerstoffatom an jeder Spitze. Erst wenn wir vom Phosphor weg entlang der Kette weitergehen, wie in Abbildung 2.10b, und an zwei der Sauerstoffatome jeweils ein Kohlenstoffatom hängen, können diese Kohlenstoffatome sich um die von der Phosphor-Sauerstoff-Bindung gebildete Achse drehen. Stellen Sie sich vor, Ihre Schulter sei das Phosphortatom, Ihr Ellbogen der Sauerstoff und Ihre Hand der Kohlenstoff. Natürlich können sich Ihre Hand und Ihr Unterarm relativ zur Schulter drehen, doch bei der DNA wäre der Winkel des Ellbogens starr. Alle Bestandteile der Zucker-Phosphat-Kette der DNA sind lokal starr, verfügen aber über diese Form der indirekten Rotationsflexibilität über mehrere Bindungen hinweg.

Wir sind nun fast am Ende unseres Exkurses über die grundlegenden Prinzipien, die über die Struktur der DNA bestimmen. Jetzt müssen wir nur noch herausfinden, wie

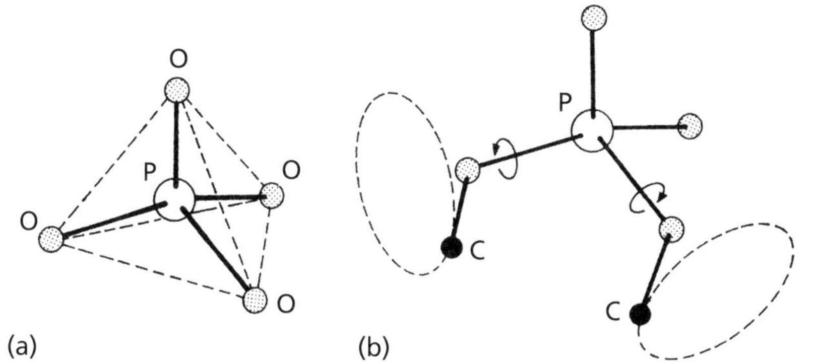

Abb. 2.10 a: Tetraedische Anordnung der Phosphatgruppe; Phosphoratome sind mit P, Sauerstoffatome mit O bezeichnet. b: Rotationsfreiheit für anhängende Glieder der Kette mit Kohlenstoffatom (C).

die Basen ganz im Inneren der Doppelhelix miteinander verbunden sind. James Watson und Francis Crick lösten dieses Problem im Jahre 1953, indem sie einige Regeln für die Bildung von Basenpaaren aufstellten. Sie sagten, dass die stabilsten Basenpaarungen A-T und G-C seien, wie in Abbildung 2.11a und b dargestellt. Ein Vorteil ihres Systems war, dass alle nach Watson und Crick möglichen Basenpaare, A-T, T-A, G-C und C-G, die gleiche Größe haben und daher problemlos in das Gerüst der normalen Doppelhelix passten. Zudem erklärte es auch, wie die Gene in der DNA bei der Zellteilung dupliziert (oder stabil vererbt) werden konnten. Jedesmal, wenn sich eine Zelle teilt und ihre DNA duplizieren muss, kann sie das einfach tun, indem sie die DNA in zwei Einzelstränge teilt; bestimmte Enzyme benutzen dann jeden dieser alten Stränge als „Schablone" für die exakte Synthese eines neuen Stranges, entsprechend den Watson-Crick-Regeln der Basenpaarung: A mit T und G mit C. (Mehr darüber in Kapitel 4.)

Einige der Bindungen zwischen den Atomen der A-, T-, G- und C-Ringe sind als doppelte Linien gezeichnet; dies sind die „Doppelbindungen", durch welche die Basenringe flach und starr werden. Beachten Sie auch, dass die CH_3- oder Methylgruppe am Thyminring bei der RNA fehlen; die entsprechende Base ohne Methylgruppe nennt man dort „Uracil" (siehe Abbildung 2.13 rechts und Legende).

Was aber ist die physikalische Grundlage dieser Watson-Crick-Regeln der Basenpaarung? Sie basieren auf der einfachen Tatsache, dass es in jeder DNA-Base einen kleinen Überschuss an negativer Ladung bei Stickstoff- und Sauerstoffatomen gibt, dort, wo sie *nicht* an Wasserstoff gebunden sind, und einen kleinen Überschuss an positiver Ladung an denselben Atomen dort, wo eine Bindung an Wasserstoff *besteht*. Betrachten wir beispielsweise das Basenpaar aus Adenin (A) und Thymin (T) aus Abbildung 2.11a. Die zwei Stickstoffatome, die an Zuckermolekülen hängen, nicht mitgezählt, gibt es drei Stickstoffatome im Adenin und zwei Sauerstoffatome im Thymin, die einen Überschuss an negativer Ladung aufweisen. Andererseits hat aber jeweils ein Stickstoffatom im Adenin und ein Stickstoffatom im Thymin einen Überschuss an positiver Ladung. Wir müssen also nur Plus und Minus zusammenbringen und dabei die „Wasserstoffbrückenbindungen" (H-Bindungen) schaffen, die hier als gepunktete Linien dargestellt sind.

Es gibt prinzipiell zwei Möglichkeiten einer solchen Paarung, die mit der Bildung einer Doppelhelix vereinbar sind. Sie werden als Watson-Crick- und als Hoogsteen-Basenpaarung bezeichnet. Die Watson-Crick-A-T-Paarung ist in Abbildung 2.11a dargestellt;

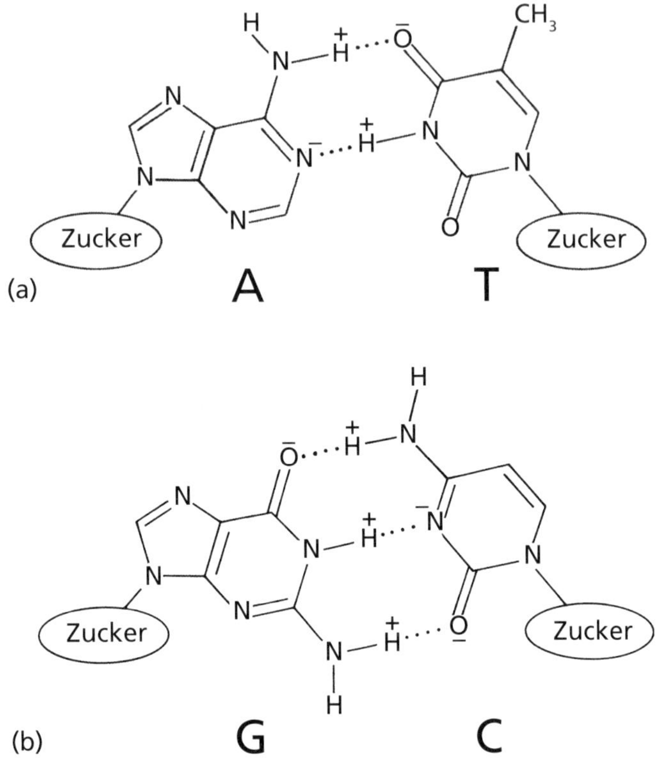

Abb. 2.11 Basenpaarung nach Watson und Crick mit Wasserstoffbrückenbindung. a: A-T; b: G-C. Die nicht gekennzeichneten Atome sind Kohlenstoffatome, die anderen sind Wasserstoff- (H), Stickstoff- (N) und Sauerstoffatome (O). Es sind nicht alle Wasserstoffatome abgebildet. Wasserstoffbrücken sind durch gepunktete Linien dargestellt. Die Symbole + und – stehen hier für elektrische Partialladungen von etwa 1/3 Elektron oder Proton, die typisch für Wasserstoffbrückenbindungen sind. Ein T-A-Basenpaar ist dasselbe wie ein A-T-Paar, nur seitenverkehrt.

Abbildung 2.12a zeigt die Hoogsteen-A-T-Paarung. Beide haben ungefähr dieselbe Stabilität; in beiden Fällen gibt es zwei Wasserstoffbrückenbindungen, die zwischen den Basen gezeichnet werden können. Man beachte, dass die Adeninbase 180° um die Bindung zum Zucker rotieren muss, um zwischen den beiden Formen der Paarung zu wechseln – so wie man einen Tennisschläger vom „harten" zum „weichen" Schlag dreht.

Die Geschichte dieser Basenpaarungen ist recht interessant. Watson und Crick fanden ihr A-T-Basenpaar während ihrer Suche nach der Doppelhelixstruktur der DNA, als sie mit Papierschnittmodellen von Basen herumspielten. (Ein paar Einzelheiten dazu schildern wir später in Kapitel 9.) Karst Hoogsteen versuchte zehn Jahre später, die Watson-Crick-Paarung von Adenin und Thymin nachzuweisen, indem er eine Lösung dieser beiden Basen erhitzte und sie dann langsam herabkühlte, um ein Kristall zu erzeugen; in seinem Kristall entdeckte er dann allerdings eine andere Form der Basenpaarung.

Watson-Crick- und Hoogsteen-Basenpaarungen für Guanin (G) und Cytosin (C) lassen sich ebenfalls so darstellen wie in den Abbildungen 2.11b und 2.12b. Dazu gibt es zweierlei anzumerken. Erstens hat das Watson-Crick-Guanin-Cytosin-Basenpaar drei H-Bindungen und nicht nur zwei wie die Paarung Adenin-Thymin; DNA-Doppelhelices

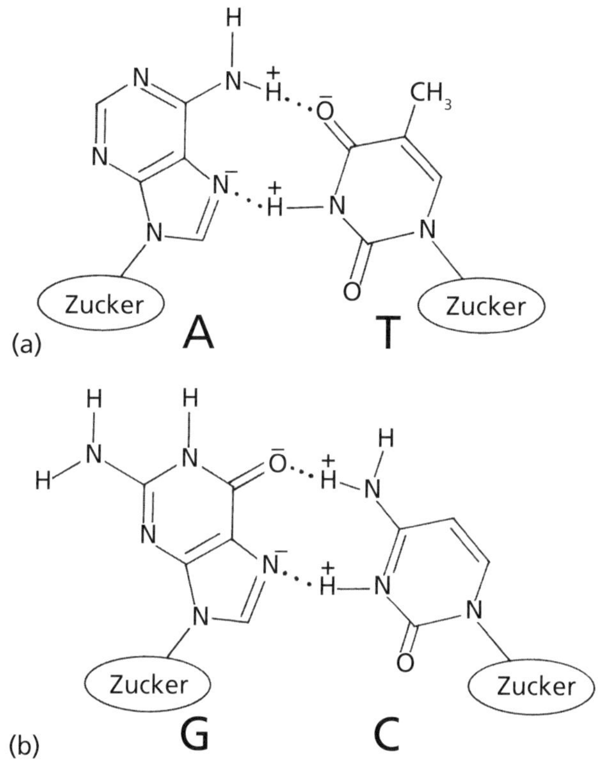

Abb. 2.12 Hoogsteen-Basenpaarung mit Wasserstoffbrückenbindung. a: A-T; b: G-C. Die Symbole + und – entsprechen Partialladungen, wie in Abb. 2.11. Die Hoogsteen-G-C-Paarung ist nur bei leicht saurem pH-Wert (um 4–5) stabil, weil sie die Protonierung eines Stickstoffatoms im Cytosin erfordert, also das Hinzufügen eines Wasserstoffatoms.

mit Guanin und Cytosin müssten also stabiler sein als die mit Adenin und Thymin. Zweitens ist die Hoogsteen-Guanin-Cytosin-Paarung nur bei niedrigem pH-Wert stabil, denn eines der Stickstoffatome des Cytosins muss protoniert (also mit einem Wasserstoffatom verbunden) werden, damit sich diese Struktur bildet. Der Idealwert für die Protonierung liegt bei einem pH-Wert von 5, ist also saurer als der normale pH-Wert von 7–8 in Zellen. Vor allem aus diesem Grund haben fast alle DNA-Doppelhelices Watson-Crick- und nicht Hoogsteen-Basenpaare; das Hoogsteen-G-C-Paar ist *bei neutralem pH-Wert nicht stabil*. Ein weiterer Grund ist, dass ein Watson-Crick-G-C-Paar mehr Wasserstoffbrückenbindungen (drei) hat als ein Hoogsteen-G-C-Paar (zwei). Im Prinzip müsste DNA, die ausschließlich die Basen A und T enthält, in beiden Formen relativ stabil sein, doch wurden bisher nur wenige Doppelhelices sicher nachgewiesen, die ausschließlich Hoogsteen-Paarungen aufwiesen. Zudem erscheint es unwahrscheinlich, dass Watson-Crick- und Hoogsteen-Paarungen so einfach in unmittelbarer Nähe innerhalb derselben Doppelhelix eingenommen werden könnten, denn die beiden Paarungsformen haben unterschiedliche Abstände zwischen ihren Zuckern.

Bis vor kurzem hätte es vollkommen ausgereicht, nur über Watson-Crick-Paarungen Bescheid zu wissen. Heute aber muss man auch die Hoogsteen-Paarungen kennen, weil

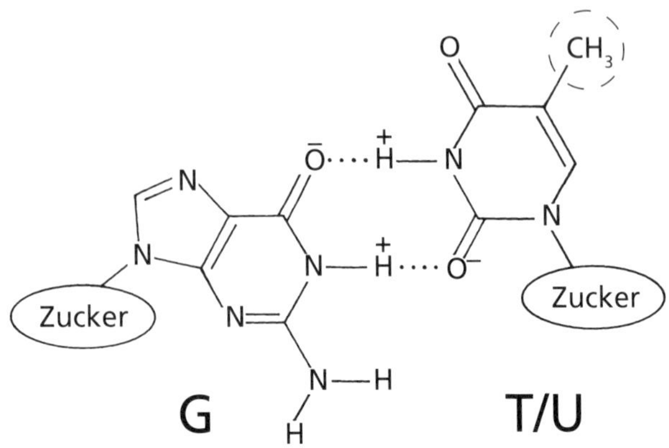

Abb. 2.13 Die Paarung von G und T gestattet zwei stabile H-Bindungen und eine Gesamtform, die den Watson-Crick-Paarungen aus Abb. 2.11a und b ähnelt. Ein ganz ähnliches Basenpaar, G und U (Uracil), wird regelmäßig benutzt, um Aminosäuren für die Proteinsynthese festzuschreiben, wie in Abb. 2.14 gezeigt. Wie in Kapitel 1 erläutert, ähnelt U der Base T, doch fehlt ihr die Methylgruppe CH_3, die hier in einem gestrichelten Kreis dargestellt ist.

solche Basenpaare gelegentlich in Komplexen aus DNA mit Krebstherapeutika auftauchen, ebenso wie in Tripelhelices, bei denen sich ein dritter DNA-Strang zu den ersten beiden gesellt. Das „Basentriplett“ hat dann sowohl Watson-Crick- als auch Hoogsteen-Paarungen: Versuchen Sie einmal, ein Triplett mit einem Adenin- und zwei Thymin-Molekülen zu zeichnen. Den beiden kalifornischen Wissenschaftlern Scott Strobel und Peter Dervan ist es tatsächlich gelungen, ein Hefechromosom sauber in zwei Hälften zu schneiden, indem sie einen dritten DNA-Strang erzeugten, der nur an eine spezifische Doppelhelixsequenz im gesamten Chromosom bindet; an diesen dritten Strang fügten sie dann ein Eisenatom, um die DNA in Teile „rosten“ (oder oxidieren) zu lassen.

Warum kann es keine anderen stabilen Basenpaare geben, etwa G und A oder C und T? Einige davon scheiden schon durch die Schwierigkeit aus, zwei oder mehr Wasserstoffbrücken zu bilden. Andere aber, wie Guanin (G) mit Thymin (T) oder Uracil (U), die in Abbildung 2.13 dargestellt sind, lassen sich aus diesem Grund nicht ausschließen. Die H-Bindungen schaffen ein Basenpaar, das insgesamt denen in Abbildung 2.11 ähnelt. Ein G-U-Paar ist auch wirklich durchaus stabil und wird benutzt, wenn die Transfer-RNA – das Molekül, das Aminosäuren für die Proteinsynthese transportiert – am Ribosom an die messenger-RNA bindet. Aus Kapitel 1 wissen wir, dass die DNA eine Kopie von sich selbst in Gestalt der RNA herstellt, und dass diese Kopie (oder „messenger-RNA“) aus dem Zellkern zur Proteinfabrik oder zum „Ribosom“ wandert. Dort binden daran eine Reihe verschiedener Transfer-RNA-Moleküle, von denen Abbildung 2.14 eines zeigt. Jede Art von Transfer-RNA enthält an einem Ende drei spezifische Basen und am anderen eine spezifische Aminosäure. Wenn diese drei spezifischen Basen an der Transfer-RNA Basenpaare mit drei benachbarten Basen in der messenger-RNA bilden können, wird die von der Transfer-RNA transportierte Aminosäure in die entstehende Proteinkette eingebaut.

Es gibt 4 x 4 x 4 = 64 mögliche Kombinationen von drei Basen in der messenger-RNA, doch finden sich manchmal nur 25 bis 30 verschiedene Arten von Transfer-RNA in einer Zelle. Mehrere Dreiersets von Basen in der messenger-RNA müssen sich demnach eine Transfer-RNA „teilen“, so wie sich zwei Vögel ein Nest teilen, wenn es nicht genug

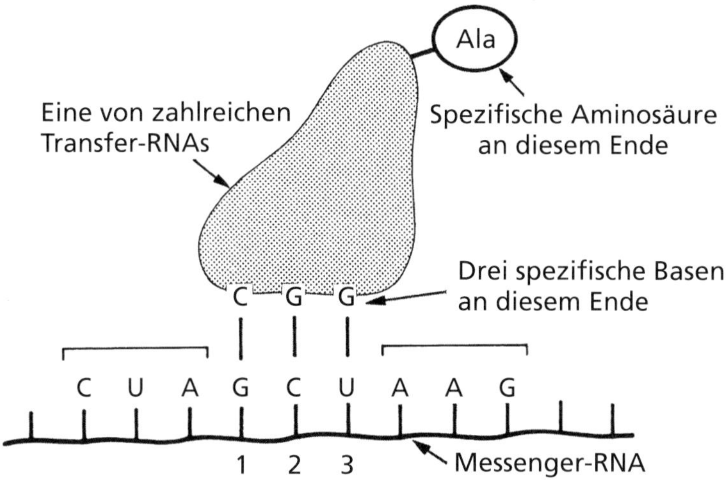

Abb. 2.14 Das Transfer-RNA-Molekül, das die Aminosäure Alanin transportiert, kann sein bevorzugtes Basentriplett in einem messenger-RNA-Strang mithilfe einer G-U- oder einer G-C-Basenpaarung an Position 3 erkennen.

Bäume gibt. Und wirklich ist die Transfer-RNA flexibel und akzeptiert jedes von zwei möglichen Basenpaaren in Position 3. Abbildung 2.14 zeigt ein Beispiel: Hier dient entweder eine RNA-Sequenz GCU mit einem „ungewöhnlichen" G-U-Paar oder aber eine Sequenz GCC mit einem „normalen" G-C-Paar dem Festschreiben einer bestimmten Aminosäure. Ein Guanin-Uracil-Basenpar ist nicht die einzige ungewöhnliche Paarung, die so benutzt wird; es gibt noch mehrere andere.

Das führt uns zu einer letzten Frage: Wenn all diese unterschiedlichen Basenpaarungen stabil genug sind, um von der Transfer-RNA beim Ankoppeln an die messenger-RNA benutzt zu werden, wie in Abbildung 2.14 gezeigt, warum findet man sie dann nicht auch in der DNA? Würden sie tatsächlich jedesmal benutzt, wenn sich eine Zelle teilt, würde sich die Basensequenz in der DNA drastisch verändern. Das geschieht aber offensichtlich nicht, denn heute wissen wir, dass schon wenige Veränderungen von G-C zu G-T an entscheidenden Stellen der DNA zu Krebs führen können. Die Natur bedient sich bestimmter Proteine zum „Korrekturlesen", um geringe Veränderungen der DNA-Sequenz bei der Replikation zu unterbinden. Die Enzyme, die von DNA DNA- oder RNA-Kopien herstellen, arbeiten sehr intelligent. Sie registrieren in verschiedenen Stadien der Synthese, ob irgend etwas falsch läuft, beispielsweise ob sie nach den Watson-Crick-Regeln der Basenpaarung eine falsche Base eingebaut haben oder dabei sind, das zu tun. Es gibt außerdem „Reparaturenzyme", die gelegentliche Kopierfehler oder „Fehlpaarungen" korrigieren. Die Natur unternimmt also viel, um Fehler bei der DNA-Kopierung zu vermeiden, auch wenn die Atome der DNA-Struktur gegenüber Fehlpaarungen relativ tolerant sind. Diese Enzyme erfüllen ihre Aufgabe sehr effizient, doch ihre Arbeitsweise ist bisher noch unbekannt.

Insgesamt haben wir in diesem Kapitel erfahren, dass die Unlöslichkeit der Basen in Wasser die DNA dazu bringt, eine Doppelhelix zu bilden und dass die Geometrie im Inneren der Helix von feinen Wechselwirkungen zwischen elektrischen Partialladungen der Basen bestimmt wird. Diese Wechselwirkungen allein reichen für ein exaktes Kopieren der DNA von Zellgeneration zu Zellgeneration nicht aus. Darum verfügen die Zellen über zahlreiche Enzyme, die den Kopiervorgang effizienter machen. Unübliche Basenpaarungen sind jedoch an anderen Stellen der Zelle nicht ungewöhnlich, etwa wenn Proteine über die Bindung von Transfer-RNA an messenger-RNA gebildet werden. Man muss sich also all dieser Möglichkeiten bewusst sein, um die innere Struktur der Nucleinsäuren vor dem Hintergrund ihrer biologischen Funktion richtig einzuschätzen.

Weiterführende Literatur

Abrescia, N. G.; Thompson, A.; Huynh-Dinh, T.; Subirana, J. A. *Crystal structure of an antiparallel DNA fragment with Hoogsteen base pairing.* In: *Proceedings of the national Academy of Sciences, USA* 99 (2002) S. 2806–2811. Über einen kurzen d(ATATAT)-Doppelhelixabschnitt, der ausschließlich Hoogsteen-A-T-Basenpaare enthält.

Arnott, S. *The geometry of nucleic acids.* In: *Progress in Biophysics and Molecular Biology* 21 (1970) S. 265–319. Zusammenfassung früher röntgenanalytischer Untersuchungen an fibrösen DNA-Proben.

Chaires, J. B.; Waring, M. J. *Drug-nucleic acid interactions.* In: *Methods in Enzymology* 340 (2001). Exzellente Zusammenfassung der neuesten Techniken und Ergebnisse zu DNA und Arzneimitteln.

Dickerson, R. E.; Drew, H. R.; Conner, B. N.; Wing, R. M.; Fratini, A. V.; Kopka, M. L. *The anatomy of A-, B- and Z-DNA.* In: *Science* 216 (1982) S. 475–485. Zusammenfassung der ersten Röntgenanalyse von DNA in Einzelkristallen.

Matray, T. J.; Kool, E. T. *A specific partner for abasic damage in DNA.* In: *Nature* 399 (1999) S. 704–707. Zur Bedeutung der richtigen Größe und Form für den Einbau von Basen in eine Doppelhelix durch Polymerase-Enzyme.

Saenger, W. *Principles of Nucleic acid Structure.* New York (Springer) 1984. Umfassender Überblick über die veröffentlichte Literatur zur DNA-Struktur bis in die frühen 1980er Jahre.

Schwartz, T.; Rould, M. A.; Lowenhaupt, K.; Herbert, A.; Rich, A. *Crystal structure of the Zα domain of human editing-enzyme ADAR1 bound to left-handed Z-DNA.* In: *Science* 284 (1999) S. 1841–1845. Zur möglichen biologischen Bedeutung linksgewundener DNA als Substrat für das RNA-edierende Enzym Adenosin-Desaminase.

Wan, C.; Fiebig, T.; Schiemann, O.; Barton, J. K.; Zewail, A. H. *Femtosecond direct observation of charge transfer between bases in DNA.* In: *Proceedings of the National Academy of Sciences, USA* 97 (2000) S. 14052–14055. Untersuchung zur Bewegung von Elektronen zwischen benachbarten Basenpaaren in der DNA über sehr kurze Zeitabschnitte.

Wittung, P.; Nielsen, P. E.; Buchardt, O.; Egholm, M.; Norden, B. *DNA-like double helix formed by peptide nucleic acid.* In: *Nature* 368 (1994) S. 561–563. DNA-Basen bilden selbst dann Doppelhelixstrukturen, wenn sie an eine Peptidkette gebunden sind und nicht an Zucker und Phosphate.

Bibliographie

Hoogsteen, K. *Structure of a crystal containing a hydrogen-bonded complex of 1-methylthymine and 9-methyladenine.* In: *Acta Crystallographica* 12 (1959) S. 822f. Über die Entdeckung eines alternativen Paarungsschemas von A und T.

Strobel, S. A.; Dervan, P. B. *Site-specific cleavage of a yeast chromosome by oligonucleotide-directed triple-helix formation.* In: *Science* 249 (1990) S. 73–75. Über den Einsatz einer Tripelhelix mit angehängtem Eisen- (Fe-) Atom, um Chromosomen-DNA einer Hefe in zwei Teile zu „verrosten".

Watson, J. D.; Crick, F. H. C. *A structure for deoxyribose nucleic acid.* In: *Nature* 171 (1953) S. 737f. Erste Aufstellung der Regeln zur Basenpaarung von A mit T und G mit C und erste Beschreibung eines doppelsträngigen Doppelhelixmodelles der DNA.

Wilkins, M. H. F.; Stokes, A. R.; Wilson, H. R. *Molecular structure of deoxypentose nucleic acids.* In: *Nature* 171 (1953) S. 738–740. Erster Begleitartikel zu Watson und Crick (siehe oben) mit einer Theorie zur Diffraktion von Helices.

Franklin, Rosalind E.; Gosling, R. G. *Molecular configuration of sodium thmyonucleate.* In: *Nature* 171 (1953) S. 740f. Zweiter Begleitartikel mit einem klaren röntgenanalytischen Diffraktionsbild der „B-Struktur".

Aufgaben

2.1a Auf dem Planeten P enthalten alle Lebewesen ein DNA-ähnliches Doppelhelixmolekül ganz ähnlich dem auf der Erde, nur besteht das Molekül auf Planet P ausschließlich aus den beiden Nucleotiden A und G. A-G ist also das einzige Schema der Basenpaarung, und die großen A-G-Basenpaare bringen einen Abstand von 20 Å zwischen den beiden Zucker-Phosphat-Ketten mit sich. Passen Sie die in Abb. 2.4 und 2.6 gezeigten Berechnungen an, um den helikalen Drehwinkel und die Zahl der Basenpaare je Windung für die spezielle DNA des Planeten P zu schätzen.

b Auf dem Planeten Q enthält das DNA.Molekül vier Nucleotide, nämlich A, G, C und T, wie auf der Erde. Hier ist jedoch die Zucker-Phosphat-Kette zwischen den Phosphaten 7 Å lang (auf der Erde nur 6 Å), weil jede Nucleotideinheit ein zusätzliches Kohlenstoffatom enthält. Vorausgesetzt, die Basenpaarung erfolgt nach dem Watson-Crick-Schema, wie viele Basenpaare wären dann je Doppelhelixwindung der DNA auf dem Planeten Q zu erwarten?

c Auf dem Planeten R gleicht das genetische Molekül exakt dem terrestrischen, doch die Ozeane auf diesem Planeten sind leicht sauer (pH 4), sodass die Basenpaare A-T und G-C meist dem Hoogsteen-Schema entsprechen (Abb. 2.12). Die Zucker-Phosphat-Ketten winden sich deshalb um einen imaginären Zylinder mit einem Durchmesser von 16 Å. Schätzen Sie, wie viele Basenpaare es je Helixwindung bei der DNA des Planeten R gibt.

2.2 Die idealisierte B-Konformation der DNA hat einen helikalen Drehwinkel von 36° und eine „Steigung" von 3,3 Å (in Achsenrichtung) pro Basenpaarstufe (siehe Abb. 2.7). Wenn sich ein Molekül des Arzneimittels Ethidiumbromid in eine DNA-Stufe einfügt, so wie es in Abb. 2.9 dargestellt ist, verlängert es die DNA um 3,3 Å und vermindert gleichzeitig den helikalen Drehwinkel um 26°, also von 36° auf 10°.
Berechnen Sie die Gesamtlänge eines 100-Basenpaar-Segments von DNA in B-Konformation und die Gesamtzahl der helikalen Windungen:

a ohne Ethidiumbromid
b mit einem Ethidiumbromidmolekül alle zehn Basenpaare
c mit einem Ethidiumbromidmolekül alle zwei Basenpaare.
(Fall c entspricht der größtmöglichen Menge an Ethidiumbromid, die DNA aufnehmen kann.)

2.3 Unter bestimmten Umständen kann die DNA eine Tripelhelix formen, indem sie plane, mit Wasserstoffbrücken verbundene Basentripletts statt der üblichen Basenpaare bildet. Konstruieren sie ein solches Triplett aus einem A und zwei T in zwei Versionen, wobei jedes Thymin über zwei H-Bindungen mit dem Adenin verbunden ist.

a Beginnen Sie mit dem A-T-Basenpaar aus Abb. 2.11a und fügen Sie ein zweites T am „unbesetzten" oberen Rand des A durch einfaches Verschieben der ersten T-Base auf der Ebene des Papiers hinzu.
b Beginnen Sie mit dem üblichen A-T-Basenpaar, wie zuvor, doch drehen Sie nun das erste T-Molekül auf die andere Seite, bevor Sie es verschieben, um so das zweite T zu erzeugen.
Welche der neuen Paarungen ist der Hoogsteen-Anordnung aus Abb. 2.12a äquivalent?
(Hinweis: Arbeiten Sie mit einer Kopie von Abb. 2.11a und benutzen Sie Pauspapier – von beiden Seiten – für das zweite T. Beachten Sie, dass jedes Sauerstoffatom des Thymins als Akzeptor für Sauerstoffbrückenbindungen dienen kann.)

2.4 Untersuchen Sie mögliche G-A-Basenpaare wie folgt: Beginnen Sie mit der G-Base aus Abb. 2.13 mit ihrem Schema der H-Bindung, und benutzen Sie A-Basen mit dem H-Bindungsschema aus den Abb. 2.11a und 2.12a, aber jeweils „umgedreht". Arbeiten Sie mit Pauspapier. Unterscheiden sich die beiden verschiedenen G-A-Paare sehr in dem Abstand zwischen ihren Zuckerringen?

2.5 Der Drei-Basen-Code in einer DNA- oder messenger-RNA-Kette (siehe Tab. 1.1) wird mithilfe verschiedener Transfer-RNA-Moleküle gelesen, wie in Abb. 2.14 schematisch dargestellt. Dort ist ein bestimmtes Transfer-RNA-Molekül gezeigt, das die messenger-RNA-Sequenz GCU (entsprechend GCT in der DNA) erkennt; dieselbe Transfer-RNA kann aber auch die Sequenz GCC erkennen, wenn sie ein übliches G-C statt des eher unüblichen G-U-Paares in Position 3 auf der messenger-RNA benutzt.

a Angenommen, eine bestimmte Zelle verfügt über 32 verschiedene Arten von Transfer-RNA-Molekülen, von denen jedes eine von 20 möglichen Aminosäuren an seinem entfernten Ende trägt. Wie viele verschiedene Basentripletts in der messenger-RNA-Kette müsste jede Transfer-RNA erkennen, damit alle für das Zellwachstum nötigen Proteine gebildet werden können?

b Was ist die kleinste Zahl unterschiedlicher Transfer-RNA-Moleküle, die eine Zelle benutzen könnte, ohne ihre Funktion zu verlieren? Wie viele Tripletts müsste jedes spezielle Transfer-RNA-Molekül dann im Durchschnitt erkennen?

3 Verschiedene Arten von Doppelhelix

Im vorangegangenen Kapitel haben wir zweierlei Dinge erfahren: warum die DNA eine Doppelhelix bildet und wie sich die Basen im öligen, wasserunlöslichen Inneren der Helix zu „Basenpaaren“ zusammenfinden. Die treibende Kraft dabei ist, wie gezeigt wurde, die Notwendigkeit für die Basen, dem Wasser aus dem Wege zu gehen und sich mit anderen Basen im Zentrum der Helix zu verbinden. Allerdings können sie sich dabei nicht einfach aufeinander stapeln, sondern müssen sich leicht gegeneinander drehen, weil sie mit Zucker-Phosphatketten verbunden sind, die bei jeder Base doppelt so lang sind wie die Dicke der Base selbst.

All diese Aspekte könnte man als „Einflüsse erster Ordnung“ auf die Struktur der DNA bezeichnen. Wenn Sie jetzt aber hoffen, sich nicht mit „Einflüssen zweiter Ordnung“ auseinander setzen zu müssen, weil das Wissen über die Effekte erster Ordnung womöglich ausreicht, dann hoffen Sie vergebens. Wir müssen auch einiges über Einflüsse zweiter Ordnung wissen, um viele der biologischen Aufgaben der DNA zu verstehen, etwa wie Promotoren arbeiten, wie sich DNA zu Chromosomen aufwickelt und sogar wie DNA an „Repressorproteine“ bindet, die beeinflussen, wie gut ein Promotor arbeitet. Wie schon in den Kapiteln 1 und 2 erwähnt, stellt die DNA in jedem Gen eine RNA-Kopie von sich selbst her, die dann ihrerseits ein Protein herstellt; ein „Promotor“ ist ein kurzer DNA-Abschnitt nahe dem Gen, welcher der Zelle mitteilt, wie viele RNA-Kopien und somit wie viel Protein zu bilden ist.

Bei unserer Betrachtung der Einflüsse zweiter Ordnung auf die Struktur der DNA werden wir uns auf drei Gesichtspunkte beschränken: erstens, wie die Basen einen „Propeller-Twist“ vollziehen, damit so viel wie möglich von ihrer öligen, flachen Oberfläche dem Kontakt mit Wasser entgeht, zweitens, wie sich die Basenpaare in verschiedener Weise aufeinander stapeln, je nach ihrer Anordnung oder Sequenz, und drittens, wie sich bestimmte geringe Bewegungen der Basenpaare über eine Reihe solcher Paare hinweg so akkumulieren können, dass verschiedene Arten von Doppelhelix entstehen.

Im vorigen Kapitel haben wir erfahren, dass die Basen im Inneren der Helix geordnete Paare bilden, wobei die Zucker und Phosphate an der Außenseite bleiben, und dass jedes Basenpaar gegen seinen Nachbarn eine Drehung (Twist) von etwa 32° vollzieht, ähnlich den Stufen einer Wendeltreppe. Diese Rotation erfolgt rechtsherum oder im Uhrzeigersinn voranschreitend, wie in Abbildung 3.1 gezeigt – wie bei einem gewöhnlichen Korkenzieher.

Die Basenpaare sind fast immer vom Watson-Crick-Typ, es verbinden sich Guanin (G) und Cytosin (C) beziehungsweise Adenin (A) und Thymin (T; siehe Abbildung 3.2). Die Basen A und G bezeichnet man als „Purine“; sie sind größer als die Basen C und T, die man „Pyrimidine“ nennt. Die Gesamtgröße eines Basenpaares aber ist bei allen vier möglichen Kombinationen praktisch gleich. Die offensichtliche Schlichtheit dieser Anordnungen führte Wissenschaftler einst zu der Annahme, dass die Basensequenz der DNA deren dreidimensionale Struktur nicht beeinflussen könne, weil sich alle vier

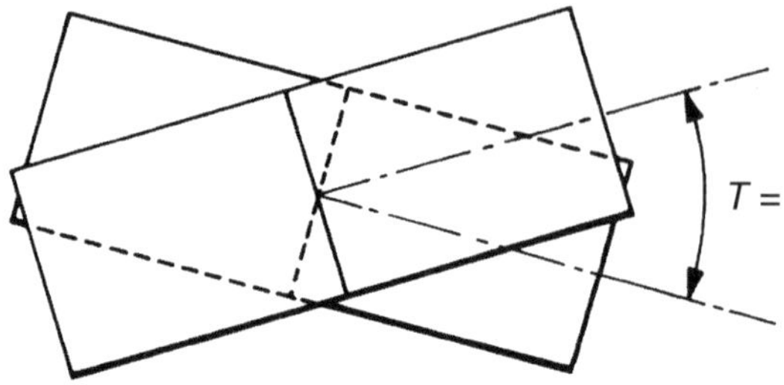

Abb. 3.1 Zwei Basenpaare, um 32° im Uhrzeigersinn gegeneinander verdreht: Die zur „kleinen Furche" gewandten Seiten sind als dicke schwarze Striche gezeichnet, wie in Abb. 3.5. Wie in Abb. 2.11 sind die Basenpaare hier parallel zum Papier dargestellt.

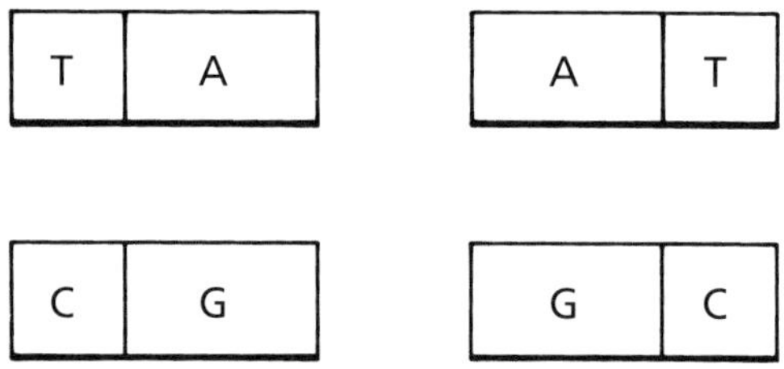

Abb. 3.2 Vier mögliche Basenpaare vom Watson-Crick-Typ, jeweils aus einem großen Purin (A, G) und einem kleinen Pyrimidin (T, C) bestehend und aus derselben Perspektive dargestellt wie Abb. 3.1.

Arten von Basenpaaren in eine vollkommen einförmige doppelhelikale „Treppe" fügen würden. Diese Annahme beruhte jedoch auf keinerlei haltbaren Beweisen und hat sich inzwischen als falsch herausgestellt. So hat man in den zahlreichen hoch auflösenden Karten der DNA-Struktur, die seit 1980 erstellt wurden, in natürlichen DNA-Molekülen Drehwinkel (Twistwinkel) der Basenpaare gefunden, die von 20° bis 50° reichten; der Mittelwert lag bei 34°. Dieser Mittelwert kommt unserer Prognose von 32° recht nahe, die auf der einfachen, in Kapitel 2 vorgestellten Theorie basiert. Diese Theorie erster Ordnung sagte jedoch nichts über eine Abweichung des Twistwinkels von 32° hin zu anderen Werten voraus, und ganz gewiss nicht über eine Schwankungsbreite von 20° bis 50°, wie man sie meist beobachtet. Offensichtlich müssen wir eine Theorie entwickeln, die diese zweitrangigen Effekte mit berücksichtigt, bevor wir behaupten können, die Struktur der DNA wirklich zu verstehen.

Unser Ausgangspunkt für die Theorie zweiter Ordnung ist eher unauffällig: Offenbar bewirkt die nicht unerhebliche Drehung benachbarter Basenpaare gegeneinander, ihr Twist, dass nicht die gesamte Oberfläche jedes Basenpaares dem Kontakt mit Wasser entgehen kann. Es sind also nur die zentralen, überlappenden Anteile der Basenoberflächen in Abbildung 3.1 vom Wasser abgeschirmt, nicht aber die vier darüber hinausragenden, dreieckigen Anteile. Wenn wir die beiden rechten Basen in Abbildung 3.1 von der rechten Kante der Buchseite aus betrachten – mit der Schmalseite in der Ebene des Papiers –, so sehen wir die in Abbildung 3.3a gezeigte Anordnung. Zusammen betrachtet zeigen die Abbildungen 3.1 und 3.3a, dass benachbarte Basenpaare im Inneren des Stapels gut überlappen, in den äußeren Bereichen aber mangelhaft; dort sind sie dem Wasser ausgesetzt.

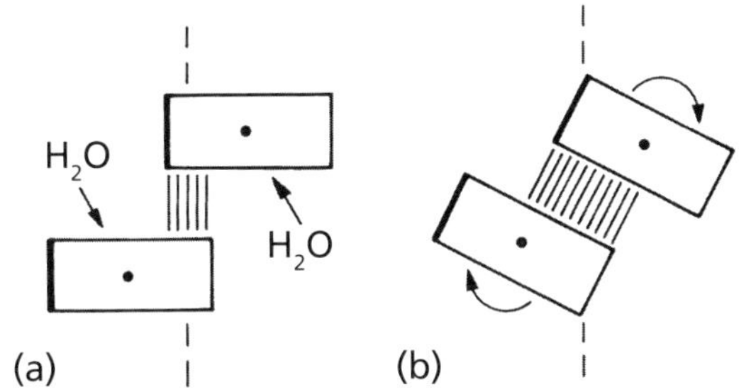

Abb. 3.3 Ein Propeller-Twist wie in b gestattet eine größere Überlappung innerhalb desselben Stranges und reduziert die Fläche, auf der die Basen mit Wasser Kontakt haben.

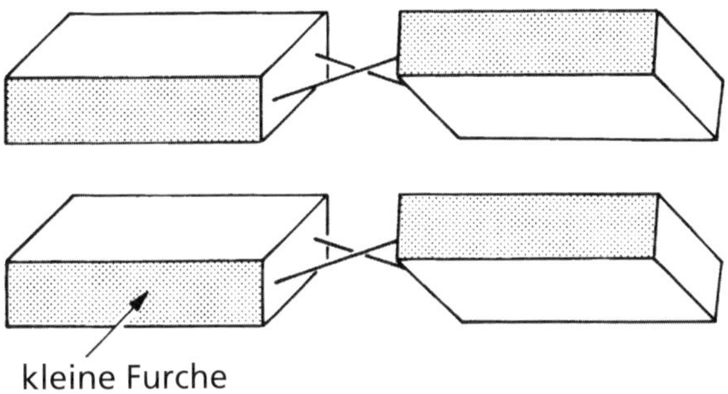

Abb. 3.4 Basenpaare mit Propeller-Twist. Man beachte, dass die H-Bindungen zwischen den Basen dadurch verdreht sind, aber intakt bleiben. Die Seiten zur kleinen Furche hin sind schattiert.

Wie ließe sich diese Situation verbessern? Eine Lösung wäre es, jede der in Abbildung 3.3a gezeigten Basen im Uhrzeigersinn um ihre Längsachse zu rotieren, die bei diesem Betrachtungswinkel in die Ebene des Papiers hineinragt. Eine solche Bewegung zeigt Abbildung 3.3b; dort ist jede Base leicht um ihren End-Mittelpunkt rotiert, der als schwarzer Punkt bezeichnet ist. Die Stapelung ist nun effektiver, denn das Wasser wird von einem größeren Anteil der Oberfläche beider Basen abgehalten. Wenn Sie sich diese Bewegung nicht recht vorstellen können, strecken Sie beide Arme vor sich aus und halten sie beide Hände horizontal übereinander, die rechte über der linken. Die Spitzen ihrer Mittelfinger sollten direkt senkrecht übereinander liegen. Verschieben Sie nun die rechte Hand um etwa 5 cm nach rechts, sodass sie nicht mehr ganz über der linken liegt. Rotieren sie nun beide Hände in den Handgelenken im Uhrzeigersinn um etwa 20° – wie Sie sehen, „bedecken“ sich die Hände jetzt wieder viel besser als vorher.

Nun können die beiden Basen auf der linken Seite von Abbildung 3.1 ebenfalls um ihre Längsachse rotieren, um Wasser fern zu halten, aber ihre Rotation muss (aus der Perspektive von Abbildung 3.3) entgegen dem Uhrzeigersinn erfolgen, um dasselbe Ergebnis zu erzielen. Alle vier Basen aus Abbildung 3.1 sind in Abbildung 3.4 zusammen dargestellt. In diesem Bild erinnert jedes Basenpaar ein wenig an einen altmodischen Flugzeugpropeller, denn die Basen auf der linken und der rechten Seite drehen sich in entgegengesetzte Richtungen. Darum bezeichnet man diese Bewegung in ihrer Gesamtheit als „Propeller-Twist“. Ihr Drehsinn entspricht dem einer Schraube mit Linksgewin-

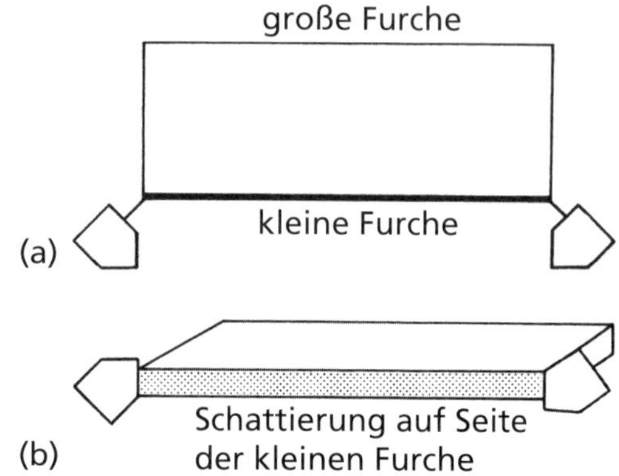

Abb. 3.5 Zwei Ansichten eines Basenpaares mit Darstellung der Ausrichtung der Zucker-Phosphat-Ketten, wie in den Abb. 2.3 und 2.4. Nach unserer Konvention sind die Ränder auf der Seite zur kleinen Furche hin schattiert. Das Basenpaar ist hier als rechteckiger Block dargestellt.

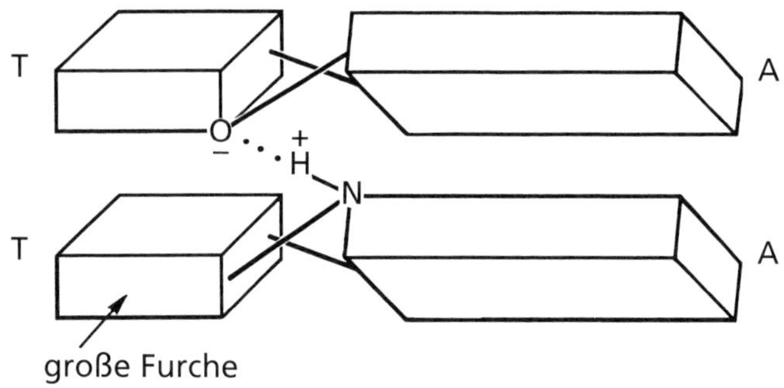

Abb. 3.6 A-T-Basenpaare mit Propeller-Twist, die eine zusätzliche H-Bindung zwischen den Basenpaaren in der großen Furche aufweisen, wie von Hillary Nelson postuliert (vgl. Abb. 2.11a).

de, wenn man entlang des Basenpaares von einer Base zu ihrer Partnerin weitergeht.[1] Der Propeller-Twist verdreht offensichtlich auch die H-Bindungen, welche die beiden Basen zusammenhalten und in Abbildung 3.4 schematisch als zwei Linien dargestellt sind; diese schwachen Bindungen können jedoch eine gewisse Drehung dieser Art hinnehmen, wenn der Winkel des Propeller-Twist nicht zu groß ist.

Generell ist ein solcher Propeller-Twist überdurchschnittlich ausgeprägt in Doppelhelixregionen, die vor allem A-T-Basenpaare enthalten (typischerweise mit Winkeln zwischen 15° und 25°), aber weniger stark in Helixregionen, die hauptsächlich G-C-Paare enthalten (Winkel zwischen 5° und 15°).

Beachten Sie auch, dass wir eine Seite jeder Base in Abbildung 3.4 schattiert und eine davon mit „kleine Furche" bezeichnet haben. Einer Konvention nach wird eine Seite eines Basenpaares als „Seite der kleinen Furche" und eine als „Seite der großen Furche" bezeichnet. Warum diese Benennung? Wie in Abbildung 3.5a gezeigt, liegen die beiden

[1] Siehe Anmerkung am Ende dieses Kapitels.

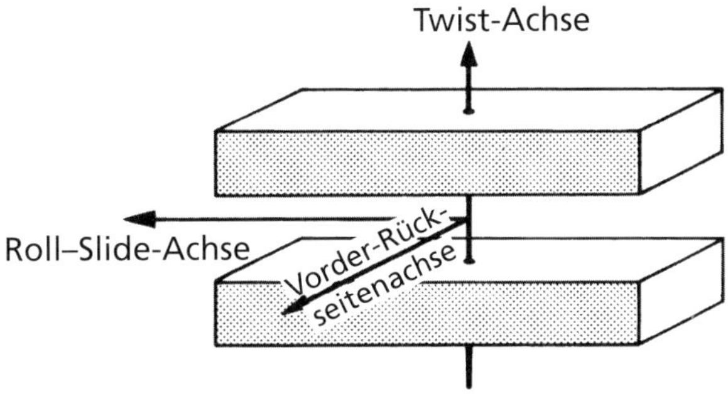

Abb. 3.7 Lokale Referenzachsen für zwei benachbarte Basenpaare, entsprechend der Mathematik von Leonhard Euler.

Zuckermoleküle, mit denen ein Basenpaar verbunden ist, einer Seite dieses Paares näher als der anderen. Der Rand, der einer zwischen den beiden Zuckern gezogenen imaginären Linie näher ist, wird als „Seite der kleinen Furche" bezeichnet, der andere als „Seite der großen Furche". Konventionsgemäß werden wir die Seite der kleinen Furche eines Basenpaares in unseren Zeichnungen stets schattieren, so wie Abbildung 3.5b es zeigt.

Weshalb benutzen wir hier den Begriff „Furche"? Frühe Strukturmodelle der DNA zeigten einen Zylinder mit zwei leeren, spiralförmigen Furchen zwischen den Zucker-Phosphat-Ketten. Eine dieser Furchen – die „kleine" – war kleiner als die andere. Diese Furchen sind im Modell der B-Konfiguration in Abbildung 2.7 zu erkennen. Bei einigen der Helices, mit denen wir uns beschäftigen werden, erwies sich allerdings die „kleine" Furche als genauso groß oder sogar größer als die „große" Furche; man betrachte nur einmal die A-Konfiguration aus Abbildung 2.7. Dieser Schwierigkeit gehen wir aus dem Weg, indem wir stattdessen von der *Seite* der kleinen Furche bei den Basenpaaren selbst sprechen.

Natürlich können wir die Basenpaare ebenso von der Seite der großen Furche aus betrachten. Ein Beispiel dafür gibt Abbildung 3.6; dort ist die uns zugewandte und mit „große Furche" bezeichnete Seite nicht schattiert. Zudem erkennen wir in dieser Zeichnung, dass die Basen A und T in jedem Paar ungleich groß sind. Wie schon erwähnt, sind die Purine A und G grundsätzlich größer als die Pyrimidine T und C. In einigen früheren Zeichnungen haben wir diese Eigenschaft um der Klarheit willen vernachlässigt; wenn wir uns nun aber mit den Interaktionen echter DNA-Basen beschäftigen (wie in Abbildung 3.6), müssen unsere Zeichnungen genauer sein. Abbildung 3.6 zeigt außerdem eine mögliche H-Bindung (N–H...O) zwischen benachbarten Basenpaaren, vom Adenin im unteren Paar zum Thymin im oberen. Eine solche Wasserstoffbrückenbindung dürfte den Propeller-Twist noch verstärken, weil der Abstand gerade so ist, dass sie sich nur bei einer starken Drehung der Basenpaare um ihre Längsachse bildet. Und wirklich zeigen Versuche, dass DNA-Regionen mit ausschließlich Adeninbasen in einem und Thyminbasen im anderen Strang einen ungewöhnlich starken Propeller-Twist von 20–30° aufweisen; bei anderen Sequenzen beträgt dieser nur 10–20°.

Man kann sich leicht vorstellen, dass eine Untersuchung aller Arten von Zwei-Basen- oder sogar aller Drei-Basen-Anordnungen in der DNA eine Menge unerwarteter, aber wichtiger Kontakte zwischen den Basen zutage fördern würde. Deshalb lässt sich – auf Ebene der Atome – das Verhalten aller langen DNA-Moleküle wie denen, die in biologischen Systemen vorkommen, nur schwer nachvollziehen. Wir benötigen eine vereinfachte, nicht bis ins Atom genaue Beschreibung der Basenpaaranordnungen in der DNA, wenn wir die vielen biologischen Funktionen der DNA verstehen wollen.

Die Vereinfachung, auf die wir hier zurückgreifen wollen, haben wir schon in einigen Zeichnungen benutzt: Wir konstruieren eine imaginäre, plane Ebene, die so weit wie möglich der verdrehten Oberfläche aller Basenpaare entspricht. Kurz gesagt, werden wir so tun, als wiesen die in den Abbildungen 3.4 und 3.6 gezeigten Basenpaare keinen Propeller-Twist auf, und sie als starre, rechteckige Quader behandeln wie in den Abbildungen 3.5 und 3.7. Zuvor haben wir selbstverständlich darauf hingewiesen, wie wichtig es ist, dem Basenpaar einen Propeller-Twist zu geben; jetzt aber scheinen wir diesen in einem vereinfachten Modell einfach zu vernachlässigen! Denken Sie einfach immer daran, dass der Propeller-Twist *da ist*, auch wenn er in den Diagrammen nicht immer *gezeigt wird*. Es ist ein wenig so, als würde man eine Taschenuhr ohne die Zahnräder in ihrem Inneren zeichnen: Sie sind da, aber nicht sichtbar. Aus mancherlei Gründen verstehen wir die Dinge besser, wenn wir uns vom Basenpaar ein bewusst einfaches Bild machen.

Unser vereinfachtes Modell basiert auf der Arbeit des berühmten Schweizer Mathematikers Leonhard Euler (1707–1783). Will man die Position zweier starrer Blöcke ähnlich denen aus Abbildung 3.7 (die hier Basenpaare darstellen) relativ zueinander beschreiben, braucht man sechs Variablen oder „Freiheitsgrade“: drei Translationen und drei Rotationen. Eine *Translation*[2] ist eine Positionsveränderung ohne Rotation: Stellen Sie sich vor, Sie verschieben einen Karton von einer Stelle im Raum an eine andere, und zwar so, dass jede Seitenfläche des Kartons sich stets parallel zu sich selbst bewegt. Die Position des Kartons im Raum lässt sich ausgehend von einem passend gewählten Ausgangspunkt vollständig durch drei Koordinaten (beispielsweise x, y und z) bestimmen. Eine Rotation dagegen bedeutet eine Veränderung des Winkels ohne Veränderung der Position. Sie könnten zum Beispiel einen Würfel vom Tisch nehmen, ihn um 90° drehen und dann in derselben Position wieder zurücklegen.

Es leuchtet ein, weshalb man sechs Variablen braucht, um die Position eines soliden Quaders relativ zu einem anderen vollständig zu beschreiben. Angenommen, der obere Basenpaar-Block aus Abbildung 3.7 würde vorübergehend durch einen Punkt ersetzt: Man bräuchte dann nur die drei Translationskoordinaten x, y und z, um zu bestimmen, wo sich dieser Punkt relativ zum unteren Block befindet. Nun bauen wir um diesen Punkt herum einen oberen Block; wie viele Rotationen brauchen wir, um diesen relativ zum unteren Block auszurichten? Die Antwort ist: genau drei, so wie es die drei in der Abbildung gezeichneten Rotationsachsen anzeigen. Wir nennen sie die Twist-Achse, die Roll-Slide-Achse („Roll-Verschiebeachse“) und die Vorder-Rückseitenachse, aus Gründen, die gleich erkennbar werden.

Offenbar benötigen wir also nur sechs Zahlen, um die lokale Konfiguration von zwei beliebigen benachbarten Basenpaaren mathematisch zu beschreiben. Das ist gar nicht schlecht. Und wenn wir natürlich vorkommende DNA-Strukturen betrachten, wird die Lage noch besser. Nach einer ersten Schätzung werden nur drei von Eulers sechs möglichen Freiheitsgraden in realen DNA-Doppelhelices tatsächlich mobilisiert. Diese erfreuliche Vereinfachung kommt zustande, weil die Basenpaare – wie wir aus den früheren Kapiteln wissen – an Zucker und Phosphate gebunden sind, die ihre Bewegungsfreiheit in bestimmte Richtungen einschränken, insbesondere auf der Vorder-Rückseitenachse aus Abbildung 3.7. Zudem können die Basenpaare nicht entlang ihrer vertikalen Twist-

---

[2] Siehe Anmerkung am Ende dieses Kapitels.

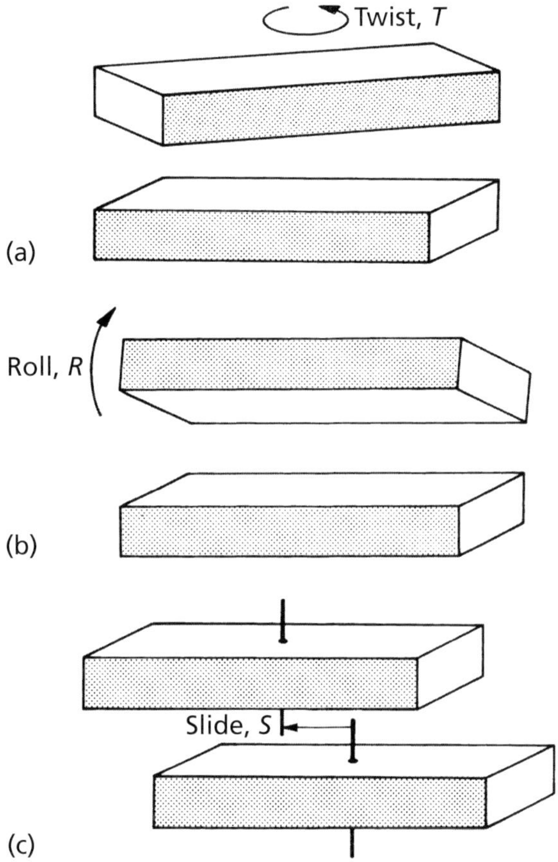

Abb. 3.8 Twist-, Roll- und Slide-Bewegungen bei zwei benachbarten Basenpaaren (einer Basenpaarstufe). Jede Zeichnung zeigt „positive" Twist-, Roll- und Slide-Bewegungen, so die Konvention in diesem Buch.

Achse getrennt werden, ohne dass zwischen ihnen Wasser eindringt oder ein Vakuum entsteht.

In der Praxis brauchen wir also nur drei Variablen, um die Bewegung jedes Basenpaares relativ zu seinem Nachbarn zu beschreiben. Zwei davon sind Rotationen, eine ist eine Translation. Alle drei sind in Abbildung 3.8 einzeln dargestellt. Die erste Rotation, der „Twist" (*T*, Abb. 3.8a), ist derselbe Twist, den wir in Kapitel 2 auf etwa 32° geschätzt haben und der in Abbildung 3.1 gezeigt wird. Jetzt geben wir ihm eine strenge Definition: Er entspricht einer Rotation um die lokale Twist-Achse, die vertikal durch die Mitte (oder nahe zu dieser) zweier beliebiger benachbarter Basenpaare verläuft, wie in Abbildung 3.7. Wenn das DNA-Molekül gebogen ist oder die Basenpaare lokal aufeinander gestapelt sind, sodass sie nicht direkt entlang der Achse der Gesamthelix verlaufen, kann die *lokale* Twist-Achse aus Abbildung 3.7 von der *globalen* Twist-Achse für das gesamte Molekül abweichen, die ja über viele Schritte gemittelt ist, und die gegen diese verschiedenen Twist-Achsen gemessenen Twist-Winkel können ebenfalls leicht unterschiedlich sein! Wir müssen also genau festlegen, welche Art Twist wir mit „DNA-Twist" meinen.

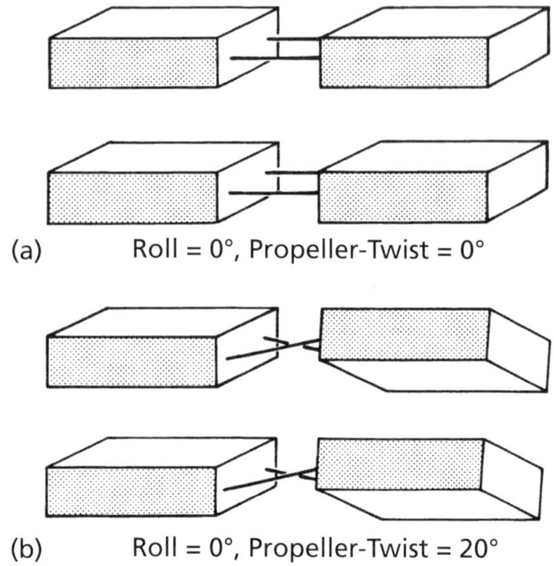

Abb. 3.9 Der Propeller-Twist muss den Rollwinkel nicht beeinflussen. Dieser bleibt auch in b gleich Null, weil die flachen Ebenen der Basenpaare parallel zueinander bleiben.

Die zweite Rotation, der „Roll“ (*R*, Abb. 3.8b), beschreibt die Drehung von Basenpaaren um ihre Längsachse. Die Rollwinkel liegen bei normaler DNA zwischen +20° und −10°. Der Konvention entsprechend bezeichnet man den Roll als positiv, wenn sich die Basenpaare zur Seite der kleinen Furche hin öffnen, wie in der Abbildung gezeigt. Die Oberflächen der einzelnen Basen entfernen sich beim Roll kaum voneinander, es erscheint nur so, weil wir die beiden Basenpaare als einheitliche, starre Blöcke gezeichnet haben. Diese vereinfachte Darstellung verschleiert Details genauso, wie das Gehäuse einer Taschenuhr die Zahnräder versteckt.

Die letzte normalerweise beobachtete Bewegung ist eine Translation oder „Verschiebung“, der Slide (*S*, Abb. 3.8c). Sie beschreibt die relative Verschiebung benachbarter Basenpaare entlang ihrer Längsachse. Der Slide wird als positiv bezeichnet, wenn sich – von der Seite der kleinen Furche aus gesehen – das obere Basenpaar weiter nach links bewegt als das untere. In natürlicher DNA liegen die Slide-Werte meist zwischen +3 Å und −2 Å; die Zucker-Phosphat-Ketten gestatten kaum eine weitere Bewegung. Allerdings erlauben sie weitaus mehr Flexibilität in der Roll-Slide-Achse (wie in der Abbildung angedeutet) als in der Vorder-Rückseitenachse (siehe Abbildung 3.7).

Insgesamt gibt es zwischen zwei benachbarten Basenpaaren – einer Basenpaarstufe – also stets drei signifikante relative Bewegungen. Sie werden als Roll, Slide und Twist bezeichnet und lassen sich mit *R*, *S* und *T* abkürzen. Positive Bewegungen dieser drei Arten sind in Abbildung 3.8a, b und c dargestellt.[3] Die Buchstaben *R*, *S* und *T* sind leicht zu merken, allerdings dürfen wir nicht vergessen, welcher Buchstabe für welchen Freiheitsgrad steht.

[3] Siehe Anmerkung am Ende dieses Kapitels.

Die bereits erwähnte Propeller-Twist-Bewegung ist eine Eigenschaft eines einzelnen Basenpaares und nicht zweier benachbarter Basenpaare. Wir können uns also zwei kurze DNA-Abschnitte vorstellen, die einen unterschiedlichen Propeller-Twist aufweisen, aber dieselben Werte für Roll, Slide und Twist. Abbildung 3.9 zeigt, dass bei zwei direkt aufeinander gestapelten Basenpaaren (der Einfachheit halber mit einem Slide und Twist von Null) der Rollwert bei Null bleibt, ganz gleich, wie viel Propeller-Twist wir beiden Paaren gleichermaßen geben. Wenn man diese Basenpaare wie in den Abbildungen 3.7 und 3.8 als starren Quader darstellen würde, sähen die Abbildungen 3.9a und b beide genau gleich aus, obwohl der Propeller-Twist sich von a zu b verändert hat. Die Basen des rechten Stranges haben sich an ihrer Seite zur kleinen Furche hin um 10° angehoben und die des linken Stranges um 10° gesenkt, doch diese Effekte verschwinden, wenn wir das gesamte Basenpaar als eine Fläche darstellen.

Diese Darstellung der Basenpaare als starre Blöcke und das Ermitteln von Roll-, Twist- und Slide-Bewegungen zwischen benachbarten Basenpaaren mag eine seltsam erscheinende Art sein, sich mit der DNA zu beschäftigen, aber sie ist bisher die erfolgreichste Methode. Wenden wir uns daher jetzt der Frage zu, ob die drei Parameter Roll, Slide und Twist es vielleicht erleichtern, die verschiedenen Anordnungen von benachbarten Basenpaaren zu Basenpaarstufen zu verstehen. Auch wenn wir die Vorstellung vom Propeller-Twist zunächst einmal zurückgestellt haben, dürfen wir sie nicht vergessen, denn der Propeller-Twist ist teilweise verantwortlich für bestimmte Beziehungen zwischen R, S und T, die man in natürlicher DNA findet.

In Abbildung 3.6 haben wir auf ein wichtiges Merkmal der DNA-Struktur hingewiesen, nämlich eine H-Bindung zwischen benachbarten Basenpaaren bei Sequenzen wie AA oder TT. Der starke Propeller-Twist der beiden Basenpaare erlaubt eine kettenübergreifende Verbindung zwischen einem Sauerstoffatom von T und einem Stickstoff-Wasserstoff N–H von A auf der Seite der großen Furche. Er bewirkt auch einen engen Kontakt zwischen einem Sauerstoffatom von T und einem Kohlenstoffatom von A auf der Seite der kleinen Furche. Diese beiden kettenübergreifenden Kontakte helfen, die AA/TT-Basenpaarstufe in einer praktisch starren Konformation zu belassen, und zwar mit $R = 0°$, $S = 0$ Å und $T = 36°$.

Ein weiteres wichtiges Merkmal der DNA-Struktur ist bei Basenpaarstufen zu erkennen, die wir „Pyrimidin-Purin" nennen wollen. Abbildung 3.10 zeigt ein Beispiel. Aus den zahlreichen bisher gezeigten Abbildungen müssten Sie inzwischen wissen, dass die beiden Zucker-Phosphat-Ketten der DNA gegenläufig sind. Diese Ketten sind in Abbildung 3.10 nicht dargestellt, ihre Richtung ist aber durch Pfeile gekennzeichnet. Angenommen, bei einer Basenpaarstufe sei das obere Paar C-G und das untere A-T (auf dem Papier von rechts nach links gehend); die ganze Basenpaarstufe ließe sich dann als „CA/TG" bezeichnen (im rechten Strang von oben nach unten lesen wir CA, im linken Strang von unten nach oben TG). Der Schrägstrich zwischen CA und TG signalisiert den Sprung von einem Strang zum anderen. Wenn Sie das Buch in seiner eigenen Ebene um 180° drehen und die dann gezeigte Basenpaarstufe mit dem gleichen Verfahren bezeichnen würden, erhielten Sie „TG/CA" statt „CA/TG". Welche Bezeichnung Sie benutzen, ist ganz gleich: Beide beschreiben dieselbe Ansammlung von Atomen im Raum.

Die Zeichnung in Abbildung 3.10 soll alle möglichen Pyrimidin-Purin-Basenpaarstufen repräsentieren, nämlich TG/CA (= CA/TG), CG/GC und TA/TA. Bei diesen Basenpaarstufen findet man meist eine von zwei Formen der Überlappung, die in den Abbildungen 3.10 und 3.11 schematisch dargestellt sind.

In Abbildung 3.10 verschieben sich die großen Purinbasen G oder A um +2 Å gegeneinander, um einen zu engen Kontakt an dem mit einem Stern gekennzeichneten Punkt

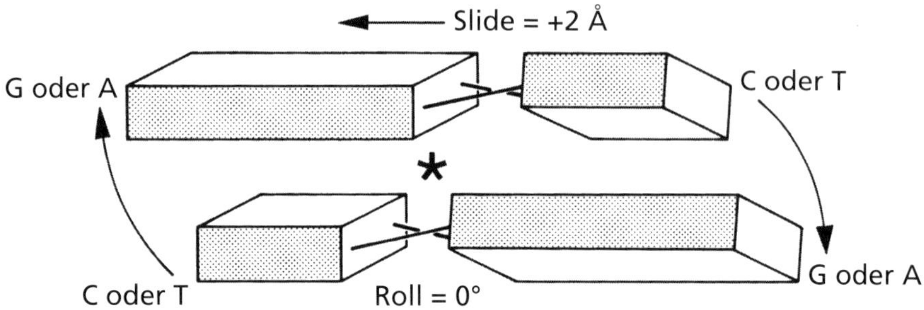

Abb. 3.10 Pyrimidin-Purin-Basenpaarstufe mit einem Roll von Null. Ein positiver Slide ist nötig, um ein sterisches Kollidieren in dem als Stern dargestellten Punkt zu vermeiden, wenn die Basenpaare einen Propeller-Twist aufweisen.

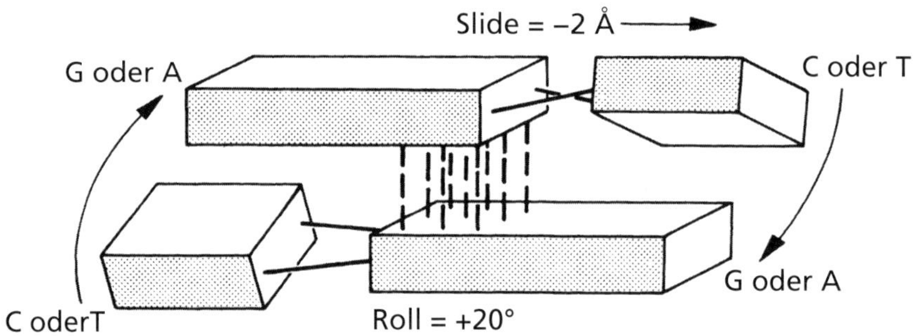

Abb. 3.11 Pyrimidin-Purin-Basenpaarstufe in einer alternativen Konfiguration mit negativem Slide und positivem Roll, bedingt durch die strangübergreifende Stapelung der Purine.

zu vermeiden. Hier ist ein gewisser positiver Slide notwendig, weil beide betroffenen Basen große Purine sind, G oder A. Hätten die Basenpaare keinen Propeller-Twist, wäre der Kontakt der Purine an dem besagten Punkt kein großes Problem, und der Slide könnte gleich Null sein. Beachten Sie, dass der Roll praktisch gleich Null bleibt, da alle Basen parallel zu ihren Nachbarn im selben Strang bleiben.

In Abbildung 3.11 verschieben sich die großen Purinbasen übereinander um –2 Å. In dieser Konformation wird der Roll groß und positiv (+20°), da die kleinen Pyrimidinbasen im Verhältnis zu den großen Purinbasen in beiden Strängen um +20° geneigt werden müssen, um den Propeller-Twist von 20° aufrecht zu erhalten. Offenbar ist die dichte Stapelung von Pyrimidin auf Purin in jedem der beiden Stränge natürlicher DNA weniger signifikant als die Aufrechterhaltung eines starken Propeller-Twist.

Zu den Abbildungen 3.10 und 3.11 sind zwei wichtige Dinge anzumerken. Erstens könnte man erwarten, dass Slide-Werte zwischen +2 Å und –2 Å weniger stabil sind als die hier gezeigten, weil die beiden Purinbasen bei mittleren Werten (etwa zwischen 0 und –1 Å) weder ganz ohne Kontakt bleiben noch fest aufeinander gestapelt liegen. Daher läge die Vermutung nahe, dass Pyrimidin-Purin-Basenpaarstufen in der DNA schwach „bistabil“ sind, also zweierlei extreme Konformationen annehmen können, sich aber nicht immer in einem kontinuierlichen Bereich bewegen, und genau dies ist zu beobachten. Zweitens erkennen wir beim Vergleich der in beiden Abbildungen gezeigten Strukturen, dass sich der Roll verändert, wenn wir den Slide verändern, und zwar wegen des Propeller-Twists. Ein Slide von +2 Å ergibt also einen Roll von 0°, während ein Slide von –2 Å einen Roll von +20° ergibt. Das erinnert an den Zylinderverschluss eines Gewehrs: Der Bolzen „rollt" herum, während er sich vorwärts „verschiebt", um eine Kugel in der Kammer zu platzieren.

Wir kennen jetzt zwei verschiedene Wege, wie der bevorzugte enge Kontakt zwischen Basenpaaren die Twist-, Roll- und Slide-Werte beeinflussen kann, die bei jeder Basenpaarstufe auftreten. Einerseits kann eine AA/TT-Stufe, wie in Abbildung 3.6 gezeigt, von einer möglichen H-Bindung auf der Seite der großen Furche in einer einzigen bevorzugten Position fixiert werden. Andererseits zeigen die Abbildungen 3.10 und 3.11, dass Pyrimidin-Purin-Basenpaarstufen mindestens zwei verschiedene Stapelformen einnehmen können, die ganz unterschiedliche *S*- und *R*-Werte annehmen. Beide Stapelformen spielen bei natürlicher DNA eine wichtige Rolle, aber es gibt noch eine dritte, ebenso wichtige Stapelform; diese wollen wir hier nur kurz erwähnen, in Anhang 2 ist sie jedoch umfassend erklärt. Sie hat etwas damit zu tun, wie benachbarte Basen aufeinander gestapelt sind, je nach den elektrischen Partialladungen in den Basen selbst.

Die Basenstapelung haben wir bisher nur unter dem Aspekt der Van-der-Waals-Kräfte oder der Hydrophobie behandelt, die für eine gute Überlappung zweier beliebiger Basen proportional zur Kontaktfläche ihrer ebenen, wasserunlöslichen Oberflächen sorgt. Der hydrophobe Effekt wirkt gleichermaßen bei allen Basen oder Basenpaaren. Dadurch bringt er eine Neigung zum Propeller-Twist mit sich, wie oben beschrieben, und er lässt sich gut mithilfe unserer vorliegenden Abbildungen erläutern, in denen die Basenpaare als einfache Quader dargestellt sind.

Die gängigen A-T- und G-C-Basenpaare enthalten jedoch auch zahlreiche, exakt verteilte elektrische Partialladungen, die über ihre planen Oberflächen verstreut sind. Diese sind den elektrischen Partialladungen analog, mit deren Hilfe wir die Watson-Crick-Basenpaare in Abbildung 2.11 erklärt haben. Doch zusätzlich zu den dort gezeigten Partialladungen, die an aus dem eigentlichen Ring herausragenden Stickstoff- (N oder N–H) oder Sauerstoffatomen (O) sitzen, sind weitere Partialladungen bei Stickstoff- oder Sauerstoffatomen in den Ringen selbst lokalisiert. Solche zusätzlichen elektrischen Ladungen sind der Einfachheit halber in Abbildung 2.11 nicht gezeigt, doch sie sind genau so real und können auf die bevorzugte vertikale Stapelung der Basen fast eine ebenso große Wirkung haben, wie sie sie bei der Bildung der Watson-Crick-H-Bindungen zeigen, welche die Basenpaare miteinander verbinden.

Einer ersten Schätzung zufolge weist das G-C-Basenpaar an seiner Längsachse einen starken elektrischen „Dipol" auf, wobei der Pluspol beim C und der Minuspol beim G liegt. Das A-T-Basenpaar dagegen zeigt nur kleine Abschnitte isolierter Plus- oder Minusladungen an seiner Längsachse, die über das gesamte Paar hinweg relativ verstreut liegen und sich daher auch nicht zu einem nennenswerten Dipol summieren.

Stellen wir uns einmal vor, wie sich zwei Basenpaare übereinander bei verschiedenen *R*- und *S*-Werten bewegen. Welchen Effekt – wenn überhaupt – werden die elektrischen Partialladungen auf bevorzugte Werte für Roll und Slide bei verschiedenen Sequenzen haben? Generell wissen wir, dass sich „ungleiche" elektrische Ladungen anziehen und „gleiche" abstoßen. Daher sind die stärksten Effekte wohl bei Basenpaarstufen zu erwarten, bei denen zwei G-C-Basenpaare aufeinander gestapelt sind, wie bei GG/CC, CG/CG oder GC/GC. Weitaus schwächere Effekte durch elektrische Ladungen dürfte es dagegen bei Basenpaarstufen mit je einem G-C- und einem A-T-Paar, wie CA/TG, geben; bei Stufen mit zwei A-T-Basenpaaren, wie TA/TA, sind praktisch keine elektrischen Effekte zu erwarten.

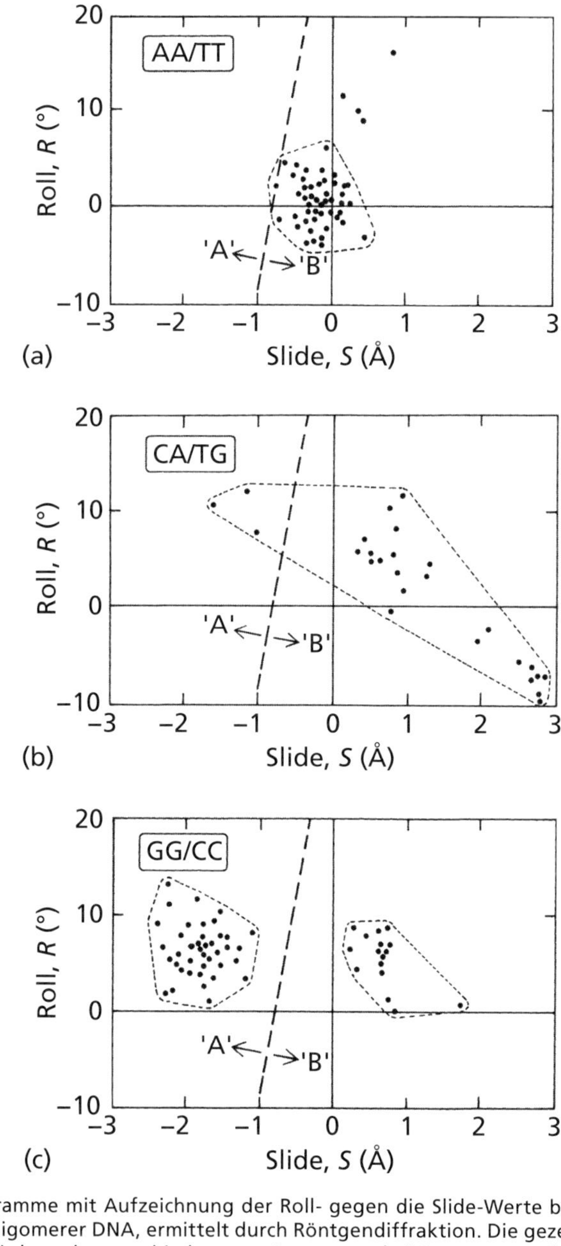

Abb. 3.12 Diagramme mit Aufzeichnung der Roll- gegen die Slide-Werte bei zahlreichen Basenpaarstufen oligomerer DNA, ermittelt durch Röntgendiffraktion. Die gezeigten Diagramme entsprechen drei der zehn verschiedenenen Sequenzen bei Basenpaarstufen: AA/TT ist eine „starre", CA/TG eine „flexible" und GG/CC eine „bistabile" Stufe. Aus El Hassan und Calladine: *Philosophical Transactions of the Royal Society, A* 355 (1997) S. 43–100.

Bei Basenpaarstufen mit zwei benachbarten G-C-Paaren zeigt jedes Paar an seinem C-Ring eine positive und an seinem G-Ring eine negative Partialladung; bei einem Slide-Wert von $S = 0$ Å (also direkt übereinander gestapelt) müssten sich die Paare also aufgrund der Abstoßungswirkung gleichartiger Ladungen gegenseitig abstoßen. Zwei aufeinander folgende G-C-Paare würden daher vielleicht bevorzugt leicht versetzt übereinander liegen, mit positivem oder negativem Slide, um die zu erwartende Abstoßung zu verringern. Diese Abstoßung zwischen gleichartigen Ladungen bei allen Basenpaarstufen mit zwei G-C-Paaren müsste demnach einen ähnlichen Effekt haben wie den in den Abbildungen 3.10 und 3.11 für Pyrimidin-Purin-Basenpaarstufen generell gezeigten, nur mit anderer chemischer Ursache.

Unsere Betrachtung der Anordnungen bei der DNA-Basenstapelung scheint nun wirklich kompliziert zu werden. Es gibt drei Situationen, über die es nachzudenken gilt: erstens AA/TT-Stufen, zweitens Pyrimidin-Purin-Stufen und drittens Basenpaarstufen mit zwei G-C-Paaren. Das Gesamtbild lässt sich aber vielleicht klären, wenn man *R*-Werte und *S*-Werte natürlicher DNA gegeneinander aufträgt, wie in Abbildung 3.12 gezeigt. Alle Daten in diesen Diagrammen stammen von Strukturen aus DNA-Oligomeren, sind durch röntgenanalytische Kristallographie bestimmt und äußerst genau.

Abbildung 3.12a zeigt zunächst einmal Roll- (*R*) und Slide-Werte (*S*), wie man sie für die AA/TT-Basenpaarstufe beobachtet und bei zahlreichen röntgenanalytisch dargestellten Kristallstrukturen ermittelt hat. Zu erkennen ist, dass die AA/TT-Stufe kaum Abweichungen sowohl von einem mittleren Roll *R* von 0° als auch von einem mittleren Slide *S* von 0 Å gestattet, wie schon in Abbildung 3.6 dargestellt. Abbildung 3.12b zeigt dieselbe Grafik für eine CA/TG-Stufe, also ein Beispiel für eine Pyrimidin-Purin-Basenpaarstufe. Hier sehen wir ganz unterschiedliche Roll- und Slide-Werte und auch einen engen Zusammenhang dieser Werte, wie in den Abbildungen 3.10 und 3.11 gezeigt. In Abbildung 3.12c schließlich sind die entsprechenden Werte für eine GG/CC-Basenpaarstufe dargestellt, der in etwa repräsentativ für den Zwei-G-C-Paare-Typ der Basenpaarstufe repräsentativ ist. In dieser Abbildung erkennen wir eindeutig eine „verbotene Zone“ für den Slide *S* nahe dem 0 Å-Wert; dort stoßen ähnliche Ladungen bei je zwei benachbarten G- oder C-Basen einander in der Vertikalen ab. Die Versuchsdaten bestätigen also alle bisher beschriebenen Phänomene und machen uns zuversichtlich, dass die Struktur der DNA vor dem Hintergrund der herkömmlichen Chemie zu verstehen ist, ganz ohne irgenwelche geheimnisvollen Eigenschaften!

Zum Abschluss unserer Diskussion der Basenstapelung bleibt noch die Frage: Lassen sich der Roll *R* und der Slide *S* auf allgemeingültige Weise mit dem Twist *T* verknüpfen? Nach den ersten Prinzipien dürften wir erwarten, dass zwischen Slide und Twist eine Beziehung besteht, wenn die Zucker-Phosphat-Ketten „halb-starr“ und von konstanter Länge sind; die ensprechende Darstellung liefert Abbildung 3.13. Bei diesem Beispiel geht der Twist-Winkel von 36° auf 28° zurück, während sich die Basenpaare von 0 auf -2 Å gegeneinander verschieben. Dabei spielt eine direkte mechanische Kopplung eine Rolle, denn die Zucker-Phosphat-Ketten gelten als starre Verbindungen von konstanter Länge. Grafiken wie die in Abbildung 3.12 gezeigten, bei denen man aber auf der vertikalen Achse nicht den Roll-, sondern den Twist-Wert aufgetragen hat, zeigen eine breit gestreute, aber doch deutliche Tendenz wie erwartet: Ein geringer Slide geht mit einem geringen Twist einher und umgekehrt. Die Korrelation von Slide und Twist ist jedoch nicht so stark wie die von Slide und Roll, vielleicht weil die Zucker-Phosphat-Ketten in Wirklichkeit nicht ganz so starr sind wie es Abbildung 3.13 erscheinen lässt (siehe Anhang 2). Wie auch immer, offenbar stehen Roll, Slide und Twist bei der DNA allesamt in Verbindung zueinander.

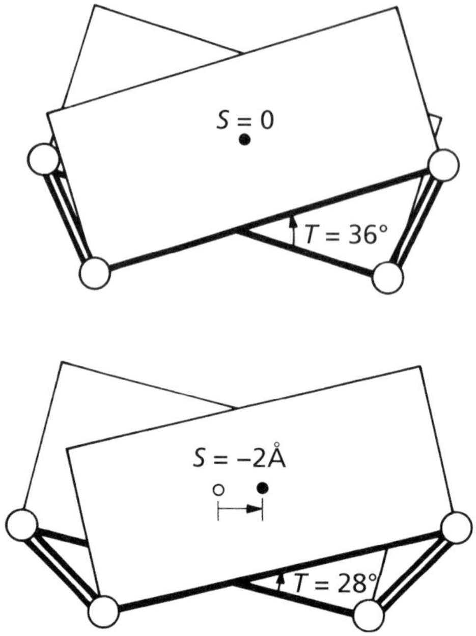

Abb. 3.13 Schematische Darstellung einer Basenpaarstufe (vgl. Abb. 2.5b) mit möglicher mechanischer Verknüpfung von Slide und Twist, die experimentell aber nur wenig bestätigt wird.

Nachdem wir also von Eulers sechs Freiheitsgraden drei ausgeschlossen haben, weil verschiedene Faktoren die Basenstapelung auf bestimmte Weise einschränken, stellen wir fest, dass zwischen den verbleibenden drei Parametern *R*, *S* und *T* gewisse Zusammenhänge bestehen, die von der Zusammensetzung der Basenpaarstufe ebenso abhängig sind wie von den allgemeinen Eigenschaften der Zucker-Phosphat-Ketten, welche die beiden Basenpaare miteinander verbinden.

Wir haben nun fast alles erklärt, was heute über die innere Struktur der DNA bekannt ist. Kurz gesagt nehmen die Basenpaare eine Propeller-Twist-Stellung ein, um möglichst wenig Kontakt zu Wasser zu haben; dieser Propeller-Twist bewahrt die ansonsten flachen Basen davor, sich frei übereinander zu verschieben, und kann bestimmte Basenpaarstufen in einer fast starren Konfiguration regelrecht „einrasten lassen". Manche Basenpaare weisen zudem elektrische Partialladungen auf, die eine Basenpaarstufe davon abhalten können, bestimmte Slide-Werte anzunehmen, oder aber sie dazu bringen können, zwei verschiedene Slide-Werte zu bevorzugen. Darüber hinaus bestehen Beziehungen zwischen Slide, Roll und Twist, die sich aus der Verbindung von Basenpaaren mit Zucker-Phosphat-Ketten von ungefähr konstanter Länge ergeben.

Nachdem wir alle Formen der Basenstapelung in der DNA kennen gelernt haben, müssen wir nur noch erklären, wie verschiedene Werte für den Roll *R*, den Slide *S* und den Twist *T verschiedene Arten von Doppelhelix entstehen lassen* – wie beispielsweise in Abbildung 2.7 gezeigt. Angenommen also, dieselben Werte für Roll, Slide und Twist wiederholen sich über eine signifikante Strecke von DNA immer wieder, was für eine Doppelhelix entsteht dann? Wenn wir erst einmal diese Beziehung zwischen den „inneren" Variablen *R*, *S* und *T*, welche die Interaktionen bei der Basenstapelung beschreiben, und der „äußeren" Form der daraus entstehenden Doppelhelix verstanden haben, müss-

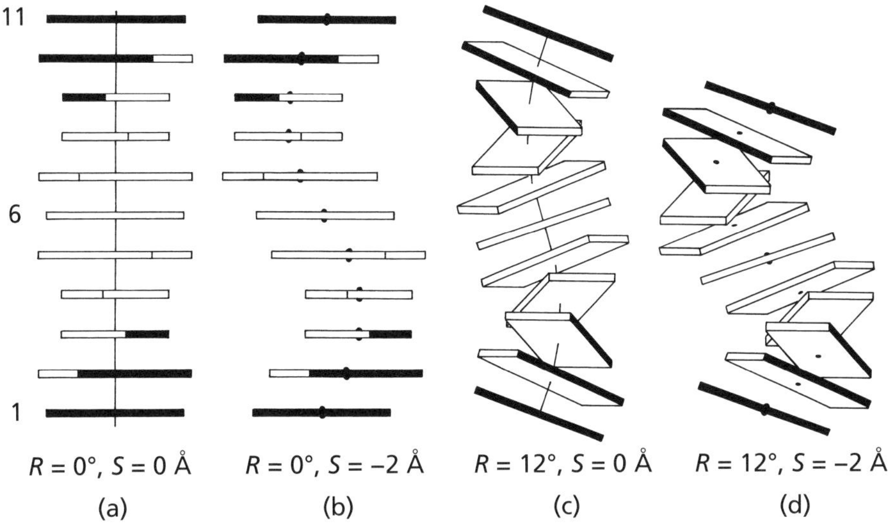

Abb. 3.14 Eine komplette DNA-Helixwindung mit $T = 36°$, bei der gezeigt wird, wie sich konstante Werte für Roll (R) und Slide (S) bei jeder Stufe auswirken. Im Großen und Ganzen entspricht a der B-Konfiguration der DNA, d dagegen entspricht der A-Konfiguration (siehe Abb. 2.7). Die Abbildungen b und c entsprechen Zwischenformen der A- und B-Konfiguration, die tatsächlich vor kurzem durch Röntgendiffraktion bei DNA-Kristallen beobachtet wurden.

ten wir auch nachvollziehen können, wie unterschiedliche Basensequenzen in der DNA unterschiedliche Doppelhelixstrukturen entstehen lassen können, indem sie auf lokaler Ebene bestimmte Werte für R, S und T begünstigen.

Unsere Analyse wird sich ganz auf dreidimensionale Geometrie beschränken. Für den Augenblick wollen wir davon ausgehen, dass jede Basenpaarstufe in einer beliebigen Helix dieselben Werte für R, S und T aufweist. Es läge nun nahe, Stück für Stück einige physikalische Modelle der DNA mithilfe selbst gefertigter Bausteine zu konstruieren – und genau das taten wir zunächst, um der Geometrie von Doppelhelices auf die Spur zu kommen. Aus der sorgfältigen Untersuchung dieser Modelle ließen sich die nötigen Gleichungen ableiten, welche die geometrische Form der DNA in drei Dimensionen als Funktionen von R, S und T beschreiben. Falls Sie den Details unserer Darstellung nicht ganz folgen können: Keine Sorge! Viele Leute haben schon Schwierigkeiten damit, die einfache zweidimensionaler Geometrie zu verstehen, die sich auf Papier zeichnen lässt. Entscheidend ist einfach, dass man zu gesicherten Resultaten kommen kann, indem man sich für ein paar Stunden an eine Werkbank stellt.

Die verschiedenen Schritte unserer Analyse sind in den Abbildungen 3.14a bis d dargestellt. Abbildung 3.14a zeigt einen Stapel von elf Basenpaaren in Seitenansicht, mit den Werten $R = 0°$, $S = 0$ Å und $T = 36°$ bei jeder der zehn Basenpaarstufen. Wenn Roll und Slide beide gleich Null sind, ist die helikale Geometrie recht einfach: benachbarte Basenpaare bleiben exakt parallel zueinander und horizontal, und für eine Helixwindung von 360° werden genau zehn Basenpaarstufen (mit $T = 36°$) benötigt. Darum sind die Seitenansichten des obersten und des untersten Blocks in Abbildung 3.14a deckungsgleich. Bei diesen beiden Quadern (Nummer 1 und 11) blicken wir frontal auf die Seite der kleinen Furche, die hier schwarz gefärbt ist. Wenn wir fünf Stufen von jedem Ende zu Basenpaar

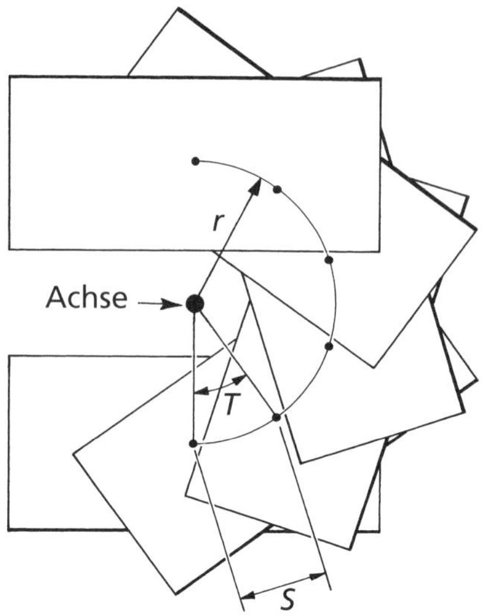

Abb. 3.15 Ein Teil der Helix aus Abb. 3.14b in Aufsicht. Die radiale Auswärtsbewegung r steht in Beziehung zu dem Ausmaß des Slide *S* und des Twist *T*. Die kleinen Punkte markieren die Mitte der jeweiligen Quader. Um diese zuzuordnen, verfolgen Sie den gesamten Umriss eines Quaders und bestimmen Sie dann, welcher Punkt sich in seiner Mitte befindet.

Nummer 6 weitergehen, sehen wir frontal auf die (weiße) Seite der großen Furche; dazwischen kann man erkennen, wie die Blöcke um die Vertikalachse rotieren und darum unterschiedliche Seitenansichten bieten.

Gehen wir nun von der einfachen Helix aus Abbildung 3.12a mit $R = 0°$, $S = 0$ Å und $T = 36°$ aus und führen eine Verschiebung von $S = -2$ Å bei jeder Basenpaarstufe ein. Die daraus resultierende helikale Geometrie zeigt Abbildung 3.14b; hier winden sich die Basenpaare in einer Spirale abseits einer zentralen Helixachse. Um diese Bewegung besser zu verstehen, können wir die Struktur in der Aufsicht betrachten, wie in Abbildung 3.15. Dieses Diagramm zeigt eine halbe Windung einer Helix, in der sich die Mitte jedes Quaders nach außen bewegt hat, und zwar radial mit einem Abstand *r*. Bei der Betrachtung der Seitwärtsverschiebung der Mitte der jeweiligen Blocks zeigt sich, dass diese Bewegung nach außen mit einem negativen Slide *S* gekoppelt ist. Wenn wir auf Abbildung 3.15 die Trigonometrie anwenden, ergibt sich folgende Formel:

$$r = (-S/2)/\sin(T/2).$$

Wenn $S = -2$ Å und $T = 36°$, rücken die Basenpaare um

$$r = (2/2)/\sin(36°/2) = 3{,}2 \text{ Å}$$

nach außen.

Insgesamt zeigt die Aufsicht aus Abbildung 3.15, dass der negative Slide *S* ein großes Loch in die Mitte der Helix reißt, und die Seitenansicht aus Abbildung 3.14b zeigt, dass der Basenstapel breiter wird als vorher.

Was passiert nun, wenn die Basenpaare um einen bestimmten Wert R auseinander rollen, während $S = 0$ Å und $T = 36°$? Wie wird sich das Bild aus Abbildung 3.14a verändern, wenn man den Roll R einführt? Die daraus resultierende helikale Geometrie wird in Abbildung 3.14c gezeigt: Jedes Basenpaar neigt sich relativ zu seiner Position in Abbildung 3.14a in der Horizontalen. (Genau genommen rotiert jeder Block einige Grad um seine eigene Vorder-Rückseitenachse, siehe Abbildung 3.7.) Eine solche Bewegung mag überraschen, doch wenn man c genau betrachtet, erkennt man, dass bei jeder Basenpaarstufe die Lücke zwischen den Seiten der kleinen Furche größer ist als die zwischen den Seiten der großen Furche, entprechend dem positiven Roll $R = 12°$ in dieser Zeichnung. Zahlreiche Rollwinkel summieren sich schließlich zu einer *Neigung* (Tilt) der Basenpaare relativ zur vertikalen Achse. Wenn die Rollwinkel klein sind, lässt sich nachweisen, dass

$$\text{Tilt} \approx (R/2)/\sin(T/2).$$

Wenn also $R = 0°$, ist auch der Tilt $= 0°$; ist aber $R = 12°$ und $T = 36°$, dann wird der Tilt-Wert

$$(12°/2)/\sin(36°/2) = 19°,$$

wie in Abbildung 3.14c gezeigt.

Roll und Tilt sorgen auch dafür, dass die Basenpaare leicht von der Achse abrücken. Um dies nachzuvollziehen, stellt man sich am besten den dünnen schwarzen „Stab" vor, der die Basenpaare in den Abbildungen 3.14a und c verbindet und im rechten Winkel durch sie hindurchtritt. In a ist er gerade, doch in c führt der Roll bei jeder Basenpaarstufe zu einer Krümmung des Stabes, und da diese Krümmung bei jeder Stufe eine andere Richung nimmt, windet sich der Stab schließlich in einer sanften Spirale. Wie sich errechnen lässt, beträgt die Auswärtsbewegung der Basenpaare entlang des Stabes hier annähernd $3{,}3\sin(\text{Tilt})/2\sin(T/2) = 1{,}7$ Å; 3,3 Å entspricht dabei dem jeweiligen Abstand zwischen den Basenpaaren entlang des Stabes.

Bis jetzt haben wir uns nur mit Kombinationen zweier Parameter beschäftigt, S und T, um Abstand von der Achse zu schaffen wie in Abbildung 3.14b, oder R und T, um sowohl Abstand von der Achse als auch eine Neigung (Tilt) relativ zur Achse zu erzeugen wie in Abbildung 3.14c. Wenn aber alle drei Parameter R, S und T gleichzeitig einwirken, geschieht etwas Neues: Die Helix verkürzt sich, weil der negative Slide der Neigung (Tilt) folgend „abwärts" erfolgt. Abbildung 3.16 zeigt die entsprechende Geometrie; ihre Folgen für die Gesamtstruktur sind in Abbildung 3.14d zu sehen. Der vertikale Stapelungsabstand bei jeder Basenpaarstufe bleibt konstant bei 3,3 Å, senkrecht zu den Quadern gemessen, doch der Höhenunterschied h entlang der Helixachse von der Mitte eines Basenpaares zum nächsten verändert sich zu

$$h = 3{,}3\cos(\text{Tilt}) + S\sin(\text{Tilt}).$$

Bei $R = 12°$ wissen wir, dass der Tilt $= 19°$, also erhalten wir bei $S = -2$ Å

$$h = 3{,}3\cos(19°) - 2\sin(19°)$$
$$= 3{,}1 - 0{,}6 = 2{,}5 \text{ Å}.$$

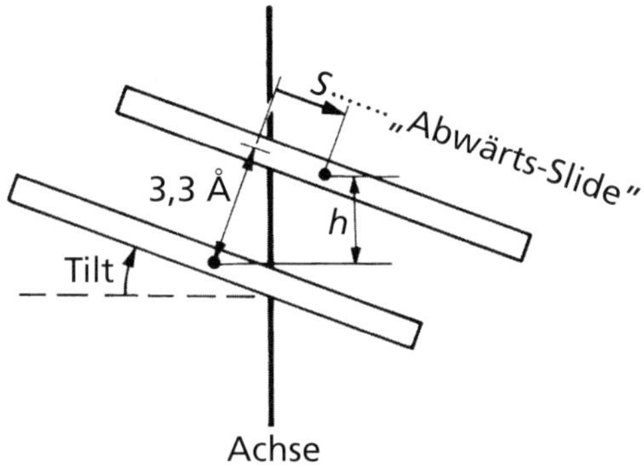

Abb. 3.16 Bei Basenpaaren mit einem Standardabstand von 3,3 Å in der Senkrechten ist der „Höhenunterschied" *h* in Richtung der Helixachse sowohl von der Neigung (Tilt) als auch vom Slide *S* abhängig. Dieses Bild zeigt einen negativen Slide, wie die Abbildungen 3.14 und 3.15.

Zusammenfassend kann man die Gesamtform einer langen Helix aus zahlreichen gleichförmigen (*R*, *S* und *T*) Basenpaarstufen mit drei Formeln annähernd berechnen:

1. Tilt relativ zur Achse: $(R/2)/\sin(T/2)$,

2. Abstand zur Achse: $(-S/2)\cos(\text{Tilt})/\sin(T/2) + 3{,}3\sin(\text{Tilt})/2\sin(T/2)$,

3. Länge entlang der Achse: $3{,}3\cos(\text{Tilt}) + S\sin(\text{Tilt})$.

Nun können wir verschiedene Werte für *R*, *S* und *T*, wie sie durch die Basensequenz der DNA festgelegt werden, zur Gesamtform einer Doppelhelix in Beziehung setzen. So zeigten wir in Abbildung 3.6, dass AA/TT sich bevorzugt übereinander stapelt, sodass sich eine zusätzliche H-Bindung in der großen Furche bilden kann; die Werte (*R*, *S* und *T*) für eine AA/TT-Basenpaarstufe in dieser bevorzugten Konformation sind 0°, 0 Å und 36°. Eine ausschließlich aus AA/TT-Stufen bestehende Doppelhelix wird daher ähnlich aussehen wie Abbildung 3.14a, nur dass die Basenpaare natürlich einen starken Propeller-Twist aufweisen – wohlgemerkt, der Propeller-Twist ist in den Zeichnungen von Abbildung 3.14 nicht dargestellt.

Noch ein Beispiel: DNA, die ausschließlich aus GG/CC-Basenpaarstufen besteht, die alle einen Slide $S = -2$ Å und einen Roll $R = 6°$ zeigen (siehe die linke Seite von Abbildung 3.12c). Solche DNA wird ähnlich aussehen wie die Modelle in den Abbildungen 3.14b und d und in ihrer Struktur dazwischen liegen, denn der Rollwinkel von 6° liegt genau zwischen den Rollwinkeln 0° und 12° dieser beiden Modelle.

Beachten Sie zudem, dass die Modelle in Abbildung 3.14a und d ungefähr den B- und A-Konformationen der DNA entsprechen, wie wir sie in Abbildung 2.7 gezeigt haben. Betrachten Sie die Zeichnungen in Abbildung 2.7 genau, und lokalisieren Sie die Basenpaare. Vergleichen Sie dann die Lokalisationen der Basenpaare mit jenen, die in Abbildung 3.14a und d dargestellt sind, besonders im Hinblick auf den Tilt und den Abstand zur Achse.

Fast alle äußerlichen Merkmale der B- und A-Helices, wie der Abstand von Basenpaaren zu einer Achse, die Neigung (Tilt) von Basenpaaren relativ zu einer Achse und der Höhenunterschied h entlang einer Achse, lassen sich mithilfe der oben genannten Formeln aus ihren R-, S- und T-Werten berechnen.

Warum also bevorzugen verschiedene DNA-Sequenzen in Kristallen entweder die B- oder die A-Konfiguration? Wie schon in Abbildung 3.12 gezeigt, tauchen in der Region mit A-Konformation überhaupt keine AA/TT-Basenpaarstufen auf, während CA/TG- oder GG/CC-Stufen sowohl in der Region mit B- als auch der mit A-Konformation zu finden sind, mit etwas Zwischenraum in der Mitte zwischen ihnen nahe dem Slide-Wert $S = 0$ Å. Dass die DNA bevorzugt zwei Formen annimmt, könnte also zum Teil darauf zurückzuführen sein, dass die Basenpaarstufen CA/TG oder GG/CC mit zwei G-C-Paaren dazu neigen, einen von zwei Werten für den Roll R und den Slide S anzunehmen und nicht eine ganze Reihe verschiedener Werte. Die Zuordnung einer langen Doppelhelix in die Kategorie A- oder B-Konformation wird sogar etwas willkürlich und zwiespältig, wenn man nämlich aus vielen aufeinander folgenden Basenpaarstufen mit unterschiedlichen R- und S-Werten einen Mittelwert bildet.

Diese wenigen Beispiele dafür, wie die R-, S- und T-Werte beim Verstehen der DNA helfen, haben sich größtenteils auf physikalische Messungen der DNA-Struktur mithilfe röntgenanalytischer Methoden berufen und weniger auf die biologische Aufgabe der DNA. Aber mit irgend etwas müssen wir eben anfangen! In den nächsten Kapiteln werden wir erläutern, das das Roll-Slide-Twist-Modell auch für das Verständnis vieler biologischen Funktionen der DNA unverzichtbar ist, etwa die Wirkungsweise von Promotoren, wie sich DNA in einem Chromosom um Proteine wickelt und wie die DNA genregulierende Proteine wie „Repressor"- und „Aktivatorproteine" bindet. Wir können die anderen drei von Eulers sechs Freiheitsgraden getrost vernachlässigen, bis wir uns mit DNA beschäftigen, die durch Kontakt mit einem Protein oder einem Medikament stark verzerrt wurde (siehe dazu Anhang 2). Machen Sie sich über die Einzelheiten in diesem Kapitel, die vielen Formeln und Konstruktionen, nicht zu viele Gedanken; die Hauptsache ist, dass Sie die Bedeutung des Propeller-Twist und von Roll, Slide und Twist verstehen.

Vielleicht fragen Sie sich, weshalb wir in keinem der Bilder in diesem Kapitel (außer Abbildung 3.13) die Zucker-Phosphat-Ketten gezeigt haben. Natürlich sind die Ketten vorhanden, aber sie sind in den Zeichnungen einfach nicht dargestellt – so wie wir in manchen der Diagramme auch den Propeller-Twist nicht dargestellt haben. In diesem Kapitel ging es in erster Linie darum, dass die äußerlichen Merkmale der DNA *alle* sehr stark von der Konformation der Basenstapelung im Inneren des Moleküls abhängig sind.

Anmerkungen

1. In diesem Buch gilt der linksgewundene Propeller-Twist, wie ihn Abbildung 3.4 zeigt, als „positiv". Das widerspricht der im „Cambridge Accord" (Dickerson et al., in: EMBO Journal 8 [1989], S. 1–4) gegebenen Vorzeichenkonvention, bei der es genau umgekehrt ist, sollte aber nicht zu Verwirrung führen, weil praktisch alle gezeigten Propeller-Twists dieselbe Drehrichtung haben wie in Abbildung 3.4, die nach unserer Konvention positiv ist.

2. Siehe Anhang 1.

3. Wir haben hier die Symbole R, S und T für Roll, Slide und Twist gewählt, mit den in Abbildung 3.8 gezeigten Vorzeichenkonvention. Unter Wissenschaftlern sind für diese Größen viele verschiedene Symbol- und Vorzeichenkonventionen in

Gebrauch; wir haben uns der Einfachheit halber in diesem Lehrbuch für diese Benennung entschieden. Unsere Symbole lassen sich in diejenigen des auf Röntgendiffraktion beruhenden „Cambridge Accord" (siehe Anmerkung 1, oben) wie folgt übersetzen: $R = \rho$, $S = D_y$ und $T = \Omega$, ohne Veränderung des Vorzeichens.

Weiterführende Literatur

Calladine, C. R. *Mechanics of sequence-dependent stacking of bases in B-DNA*. In: *Journal of Molecular Biology* 161 (1982) S. 343–352. Sterische Auswirkungen des Propeller-Twist bei der Basenstapelung in der B-Konformation der DNA.

Calladine, C. R.; Drew, H. R. *A base-centered explanation of the B-to-A transition in DNA*. In: *Journal of Molecular Biology* 178 (1984) S. 773–782. Erste umfassende Darstellung des Roll-Slide-Twist-Modells der DNA, generalisiert für alle rechtsgewundenen Formen des Moleküls.

Dickerson, R. E. et al. *Definitions and nomenclature of nucleic acid structure parameters*. In: *EMBO Journal* 8 (1989) S. 1–4. Umfassende Auflistung der möglichen strukturellen Parameter der DNA. Achtung: Der Propeller-Twist hat hier im Vergleich zu vielen Veröffentlichungen zum Thema und zu diesem Buch ein umgekehrtes Vorzeichen.

Dickerson, R. E.; Ng, H.-L. *DNA structure from A to B*. In: *Proceedings of the National Academy of Sciences, USA* 98 (2001) S. 6986–6988. Überblick der röngenanalytischen Studien über Zwischenformen beim Übergang der DNA von der B- zur A-Konformation.

Hogan, M.; Dattagupta, N.; Crothers, D. M. *Transient electric dichroism of rod-like DNA molecules*. In: *Proceedings of the National Academy of Sciences, USA* 75 (1978) S. 195–199. Frühe Lösungsdaten, die für das Vorliegen eines Propeller-Twist bei DNA-Basenpaaren sprechen.

Laughlan, G.; Murchie, A.; Norman, D. G.; Moore, M. H.; Moody, P.; Lilley, D. M. J.; Luisi, B. F. *The high resolution crystal structure of a parallel-stranded guanine tetraplex*. In: *Science* 265 (1994) S. 520–524. Detaillierte Darstellung einer ungewöhnlichen viersträngigen DNA-Helix, die ausschließlich aus Guanin-Guanin-Basenpaaren besteht.

Levitt, M. *How many base-pairs per turn does DNA have in solution an in chromatin? Some theoretical calculations*. In: *Proceedings of the National Academy of Sciences, USA* 75 (1978) S. 640–644. Frühe theoretische Berechnungen, die für den Propeller-Twist in der DNA sprechen.

Minasov, G.; Tereshko, V.; Egli, M. *Atomic-resolution crystal structures of B-DNA reveal specific influences of divalent metal ions on conformation and packing*. In: *Journal of Molecular Biology* 291 (1999) S. 83–89. Detaillierte röntgenanalytische Studien darüber, wo sich Magnesium- oder Calciumionen in der Umgebung der DNA ansiedeln.

Nh, H.-L.; Dickerson, R. E. *Mediation of the A/B DNA helix transition by G-tracts in the crystal structure of duplex CATGGGCCCATG*. In: *Nucleic Acids Research* 30 (2002) S. 4061–4067. Eine A-B-Zwischenstufe, induziert durch Abfolgen von Guaninbasen.

Vargason, J. M.; Henderson, K.; Shing Ho, P. *A crystallographic map of the transition from B-DNA to A-DNA*. In: *Proceedings of the National Academy of Sciences, USA* 98 (2001) S. 7265–7270. Doppelhelices, die strukturelle Zwischenformen zwischen A- und B-Konformation darstellen, könnten durch d(GGCGCC) durch methylierte oder aber bromierte Cytosinbasen induziert werden.

Wing, R. M.; Drew, H. R.; Takano, T.; Broka, C.; Tanaka, S.; Itakura, K.; Dickerson, R. E. *Crystal structure analysis of a complete turn of B-DNA*. In: *Nature* 287 (1980) S. 755–758. Erster direkter struktureller Nachweis einer kompletten DNA-Windung in B-Konformation durch Röntgendiffraktion.

Bibliographie

Nelson, H. C. M.; Finch, J. T.; Luisi, B. F.; Klug, A. *The structure of an oligo(dA).oligo(dT) tract and ist biological implications*. In: *Nature* 330 (1987) S. 221–226. Direkte Beobachtung sehr starken Propeller-Twists bei einer Serie von A-T-Basenpaaren und Postulat einer zusätzlichen Wasserstoffbrückenbindung in der großen Furche zwischen benachbarten Paaren (siehe Abbildung 3.6).

Aufgaben

3.1 Normalerweise ist die DNA-Doppelhelix rechtsgewunden, so wie in Abbildung 3.1 schematisch dargestellt. In diesem Fall kann ein Propeller-Twist, der nach links (oder gegen den Uhrzeigersinn, wenn man die Längsachse des Basenpaars entlang sieht) gerichtet ist wie in Abbildung 3.4, den Kontakt der Basen mit Wasser vermindern, wie Abbildung 3.3 zeigt.
Welche Drehrichtung müsste der Propeller-Twist bei einer hypothetischen linksgewundenen DNA-Doppelhelix mit $T = -32°$, um auch hier die Basen besser vor Wasserkontakt zu schützen?
(Merke: Die linksgewundene Z-DNA aus Abbildung 2.7 zeigt fast keinen Propeller-Twist, weil die Basen dort nicht nur auf benachbarten Basen, sondern auch auf benachbarten Zuckern gestapelt sind.)

3.2 Bei den in Abbildung 2.7 gezeigten Modellen der A- und B-Konformation der DNA sind die Basenseiten zur *großen* Furche hin stark schattiert – entgegen der Konvention, die in diesem Buch sonst befolgt wird. Identifizieren Sie große und die kleine Furche, die bei diesen Modellen zwischen den Zucker- und Phosphatketten liegen. Welche Furche ist bei der B-Konformation breiter? Und welche bei der A-Konformation? Oder sind beide ungefähr gleich breit? Welche Furche ist bei der A-Konformation *tiefer*?

3.3 Benutzen Sie Abbildung 3.5 als Hilfe, um in Abbildung 2.11a und b die Seiten der großen und der kleinen Furche der dort bis ins Atom genau gezeigten Basenpaare zu identifizieren.

3.4 Leonhard Euler erklärte schon vor langer Zeit, dass jeder starre Block sechs Freiheitsgrade der Bewegung relativ zu einem anderen starren Block hat. Jeder dieser Freiheitsgrade lässt sich als Translation entlang oder Rotation um eine der drei Achsen erklären, die in Abbildung 3.7 gezeigt sind. Tatsächlich werden drei dieser sechs Freiheitsgrade bei den Basenpaarstufen der DNA *nicht* signifikant mobilisiert.
Zeigen Sie mithilfe einfacher Modelle (Holzblöcke oder Pappschachteln), dass eine Translation oder Verkürzung entlang der „Twist-Achse" und eine Rotation um die „Vorder-Rückseitenachse" durch die dichte Stapelung der Basen eingeschränkt wird.
Untersuchen Sie auch den dritten ungenutzten Freiheitsgrad, der eine Translation entlang der Vorder-Rückseitenachse involviert. Wir wissen nicht, ob diese Bewegung in natürlicher DNA durch die chemischen Kräfte behindert wird, welche die Basenstapelung beeinflussen, oder durch das Einwirken der Zucker-Phosphat-Ketten, oder durch beides. Die Bewegung entlang dieser Achse könnte durch bestimmte Sequenzen in der DNA merklich begünstigt werden; allerdings gibt es bisher kaum brauchbare Beispiele, abgesehen von einigen Basenpaarstufen mit zwei G-C-Basenpaaren, bei denen sich die elektrischen Partialladungen entlang ihrer Querachsen abstoßen, und einigen CA/TG-Stufen in DNA, die sich um Proteinspulen gewickelt hat.
Weisen Sie schließlich auch noch nach, dass die drei bei der DNA erlaubten Bewegungen Roll, Slide und Twist (siehe Abbildung 3.8) auch bei Ihren Modellblöcken gestattet sind.

3.5a Bauen Sie ein einfaches physikalisches Modell, um den in Abbildung 3.13 gezeigten Zusammenhang von Slide und Twist zu verdeutlichen. (Styropor lässt sich mit einem einfachen Messer leicht in passende Blöcke schneiden, und die Zucker-Phosphat-Kettenglieder könnten aus Draht oder Büroklammern geformt werden, deren Enden man in die Blöcke steckt.)

b Bauen Sie ein einfaches physikalisches Modell zweier benachbarter Basenpaare mit Propeller-Twist, wobei die Basen wie in Abbildung 3.6 ungleich groß sind. (Styroporblöcke lassen sich dabei gut mit Zahnstochern in einer Propeller-Twist-Anordnung auf Abstand halten.) Untersuchen Sie anhand dieser Basenpaarmodelle (ohne Zucker-Phosphat-Ketten) die gekoppelte Slide-Rollbewegung, die in den Abbildungen 3.10 und 3.11 dargestellt ist.

c Untersuchen Sie an dem Modell aus Aufgabe 3.5b das „Einrasten" von Slide *S* und helikalem Twist *T* bei AA/TT-Stufen durch die zusätzliche H-Bindung (siehe Abbildung 3.6) und den damit einhergehenden starken Propeller-Twist. Demonstrieren Sie auch, dass ein Fehlen dieser Effekte *S* und *T* ungehindert variieren lässt.

3.6 Die unten gezeigte Tabelle umfasst einheitliche Näherungswerte für Roll, Slide und Twist der Basenpaarstufen in drei geläufigen Konformationen der DNA – A, B und C –, die durch Röntgendiffraktion von Fasern erforscht wurden:

	'A'	'B'	'C'
R(°)	+12	0	–6
S(Å)	–1,5	0	+1
T(°)	32	36	40

Benutzen Sie die auf Seite 52 vorgestellten Gleichungen, um Näherungswerte für folgende Parameter der drei Konformationen (A, B und C) zu berechnen:

a den Abstand der Mittelpunkte der Basenpaare von der Doppelhelixachse;

b den Winkel, um den die Basenpaare relativ zu dieser Achse geneigt sind (Tilt);

c die Länge des Moleküls oder den „Höhenunterschied" (*h*) je Basenpaar entlang der Achse. (Achtung: Berechnen Sie zuerst den Tilt-Winkel.)

4 Verdrehen und Krümmen

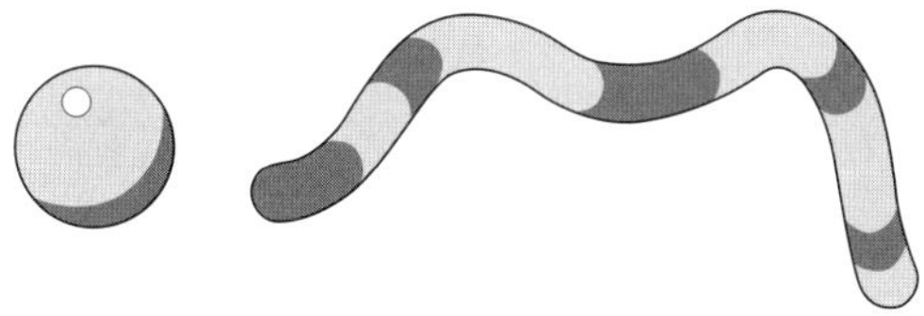

In den letzten beiden Kapiteln haben wir einige einfache Dinge über die DNA erfahren. Wir wissen nun 1. warum die DNA eine Helix bildet, 2. wie die Basen geordnete Paare im Inneren der Helix bilden, 3. wie sich die Basen jedes Paares zu einem „Propeller“ verdrehen und 4. dass die Gesamtform einer Helix von den lokalen Parametern Roll, Slide und Twist über eine Reihe von Basenpaaren hinweg abhängig ist. Das ist die Chemie an der Sache, aber nicht die Biologie. Wann fangen wir endlich an, über die DNA im biologischen Zusammenhang zu sprechen? Nun, genau das werden wir in diesem Kapitel tun.

Die beiden fundamentalsten biologischen Aktivitäten der DNA schließen entweder das *Verdrehen* (*twisting*) oder die *Krümmung* (*curving*) einer DNA-Doppelhelix ein. Zunächst einmal betrachten wir das Verdrehen der DNA – oder genauer gesagt das Gegenteil, ihr Entwinden. Es gibt im Grunde zwei Anlässe, bei denen sich die DNA entwinden muss, während sie ihre Aufgaben in einer Zelle erfüllt: Zum einen, wenn von ihr eine Kopie in Form von messenger-RNA erstellt wird, die der Zelle sagt, wie sie Protein bilden soll, zum anderen, wenn von ihr eine DNA-Kopie erstellt wird, kurz bevor sich eine Zelle teilt. Den ersten dieser Prozesse bezeichnet man als „Transkription“, den zweiten als „Replikation“ (siehe Abbildung 4.1). In beiden Fällen entwindet sich die DNA zu zwei separaten Zucker-Phosphat-Strängen. Diese Bilder sind natürlich nur statische Darstellungen eines kurzen Augenblicks im Leben einer Zelle. Stellen Sie sich vor, dass die entwundenen Regionen der DNA in Abbildung 4.1a und b schnell von rechts nach links über die Buchseite wandern, um einen Eindruck von der Dynamik der sich in lebenden Systemen entwindenden DNA zu erhalten.

Oft entwindet sich die DNA bei der Erstellung von RNA wie in Abbildung 4.1a nur über einen kurzen Abschnitt von etwa 15 bis 20 Basenpaaren, weil es viel Energie verbraucht, die Basenpaare zu trennen und dem Kontakt mit Wasser auszusetzen. Die „Blase“ aus ungepaarten Basen kann sehr schnell, mit einer Geschwindigkeit von etwa 100 Basenpaaren pro Sekunde, die DNA entlang wandern; andererseits hat Zeit keine große Bedeutung für diese winzigen Moleküle, die wir unter dem Lichtmikroskop kaum sehen können. Wenn von DNA eine RNA-Kopie hergestellt wird, bindet ein Kopierprotein oder Enzym, die „RNA-Polymerase“, an einen der zwei DNA-Stränge (siehe Abbildung 4.2). Die Polymerase zieht dann die Nucleotide aus der Lösung, die zu den Basen passen, die sie in der DNA-Kette vorfindet. In Abbildung 4.2 ist das Enzym gerade dabei, für eine DNA-Base G eine RNA-Base C einzubauen. Ein anderes, ähnliches Enzym ist bei der Herstellung einer DNA-Kopie der DNA (Abbildung 4.1b) beteiligt, die „DNA-Polymerase“. Jede Zelle enthält mehrere Formen von RNA-Polymerase und mehrere Formen von DNA-Polymerase, die unterschiedliche „Kopieraufträge“ erledigen.

Diese RNA-Polymerasen in der Zelle versuchen stets, C zu G, G zu C, A zu T und U zu A hinzuzufügen, um Watson-Crick-Basenpaare zu erzeugen, wie in der Blase in Abbildung 4.2 zu sehen. Die DNA-Polymerasen tun dasselbe, fügen aber zu A T und nicht U. Einige der Kopierenzyme werden im Reagenzglas T bei G einbauen, wenn man

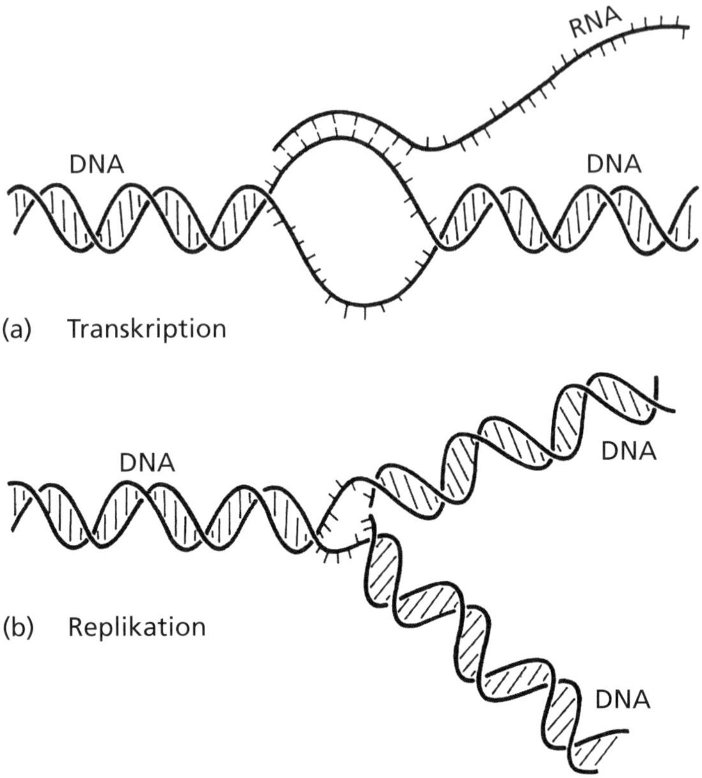

Abb. 4.1 Schematische Darstellung von Transkription und Replikation der DNA. In beiden Fällen muss sich die DNA lokal entwinden, damit ein Strang als Matrize für die Synthese eines neuen Stranges von RNA (a) oder DNA (b) dienen kann.

ihnen sehr viele T-Nucleotide, aber kein C zur Verfügung stellt; dabei sind sie aber sehr viel langsamer, als wenn sie C für G einbauen. Derartige Kopierfehler treten in lebenden Zellen recht selten auf, wo ja alle vier Nucleotide in relativ großer Menge vorliegen.

Wie wir wissen, hat die DNA eine helikale Form, wie eine Schraube. Während sich die RNA-Polymerase und ihre Blase aus ungepaarten Basen die DNA entlang bewegen, muss sich also entweder die Polymerase *um* die DNA winden, oder der DNA-Faden muss sich *durch* eine stationäre Polymerase winden. Welche dieser beiden Möglichkeiten wird wohl in lebenden Zellen bevorzugt? Beide sind in Abbildung 4.3 dargestellt, und auf den ersten Blick lässt sich kaum sagen, welche wohl die richtige ist. James Wang und Leroy Liu haben jedoch nachgewiesen, dass die Polymerase oft relativ stationär bleibt (wie in Abbildung 4.3b), während sich die DNA hindurchwindet. Und dafür gibt es gute Gründe. Erstens wäre es für das große Polymerase-Protein schwierig, sich schnell durch die klebrige, visköse Flüssigkeit im Zellkern zu bewegen und sich dabei zehnmal pro Sekunde um die DNA zu drehen; das dünne, drahtartige DNA-Molekül kann in dieser Flüssigkeit viel leichter rotieren. Manche Fachleute vermuten sogar, dass die Polymerase im Reagenzglas leichter um die DNA rotieren kann, wenn der RNA-Schwanz bei seiner Herstellung von einem anderen Enzym (der RNase) abgeschnitten wird.

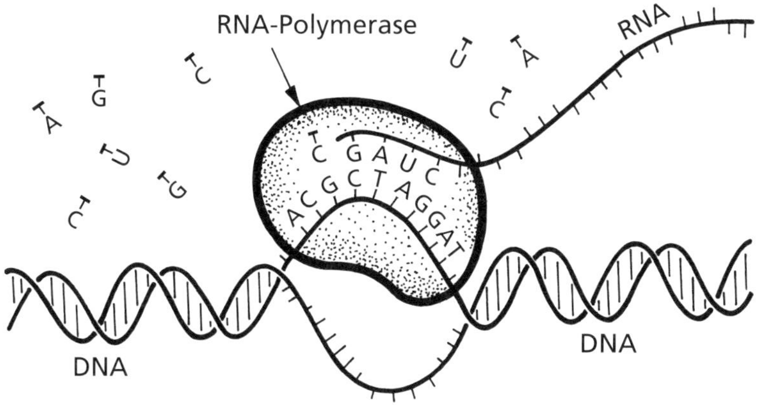

Abb. 4.2 Ein RNA-Strang während seiner Herstellung aus einzelnen Nucleotiden durch das Enzym RNA-Polymerase. Einer der beiden DNA-Stränge dient als Matrize für die genaue Synthese des neuen RNA-Stranges nach den Regeln der Watson-Crick-Basenpaarung. Die tatsächliche Länge des DNA-RNA-Hybridabschnittes, der hier nur schematisch dargestellt ist, beträgt etwa acht Basenpaare.

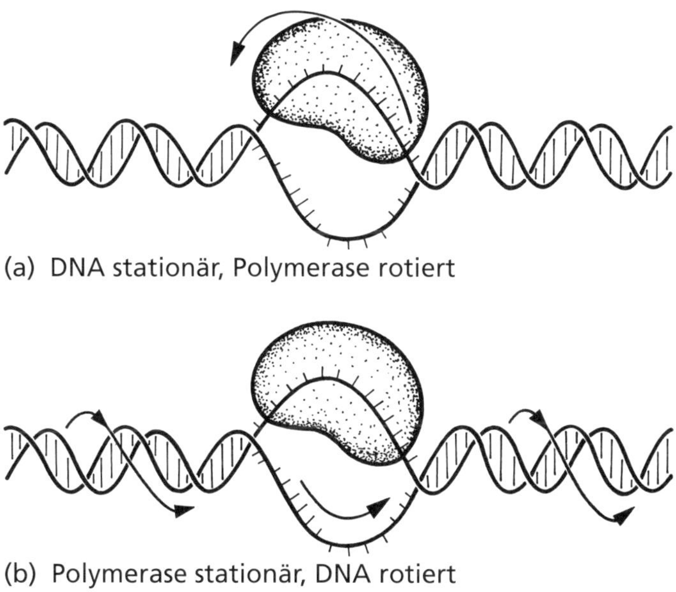

Abb. 4.3 Verschiedene Möglichkeiten für das Erstellen von RNA-Kopien der DNA durch das Enzym RNA-Polymerase. In Bild a windet sich die Polymerase um eine stationäre DNA, während sich in b die DNA durch eine stationäre Polymerase windet.

Wenn Sie jemals zum Angeln gegangen sind und sich ihr Köder durch die Strömung in das Ende Ihrer Leine gewickelt hat, dann wissen Sie, dass dabei ein fürchterliches Durcheinander herauskommt. Ähnliche Schwierigkeiten würde es geben, wenn die Natur nicht einen Weg gefunden hätte, um die Drehbelastung der DNA bei ihrer Passage durch eine Polymerase zu senken. Die Natur hat sogar mehrere verschiedene „Entknotungs-Enzyme" erfunden, so genannte „Topoisomerasen"[1], um ein Zuviel an DNA-Drehung abzubauen. Diese Enzyme wirken auf raffinierte Weise, und niemand weiß genau, wie sie auf (Fast-) Atomebene arbeiten. Sicher ist aber, dass sie entweder eine oder beide der Zucker-Phosphat-Ketten durchschneiden, um so eine gewisse Beweglichkeit der DNA zu erlauben und die Torsionsspannung zu abzubauen; dann verbinden sie die getrennten Teile wieder miteinander und hinterlassen eine intakte, aber entspannte DNA. Wird diese Prozedur bei einem verknoteten DNA-Stück mehrfach wiederholt, wird dieses schließlich entwirrt. Mit diesem „Verknäueln" (oder Überspiralisierung, „Supercoiling") der DNA befassen wir uns eingehender in Kapitel 6.

Viele klinisch eingesetzte Krebstherapeutika, wie Doxorubicin, richten sich gegen die „Entknotungs-Enzyme". Die unkontrolliert wachsenden Krebszellen können sich nicht teilen, wenn man ihre Entknotungsenzyme zerstört. Einige dieser Antikrebsmittel „fangen" die Topoisomerasen mitten in ihrem Schneiden-Entspannen-Zusammenfügen-Zyklus, sodass sie die DNA-Stränge nicht wieder zusammenfügen können. Jene Krebszellen aber, welche die ersten Behandlungen mit diesen Medikamenten überstehen, finden irgendwie einen Weg, mit einer geringen Menge von Entknotungsenzymen weiterzuwachsen, oder sie schalten neue Gene an, die dabei helfen, das Arzneimittel aus der Zelle zu eliminieren. So werden sie schließlich therapieresistent.

Es scheint also sicher nicht sehr vielversprechend, als Biowissenschaftler heute nach weiteren Krebstherapeutika zu suchen, welche die Topoisomerasen zerstören. Der erfolgreichste neue Wirkstoff zur Krebsbekämpfung heißt Taxol oder Docetaxol; er verhindert, dass sich die „Mikrotubuli" genannten langen zellulären Strukturen wieder auflösen, nachdem sie bei der Zellteilung gebildet wurden, um je eine Kopie jedes Chromosoms in jede neue Zelle zu schleusen (die auf S. 4f beschriebene Trennung).

Abgesehen von Doxorubicin und Taxol gibt es eine dritte, besonders vielversprechende Substanzklasse zur Krebsbekämpfung, „Cisplatin" und „Carboplatin"[1]. Der Wirkstoff wurde im Jahre 1969 von Barnett Rosenberg entdeckt, der damals erforschte, wie Bakterien in einem elektrischen Feld wachsen. Wie er herausfand, führen bestimmte Elektroden dazu, dass Bakterien sich lang und dünn entwickeln wie Spaghetti. Nach langer Suche entdeckte er, dass sich das Platin seiner Elektrode mit dem Ammoniak seiner Pufferlösung zu einer Platin-Ammoniak-Verbindung zusammenschloss, welche die Zellteilung unterband. Diese Verbindung war seit über 100 Jahren bekannt, doch war niemand je auf die Idee gekommen, dass sie Krebs heilen könnte. Wie dem auch sei, Rosenberg setzte die Substanz versuchsweise bei Menschen ein, und sie zeigte in einigen Fällen Wirkung. Das Platinatom benutzt offenbar zwei seiner Liganden-Bindungsstellen, um zwischen den Purinen Querverbindungen in GG- oder GA-Stufen herzustellen; dadurch verbiegt sich die DNA und kann sich deshalb nicht replizieren.

Wie oben schon erwähnt, entwindet sich die DNA zu einer Blase von 15 bis 20 Basen Länge, während die RNA-Polymerase einen Strang der DNA als RNA kopiert. Wie wird dies erreicht? Offenbar ist es der schwierigste Schritt, die Doppelhelix zunächst einmal an einer Stelle zu entwinden. Ist dies geschafft, kann die DNA-Blase relativ leicht entlang des Moleküls zu einer anderen Stelle wandern. Daher ist es entscheidend zu wissen, wie die Zelle ihrer DNA den Befehl gibt, sich an bestimmten Lokationen zu entwinden. Diese Ereignisse entscheiden dann über die umfangreiche Synthese von RNA aus vielen

[1] Siehe Anmerkung am Ende dieses Kapitels.

verschiedenen Genen auf der DNA und damit letztlich auch über die Proteine, die man in jeder Zelle vorfindet. Ein ähnliches Sich-Entwinden erfolgt an den Startstellen der Replikation, wo beide DNA-Stränge als DNA kopiert werden, doch hier arbeiten andere Enzyme.

Was würden Sie tun, wenn Sie die DNA einer Zelle an vielen spezifischen Stellen entwinden sollten? Würden Sie ein Protein mit einer kleinen Schaufel an einem Ende herstellen, das dann ein Loch in die DNA gräbt oder bricht? Einige der die DNA entwindenden Proteine besitzen tatsächlich kleine „Schaufeln" in Gestalt flacher, öliger Aminosäuren wie Phenylalanin, Tyrosin und Tryptophan, die Löcher machen, sich dann zwischen die Basenpaare setzen und somit das Entwinden der Doppelhelix bewirken können. Sie wirken genau so wie das in Abbildung 2.9 gezeigte Ethidiumbromid-Molekül, das die DNA stellenweise von einer Helix in eine teilweise nicht verdrehte Leiter verwandelt. Andere die DNA entwindende Proteine haben vielleicht Spalten an ihrer Oberfläche, in die nur einer der beiden DNA-Stränge passt, sodass sie bevorzugt an einen Einzelstrang und nicht an eine Doppelhelix binden und das Molekül auf diese Weise entwinden. Wieder andere Proteine wickeln die DNA vielleicht wie eine Telefonschnur oder Bettfeder um sich herum, sodass sich die DNA entwinden kann, während sie sich in Lösung wie eine Ziehharmonika ausdehnt und zusammenzieht. Für all diese Formen des Entwindens gibt es in der Zelle manche Belege, doch erst seit kurzem weiß man wirklich, was genau jeweils auf atomarer Ebene geschieht.

All diese Entwindungsvorgänge schließen die Bindung eines Proteins an die DNA ein. In der jüngsten Zeit hat man große Fortschritte darin erzielt, die aus diesen Proteinen und DNA gebildeten Komplexe sichtbar zu machen; dabei bediente man sich der Röntgenkristallographie oder anderer Methoden. Bislang ist aber mehr über die Rolle der DNA bei solchen Interaktionen bekannt als über die des Proteins. Generell gilt, dass die Natur die Verbindungen der Doppelhelix dort sehr schwach macht, wo das Entwinden beginnen muss, sodass es nicht viel Energie erfordert, die Basenpaare der DNA aufzubrechen und so die beiden Stränge voneinander zu trennen. Aus den Kapiteln 2 und 3 wissen wir, dass sich die Stabilität einer Doppelhelix vor allem danach richtet, wie viele H-Bindungen zwischen den Basen eines Basenpaares bestehen und wie weit benachbarte Basen überlappen. Ein Adenin-Thymin-Paar hat nur zwei H-Bindungen, ein Guanin-Cytosin-Paar aber drei (siehe Abbildung 2.11); eine Reihe von A-T-Paaren wird also die Doppelhelix weniger stabil machen, wie Abbildung 4.4a zeigt. Zudem haben viele sorgfältige Versuche ergeben, dass Pyrimidin-Purin-Sequenzen hinsichtlich der Überlappung benachbarter Basen die geringste Stabilität aufweisen, also die Basenpaarstufen TA, TG, CA und CG. Doch warum?

Im vorigen Kapitel haben wir erläutert, wie sich die DNA mit den Werten für Roll (R), Slide (S) und Twist (T) bei jeder Basenpaarstufe beschreiben lässt. Pyrimidin-Purin-Basenpaarstufen nehmen dabei eine besondere Stellung ein, weil sie sich auf zweierlei Arten stapeln können: Zum einen können sie sich stark gegeneinander verschieben, wobei die Purine weit voneinander entfernt liegen (*high-slide*-Form) (Abbildung 3.10), zum anderen können sie geringfügig gegeneinander verschoben sein, wobei sich die Purine direkt übereinander schieben (*low-slide*-Form) (Abbildung 3.11). Nun sind aber die Basenpaare derart mit Zucker-Phosphat-Ketten verbunden, dass ein geringer Slide zu einem geringen Twist führt. Bei dem Beispiel aus Abbildung 3.13 führt eine geringe Verschiebung (Slide) von $S = -2$ Å zu einem geringen Twist T von etwa 28° (bei anderer DNA ist $T =$ 34–36°). Man könnte also sagen, dass es bei einer Pyrimidin-Purin-Sequenz weniger Energie als bei anderer DNA bräuchte, um die DNA weiter (etwa bis zu $T = 10°$ oder 20°) zu entwinden, weil die Basenpaare bereits in signifikantem Maße entwunden sind; oder

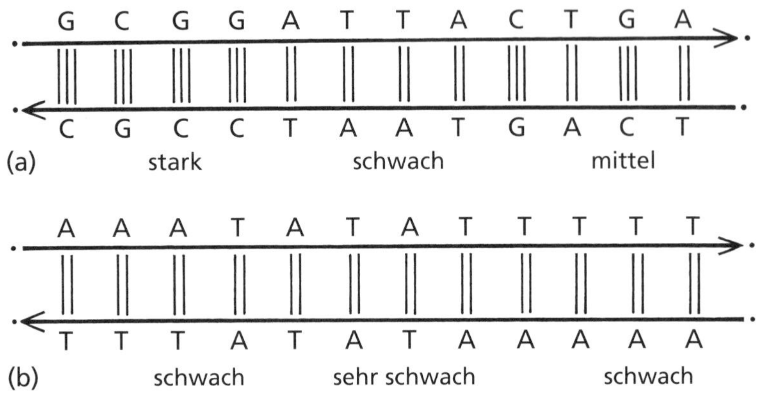

Abb. 4.4 Hier wird in zwei Schritten erklärt, warum sich die DNA bei jeder TATA-Sequenz so leicht entwindet. Die doppelten oder dreifachen Linien in Bild a entsprechen jeweils zwei oder drei Watson-Crick-H-Bindungen; die Helix ist mit zwei dieser Bindungen weniger stabil als mit dreien. In Bild b bewirken die TA-Basenpaarstufen (vom Pyrimidin-Purin-Typ) eine weitere Schwächung der kettenübergreifenden Verbindungen, weil sie sich leicht entwinden können und so eine geringe Verdrehung (Twist) bewirken.

vielleicht könnten sie sich unter Belastung leichter zu einer stabilen Form mit geringem Twist entwinden als andere Sequenzen.

Wie auch immer, offenbar erfordert es wenig Energie, einen geringen Twist bei einer Pyrimidin-Purin-Basenpaarstufe zu erzeugen; die Gründe dafür sind allerdings noch nicht ganz bekannt.

Welches sind dann aber die DNA-Sequenzen, die sich am leichtesten entwinden lassen? Einfach diejenigen, die beide oben beschriebenen Eigenschaften in sich vereinen: wenige Wasserstoffbrückenbindungen wie bei A-T-Basenpaaren und einen geringen Twist wie bei Pyrimidin-Purin-Basenpaarstufen. Kurzum, die DNA entwindet sich besonders leicht in AT-reichen Regionen mit vielen Pyrimidin-Purin-Basenpaarstufen, wie sie Abbildung 4.4b zeigt. Die typische „schwache" Sequenz entspricht in etwa „TATATATA" oder „TAATAATAA"; TA ist hier die Pyrimidin-Purin-Basenpaarstufe mit geringem Twist.

Das ist nicht nur theoretisch nahe liegend – tatsächlich gibt es starke experimentelle Hinweise auf eine Zwischenstufe mit geringem Twist beim Entwinden von TATA-Sequenzen. Offenbar entwinden sich solche Sequenzen leichter zu so genannten „Kreuzformen" als andere DNA. Eine Kreuzform ist eigentlich nur eine große DNA-„Blase", dies sich festhalten und untersuchen lässt, weil sich beide Stränge der Blase zurückfalten und mit sich selbst eine Doppelhelix bilden (siehe Abbildung 4.5). James McClellan und David Lilley machten sich daran, dieses seltsame Verhalten zu ergründen; wie sie herausfanden, wurde die Entwindung der DNA bei TATA-Sequenzen zu einer Kreuzform durch ein teilweises Entwinden der DNA von 10,5 auf etwa 12 Basenpaare pro Windung (oder von $T = 34°$ auf etwa $T = 30°$) katalysiert, bevor die Kreuzform auftrat. Ihre Beobachtungen decken sich weit gehend mit dem, was wir nach der oben beschriebenen Theorie erwarten würden.

Die Biologen stießen fast zufällig auf die TATA-Sequenzen, als sie die DNA-Sequenzen an jenen Stellen bestimmten, wo sich die Doppelhelix entwinden muss, damit die Transkription einsetzen kann. Diese grob definierten DNA-Regionen werden „Promo-

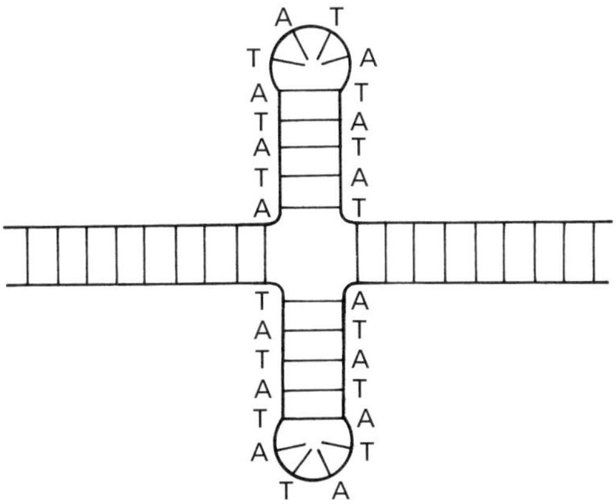

Abb. 4.5 „Kreuzform" der DNA, die sich aus einer passenden Sequenz von A- und T-Basen gebildet hat. Die DNA-Doppelhelix entwindet sich von 10,5 auf 12 Basenpaare pro Helixwindung, bevor die Kreuzform entsteht, was auf das leichte Entwinden der TATA-Sequenzen zurückgeht. Infolge dieses anfänglichen Entwindens bildet sich die Kreuzform dort leichter aus als bei anderen Sequenzen.

toren" genannt, weil sie die RNA-Synthese von einem benachbarten Gen betreiben, ohne selbst transkribiert zu werden. Die Biologen fanden oft „TATA" oder eine ähnliche Sequenz nahe der benötigten Entwindungsstelle in jedem Promotor. Dann zeichneten sie auf ihrem Computerausdruck einen Kasten oder eine Box um diese Sequenz, um deren Bedeutung zu unterstreichen; daher bezeichnen viele Lehrbücher die schwache DNA-Region in manchen Promotoren als „TATA-Box". Die meisten Promotoren besitzen eine TATA- oder ähnliche Sequenz „stromaufwärts" von der Stelle, an der das Entwinden in separate Stränge einsetzt, und dies spielt offenbar eine wichtige Rolle für den Beginn der Aktivität der Polymerase.

Bei den meisten *Bakterien* bindet also ein RNA-Polymerase-Protein an die TATA-Region: Ein Teil der Polymerase, der „Sigma-Faktor", stellt den eigentlichen Kontakt zur TATA-Sequenz her, zehn Basenpaare stromaufwärts vom Startpunkt der RNA-Herstellung. Bei dieser Sequenz beginnt das Entwinden der beiden Stränge.

In den Zellen unseres Körpers erfüllt die TATA-ähnliche „Box" jedoch eine andere Aufgabe. Hier gibt es fast immer ein *zusätzliches* Protein namens TBP (für „TATA-bindendes Protein"), das an TATA-ähnliche Sequenzen nahe dem Startpunkt von Genen bindet (wie in Abbildung 4.14 dargestellt, siehe S. 76). Dieses Protein ist in Reinform nur in mäßigen Mengen verfügbar. Mehrere Arbeitsgruppen haben herausgefunden, dass es die TATA-Sequenz als Teil der Vorbereitung für die Polymerase um etwa eine Drittelwindung entwindet. Hier befindet sich die TATA-Sequenz etwa 25 Basenpaare vor der Stelle des Entwindens. Auf die Aktivität der Polymerasen gehen wir in Kapitel 6 näher ein.

Man kennt heute mindestens zwei verschiedene Helixformen, welche die TATA-Sequenz einnehmen kann: eine mit geringem Twist und großem Roll, wie sie zu beobachten ist, wenn sie sich mit TBP (siehe unten) und einigen anderen Proteinen (auch dazu unten mehr) verbindet, und eine andere Form mit lediglich 7,5–8,0 Basenpaaren pro Windung statt 10–12 bei normaler DNA. Diese letztgenannte Helixform wird in röntgenanalytischen Untersuchungen der DNA mit geringer Auflösung oft als „D"-Konformation der DNA bezeichnet. Bevor wir nicht die Molekularstruktur einer solchen seltsamen Helix-

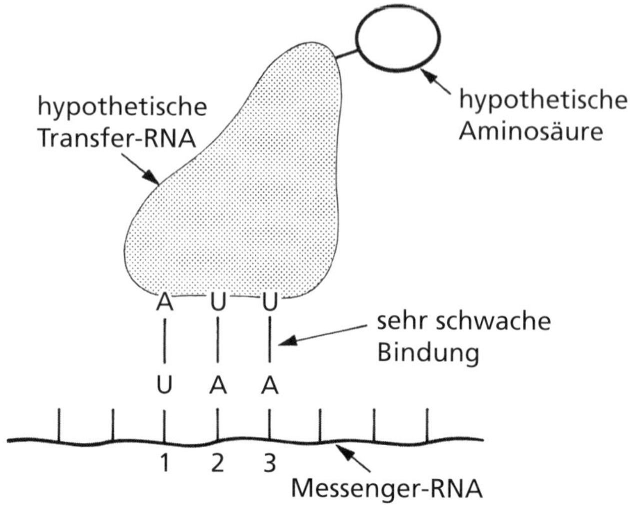

Abb. 4.6 Alle Stoppsignale im genetischen Code (UAA, UAG, UGA, siehe Tab. 1.1) entsprechen sehr schwachen oder mäßig schwachen Paarbindungen zwischen einer hypothetischen Transfer-RNA und der messenger-RNA.

form kennen, können wir nicht einmal Vermutungen darüber anstellen, ob sie in der Biologie überhaupt benutzt wird.

Zum Abschluss unserer Erläuterungen zu den DNA-Helices vom TATA-Typ kommen wir noch einmal auf die drei Basentripletts zurück, die im genetischen Code (siehe Tabelle 1) „Stopp“ codieren und daher meist als „Stoppcodons“ bezeichnet werden: TAA, TAG und TGA. Das Zusammenfügen von Aminosäuren zu einer Proteinkette kommt bei diesen speziellen Tripletts zum Stillstand, weil es keine Transfer-RNA-Moleküle gibt, die diese erkennen können. Eines der Stoppcodons ist UAA in der messenger-RNA (entsprechend TAA in der DNA), und wenn es ein Transfer-RNA-Molekül für UAA gäbe, würde es aus genau den oben genannten Gründen eine besonders schwache Verbindung mit diesem Triplett bilden (siehe Abbildung 4.6). Unserer Auffassung nach ist es kein Zufall, dass dieses so besonders schwach bindende Triplett keiner speziellen Aminosäure entspricht, denn die hypothetische Transfer-RNA würde es nicht zuverlässig erkennen. Dasselbe gilt wahrscheinlich auch für die anderen beiden Stoppcodons UAG und UGA, die eine mäßig schwache Kapazität zur Basenpaarung haben.

Nachdem wir uns einen Überblick über das Verdrehen (*twisting*) der DNA verschafft haben, kommen wir nun zur *Krümmung* (*curving*) der DNA. Im Prinzip könnte sich die DNA in einer Ebene krümmen wie eine Banane oder aber in drei Dimensionen wie eine Bettfeder. Da es aber anfangs schwer ist, die dreidimensionale Krümmung nachzuvollziehen, beschränken wir uns in diesem Kapitel auf die Krümmung der DNA in einer Ebene und erst im folgenden Kapitel mit der Krümmung in drei Dimensionen.

Vergessen wir die DNA für einen Augenblick, und stellen wir uns einen Garten vor. In vielen Stadtgärten stehen niedrige, Blüten tragende Bäume, und häufig legen die Gartenbesitzer um diese herum mit Steinplatten hübsche Gartenwege an, wie in Abbildung 4.7 gezeigt. Es gibt zwei Möglichkeiten, einen solchen Weg zu bauen. Zum einen kann man spezielle, trapezförmige Platten verwenden, bei denen eine Seite breiter ist als die andere. Solche Platten ergeben einen Kreis mit einem bestimmten Radius, ähnlich wie bei einem

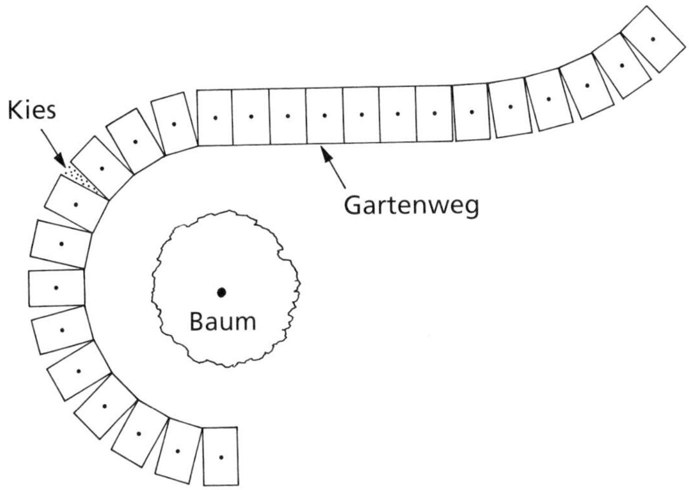

Abb. 4.7 Krümmung eines Gartenweges in einer Ebene um einen Baum herum.

steinernen Gewölbe. Zum anderen kann man den Weg aber auch aus rechteckigen Platten bauen und die schmalen dreieckigen Lücken dazwischen mit Kies füllen. Ein Vorteil dieser Methode ist natürlich, dass man die Krümmung des Weges nach Belieben wählen kann, je nach Bedarf kreisrund, gerade oder mit verschiedenen Kurven, so wie in der Abbildung.

Was ist mit der *Krümmung* des Gartenweges gemeint? In Abbildung 4.7 ist die Biegung des Weges offensichtlich dort stärker, wo der Winkel zwischen benachbarten Platten größer ist. Wo dieser Winkel gleich Null ist, führt der Weg geradeaus, hat also eine Krümmung von Null. Es liegt also nahe, die Krümmung anhand des Winkels zwischen benachbarten Platten zu definieren. Die Krümmung des halbkreisförmigen Weges in Abbildung 4.7 ließe sich also mit 15° pro Platte (oder pro Stufe) beschreiben, denn er biegt sich in zwölf Stufen um 180°.

Wenn wir also einen Gartenweg mit 15° zwischen allen Platten verlegen, beschreibt dieser schlussendlich einen kompletten Kreis. Der Radius des Kreises wird kleiner, wenn wir den Krümmungswinkel vergrößern und umgekehrt. Der Radius des Halbkreises aus Abbildung 4.7 lässt sich folgendermaßen leicht berechnen: Angenommen, jede Platte ist 0,5 m breit. Wenn der Winkel zwischen den Platten 15° beträgt, gibt es 360/15 = 24 Platten pro Kreis, mit einem Gesamtumfang von 24 x 0,5 = 12 m und somit einem Radius von 12/2 π = 1,9 m. Das ist der Radius an der Innenkante der Platten; genauso könnten wir den Radius auf der Mittellinie des Weges errechnen, indem wir den Abstand zwischen der jeweiligen Mitte zweier benachbarter Platten und den Winkel zwischen den Platten benutzen.

Die Krümmung der DNA ist komplizierter als die eines Gartenweges, weil die DNA dreidimensional ist; sie folgt aber ungefähr denselben Prinzipien, weil auch sie aus einzelnen Stufen besteht, nämlich den uns bereits bekannten Basenpaaren. Stellen wir uns also vor, ein DNA-Molekül mit einer Länge von 80 Basenpaaren oder acht Doppelhelixwindungen sei zu einem Kreis von 360° gekrümmt. Das entspricht ungefähr dem Krümmungswinkel, mit dem sich die DNA im Zellkern um Proteine wickelt (Abbildung 1.5). Sollte man denselben Kreis aus nur acht winzigen Platten bilden, müsste der Winkel

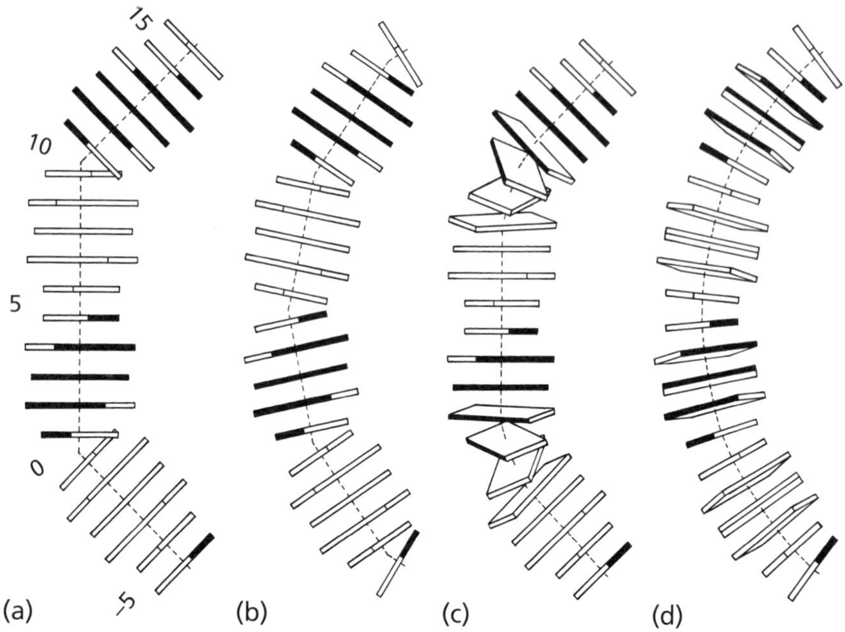

Abb. 4.8 Zwei komplette DNA-Helixwindungen mit einer Krümmung von durchschnittlich 45° pro Windung oder 4,5° pro Basenpaarstufe. Eine derart starke Krümmung lässt sich prinzipiell mit jeder der in den Bildern a bis d gezeigten Rollwinkel-Verteilungen erzielen.

zwischen den Platten 360°/8 = 45° betragen. Dieser Winkel entspricht exakt dem Rollwinkel *R* der DNA, wie er in Kapitel 3 beschrieben wird. Wenn wir einen Kreis aus acht DNA-Helixwindungen bilden wollen, können wir dies tun, indem wir einen Rollwinkel von 45° in jeder Windung ansetzen: So entsteht ein vollendeter Kreis.

Ein solches Schema zeigt Abbildung 4.8a; dargestellt sind 20 Basenpaarstufen, die ein Viertel unseres Kreises aus 80 Basenpaaren bilden. Um gerade DNA in gekrümmte umzuwandeln, haben wir (auf der linken Seite der Abbildung) jeweils einen Rollwinkel von 45° bei den beiden mit 0 und 10 bezeichneten Basenpaarstufen eingeführt. Diese Rollwinkel öffnen die zur kleinen Furche hin gewandten Seiten der Basenpaare, die schwarz dargestellt sind; so kommt es über die 20 Basenpaarstufen zu einer Gesamtkrümmung von 2 x 45° = 90°. Dieselbe Art Krümmung ist in Abbildung 4.9a schematisch dargestellt; hier sind Rollwinkel und Anzahl der Basenpaarstufen in der Sequenz gegeneinander aufgetragen: Bei den Stufen 0 und 10 sind in diesem Diagramm Rollwinkel von 45° zu erkennen, bei den anderen Stufen aber betragen sie 0°.

Allerdings ist es wohl günstiger, diese Rollwinkel über eine größere Zahl von Basenpaarstufen innerhalb des Kreises zu verteilen. Ein einzelner Rollwinkel von 45° je Helixwindung ist zwar aus geometrischer Sicht zufrieden stellend, nicht aber aus physikalischer Sicht, denn bei der Öffnung eines einzelnen Basenpaares um 45°, wie in Abbildung 4.8a, wäre ein großer Teil der wasserunlöslichen Basenoberfläche dem Wasser ausgesetzt. Eine gewisse Verbesserung brächte es, den 45°-Winkel zu halbieren und somit einen Rollwinkel von 22,5° jeweils an zwei Stellen pro Helixwindung unterzubringen. Diese Variante ist in Abbildung 4.8b und als Diagramm in Abbildung 4.9b dargestellt; Rollwinkel von +22,5° sind bei den Stufen 0 und 10 eingefügt und Rollwinkel von –22,5°

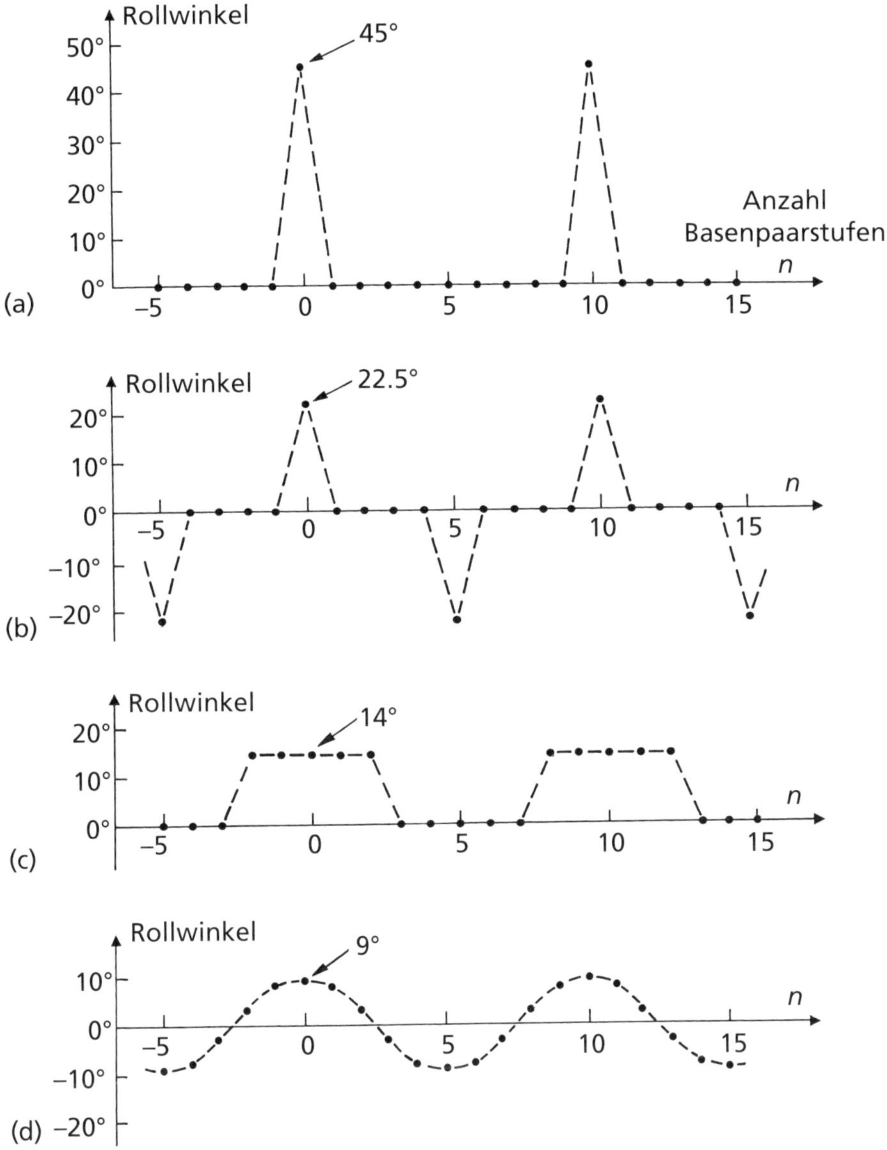

Abb. 4.9 Darstellung von Rollwinkel und Anzahl der Basenpaarstufen als Diagramm; gezeigt sind die vier in Abb. 4.8 dargestellten Möglichkeiten, welche die DNA pro Helixwindung um jeweils 45° krümmen

bei den Stufen –5, 5 und 15. Das Vorzeichen des Rollwinkels wechselt alle fünf Basenpaare von plus nach minus, weil die Helix über diese Distanz einmal um 180° rotiert. Die beiden Winkel von 22,5° öffnen also dieselbe Seite der Helix und tragen trotz der unterschiedlichen Vorzeichen dasselbe zur Krümmung bei.

Eine weitere Möglichkeit, der DNA die gewünschte Krümmung zu geben, ist das Einfügen von Rollwinkeln von jeweils etwa 14° bei fünf Basenpaarstufen, gefolgt von fünf Stufen mit einem Roll von 0°, dann wieder fünf Stufen mit $R = 14°$ und so fort. Dieses neue Schema zeigen die Abbildungen 4.8c und 4.9c. Letztlich überführen wir aufeinander folgende Halbwindungen der DNA in mehrere einförmige Konfigurationen, und es ist unschwer zu erkennen, dass dies zu einer Krümmung führt. Das in Abbildung 4.8c gezeigte Modell wird manchmal als „Junction"-Modell der DNA-Krümmung bezeichnet, weil an den Verbindungsstellen (*junctions*) zwischen den aufeinander folgenden DNA-Stücken „Biegungen" aufzutreten scheinen, die jeweils gleichförmige, aber unterschiedliche Rollwinkel aufweisen. Man darf jedoch nicht vergessen, dass die Krümmung von den Rollwinkeln an allen Basenpaarstufen abhängt.

Das vielleicht beste Schema für das Erzeugen gekrümmter DNA wäre es wohl, den Roll über die gesamte Helix zu verteilen, auf alle Basenpaarstufen, statt große Rollwinkel auf wenige Stufen zu beschränken. Ein solches idealisiertes Modell zeigen Abbildung 4.8d und das entsprechende Diagramm in Abbildung 4.9d. Wenn wir die Rollwinkel von Basenpaarstufe 0 bis zu Stufe 10 als Cosinuskurve variieren lassen, müssen wir sie um nicht mehr als plus oder minus 9° verändern, um eine Krümmung von 45° pro Windung zu erhalten. Wie man sieht, gibt es hier von Stufe zu Stufe viel weniger abrupte Veränderungen im Roll als in Abbildung 4.8a, b oder c. Das wirkt ein wenig wie Zauberei: Woher wissen wir, welche Krümmung aus einer Ansammlung verschiedener Rollwinkel wie in diesem Beispiel resultieren wird?

Die Rollwinkel in Abbildung 4.9d variieren als Cosinuskurve mit einer Amplitude von 9°, oder als $R_n = 9° \cos(36°n)$, wobei $n = 0, 1, 2, ..., 9$ jede Stufe in jeder beliebigen Doppelhelixwindung bezeichnet. Der Roll-Wert bei Stufe 0 ist beispielsweise $R_0 = 9°$, derjenige bei Stufe 1 dagegen $R_1 = 9° \cos(36°) = 7{,}3°$ und der bei Stufe 5 ist gleich $R_5 = 9° \cos(180°) = -9°$. Diese neue Anordnung ist den unterschiedlichen Schemata aus a, b und c insgesamt ähnlich, aber ausgefeilter in der Zuordnung von Rollwinkeln zu den verschiedenen Teilen der Helix. Und jetzt kommen wir zu einem entscheidenden Punkt: Nicht alle dieser Rollwinkel tragen voll zur Krümmung bei, weil einige dazu führen, dass sich die DNA in die falsche Richtung verbiegt, nämlich aus der Ebene der Buchseite von Abbildung 4.8 heraus. Betrachten wir noch einmal die in Abbildung 4.8a gezeigte Helix. In diesem Bild würde ein positiver Rollwinkel bei Stufe 2, also zwischen den Basenpaarstufen 0 und 5, die DNA in das Papier hineinbiegen und nicht nach rechts wie gewünscht. Ein Rollwinkel bei Stufe 0 aber krümmt die DNA nach rechts, während ein solcher bei Stufe 5, der in der Zeichnung nicht gezeigt wird, die DNA ebenfalls nach links oder rechts biegen würde, wie in Abbildung 4.8b dargestellt. Wie sich nachweisen lässt, besteht der Beitrag jeder Baasenpaarstufe zur Krümmung nach rechts in ihrem Rollwinkel R_n, multipliziert mit dem Cosinus des gesamten helikalen Twist, oder $R_n\cos(36°n)$. Bei Anordnung d erhalten wir demnach für Basenpaarstufe 0 den stattlichen Beitrag von $9° \cos(0°) = 9°$ zur Krümmung, bei Stufe 5 den genauso großen Beitrag von $-9° \cos(180°) = 9°$, bei Stufe 2 aber nur den geringen Beitrag von $9° \cos^2(72°) = 0{,}9°$, weil der Roll größtenteils in die falsche Richtung weist.

Daraus folgt, dass sich die Gesamtkrümmung k durch den Roll an allen Basenpaarstufen $n = 0, 1, 2, ..., 9$ ermitteln lässt, indem man zehn verschiedene Gleichungen wie $R_n\cos(36°n)$ addiert, oder in diesem Fall

$$\sum_{n=0,9} 9° \cos^2(36°\mathrm{n}) = 9° + 5{,}9° + 0{,}9° + 0{,}9° + 5{,}9° + 9° \\ + 5{,}9° + 0{,}9° + 0{,}9° + 5{,}9° = 45°$$

Insgesamt variieren die Rollwinkel in Abbildung 4.9d um 9°cosθ, wobei θ den Gesamttwist (oder die Summe aller Twistwerte *T* pro Basenpaarstufe) relativ zu Stufe 0 bezeichnet; man muss sie dann mit cosθ multiplizieren, bevor man sie zum Gesamtkrümmungswert addiert, weil nicht alle Basenpaarstufen in dieselbe Richtung weisen. Dieses einfache Schema ist geometrisch nicht ganz exakt, erfüllt aber bei kleinen Rollwinkeln von bis zu 10° gut seinen Zweck – und in diesem Rahmen bewegen sich die meisten praktischen Fälle.

Es lässt sich leicht nachweisen, dass die oben ausgeführte Summe exakt denselben Wert hat wie vorher, wenn man bei jeder Basenpaarstufe einen konstanten Rollwinkel addiert, sodass $R_n = 9°\cos(36°n)$ + (Konstante). Eine konstante Veränderung des Roll bei allen Stufen wird das gesamte Erscheinungsbild der DNA so verändern wie in Abbildung 3.14c gezeigt, bringt aber keine Krümmung mit sich.

Wie wir erfahren haben, trägt in unserem Schema nicht jede Basenpaarstufe in gleichem Maße zur Krümmung bei. Die Stufen 0, 1, 4, 5, 6 und 9 (bei denen die kleine oder große Furche zur Mitte der Krümmung weist) tragen viel bei, die Stufen 2, 3, 7 und 8 dagegen kaum etwas. Der Grund dafür ist, dass die DNA in rechtwinkliger Richtung zur Rollachse (also etwa in Richtung der Vorder-Rückseitenachse aus Abbildung 3.7) nicht flexibel genug ist, um sich in diese Richtung nennenswert zu krümmen. Man könnte auch vermuten, dass sich – entsprechend den in Kapitel 3 erläuterten Beziehungen zwischen diesen Werten – mit dem Roll *R* auch die Werte für Slide *S* und Twist *T* verändern, wenn sich die DNA krümmt. Das würde jedoch nur geringe Veränderungen zu dem geschilderten allgemeinen Verhaltensmuster beitragen.

Wenn wir die Krümmung natürlicher DNA untersuchen, die sich ja aus vielfältigen Basensequenzen zusammensetzt, können wir nicht erwarten, dass jede Art von Sequenz exakt ein sanft geschwungenes Kurvenmuster von Rollwinkeln einhält. Manche Basenpaarstufen, etwa die Pyrimidin-Purin-Stufen und andere in Kapitel 3 vorgestellten Varianten, sind so flexibel, dass sie problemlos große, aber auch kleine Roll-Werte annehmen können. Studien an kristalliner DNA ergaben, dass andere Stufen, wie AA/TT, einen niedrigen Roll von $R = 0°$ bevorzugen; wieder andere Stufen, wie GC/GC, bevorzugen vermutlich große Roll-Werte von +5° bis +10°. Im Grunde müssen wir bei natürlicher DNA, die um eine Proteinspule gewickelt ist, nach einer Cosinuskurve suchen, die sich bei einer Periode von zehn Basenpaarstufen am besten mit der jeweiligen Abfolge von Rollwinkeln deckt, auch wenn nicht alle Stufen dieser idealisierten Kurve ganz exakt entsprechen. Die Schwankung der Rollwinkel kann zwischen +9° und −9° oder zwischen +12° und −6° liegen, das ist ganz gleich. Die Amplitude dieser „passendsten Kurve" wird dann proportional zu der absoluten Krümmung dieser Sequenz sein, während ihre Links-Rechts-Position oder „Phase" verrät, welche Stufen den größten (oder positivsten) und welche den kleinsten (oder negativsten) Rollwinkel haben. Wo der Rollwinkel groß und positiv ist, liegen die zur kleinen Furche gewandten Seiten der Basenpaare an der *Außenseite* der gekrümmten DNA, und wo der Rollwinkel klein (oder besonders negativ) ist, liegen die zur kleinen Furche gewandten Seiten der Basenpaare an der *Innenseite* der Krümmung. Dieses Vorgehen ist Mathematikern auch als „Fourier-Transformation" der Rollwinkel bekannt, mit deren Hilfe man Amplitude und Phase der Krümmung der DNA-Helix erhält.

Sie können das für sich selbst nachvollziehen, indem Sie für paar Basenpaarstufen wie denen aus Abbildung 4.8c eine genaue Zeichnung anfertigen, die sich an den Linien aus Abbildung 4.9c orientiert. Dort folgen auf fünf Stufen (−2, −1, 0, 1, 2) mit $R = 14°$ fünf Stufen mit $R = 0°$ und dann weitere fünf mit $R = 14°$ und so fort. Die Cosinuskurve, die sich am dichtesten über diese Punkte zeichnen lässt, hat eine Amplitude (Höchstausschlag) von 9°, und genau diese wird für eine Krümmung von 45° pro Doppelhelixwindung benötigt.

Bei der DNA, die sich in unseren Chromosomen befindet, könnten wir erwarten, dass sich an Stellen, wo ein geringer Roll benötigt wird, AA/TT-Sequenzen befinden, und dort, wo für die Krümmung ein großer Roll gebraucht wird, GC-Sequenzen. Und genau so ist es, zumindest nach einer ersten Näherung. Der größte Teil der DNA in unseren Chromosomen krümmt sich stark um „Proteinspulen" (Abbildung 1.5) – jeweils mit zwei Schlaufen à 80 Basenpaare oder insgesamt 160 Basenpaaren pro Spule – zu einer flachen, linksgewundenen „Überspiralisierung" („Supercoil"), die an eine Telefonschnur erinnert. Die Proteine, aus denen jede dieser Spulen besteht, bezeichnet man als „Histone"; mehr dazu in Kapitel 7. Wie die Untersuchung der DNA-Sequenzen in diesen engen Schlaufen um die Proteinspulen ergibt, liegen AA/TT-Sequenzen mit größerer Wahrscheinlichkeit an Stellen mit geringem Roll vor als andere DNA und GC-Sequenzen eher an solchen mit großem Roll, doch nicht jede AA/TT-Sequenz nimmt einen kleinen Rollwinkel ein und nicht jede GC-Sequenz einen großen. Die „Vorlieben" aller 160 Basenpaare in dieser DNA müssen einander die Waage halten, um eine optimale Positionierung von Rollwinkeln für die *größtmögliche* Zahl von Basenpaarstufen in dieser Sequenz zu erreichen; daher kann es sein, dass einzelne Basenpaarstufen nicht in das Gesamtbild passen.

Abbildung 4.10 zeigt einige konkrete Daten zu den bevorzugten Positionen verschiedener Basensequenzen in gekrümmter chromosomaler DNA. Um diese Diagramme zu erhalten, isolierten wir die DNA aus über 100 verschiedenen Spulen-DNA-Komplexen und zählten dann aus, in welcher Anzahl *N* jede Art von Sequenz an allen möglichen Lokalisationen auf der Histonspule zu finden war. Die DNA wurde bei der Isolierung von einem speziellen Enzym von 160 auf 145 Basenpaare verkürzt, um exakter markieren zu können, wo jede Spule anfing oder endete. Die in den Diagrammen aus Abbildung 4.10 gezeigten Daten entsprechen Durchschnittswerten aus den Positionen 1 bis 71 und 73 bis 145 des Spulen-DNA-Komplexes, wobei etwa bei 72,5 der Mittelpunkt liegt, denn die Daten waren auf beiden Seiten der Mitte ungefähr gleich.

Abbildung 4.10a zeigt die Anzahl *N* der AA/TT-Basenpaarstufen, die an jeder möglichen Position im Verlauf der langen, gekrümmten DNA aus unseren zahlreichen Beispielen gefunden wurde. Diese AA/TT-Stufen findet man offenbar bevorzugt an den Positionen 5, 15, 25, 36, 46 und 56 von jedem Ende der DNA her, und dies sind Positionen mit bekanntermaßen geringem Roll, wo die kleine Furche – wie Röntgenanalysen des Spulen-DNA-Komplexes ergaben – nach innen weist. Etwa in der Mitte der DNA, bei Position 72, 5, ist dieses periodische Muster unterbrochen, und man findet hier an den Positionen 62 und 72 besonders viele AA/TT-Stufen. Offensichtlich rührt diese Vorliebe der AA/TT-Stufen für diese zentralen Positionen nicht von der DNA-Krümmung her, sondern möglicherweise von spezifischen Kontakten zwischen bestimmten Aminosäuren-Seitenketten am Protein und den außen liegenden Seiten der A/T-Basenpaare; eine sichere Erklärung dafür gibt es noch nicht. Dieses Detail braucht uns jedoch nicht zu kümmern, denn der größte Teil der DNA zeigt Rollwinkel-Vorlieben, die mit unserem allgemeinen Schema konform gehen.

Abbildung 4.10b zeigt in gleicher Weise die Anzahl *N* der GC-Basenpaarstufen an jeder möglichen Position des langen, gekrümmten DNA-Moleküls. Diese GC-Stufen scheinen bevorzugt an den Positionen 11, 21, 31, 41, 52 oder etwa fünf Stufen entfernt von den bevorzugten Positionen der AA/TT-Stufen aufzutauchen. Kurz gesagt, sie ziehen Positionen mit großem Roll-Wert vor. Die mittlere Periodizität oder der Abstand zwischen den Peaks in den Diagrammen sowohl für die AA/TT- als auch für die GC-Sequenzen

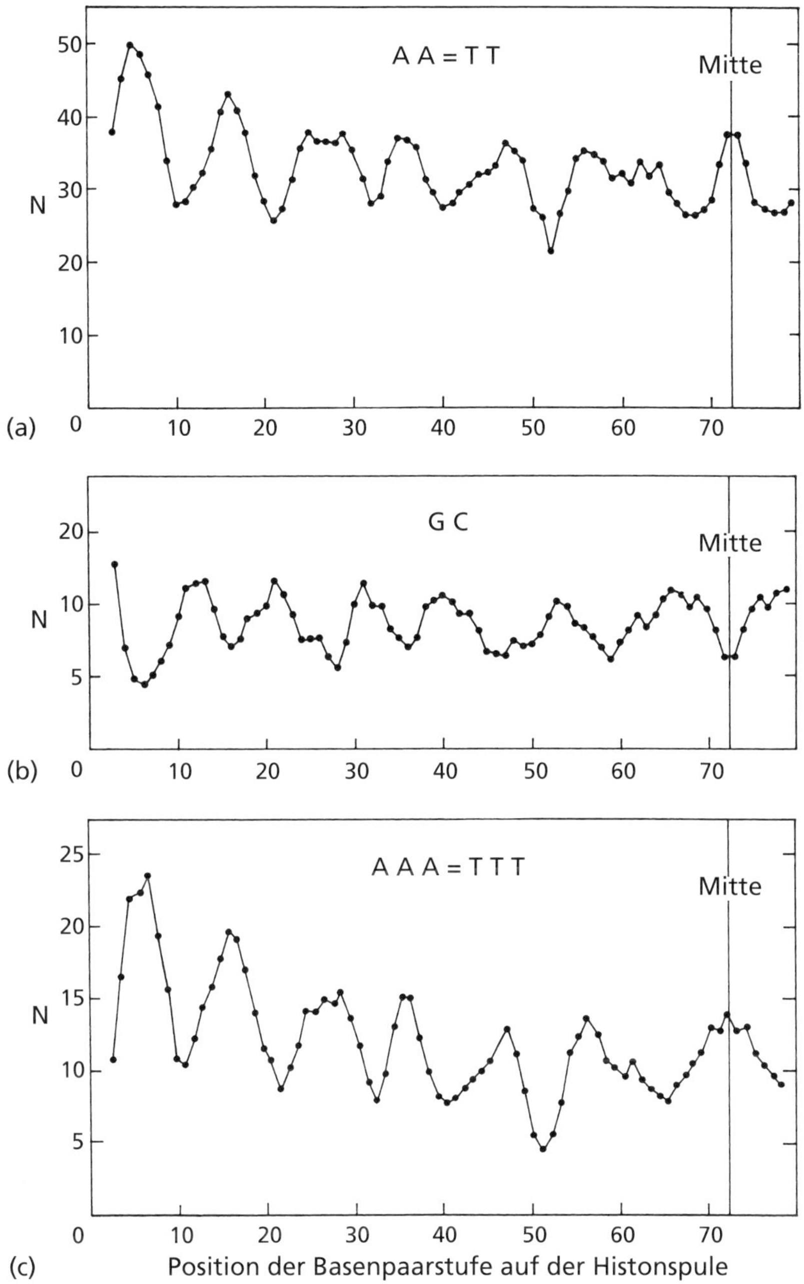

Abb. 4.10 Anzahl *N* verschiedener kurzer Sequenzen in gekrümmter chromosomaler DNA, aufgezeichnet gegen ihre Position auf der Histonspule (siehe Abb. 1.5). Die Gesamtlänge der DNA beträgt 145 Basenpaare, aber für die Daten ließen sich auf beiden Seiten der Mitte an Position 72,5 Durchschnittswerte bilden, denn sie waren auf beiden Seiten gleich. Für diese Diagramme wurden fast 200 verschiedene DNA-Moleküle sequenziert. Aus S. C. Satchwell et al., in: *Journal of Molecular Biology* 191 (1986) S. 659–675.

liegt in etwa bei 10,2 Basenpaaren oder einer Windung der DNA-Doppelhelix. Die bevorzugte helikale Periodizität dieser DNA beträgt unter anderen Umständen, also ohne das Protein, etwas mehr, nämlich 10,6 Basenpaare pro Windung.

Abbildung 4.10c zeigt ein besonders ausgeprägtes Schema von Präferenzen für das Trimer AAA/TTT: Hier verstärken zwei benachbarte AA/TT-Sequenzen gegenseitig ihre individuellen Vorlieben. Das AAA/TTT-Trimer hat daher eine ausgeprägte Präferenz für Positionen mit kleinem und nicht für solche mit großem Roll; die entsprechenden *N*-Werte für diese Lokalisationen unterscheiden sich etwa um den Faktor 2. Das ist beachtlich, wenn man bedenkt, dass das um die Histonspule gewickelte DNA-Stück aus 144 Basenpaarstufen oder 145 Basenpaaren besteht. Angenommen, dieser DNA-Abschnitt enthält nur ein AAA/TTT-Trimer: In zwei von drei Fällen befindet sich dieses Trimer dann an einer Position mit kleinem Roll-Wert, bedingt durch seinen eigenen Einfluss in Kombination mit dem Einfluss anderer Sequenzen. Dieses Beispiel zeigt, dass die Rollwinkel-Vorlieben bestimmter kurzer (also zwei bis drei Basenpaare langer) DNA-Sequenzen recht ausgeprägt sein können, vorausgesetzt, sie werden nicht durch entgegengesetzte Präferenzen anderer Sequenzen ausgeglichen. Manche AA/TT-Stufen können also dazu führen, dass die DNA über der Spule eine bestimmte Position einnimmt, während manche GC-Stufen bevorzugt eine andere Position herbeiführen. Das Ganze erinnert an ein Ehepaar, das stets für unterschiedliche Parteien stimmt – er für die CDU, sie für die SPD, oder sie für die Republikaner und er für die Demokraten: Letztendlich heben sich ihre Stimmen gegenseitig auf.

Untersucht man Abschnitte chromosomaler DNA, die länger sind als die oben beschriebenen 145 Basenpaare, so wird deutlich, dass sich die Spulen-DNA-Komplexe oft zu geordneten Reihen zusammenfinden, die etwa 1 000 bis 2 000 Basenpaare umfassen. In solchen Fällen müssten die Rollwinkel-Präferenzen innerhalb eines kurzen DNA-Abschnittes von beispielsweise 100 Basenpaaren sehr stark sein, um das Arrangement der übrigen 900 bis 1 900 Basenpaarstufen dominieren zu können. Die 100 Basenpaarstufen könnten aber auch die gesamte Reihe „durchbrechen" und so eine weniger regelmäßige Struktur erzeugen, und tatsächlich wurden in letzter Zeit zahlreiche irreguläre Modelle der chromosomalen Struktur postuliert. Jedenfalls ist es eine interessante Frage, wie sich Rollwinkel-Präferenzen in der DNA auf einer Histon-„Spule" und diejenigen in der DNA auf benachbarten Spulen zueinander verhalten, aber bislang wissen wir darüber noch nichts.

Diese Reihung der DNA auf der Oberfläche von Histonspulen spielt übrigens in der Biologie eine wichtige Rolle; so entscheidet sie beispielsweise darüber, wo sich das AIDS-Virus (HIV) im menschlichen Chromosom einbaut. Solche Präferenzen für eine bestimmte Rotationsanordnung der DNA sind sogar derart ausgeprägt, dass manche Wissenschaftler inzwischen das HIV-Insertions-Enzym benutzen, um die Struktur von Chromosomen in lebenden Zellen zu erforschen! Generell scheinen also Proteine wie das HIV-Insertions-Enzym, die sogar an sehr kleine DNA-Regionen binden, denselben Regeln der DNA-Krümmung zu folgen.

Ein weiteres Beispiel ist ein Protein aus einem Bakterienvirus (Bakteriophagen), der so genannte „434-Repressor" (es stoppt die Bildung der RNA an einer Stelle der DNA, die sich im 434-Virus entwindet). Dieses Protein bindet folgendermaßen an DNA: Es dringt tief in die Furchen an beiden Enden einer 14 Basenpaare langen Region vor und krümmt die Helix in der Mitte ein wenig, ohne dort in Kontakt mit ihr zu treten (siehe Abbildung 4.11). Die kleine Furche ist in der Mitte dem Protein zugewandt, und so müssen die Basenpaarstufen um die Basen 6, 7, 8 und 9 einen niedrigen oder negativen Roll-Wert annehmen, damit die DNA von dem Protein passend gekrümmt wird und sich dessen

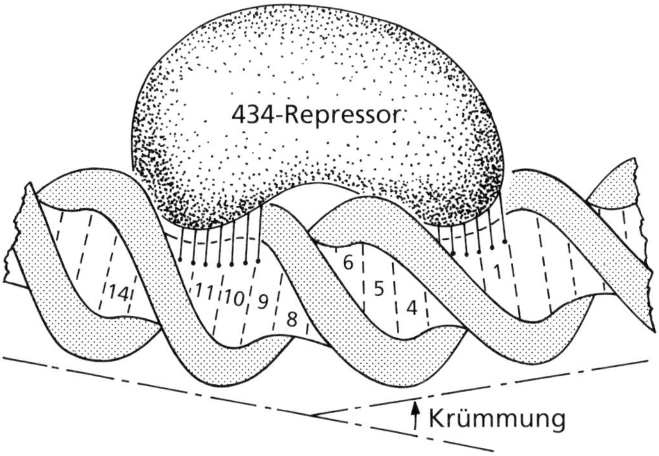

Abb. 4.11 Bindung des 434-Repressorproteins an die DNA, schematisch dargestellt. Dieses Protein prüft die Identität der Basenpaare an den Positionen 1 bis 4 und 11 bis 14 seiner Bindungsstelle und legt sich auch an die Gesamtkonformation der DNA an, indem es die Stärke der Krümmung bei den Positionen 5 bis 10 überprüft. (Mehr Details dazu in Abb. 8.2a).

zwei Teile richtig mit ihr verbinden. Wenn man eine Vier-Basen-Sequenz mit kleinem Rollwinkel, wie AATT, an die Positionen 6, 7, 8 und 9 der DNA setzt, bindet das Protein 300-mal fester als wenn man eine Sequenz mit großem Rollwinkel, wie GGCC, einfügt. In den Chromosomen gleichen sich solche Präferenzen über einen langen Abschnitt von DNA in etwa aus, sodass sie schwach erscheinen; in kurzen DNA-Abschnitten aber erfolgt dieser Ausgleich nicht, und ihre Wirkung ist ausgeprägt. Man kann sogar anhand der Basen in den Positionen 6 bis 9 der Bindungsstelle berechnen, wie fest dieses 434-Repressorprotein an die DNA binden wird, indem man auf die oben erläuterten Rollwinkel-Präferenzen bei der Spulen-DNA zurückgreift. In beiden Fällen tritt das physikalische Phänomen der Krümmungspräferenz bei der DNA auf.

Wie aber bindet das 434-Protein an den Positionen 1 bis 5 und 10 bis 14 an die DNA, wo es mit den Basenpaaren den engsten Kontakt herstellt? Ist die Flexibilität der DNA in den Positionen 6 bis 9 ausreichend, bietet sie also genügend Spezifität, damit das Protein seine Aufgabe in der Zelle erfüllen kann – nämlich die Synthese der RNA von nur einem oder wenigen Genen in der DNA zu unterbinden? Zu diesem Zweck braucht das Protein eine Bindungsspezifität für seine spezielle Bindungssequenz gegenüber anderen Sequenzen, die dem Faktor 10 000 entspricht; die Flexibilität der DNA – wie oben beschrieben – erreicht aber höchstens einen Faktor von 300. Der biologische Mechanismus, mit dem dieses Protein die RNA-Synthese blockiert, ist denkbar einfach: Es bindet schlichtweg an genau das Stückchen DNA, das auch von der RNA-Polymerase bevorzugt wird und hindert diese somit physikalisch daran, mit der Bildung von RNA-Ketten zu beginnen. Wie der 434-Repressor allerdings eine einzige DNA-Sequenz (oder einige wenige Sequenzen) unter vielen im bakteriellen Chromosom herauspickt, ist nur schwer nachvollziehbar.

Seit einigen Jahren werden Einzelkristalle vieler Protein-DNA-Komplexe röntgenanalytisch untersucht, und auf diese Weise wurde es möglich, die enge Bindung verschiedener Teile von Proteinmolekülen an die Basen der DNA detailliert zu erforschen. Insgesamt ergaben diese Studien, dass die Aminosäuren eines Proteins spezifische H-Bindungen mit exponierten Atomen an den Seiten der Basenpaare oder am „Boden" der großen oder

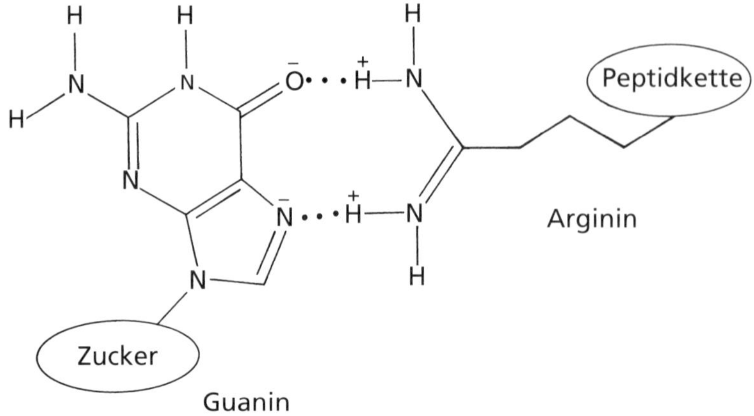

Abb. 4.12 H-Bindungen zwischen der DNA-Base Guanin und der Protein-Aminosäure Arginin, wie man sie bei vielen Protein-DNA-Komplexen (etwa den in den Abb. 4.11 und 4.13 gezeigten) findet. Die Base Cytosin des Basenpaares ist hier nicht gezeigt.

kleinen Furche der DNA bilden können. Auf dieses „direkte Lesen" einer DNA-Sequenz durch einen kleinen Teil eines Proteins gehen wir in Kapitel 8 ausführlich ein. Für den Augenblick wollen wir uns aber nur mit einer Interaktion dieser Art beschäftigen, wie sie in Abbildung 4.12 gezeigt ist. Hier bildet die Base Guanin H-Bindungen mit der Aminosäure Arginin. Es gibt zwei Kontaktstellen zwischen Wasserstoffatomen des Arginins mit einem Sauerstoff- und einem Stickstoffatom des Guaninringes. Wenn die räumliche Verteilung der elektrischen Ladungen auf den beiden Oberflächen passend ist, sodass sich zwei oder mehr H-Bindungen ausbilden können, besteht an dieser Stelle eine hoch spezifische lokale Bindungskonstellation zwischen der Aminosäure und dem Basenpaar. Dennoch trifft es nicht ganz zu, dass die detaillierten Arrangements von H-Bindungen zwischen Aminosäuren und Basen darüber entscheiden, wo ein Protein an die DNA bindet. Schließlich wissen wir bereits, dass die Flexibilität der DNA eine große Rolle bei ihrer Bindung an das 434-Protein, an die Histonspulen-Proteine und an andere, hier nicht erwähnte Proteine spielt, und diese Flexibilität wird auch durch die DNA-Sequenz bestimmt.

Um alle Aspekte der Protein-DNA-Erkennung zu erklären, müssen wir uns nacheinander zwei Prozesse vorstellen, nämlich das „Anlegen" (*docking*) und das „Prüfen" (*probing*). Mit „Anlegen" meinen wir das gegenseitige Anpassen von Protein und DNA über große Abschnitte. Wenn die Moleküle auf dieser Ebene gut zusammenpassen, kann die Qualität der Wasserstoffbrückenbildung zwischen den in Kontakt tretenden Abschnitten detaillierter geprüft werden, und erst wenn diese eingehende Prüfung erfolgreich ist, wird die Gesamtbindung zwischen Protein und DNA hoch spezifisch für eine bestimmte Basensequenz sein. Bei unserem Beispiel, dem 434-Repressorprotein, erfordert die Anlegephase von der DNA, sich in bestimmter Weise zu krümmen. Ist die DNA zu unflexibel oder krümmt sie sich in die falsche Richtung, kann das Anlegen nur schwer erfolgen. Hat die DNA aber die richtige Flexibilität, können die Basenpaare in den Kontaktregionen 1 bis 5 und 10 bis 14 prüfen, ob ausreichend H-Bindungen mit Aminosäuren gebildet werden können, um den zweiten Bindungsschritt erfolgen zu lassen.

Ein anderes Beispiel für eben diesen zweistufigen Erkennungsprozess zwischen DNA und Protein ist das Schneiden der DNA durch das Enzym DNase 1. Dieses Enzym ist

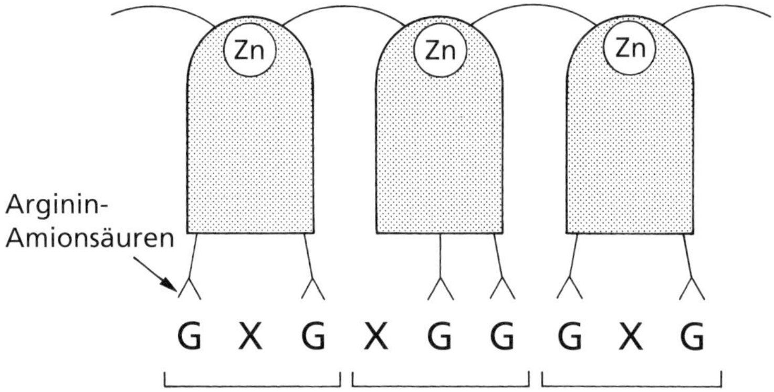

Abb. 4.13 Schematische Darstellung der drei „Zinkfinger" zur Erkennung einer bestimmten DNA-Sequenz, entsprechend der röntgenanalytisch ermittelten Struktur des Zif268-Proteins mit DNA. Nicht gezeigt sind die zahlreichen Kontaktstellen zwischen dem Protein und den Phosphaten der DNA sowie der leichte negative Slide der Basenpaare (eine detaillierte Darstellung liefert Abb. 8.6).

bei der Erforschung der DNA-Struktur von großem Nutzen, wie wir in Kapitel 9 noch erfahren werden. Es kann nur an die DNA anlegen, wenn Breite und Tiefe der kleinen Furche bestimmte Werte nicht unter- oder überschreiten, und erst nachdem es angelegt hat, kann es damit beginnen, die Konfiguration der Zucker-Phosphat-Kette zu prüfen und zu schneiden, wenn es dort eine spezielle Geometrie vorfindet. Das Enzym muss also nicht nur ein *globales* Merkmal (die Dimensionen der kleinen Furche) erkennen, sondern auch ein *lokales* (die Phosphat-Konfiguration), wenn es erfolgreich die DNA schneiden soll. Diese beiden Merkmale zusammen ergeben in den meisten Fällen einen Spezifitätsfaktor von 1 000 für das Schneiden von bestimmten Bindungen gegenüber anderen.

Ein drittes interessantes Beispiel für die DNA-Protein-Erkennung lieferte die Röntgenanalyse eines Komplexes, der von einem „Zif268" genannten Protein und seiner Bindungssequenz in der DNA gebildet wird. Zif268 ist Teil eines größeren Proteins, das als Aktivator der Transkription oder „Transkriptionsfaktor" bekannt ist, weil es auf bestimmte Weise die Synthese von RNA aus bestimmten Genen nahe seiner DNA-Bindungsstelle anregt. Niemand weiß heute sicher, wie ihm das gelingt.

Dennoch ist die Struktur des von Zif268 und der DNA gebildeten Komplexes um ihrer selbst willen interessant. Das Protein enthält eine Reihe kleiner Untereinheiten, so genannter „Finger", wie sie in Abbildung 4.13 gezeigt werden. Jede dieser Untereinheiten enthält ein Zinkatom, das dabei hilft, die Proteinkette in eine separate Domäne zu falten; diese Domänen sind durch kurze Abschnitte der Proteinkette miteinander verbunden. Manche Proteine besitzen zehn oder sogar 20 dieser Finger, Zif268 aber besitzt nur drei. Wenn Zif268 an die DNA bindet, versucht es sich über eine Reihe von Arginin-Guanin-Wasserstoffbrücken mit der DNA zu verbinden, die in Abbildung 4.13 schematisch dargestellt sind. Nicht abgebildet sind die zahlreichen H-Bindungen, über die Phosphatgruppen aus den Zucker-Phosphat-Ketten der DNA mit vielerlei anderen Aminosäuren des Proteins in Verbindung stehen. Die drei miteinander verbundenen Finger bilden eigentlich eine Spirale, die sich an die Zucker-Phosphat-Kette auf einer Seite der großen Furche legt und es damit Arginin-Aminosäuren ermöglicht, an sechs von neun aufeinanderfolgenden Basenpaaren feste Kontakte mit Guanin-Basen herzustellen. Die vielen

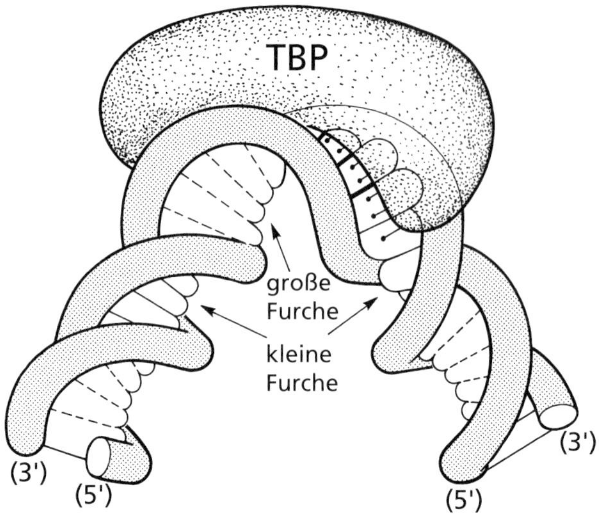

Abb. 4.14 Schematische Darstellung des TBP-Proteins im Komplex mit einer TATA enthaltenden DNA-Sequenz, die es entwindet und stark krümmt.

Kontakte des Proteins mit den Phosphaten verankern es also an Ort und Stelle, sodass es sich mit den Guaninbasen verbinden kann.

Wie kann so ein Zinkfingerprotein an die Gesamtstruktur der DNA „anlegen"? Bei diesem Beispiel zeigen die Basenpaare der DNA einen geringen negativen Slide, der möglicherweise eine bestimmte räumliche Beziehung zwischen Phosphaten und Basen herstellt, die ihrerseits vielleicht ein dreidimensionales „Anlegemerkmal" für jeden einzelnen Finger bildet. Der negative Slide könnte aber auch einen größeren Abstand der Basenpaare von der Helix-Gesamtachse bewirken (wie in den Abbildungen 3.14b und 3.15 gezeigt); in diesem Fall müssten die drei Finger des Proteins einem helikalen Verlauf mit größerem Durchmesser als vorher folgen. Mit der Erkennung von DNA-Sequenzen durch Zinkfingerproteine beschäftigen wir uns in Kapitel 8 noch einmal.

Die Erforschung dieser Zinkfingerproteine mit DNA verschaffte uns einige wirkliche Einblicke in die Erkennung zwischen Protein und DNA. N. Pavletich und C. Pabo etwa haben nicht nur den Drei-Finger-Komplex von Zif268 mit DNA röntgenkristallographisch untersucht, sondern auch einen Fünf-Finger-Komplex aus dem Protein des menschlichen Krebsgens *GLI* und zwei kompletten DNA-Windungen, an die es spezifisch bindet. Ihren Befunden nach gibt es erhebliche Schwankungen in Slide und Twist dieser DNA, die von dem Zinkfingerprotein erkannt wird; diese Schwankungen liegen auch in Kristallen derselben DNA – ohne das Protein – vor. Das GLI-Protein scheint also eine der DNA eigene strukturelle Variation in Slide und Twist zu erkennen, die durch die besondere Basensequenz an seiner Bindungsstelle verursacht wird.

Viele Wissenschaftler haben in weiteren Studien systematische Beziehungen zwischen den von jedem Zinkfingermodul erkannten DNA-Basen und der Identität der Aminosäuren in diesem Zinkfingermodul nachgewiesen. Diese Beziehungen lassen sich mit der lokalen Anordnung von H-Bindungen, wie den in Abbildung 4.12 gezeigten und anderen dieser Art, erklären.

Große Fortschritte gelangen in jüngster Zeit auch bei der Beantwortung der Frage, nach welchen geometrischen Gesetzen sich die TATA-Sequenz und andere verwandte Sequenzen entwinden. Drei unterschiedliche Kristallstrukturen des TBP-Proteins (siehe links) mit TATA enthaltender DNA zeigen eine hochgradig entwundene Doppelhelix, wie sie in Abbildung 4.14 schematisch dargestellt ist. Der Basenpaarstufen-Twist T geht von etwa 34° außerhalb der TATA-Region auf 20° innerhalb dieser Region zurück. Diese Veränderung entwindet und öffnet die kleine Furche erheblich, ohne dass der Slide S von annähernd 0 Å nennenswert verändert wird.

Solche DNA ist also, wenn sie an TBP gebunden ist, entwunden und etwas gekrümmt, wie ein Akkordeon, das man in eine rechtwinklige Form gebogen hat. Das TBP-Protein induziert diese stark verdrehte DNA-Struktur, indem es eine große hydrophobe Oberfläche in der kleinen Furche platziert, an welche die zur kleinen Furche hin gewandten Seiten der A-T-Basenpaare der Sequenz TATAAA binden können. Diese entwundene Struktur erleichtert mit ziemlicher Sicherheit die Transkription, wahrscheinlich dadurch, dass sie hilft, die DNA auf die aktive Stelle der Polymerase auszurichten, an der die Stränge separiert werden, und indem sie als „Gerüst" für das Heranziehen weiterer Proteine dient (siehe Kapitel 8). Nach in Lösungen vorgenommenen Messungen entwindet TBP eine TATA-Sequenz um eine halbe (so die Ergebnisse von S. Hirose und Kollegen) beziehungsweise um eine Drittelwindung (nach J. Kahn) der DNA, was sich mit den röntgenanalytisch ermittelten Daten gut vereinbaren lässt. Die TATA-Sequenz entwindet sich auch in ihren Komplexen mit verschiedenen, am Austausch von DNA-Strängen oder an der Rekombination beteiligten Enzymen, die man oft auch als „Resolvase"-Proteine bezeichnet; allerdings weiß bis jetzt noch niemand ganz genau, wie dieses leichte Entwinden die vollständige Trennung der beiden Stränge bewirken kann, die dem Austausch zwischen verschiedenen DNA-Molekülen vorausgeht.

Eine ähnlich entwundene Helix wird bei dem Komplex vermutet, den das beim Menschen das Geschlecht bestimmende Protein SRY mit der DNA bildet. In diesem Fall steht eine ähnliche Sequenz der DNA, CACAAA (statt TATAAA), in Kontakt mit dem Protein. Auch das SRY-Protein entwindet die Doppelhelix, indem es mit seinen Oberflächen in die kleine Furche vordringt und zudem eine hydrophobe Isoleucin-Aminosäure zwischen zwei Adeninbasen der Sequenz CAA einschiebt, ähnlich wie bei dem Einschieben von Ethidiumbromid, das in Kapitel 2 beschrieben wird. Derartige entwundene DNA-Strukturen kommen also in lebenden Zellen wohl recht häufig vor.

Insgesamt widmete sich dieses Kapitel dem Verdrehen (*twisting*) und der Krümmung (*curving*) der DNA und der Frage, wie die DNA anhand dieser und anderer Eigenschaften von Proteinen erkannt wird. Um die DNA-Basen frei zu legen, damit DNA- oder RNA-Kopien hergestellt werden können, muss sich die Doppelhelix entwinden. Natürliche DNA entwindet sich im Vorfeld dieses Kopiervorganges zunächst oft an den schwächsten Stellen der Doppelhelix. Damit sich die DNA dicht zu Chromosomen aufwickeln kann, muss sich die Doppelhelix krümmen. Die Krümmung erstreckt sich dabei über möglichst viele Basenpaare, damit der Rollwinkel der einzelnen Basenpaare klein bleibt und die Basen somit dicht übereinander gestapelt werden. Die DNA-Sequenz hat Einfluss darauf, wie leicht die DNA eine bestimmte Krümmung einnehmen kann, denn verschiedene Sequenzen bevorzugen unterschiedliche Rollwinkel. Diese Präferenzen gelten nicht nur für Protein-DNA-Komplexe, die Teil eines Chromosoms sind, sondern für Protein-DNA-Komplexe im allgemeinen, wie diejenigen aus DNA und „Repressor"-Proteinen. Generell erkennt ein Protein bestimmte Sequenzen innerhalb der DNA, indem es zunächst ein globales Merkmal des Moleküls – wie die Zucker-Phopshat-Ketten – erkennt (also indem es an das Molekül „anlegt“) und dann erst die speziellen Eigenschaften der Basen prüft.

In diesen vier ersten Kapiteln haben wir von der Krümmung der DNA in einer Ebene, aber nicht im dreidimensionalen Raum gesprochen; wir haben das Verdrehen und die Krümmung als separate Themen behandelt, obwohl sie oft durch die äußere Form und thermische Schwingung der DNA zueinander in Beziehung stehen. Bisher haben wir noch nicht beschrieben, wie ein „nacktes“ DNA-Molekül sich mit Protein vermischt, um ein Chromosom zu bilden, oder wie Gene innerhalb von Chromosomen durch das Entfernen einiger der Proteine aktiviert werden. Ebenso wenig haben wir erläutert, wie Proteine spezifische Sequenzen innerhalb der DNA erkennen – und schließlich wissen Sie auch noch nichts über die experimentellen Verfahren, mit denen Wissenschaftler die Struktur und Funktion der DNA erforschen, etwa die Röntgendiffraktion, Magnetresonanz oder Gel-Elektrophorese. Mit diesen und anderen Themen befassen wir uns in den folgenden Kapiteln.

Anmerkung

1. Siehe Anhang 1.

Weiterführende Literatur

Anderson, J. E.; Ptashne, M.; Harrison, S. C. *Structure of the repressor-operator complex oft bacteriophage 434.* In: *Nature* 326 (1987) S. 846–852. Röntgenologische Darstellung der Struktur eines Komplexes aus 434-Protein und DNA mit den Schritten „Anlegen" und „Prüfen" der Bindung.

Azizov, M.; Ulyanov, A.; Kuprash, D.; Shakov, A.; Gavin, I.; Nedospasov, S. *Production and characterization of a library of mononucleosomal DNA from the chromatin of human cells.* In: *Doklady Akademii Nauk* 322 (1992) S. 415–420. Unabhängige Bestätigung von Periodizitäten der DNA-Krümmung im Chromatin menschlicher Blutzellen.

Bailey, K. A.; Pereira, S. L.; Widom, J.; Reeve, J. N. *Archeal histone selection of nucleosome positioning sequences and the prokaryotic origin of histone-dependent genome evolution.* In: *Journal of Molecular Biology* 303 (2000) S. 25–34. Die bei der DNA-Krümmung über eukaryotischen Histonproteinen beobachteten Präferenzen der AA/TT- oder GC-Sequenzen findet man auch bei der DNA-Krümmung über Histonproteine von Archaebakterien.

Calladine, C. R.; Drew, H. R. *Principles of sequence-dependent flexure of DNA.* In: *Journal of Molecular Biology* 192 (1986) S. 907–918. Wie sich die Rollwinkel in der DNA verändern können, damit sich die DNA dicht um ein Protein krümmen kann.

Champoux, J. J. *DNA topoisomerases: structure, function and mechanism.* In: *Annual Review of Biochemistry* 70 (2001) S. 369–413. Guter Überblick über verschiedene Topoisomerase-Enzyme und ihre biologischen Aktivitäten.

Chen, D.; Bowater, R.; Dorman, C.; Lilley, D. M. J. *Activity of a plasmid borne* leu500 *promoter depends on the transcription and translation of an adjacent gene.* In: *Proceedings of the National Academy of Science, USA* 89 (1992) S. 8784–8788. Nachweis von lokalem Supercoiling der DNA bei Bakterien, induziert durch ihre Wanderung durch die RNA-Polymerase.

Choo, Y.; Sánchez-García, I.; Klug, A. *In vivo repression by a site-specific DNA-binding protein designed against an oncogenic sequence.* In: *Nature* 372 (1994) S. 642–645. Spezifische Kontakte zwischen einzelnen DNA-Basen und Protein-Aminosäuren aus Zinkfingern dienen dazu, neue Proteine zu erzeugen, die an Krebs verursachende DNA-Sequenzen binden.

Drew, H. R.; Weeks, J. R.; Travers, A. A. *Negative supercoiling induces spontaneous unwinding of a bacterial promoter.* In: *EMBO Journal* 4 (1985) S. 1025–1032. Die -10-Region eines bakteriellen Promotors mit einer TATA-Sequenz entwindet sich bei Raumtemperatur und unter Torsionsbelastung leichter als andere Regionen der DNA.

Fox, K. R.; Brown, P. M. *Minor-groove binding ligands alter the rotational positioning of DNA fragments on nucleosome core particles.* In: *Journal of Molecular Biology* 262 (1996) S. 671–685. Kleine Moleküle, die in der kleinen Furche AT-reicher Regionen binden, können die Rotationsanordnung verändern, in der sich DNA um ein Histon-Oktamer wickelt.

Kahn, J. D. *Topological effects of the TATA-box binding-protein on minicircle DNA, and a possible thermodynamic linkage to chromatin remodeling.* In: *Biochemistry* 39 (2000) S. 3520–3524. Entwinden der TATA-Sequenz um ein Drittel einer Doppelhelixwindung nach Zugabe von TBP-Protein, ähnlich der Beobachtungen am Kristall.

Kim, J. L.; Nikolov, D. B.; Burley, S. K. *Co-crystal structure of TBP recognizing the minor groove at a TATA element.* In: *Nature* 365 (1993) S. 520–527. Entwundene DNA bei der TATA-Sequenz, induziert durch die Bindung des TBP-Proteins in der kleinen Furche.

Kim, Y.; Geiger, J. H.; Hahn, S.; Sigler, P. B. *Crystal structure of a yeast TBP/TATA-box complex.* In: *Nature* 365 (1993) S. 512–520. Weitere entwundene DNA, induziert durch die Bindung des TBP-Proteins.

King, C.-Y.; Weiss, M. A. The SRY high-mobility-group box recognizes DNA by partial intercalation in the minor groove: a topological mechanism of sequence specifity. In: *Proceedings of the National Academy of Science, USA* 90 (1993) S. 11990–11994. Beschreibung, wie das über das Geschlecht entscheidende SRY-Protein eine hydrophobe Isoleucin-Seitenkette zwischen Basen in der kleinen Furche einsetzt.

Koudelka, G. B.; Harrison, S. C.; Ptashne, M. *Effect of non-contacted bases on the affinity of 434 operator for 434 repressor and Cro.* In: *Nature* 326 (1987) S. 886–888. Quantitative Messungen dazu, wie fest die 434- und Cro-Repressoren an verschiedene DNA-Sequenzen anlegen.

Luisi, B. F.; Xu, W. X.; Otwinowski, Z.; Freedman, L. P.; Yamamoto, K. R.; Sigler, P. B. *Crystallographic analysis of the interaction of the glucocorticoid receptor with DNA.* In: *Nature* 352 (1991) S. 497–505. Erste Kristallstrukturanalyse eines Hormonrezeptorproteins, das an DNA gebunden ist.

Malhotra, A.; Severinova, E.; Darst, S. A. *Crystal structure of a sigma-70 subunit fragment from* E. coli *RNA polymerase.* In: *Cell* 87 (1996) S. 127–136. Bakterielle RNA-Polymerase enthält eine Proteinstruktur, die dabei hilft, die DNA bei der TATAAT-Sequenz zu entwinden, also einer anderen Sequenz als der von TBP genutzten.

Miller, J.; McLachlan, A. D.; Klug, A. *Repetitive zinc-binding domains in the protein transcription factor IIIA from* Xenopus *oocytes.* In: *EMBO Journal* 4 (1985) S. 1609–1614. Erstes korrektes Postulat einer repetitiven Struktur der Zinkfinger-Proteine.

Murakami, K. S.; Darst, S. A. *Bacterial RNA Polymerases: the whole story.* In: *Current Opinion in Structural Biology* 13 (2003) S. 31–39. Zusammenfassung des derzeitigen Wissensstandes zur Initiation der Transkription durch bakterielle RNA-Polymerase.

Murakami, K. S.; Matsuda, S.; Campbell, E. A.; Muzzin, O.; Darst, S. A. *Structural basis of transcription initiation: an RNA polymerase holoenzyme-DNA complex.* In: *Science* 296 (2002) S. 1285–1290. Wie die Sigma-Untereinheit der bakteriellen Polymerase Kontakt zur Promotor-Region herstellt und die Transkriptionsblase stabilisiert wird.

Nikolov, D. B.; Chen, H.; Halay, E. D.; Usheva, A. A.; Hisatake, K.; Lee, D. K.; Roeder, R. G.; Burley, S. K. *Crystal structure of a TFIIB-TBP-TATA element ternary complex.* In: *Nature* 377 (1995) S. 119–128. Bilder der Proteine TBP und TFIIB, während sie an die DNA binden, um die Transkription zu initiieren.

Ohndorf, U.-M.; Rould, M. A.; He, Q.; Pabo, C.; Lippard, S. J. *Basis for recognition of cisplatin-modified DNA by high-mobility-group proteins.* In: *Nature* 399 (1999) S. 708–712. Zur spezifischen Bindung von cis-Dichlorodiaminoplatin an eines seiner biologischen Ziele.

Pavletich, N. P.; Pabo, C. O. *Zinc finger-DNA recognition: crystal structure of a* Zif268*-DNA complex at 2.1 Å.* In: *Science* 252 (1991) S. 809–817. Dreidimensionale Struktur eines Transkriptionsfaktors, der in gewisser Weise TFIIIA gebunden an DNA ähnelt: Die Struktur zeigt das Prüfen auf Guaninbasen durch Arginin-Aminosäuren.

Pruss, D.; Reeves, R.; Bushman, F. D.; Wolffe, A. P. *The influence of DNA and nucleosome structure on integration events directed by HIV integrase.* In: *Journal of Biological Chemistry* 269 (1994) S. 25031–25041. Das Insertionsenzym für das HI-Virus erkennt die Rotationsanordnung der DNA auf Histonspulen, während es sich in Chromosomen einbaut.

Pryciak, P.. M.; Sil, A.; Varmus, H. E. *Retroviral integration into mini-chromosomes in vitro*. In: *EMBO Journal* 11 (1992) S. 291–303. Ein Rekombinationsenzym kann sogar die GC- im Unterschied zu den AT-Krümmungspräferenzen von DNA in Chromatin erkennen.

Satchwell, S. C.; Drew, H. R.; Travers, A. A. *Sequence periodicities in chicken nucleosome core DNA*. In: *Journal of Molecular Biology* 191 (1986) S. 659–675. Unterschiedliche Basensequenzen besetzen unterschiedliche Lokalisationen in der sich krümmenden DNA, je nach ihren Präferenzen für verschiedene Rollwinkel (siehe Abbildung 4.10).

Werner, M. M.; Gronenborn, A. M.; Clore, G. M. *Intercalation, DNA kinking, and the control of transcription*. In: *Science* 271 (1996) S. 778–784. Exzellenter Überblick zu dem Thema, wie Proteine wie TBP und SRY an die DNA binden.

Yang, W.; Steitz, T. A. *Crystal structure of a site-specific recombinase or resolvase complexed with a 34 bp cleavage site*. In: *Cell* 82 (1995) S. 193–207. Erste Abbildung eines spezifischen Rekombinase-Enzyms, das an DNA gebunden ist.

Bibliographie

Liu, L. F.; Wang, J. C. *Supercoiling of the DNA template during transcription*. In: *Proceedings of the National Academy of Science, USA* 84 (1987) S. 7024–7027. Klassischer Artikel, der beschreibt, was möglicherweise geschieht, wenn die RNA-Polymerase während der Transkription nicht frei um die DNA rotieren kann.

McClellan, J. A.; Palacek, E.; Lilley, D. M. J. *$(A\text{–}T)_n$ tracts embedded in random-sequence DNA: formation of a structure which is chemically reactive and torsionally deformable*. In: *Nucleic Acids Research* 14 (1986) S. 9291–9309. Zum Entwinden TATA-ähnlicher Sequenzen bis auf zwölf Basenpaare pro Windung bevor eine Kreuzform auftritt.

Pavletich, N. P.; Pabo, C. O. *Crystal structure of a five-finger GLI-DNA complex: new perspectives on zinc-fingers*. In: *Science* 261 (1993) S. 1701–1707. Analyse von fünf Zinkfingern, die an zwei DNA-Windungen gebunden sind, wobei zahlreiche strukturelle Variationen in der DNA von dem Protein erkannt werden.

Rosenberg, B.; VanCamp, L.; Trosko, J. E.; Mansour, V. H. *Platinum compounds: a new class of potent antitumour agents*. In: *Nature* 222 (1969) S. 385f. Prüfung von Platinverbindungen als Antikrebsmittel bei Mäusen, mit positiven Ergebnissen.

Tabuchi, H.; Handa, H.; Hirose, S. *Underwinding of DNA on binding of yeast TFIID to the TATA element*. In: *Biochemical and Biophysical Research Communications* 192 (1993) S. 1432–1437. Erste Entdeckung der DNA-Entwindung durch das TBP- (oder TFIID-) Protein in Lösung.

Aufgaben

4.1 Stellen Sie ein physikalisches Modell her und demonstrieren Sie daran einige der Schwierigkeiten, die auftreten, wenn ein Polymerase-Molekül eine DNA-Doppelhelix entlangwandert, wie in Abbildung 4.3.

Nehmen Sie dazu zwei gleich lange Gummischläuche und verknoten Sie diese an einem Ende fest miteinander. Arrangieren Sie die Schläuche dann vom verknoteten Ende aus so, dass sie ungefähr einer lockeren, rechtsgewundenen Doppelhelix ähneln; verknoten Sie die Gummischläuche auch am anderen Ende, wenn Sie dort angelangt sind. Die beiden Schläuche entsprechen den beiden Zucker-Phosphat-Ketten eines DNA-Abschnittes.

Stecken Sie nun ungefähr in der Mitte der Doppelhelix einen Stock zwischen die beiden Schläuche. Nehmen Sie ein Ende der Doppelhelix in eine Hand und den Stock in die andere, und schieben Sie diesen nun entlang der Doppelhelix vor. Beobachten Sie, wie sich die Helices vor dem Stock verdichten und hinter dem Stock wieder entspannen – außer wenn man den Stock sich drehen lässt, während er vorwärts wandert.

(Diese Demonstration folgt einem Vorschlag von Maxim Frank-Kamenetskii.)

4.2 Die Basensequenz eines einzelnen Stranges einer DNA-Doppelhelix lautet wie folgt:

(5') ACTTAAGGCCCTATATACCTAGACTCGGCGGTAAATTT (3')

a Schreiben Sie die Basensequenz des Komplementärstranges darunter.
b Benennen Sie AT-reiche und GC-reiche Regionen des Moleküls.
c Benennen Sie Pyrimidin-Purin-Basenpaarstufen.

d Identifizieren Sie anhand dessen Regionen mit starken, mittleren, schwachen und sehr schwachen H-Bindungen, so wie in Abbildung 4.4.

4.3 Die Basensequenz eines einzelnen Stranges einer DNA-Doppelhelix lautet wie folgt:

(5′) GCGCCTAGAAATAATACTAGTATTATTTCTAGCCGG (3′)

a Schreiben Sie die Basensequenz des Komplementärstranges darunter.
b Suchen Sie nach einer Region, die eine „Kreuzform" wie in Abbildung 4.5 ausbilden kann, und zeichnen Sie ein Bild von dieser neuen Basenpaarbildung.

4.4 Ein halbrunder Gartenweg wird wie in Abbildung 4.7 um einen Baum herum gebaut, und zwar aus zehn rechteckigen Platten mit einem Winkel von jeweils 20° bei jeder der neun „Stufen" zwischen benachbarten Platten.
a Wie viele so arrangierte Platten bräuchte man für einen kompletten Kreis? Angenommen, der Abstand zwischen den Mittelpunkten der Platten betrüge jeweils 0,6 m, welchen Umfang hätte dann der Kreis? Und welchen Radius?
b Und nun zu einer anderen Berechnung zu demselben gekrümmten Weg, um dessen Radius zu bestimmen. Zeichnen Sie zunächst die Krümmung um 20° pro Platte als Radianten pro Meter auf, indem Sie folgende Umrechnung benutzen: 1 rad = 180°/((pi)) = 57,3°; 1 Platte = 0,6 m. Berechnen Sie dann den Radius des Kreises mit der (bisher noch nicht erwähnten, aber leicht beweisbaren) Formel: Radius der Krümmung = 1/(Krümmung).

4.5 Stellen Sie sich vor, die vier in Abbildung 4.8 gezeigten DNA-Moleküle hätten eine Krümmung von 30° und nicht von 45° pro Helixwindung.
Zeichnen Sie die entsprechende Version jedes der vier Diagramme (a–d) aus Abbildung 4.9 auf, und machen Sie eine Liste der jeweiligen Maximal- und Minimalwerte für den Rollwinkel R.

4.6 Ein bestimmtes DNA-Molekül weist einen T-Wert von 36° pro Basenpaarstufe auf.
a Das Muster der Rollwinkel entlang des Moleküls ähnelt dem in Abbildung 4.8c und 4.9c gezeigten, nur dass die Abschnitte mit $R = 0$ lediglich drei Basenpaarstufen lang und die einzelnen Rollwinkel kleiner sind.
Insbesondere gilt

$$R_n = (10°, 10°, 0°, 0°, 0°, 0°, 0°, 0°, 0°, 10°)$$

wobei $n = 0$ bis 9; dieses Muster wiederholt sich viele Male.
Berechnen Sie die Krümmung des Moleküls (in Gradeinheiten pro Helixwindung), indem Sie die Summe von zehn aufeinander folgenden Gleichungen $R_n \cos(36°n)$, n = 0 bis 9 veranschlagen.

Erstellen Sie zu diesem Zweck eine Tabelle mit zehn Reihen und vier Spalten, in die Sie Folgendes eintragen:
Spalte 1: Werte für n;
Spalte 2: Werte für $\cos(36°n)$:
Spalte 3: Werte für R_n;
Spalte 4: Werte für $R_n \cos(36°n)$
Die gewünschte Lösung erhalten Sie durch Addieren aller Einträge in Spalte 4.

b Wiederholen Sie diese Berechnung für

$$R_n = (0°, 0°, 0°, 0°, 10°, 10°, 10°, 0°, 0°, 0°).$$

c Wiederholen Sie diese Berechnung für

$$R_n = (0°, 0°, 0°, 0°, -10°, -10°, -10°, 0°, 0°, 0°).$$

d Wiederholen Sie diese Berechnung für folgenden Fall (der dem aus den Abbildungen 4.8d und 4.9d sowie Aufgabe 4.5 ähnelt):

$$R_n = 6° \cos(36°n), \text{ wobei } n = 0 \text{ bis } 9.$$

e Wiederholen Sie diese Berechnung für

$$R_n = 6° \cos(36°n) + 4°.$$

4.7 Abbildung 4.12 zeigt die H-Bindungen zwischen einer Guaninbase der DNA und der Aminosäure Arginin aus der Peptidkette eines beachnbarten Proteins. Die Darstellung unten zeigt die Aminosäure Asparagin in ähnlicher Weise. Würde Asparagin in der großen Furche der DNA, so wie in Abbildung 4.12 gezeigt, leichter mit Guanin oder mit Adenin H-Bindungen ausbilden? Die chemischen Formeln sind Abbildung 2.11 zu entnehmen.

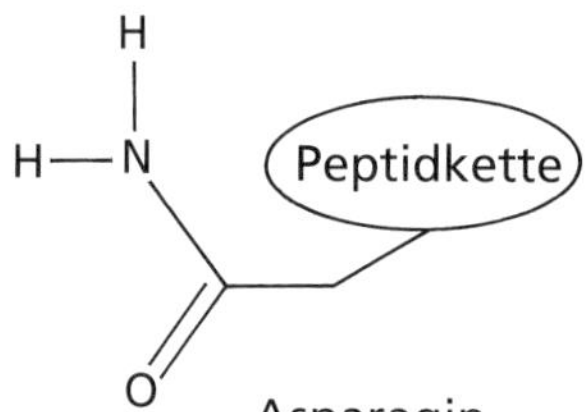

Asparagin

5 Krümmung in drei Dimensionen

Bisher haben wir in diesem Buch viel zur Doppelhelixstruktur der DNA gesagt und dazu, wie die geometrisch unterschiedlichen Formen der Basenpaarstapelung verschiedene Doppelhelices erzeugen können. In den meisten Kapiteln war unsere als lange Schnur oder Faden dargestellte DNA jedoch gerade. Erst in Kapitel 4 haben wir uns mit einem gekrümmt verlaufenden DNA-Molekül beschäftigt; diese Krümmung verlief jedoch in einer Ebene, wie ein Gartenweg. Nun aber ist es an der Zeit, die Krümmung der DNA in drei Dimensionen zu erklären.

Eine DNA-Helix verläuft oft als dreidimensionale Spirale durch den Raum und weniger als gerade Linie oder ebene Kurve. Der spiralige Verlauf der DNA wird meist als „Superhelix“ oder „Supercoil“ (Überspiralisierung) bezeichnet, denn schließlich weist die DNA bekanntermaßen auch dann lokal eine helikale Struktur auf, wenn das Molekül gerade verläuft. Die qualitativen Aspekte der dreidimensionalen DNA-Krümmung sind leicht nachvollziehbar; allerdings muss man sorgfältig unterscheiden zwischen der Verdrehung (*twisting*) gesamten DNA im Raum und der Verdrehung der Zucker-Phosphat-Ketten auf lokaler Ebene. Einige quantitative und mathematische Aspekte der Sache sind jedoch ziemlich kompliziert. Keine Sorge, wenn Sie sich mit der Mathematik eher schwer tun: Es genügt schon, wenn Sie die qualitativen Aspekte der dreidimensionalen Krümmung verstehen.

In Kapitel 4 haben wir erklärt, wie sich die DNA in einer Ebene zu einem Kreis krümmen kann. Die Krümmung k war dort definiert als Winkel, um den sich die DNA auf einer bestimmten Länge krümmt. Der Wert für k könnte beispielsweise 1° pro Basenpaar betragen oder entsprechend 10° pro Doppelhelixwindung mit zehn Basenpaaren. Wenn sich die DNA in drei Dimensionen krümmt, behält unsere einfache Definition der Krümmung k für jedes beliebige kurze Stück ihres Verlaufs, wie eine Helixwindung oder zehn Basenpaare, weiterhin ihre Gültigkeit; tatsächlich aber weicht die DNA nach zwei oder mehr Windungen oft von der lokalen Krümmungsebene ab. In solchen Fällen dreht sich die Krümmungsebene um einen Winkel t, während die DNA durch den Raum verläuft, und die DNA spiralisiert sich demnach in drei Dimensionen.

Das lässt sich leicht nachvollziehen, wenn man sich einen kleinen Mann in einem Flugzeug vorstellt (Abbildung 5.1). In Abbildung 5.1a fliegt er Loopings, also vertikal verlaufende Schleifen, wie sie auch die Gondel eines Riesenrades zurücklegt. Das tut er, indem er die Nase seines Flugzeuges mithilfe des Steuerknüppels, der die Höhenruder am Heck betätigt, nach oben oder nach unten lenkt. Das ist die reine Krümmung k, denn dieser Verlauf durch den Raum krümmt sich pro Längeneinheit der Schleife um einen Winkel k. In Abbildung 5.1b dagegen fliegt er geradeaus, aber in einer eingen Spirale, indem er den Steuerknüppel entweder nach links oder nach rechts zieht und so die jeweiligen Querruder an den Tragflächen aktiviert. Das Flugzeug fliegt nun in einer reinen spiralförmigen Drehung t voran, denn es rotiert pro Längeneinheit, die es zurücklegt, um einen bestimmten Winkel t um seine Längsachse. Die Drehung t kann ein positi-

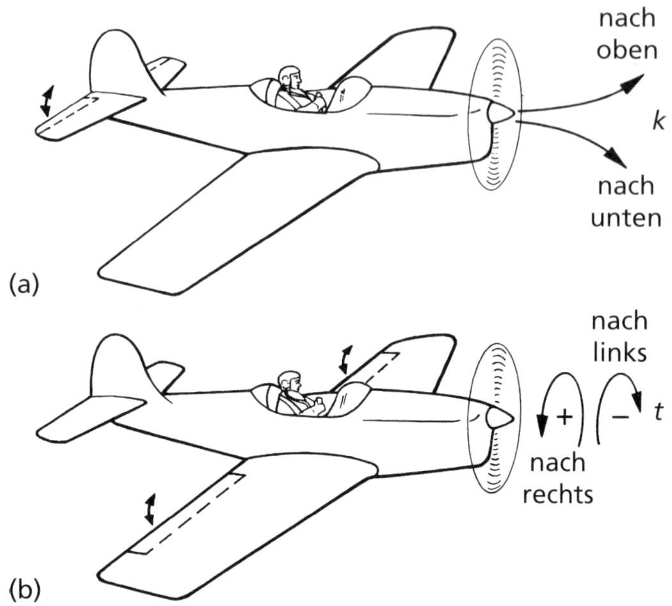

Abb. 5.1 Unser Freund im Flugzeug erklärt uns die Krümmung *k* und die Drehung *t*. Die Krümmung allein lässt, wie in Bild a, das Flugzeug vertikale Loopings fliegen. Die Drehung allein lässt das Flugzeug, wie in Bild b, eine enge Spirale fliegen. Erst die Kombination aus Krümmung *k* und Drehung *t* führt zu einer weiten Spirale.

ves oder negatives Vorzeichen haben, je nachdem, ob der Pilot den Steuerknüppel nach rechts oder nach links zieht. Nach einer Weile wird er schwindelig davon, in einer engen Spirale geradeaus zu fliegen, und er beschließt, die beiden Bewegungen *k* und *t* zu kombinieren. Er lenkt also die Nase seines Flugzeuges gleichzeitig nach oben und nach links und fliegt nun in einer weiten Spirale durch die Luft, die an den Verlauf einer Bettfeder erinnert. Erst die *Kombination* von *k* und *t* sorgt für diesen Verlauf in einer weiten Spirale; *k* allein ergibt einen ebenen Kreis, während *t* allein zu einer engen Spirale wie ein aufgedrehtes Band führt.

Damit haben wir schon eine erste Vorstellung davon, wie die Krümmung *k* und die Drehung *t* den räumlichen Verlauf der DNA beeinflussen. Wenden wir uns nun den Fragen zu, wie *k* und *t* die äußere Form jedes beliebigen kleinen DNA-Segments beeinflussen und wie sich diese kleinen Segmente so zusammenfügen lassen, dass sie – entsprechend den Wegen unseres kleinen Piloten – unterschiedliche räumliche Verläufe ergeben.

Jedes kleine DNA-Segment lässt sich, wie in Abbildung 5.2a, als kurzer Zylinder darstellen, an dessen Außenseite die Zucker-Phosphat-Ketten verlaufen. Dieser spezielle Abschnitt umfasst exakt eine Doppelhelixwindung von 360°, also zehn Basenpaarstufen. Das erste und das letzte Basenpaar sind hier als schwarze Rechtecke an den beiden Enden des Zylinders dargestellt, um zu verdeutlichen, dass sie zueinander parallel liegen. Sie sind senkrecht positioniert. In der Ansicht von Abbildung 5.2a ist nur eines der schwarzen Rechtecke zu sehen, das andere am abgewandten Ende des Zylinders müssen Sie sich also vorstellen.

Eine noch einfachere Darstellung bietet Abbildung 5.2b; hier ist die einzelne DNA-Windung als solider Quader gezeigt. Die beiden Enden des Quaders liegen genau paral-

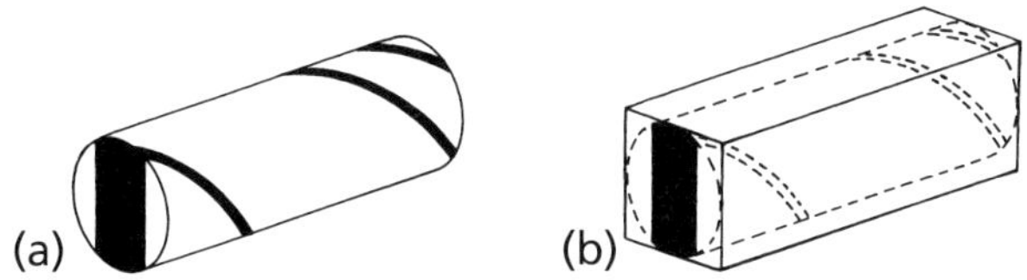

Abb. 5.2 a: Komplette Windung der DNA-Doppelhelix mit zwei Zucker-Phosphat-Ketten an der Außenseite und einem schwarzen Rechteck, das dem ersten Basenpaar entspricht; die gesamte Struktur ist als Zylinder dargestellt. b: Dasselbe DNA-Segment wie in a, doch diesmal eingeschlossen in einen halb transparenten, soliden Quader.

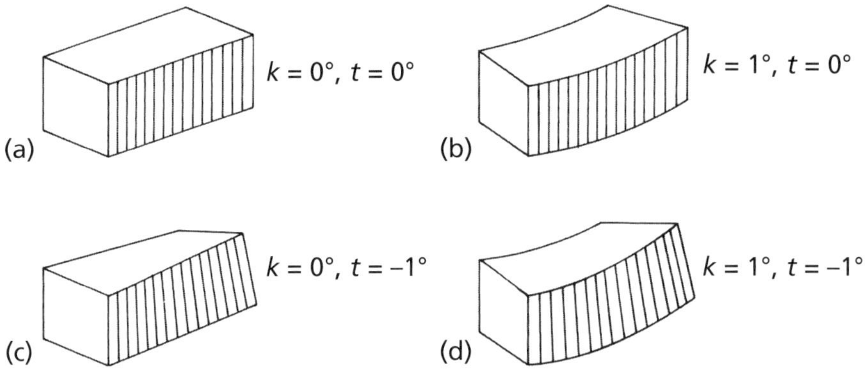

Abb. 5.3 Drei Möglichkeiten, wie der solide Quader aus Abb. 5.2b durch Hinzufügen bestimmter einheitlicher Werte für die Krümmung *k* und die Drehung *t* seine Form verändern kann. Diese Werte sind hier in Grad pro Basenpaar angegeben. Da es zehn Basenpaare gibt, beläuft sich die Gesamtkrümmung in b und d auf 10°, während die Gesamtdrehung in c und d –10° beträgt.

lel zueinander, denn die DNA hat sich von einem Ende zum anderen um 360° um ihre Längsachse gedreht, und der Quader ist so gerade wie der Zylinder aus Abbildung 5.2a. Die Verwandlung des Zylinders in den Quader können wir uns so vorstellen, dass man zunächst Quadrate an die Enden des Zylinders geklebt und den Raum zwischen ihnen dann mit einer Art halb transparenten Gels gefüllt hat, durch das die darin befindlichen Zucker-Phosphat-Ketten gerade noch erkennbar sind. Von nun an werden wir die Verdrehung dieser Stränge im Inneren des Quaders außer Acht lassen und diesen so darstellen wie in Abbildung 5.3a, ohne besondere Hinweise darauf, was sich in seinem Inneren versteckt. In diesem Bild sind die Krümmung *k* und die Drehung *t* exakt gleich Null, und alle sechs Flächen des Quaders bilden ebene Quadrate oder Rechtecke.

Abbildung 5.3b zeigt einen Quader, der sich um 10° nach links gekrümmt hat, der also eine Krümmung *k* von 1° pro Basenpaarstufe aufweist. Er erinnert ein wenig an eine Banane. Die oben liegende Fläche ist eindeutig gekrümmt, während die schattierte Fläche ein Teil eines Zylinders sein könnte. Offensichtlich haben sich die Rollwinkel *R* der DNA im Inneren des Quaders von a nach b verändert, sodass die diesen Rollwinkeln am nächsten kommende Cosinuskurve, wie in Kapitel 4 beschrieben, jetzt einen Winkel von 10° umschreibt. Die Drehung *t* beträgt immer noch Null, denn die beiden Enden des Quaders liegen immer noch auf einer Linie: Beachten Sie, dass die Schattierungslinien auf der vorderen Oberfläche alle parallel zueinander liegen.

Abbildung 5.3c zeigt einen Quader, der sich von einem Ende zum anderen negativ oder linksherum um 10° verdreht hat, was einem Wert von $t = -1°$ pro Basenpaarstufe über zehn Stufen entspricht. Die lokalen Twist-Winkel T zwischen den benachbarten Basenpaaren der DNA haben sich daher wahrscheinlich von a nach c von jeweils durchschnittlich 36° auf 35° vermindert. Die zehn Basenpaarstufen der nicht sichtbaren DNA drehen sich darum insgesamt nur um 350° statt um 360°, es bleibt also ein Defizit von 350° – 360° = –10°, was im Bild auch sichtbar wird. In Bild c gibt es keine Krümmung: Die oben liegende Fläche ist zwar jetzt verdreht, aber immer noch rechtwinklig.

Abbildung 5.3d schließlich zeigt einen Quader, der sowohl eine Drehung als auch eine Krümmung aufweist; er sieht aus wie eine leicht verdrehte Banane. Auf Ebene der Basenpaare wurden der Roll R und der Twist T verändert, um dieses Ergebnis zu erzielen. Das erfolgte genau so wie bei b und c, nur dass diesmal beide gleichzeitig verändert wurden.

Wir haben zwischen zweierlei Formen der Verdrehung unterschieden, nämlich der Drehung t und dem Twist T. Das klein geschriebene t bezeichnet die Differenz der Gesamtdrehung zu 360° nach einer Längeneinheit der Helix. Sie beläuft sich in Abbildung 5.3c auf –10° nach zehn Basenpaarstufen, wie oben erläutert. Das groß geschriebene T bezeichnet die lokale Verdrehung (Twist) jeder einzelnen Basenpaarstufe. So ist T in den Abbildungen 5.3a und b gleich 36°, in 5.3c und d jedoch gleich 35°. Daraus folgt also für jede Längeneinheit aus n Basenpaarstufen mit einheitlichem Twist T:

$$t = nT - 360°.$$

In den Abbildungen 5.3c und d ist $t = (10 \times 35°) - 360° = -10°$. Was ist mit einer „Längeneinheit aus n Basenpaarstufen" gemeint? Im Grunde soll dies heißen, dass die innere Struktur der DNA in jeder Abfolge aus n aufeinander folgenden Basenpaarstufen identisch ist – so wie sie es beispielsweise wohl auch ist, wenn sich die DNA-*Sequenz* alle n Basenpaarstufen wiederholt.

Insgesamt lässt sich mit der Krümmung k und der Drehung t die Gestalt jedes kleinen DNA-Segments auf lokaler Ebene beschreiben. Diese Werte für k und t leiten sich jeweils aus Variationen im Roll R und Twist T der Basenpaarstufen ab. Weiter unten erklären wir, wie k und t aus gegebenen Werten für R und T zu berechnen sind, und zwar für Basenpaarstufen aus praktisch jedem DNA-Segment.

An dieser Stelle ist Ihre Vorstellungskraft gefragt. Was geschieht, wenn wir viele identische Quader wie die aus Abbildung 5.3 nehmen und diese an den Enden über eine lange Strecke aneinanderreihen? Nähmen wir nur Quader wie aus Abbildung 5.3a, entstünde ein gerader, nicht verdrehter Stab; Quader wie in 5.3b ergäben einen ebenen Kreis, Quader wie in 5.3c ergäben einen geraden, aber verdrehten Stab. Quader wie in Abbildung 5.3d schließlich würden eine weite Spirale entstehen lassen, die wir vielleicht „Superhelix" nennen können, wenn wir an die in ihrem Inneren verborgene DNA denken. Eine solche Spirale wird entgegen dem Uhrzeigersinn verlaufen, ist also linksgewunden, weil die Drehung t ein negatives Vorzeichen hat. Wäre t positiv, würden wir eine rechtsgewundene Superhelix erhalten. Dieser Fall würde beispielsweise eintreten, wenn der lokale Twist-Wert auf 37° ansteigen würde, sodass $t = nT - 360° = (10 \times 37°) - 360° = +10°$.

Eigentlich müssen wir uns bei derlei Konstruktionen gar nicht auf unsere Vorstellungskraft verlassen. Wir können den räumlichen Verlauf der DNA für verschiedene Werte für k und t mithilfe bestimmter geometrischer Formeln *berechnen*. Diese einfachen Formeln wollen wir nun ableiten.

Abbildung 5.4a zeigt eine typische linksgewundene Superhelix. Diese Superhelix könnte dadurch entstehen, dass man viele Quader wie diejenigen aus Abbildung 5.3d

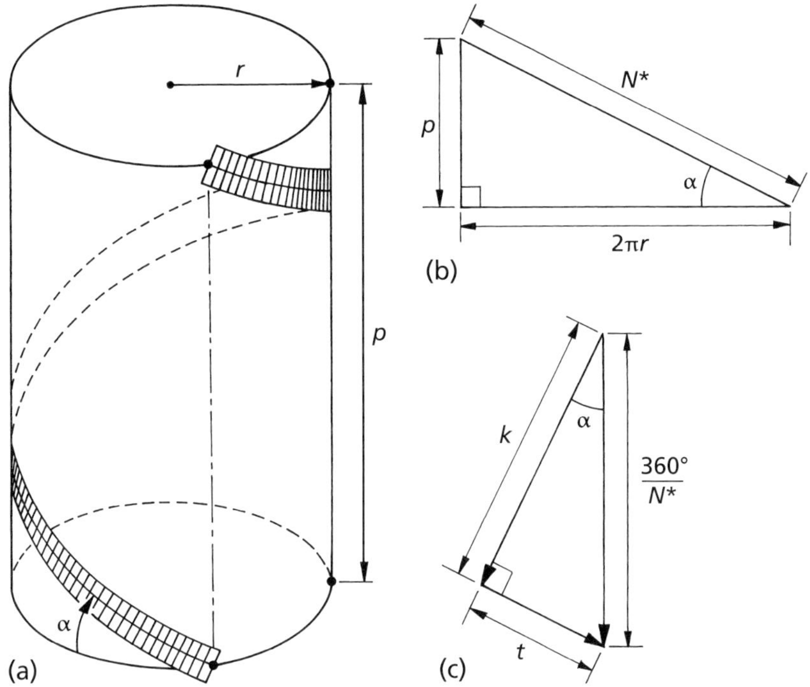

Abb. 5.4 Krümmung und Drehung bei einem spiralförmig verlaufenden Band. Bild a zeigt eine linksgewundene Spirale mit dem Pitch-Winkel α und dem Radius *r*, die alle *p* Längeneinheiten entlang des Zylinders eine vollständige Windung vollzieht. In Abbildung 5.4b ist die Oberfläche des Zylinders verkleinert ausgebreitet, um die geometrischen Beziehungen zwischen α, *r*, *p* und der Konturlänge N^* zu zeigen. In Bild c ergibt die Vektorsumme aus der Krümmung *k* und der Drehung *t* in sehr verkleinertem Maßstab den Wert, um den jede Basenpaarstufe des Bandes um die Achse des Zylinders rotiert. Beachten Sie, dass das Dreieck aus c dem Dreieck aus b ähnelt.

aneinander fügt. Sie windet sich gleich bleibend wie ein Band um einen vertikalen Zylinder mit dem Radius *r*, mit einem Winkel α zur Horizontalen an jedem Punkt. Sie bildet dabei eine linksgewundene Spirale um den Zylinder. Über eine vertikale Distanz *p*, den so genannten superhelikalen „Pitch" (englisch *pitch*, „Neigung"), vollzieht sie eine komplette Windung um 360°. Und schließlich hat sie noch eine – in diesem Bild nicht bezeichnete – Konturlänge von N^* Basenpaarstufen in einer 360°-Windung. Würde eine Ameise den Verlauf der Superhelix bei jeder kompletten 360°-Windung um den Zylinder entlangkrabbeln und dann messen oder nachzählen, wie viele Stufen sie erklommen ist, ergäbe dies den Wert für N^*.

Diese Parameter *r*, α, *p* und N^* lassen sich gut analysieren, wenn man sich vorstellt, dass sich der Zylinder auf einem Blatt Papier entrollen lässt, so wie man die Papprolle entrollen kann, auf die Küchenpapier aufgerollt ist. Man bezeichnet dies als „zylindrische Projektion"; sie ist in Abbildung 5.4b verkleinert dargestellt. Der Verlauf der Superhelix wird hier zur Hypotenuse eines rechtwinkligen Dreiecks, während Pitch *p* und Umfang $2\pi r$ die anderen beiden Seiten bilden; ihr Verhältnis ist durch den Winkel α bestimmt. Es ist ein Leichtes, die Werte für N^*, *p*, *r* und α zu bestimmen, wenn nur zwei von ihnen bekannt sind, doch wollen wir hier darauf verzichten.

All dies ist geläufige Geometrie, doch das Folgende ist weniger geläufig. Betrachten wir irgendeinen kleinen Teil des superhelikalen Verlaufs, beispielsweise nur 2° von den insgesamt 360° jeder kompletten Windung um den Zylinder. Wenn beispielsweise N^* gleich 180 Basenpaaren ist, dann bildet jedes Basenpaar $360°/N^* = 2°$ der Rotation um den Umfang, wenn man die Achse des Zylinders entlangblickt. In diesem Fall stehen die Werte für die Krümmung k und die Drehung t des spiralförmigen Bandes zu $360°/N^*$ zueinander in einem Verhältnis, wie es in Abbildung 5.4c dargestellt ist. Hier entspricht die Gesamtrotation von 2° um die Achse dem senkrechten Pfeil: Die Krümmung k ist demnach ihr Cosinus, die Drehung t dagegen ihr Sinus. Dieses Ergebnis folgt aus einem Zweig der Mathematik, den man als „Differenzialgeometrie" bezeichnet, für den besonderen Fall eines um einen Zylinder gewundenen Bandes. Einfach ausgedrückt, sagt die Krümmung k aus, wie weit sich die Superhelix in der in Abbildung 5.3b gezeigten Weise um den Zylinder *krümmen* müsste, und t sagt aus, wie stark sich das Band in der in Abbildung 5.3c gezeigten Weise um den Zylinder *drehen* müsste. Die Summe der beiden Effekte (die eine Vektorsumme und damit durch das Dreieck korrekt dargestellt ist) ergibt dann die Gesamtrotation um die Zylinderachse.

Aus dem in Abbildung 5.4c gezeigten Dreieck lassen sich mehrere interessante Gleichungen ableiten:

$$\tan\alpha = t/k$$

$$k = (360°/N^*)\cos\alpha$$

$$t = (360°/N^*)\sin\alpha$$

$$(360°/N^*)^2 = k^2 + t^2$$

Wir können nun die Diagramme aus den Abbildungen 5.4b und c zueinander ins Verhältnis setzen und damit die Gesamtform der Superhelix aus beliebigen Werten für k und t erhalten. Durch ähnliche Dreiecke haben wir

$$p/N^* = t/(360°/N^*)$$

Ersetzen wir N^* aus der letzten der oben genannten vier Formeln, erhalten wir

$$p = 360°t/(k^2 + t^2).$$

Desgleichen gilt

$$2\pi r = 360°k/(k^2 + t^2).$$

Betrachten wir nun als spezifisches Beispiel einen Fall, bei dem $k = 1°$ und $t = -1°$ pro Basenpaar. Dann ist $\alpha = -45°$, was bedeutet, dass die Superhelix linksgewunden ist, wie in Abbildung 5.4a (weil t ein negatives Vorzeichen hat), und in einem Winkel von 45° ansteigt. Die Konturlänge N^* beträgt außerdem $360°/\sqrt{2} = 255$ Basenpaare, während der Pitch $p = 180$ Basenpaare beträgt. Der Zylinderumfang schließlich beträgt $2\pi r = 180$ Basenpaare, der Radius r ist also gleich 29 Basenpaaren. Die endgültige Form der Superhelix ist der in Abbildung 5.4a gezeigten ähnlich, allerdings ist der Winkel α bei ihr größer.

Bei diesem besonderen Beispiel haben k und t die gleiche Größe. Nimmt t im Vergleich zu k einen kleineren Wert ein, ergeben die Formeln einen geringen Wert für den Winkel α; das bedeutet lediglich, dass die Spirale der Superhelix fast flach verläuft, wie ein Kreis, der immer und immer wieder demselben Verlauf folgt. Ist aber k im Vergleich zu t klein, ergeben die Formeln einen Winkel α von nahezu 90°. Das bedeutet, dass die Superhelix die Form einer stark gestreckten Spirale einnimmt, fast wie eine gerade Linie mit einer geringen superhelikalen Schlängelung.

All das erscheint sehr einleuchtend, wenn man erst einmal gelernt hat, die Formeln zu gebrauchen. Aber wie erhalten wir k und t aus der Sequenz der DNA? Wenn die Basensequenz nicht gerade sehr regelmäßig ist, werden k und t von einer Doppelhelixwindung zur nächsten variieren. In diesem Fall wird der Verlauf der DNA keine regelmäßige Superhelix beschreiben, und die gerade abgeleiteten Formeln sind nicht mehr von Nutzen. Wiederholt sich aber die DNA-Sequenz exakt – oder fast exakt – in jeder Doppelhelixwindung, bildet die DNA eine regelmäßige Superhelix und die Formeln tun ihren Dienst.

Glücklicherweise haben die Wissenschaftler vielerlei Experimente zur Struktur von DNA mit repetitiven Sequenzen durchgeführt, weil dies relativ leicht möglich ist. Sie synthetisieren chemisch einen kurzen DNA-Abschnitt, beispielsweise aus zehn Basenpaaren einer definierten Sequenz, und fügen diese Einheiten dann zu einem langen Polymer zusammen, so wie wir es uns an den Beispielen aus Abbildung 5.3 vorgestellt haben. Die Struktur solcher DNA mit repetitiver Sequenz lässt sich dann mithilfe von Elektronenmikroskop und Gel-Elektrophorese untersuchen. Das Elektronenmikroskop zeigt die Form der DNA unmittelbar, wenn auch mit geringer Auflösung, während die Gel-Elektrophorese indirekt das „scheinbare Volumen" des DNA-Zylinders misst. Wir gehen auf diese Analysemethode in Kapitel 9 genauer ein; für den Augenblick sei jedoch gesagt, dass man die gekrümmte DNA aus Abbildung 5.4a in einen Zylinder mit größerem Volumen einschließen könnte als eine gerade verlaufende DNA derselben Länge; in einem Gel würde also gekrümmte DNA mit mehr Gelfasern in Berührung treten und daher langsamer wandern. Und genau das wird bei Experimenten mit Gel beobachtet.

Allerdings ist es eine feine Sache, die DNA direkt zu sehen, ohne sich um die indirekte Messung ihres Volumens durch die Gel-Elektrophorese kümmern zu müssen. Darum ist es durchaus sinnvoll, Polymere mit repetitiven Sequenzen unter dem Elektronenmikroskop zu studieren. Einige so gewonnene Bilder von gekrümmter DNA mit repetitiven Sequenzen sind in Abbildung 5.5 dargestellt. Die ersten fünf Bilder aus Abbildung 5.5a zeigen einige gleichartig gekrümmte DNA-Moleküle von etwa 1'000 Basenpaaren Länge. Sie liegen in verschiedenen Formen auf dem „Objektgitter" und wurden bei der Präparation flach, also zweidimensional ausgebreitet. Das letzte Bild aus Abbildung 5.5a zeigt zwei DNA-Ringe oder „Plasmide" mit einer Länge von 3'000 Basenpaaren, die aus normaler (also nicht repetitiver) DNA bestehen, die als Kontrollen für das Erscheinungsbild von DNA mit geringer oder keiner Krümmung dienen; sie wurden für die mikroskopische Untersuchung in identischer Weise präpariert. Abbildung 5.5b zeigt die Umrisse gekrümmter DNA-Moleküle aus a. Jedes der gekrümmten DNA-Moleküle hat im Vergleich zu den beiden DNA-Plasmiden eine wellenförmige, geschlängelte Form. Die „Schlängelung" der Kurven in den Fotos entspricht – über viele Moleküle gemittelt – einer Sinuskurve mit einer Konturlänge $N^* = 533$ Å und Pitch $p = 385$ Å. Die Amplitude der „Schlängelung" ist ganz offensichtlich als Maß für die ursprüngliche dreidimensionale Struktur unzuverlässig, weil die DNA-Superhelix signifikant abgeflacht wurde, als man sie auf das Objektgitter platzierte; die Werte für N^* und p aber müssten denen der ursprünglichen Bedingungen in Lösung entsprechen. Aus den Werten für N^* und p und

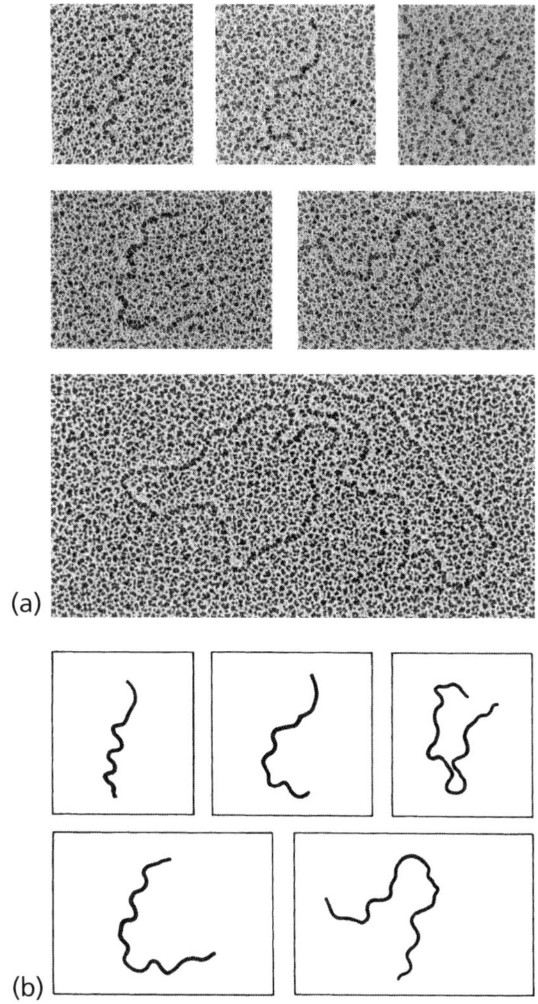

Abb. 5.5 Elektronenmikroskopische Aufnahmen von DNA mit repetitiven Sequenzen. Die ersten fünf Bilder in a zeigen verschiedene gekrümmte DNA-Moleküle mit repetitiven Sequenzen, jeweils von etwa 1000 Basenpaaren Länge. Das letzte Bild in a zeigt zwei DNA-Plasmide oder Ringmoleküle von je 3000 Basenpaaren Länge, die als Kontrolle zugegeben wurden. In b sind die ungefähren Verläufe der gekrümmten DNA-Moleküle aus a dargestellt. Mit freundlicher Genehmigung von Margaret Mott.

dem Dreieck aus Abbildung 5.4b können wir berechnen, dass $\alpha = \pm 46°$ und der Radius $r = 59$ Å betrugen, bevor die Moleküle flach ausgebreitet wurden. Die Länge pro Basenpaar wurde in diesen Bildern als 3,0 Å ermittelt; in Basenpaareinheiten lassen sich die Dimensionen der DNA-Superhelix also als $N^* = 178$ Basenpaare, $p = 128$ Basenpaare und $r = 20$ Basenpaare ausdrücken.

Abbildung 5.5 liefert einen guten experimentellen Beleg über die Form gekrümmter superhelikaler DNA. Aber können wir die Werte für N^*, p und r unabhängig, also direkt

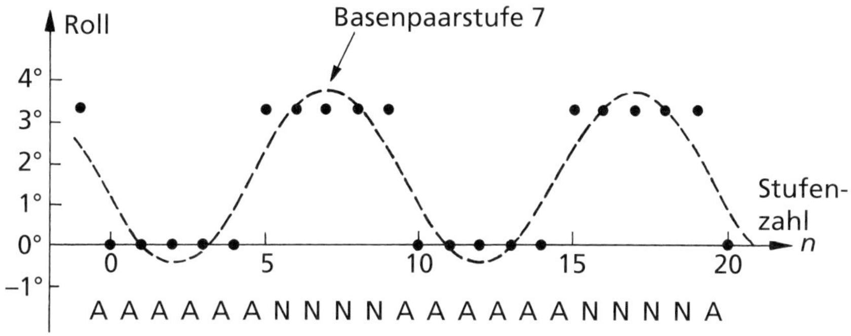

Abb. 5.6 Darstellung der zu erwartenden Rollwinkel bei der gekrümmten DNA mit repetitiven Sequenzen, die in Abb. 5.5 unter dem Elektronenmikroskop untersucht wurde. Die Krümmung k ließe sich für jede A_6N_4-Wiederholung als 10,7° berechnen, wenn man eine Fourier-Transformation dieser Rollwinkel vornimmt, wie in der getrichelten Linie angedeutet. Die Rollwinkel haben in der Fourier-Transformation den größten positiven Wert bei Stufe 7, wo die kleine Furche der DNA an der Außenseite der Krümmung liegt.

anhand der Basensequenz der DNA berechnen, wenn wir eine passende Theorie gebrauchen? Aus den oben aufgeführten superhelikalen Parametern lässt sich leicht ermitteln, dass $k = 1{,}40°$ pro Basenpaar und $t = \pm 1{,}45°$ pro Basenpaar ist. Wie aber lassen sich die Werte für k und t aus der Basensequenz ableiten? Zu bedenken ist, dass die elektronenmikroskopischen Aufnahmen nicht zeigen, ob die ursprüngliche Superhelix links- oder rechtsgewunden war; wir erfahren also aus diesem Experiment nicht, ob t ein positives oder ein negatives Vorzeichen hat.

Die zur Herstellung dieser Polymere benutzte Sequenz war vom Typ ...AAAAAANNNNAAAAAANNNN..., wobei N meistens = C oder G. Diese Sequenz wiederholt sich alle zehn Basenpaare als AAAAAANNNN. Nun wissen wir, dass der durchschnittliche lokale Twist T bei einer AA-Basenpaarstufe annähernd $T = 35°$ ist, bei anderen Stufen wie NN, NA oder AN dagegen $T = 34°$. Dieser kleine Unterschied ist wahrscheinlich die Folge einer zusätzlichen H-Bindung über die zur großen Furche gewandte Seite der AA-Basenpaarstufe hinweg (siehe Abbildung 3.6). Wir können also die Gesamtwindung t als $(5 \times 35° + 5 \times 34°) - 360° = 345° - 360° = -15°$ für zehn Basenpaarstufen oder $t = -1{,}5°$ pro Basenpaar berechnen. Gar nicht schlecht! Damit sind wir dem elektronenmikroskopisch ermittelten Wert von $t =$ (plus oder minus) 1,45° schon recht nahe. Die beiden in der oben beschriebenen Rechnung verwendeten T-Werte für bestimmte Basenpaarstufen wurden schon Jahre vor Aufnahme der elektronenmikroskopischen Bilder mithilfe der Gel-Elektrophorese oder anderer Techniken ermittelt.

Wie aber können wir die Krümmung k aus der Basensequenz berechnen? Die Rollwinkel R betragen bei einer AA-Stufe wahrscheinlich praktisch 0°, bei anderen Stufen dagegen im Durchschnitt ungefähr $R = +3{,}3°$. Auch diese Werte stammen aus der Gel-Elektrophorese, Röntgenkristallographie oder anderen Techniken. Solche Näherungswerte für die Rollwinkel von Basenpaarstufen sind in Abbildung 5.6 gegen die Stufenzahl aufgetragen, und zwar für diese spezielle repetitive Sequenz. Wie in Kapitel 4 erläutert, müssen wir eine Cosinuskurve über die in Abbildung 5.6 aufgeführten R-Werte legen, um die Krümmung k zu bestimmen. Wir könnten freihändig eine „möglichst passende" Cosinuskurve über die Punkte aus Abbildung 5.6 zeichnen, um eine befriedigende ungefähre Lösung zu erhalten (siehe die gestrichelte Linie), aber eigentlich würden wir das Ganze lieber systematischer berechnen.

Die exakteste Methode dafür bietet die so genannte „Fourier-Transformation“ der Rollwinkel über jede beliebige Periode der Basenpaarstufen 0 bis 9 in der Basensequenz. Genau das haben wir schon in Kapitel 4 durchgeführt, doch an dieser Stelle werden wir die komplette Mathematik dahinter darstellen. Es ist ganz gleich, welche Basenpaarstufe Sie zur Stufe 0 erklären oder welche zur Stufe 9, solange alle zehn Stufen der repetitiven Sequenz (0, 1, 2, ..., 9) nur einmal gezählt werden.

Zunächst einmal müssen wir zwei Summen ermitteln, welche die Korrelation der Rollwinkel *R* mit einer Sinus- oder einer Cosinuskurve darstellen; zu diesem Zweck ist es sinnvoll, den Rollwinkel an einer beliebigen Stufe *n* mit ((*R* tief *n*)) zu bezeichnen:

$$\text{Erste Summe} = \sum_{n=0,9} R_n \sin(36°n)$$

$$\text{Zweite Summe} = \sum_{n=0,9} R_n \cos(36°n).$$

Wenn wir also die Stufennummerierung aus Abbildung 5.6 benutzen, kommen wir zu folgendem Ergebnis:

$$\begin{aligned}\text{Erste Summe} &= 0° + 0° + 0° + 0° + 0° + 3{,}3°(0{,}0) + 3{,}3°(-0{,}59) + 3{,}3°(-0{,}95)\\ &\quad + 3{,}3°(-0{,}95) + 3{,}3°(-0{,}59) = -10{,}2°\end{aligned}$$

$$\begin{aligned}\text{Zweite Summe} &= 0° + 0° + 0° + 0° + 0° + 3{,}3°(-1{,}0) + 3{,}3°(-0{,}81) + 3{,}3°(-0{,}31)\\ &\quad + 3{,}3°(0{,}31) + 3{,}3°(0{,}81) = -3{,}3°\end{aligned}$$

Die Krümmung *k* ergibt sich daher einfach aus der Quadratwurzel aus

$$\begin{aligned}k^2 &= (\text{erste Summe})^2 + (\text{zweite Summe})^2\\ &= (-10{,}2^2) + (-3{,}3^2) = 115; k \text{ ist also gleich } 10{,}7°.\end{aligned}$$

Unser berechneter Wert $k = 10{,}7°$ für zehn Basenpaarstufen oder 1,07° pro Basenpaar passt recht gut zu dem Wert von $k = 1{,}4°$ pro Basenpaar, der aus den elektronenmikroskopischen Bildern für die Gesamtform ermittelt wurde. Aus dieser Theorie könnten wir auch errechnen, dass unsere DNA mit den repetitiven Sequenzen eine linksgewundene Superhelix mit einer Konturlänge N^* von 195 Basenpaaren und einem Radius *r* von 61 Å bildet, wenn wir die theoretischen Werte für *k* und *t* benutzen. Auch diese kommen den experimentell ermittelten, oben genannten Werten von $N^* = 178$ Basenpaare und $r = 59$ Å recht nahe.

Bevor wir weiter gehen, wollen wir noch zwei Eigenschaften der Fourier-Transformation betrachten: ihre Amplitude und ihre Phase. Zunächst einmal ist die Amplitude der passendsten Cosinuskurve in den meisten unserer Beispiele gleich der Krümmung *k*, hier durch 5 geteilt, welche die Summe aus $\cos^2\theta$ über die Stufen 0 bis 9 darstellt. In Abbildung 5.6 ist also die Amplitude oder halbe Höhe der gestrichelten Linie einfach 10,7/5,0 = 2,1°. Wir können daher sagen, dass die Gesamtvarianz im Rollwinkel *R* – für die passendste Kurve – gleich 2 x 2,1° = 4,2° ist. Diese Kurve verläuft von einem Maximum von R = +3,75° zu einem Minimum von −0,45° bei einem Mittel von +1,65°. Die Phase einer Fourier-Transformation schließlich verrät uns, wo (im Sinne von rechts oder links) die

Tabelle 5.1 Berechnete superhelikale Parameter α, N^* und r (siehe Abb. 5.4) für DNA mit unterschiedlichen repetitiven Sequenzen.

Sequenz	Wiederholung	k (°/bp)	t (°/bp)	α (°)	N^* (bp)	r (bp)
A_6N_2	8	1,00	−10,38	−84,5	34,5	0,5
A_6N_3	9	1,06	−5,44	−79,0	65,0	2,0
A_6N_4	10	1,07	−1,50	−54,5	195,4	18,1
A_6N_5	11	1,06	+1,73	+58,5	177,4	14,8
A_6N_6	12	1,03	+4,42	+76,9	79,3	2,9
A_6N_7	13	0,99	+6,69	+81,6	53,2	1,2

Krümmung und Drehung (k und t) wurden aus der Basensequenz entsprechend den im Text genannten Roll- und Twistwinkeln R und T berechnet.

passendste Cosinuskurve relativ zur Nummerierung der Basenpaarstufen in der Sequenz lokalisiert ist. Sie lässt sich berechnen als

Arcus-Tangens des Verhältnisses (erste Summe/zweite Summe).

Im oben genannten Fall ergibt dies $\arctan(-10{,}2/-3{,}3) = 252°$. Das zeigt uns, dass der Ursprung der passendsten Cosinuskurve, an dem sie den größten positiven Wert hat, 252° zur Rechten von Stufe 0 in der Sequenz liegt, oder in Abbildung 5.6 bei Stufe (252°/36°) = 7 (siehe den Pfeil). Anders gesagt, ist der Basenpaarstufen-Rollwinkel bei Stufe 7 am positivsten und bei den Stufen 2 und 12 am negativsten, die in jeder Richtung um 180° außerhalb der Phase liegen. Auf molekularer Ebene bedeutet dies, dass die kleine Furche der DNA bei Stufe 7 an der Außenseite der Krümmung liegt und bei den Stufen 2 und 12 an der Innenseite.

Nehmen wir nun an, wir hätten ein weiteres, etwas anders beschaffenes DNA-Molekül mit repetitiven Sequenzen erzeugt, diesmal mit einer sich alle elf (und nicht alle zehn) Basenpaare wiederholenden Sequenz. Ein solches Beispiel wäre AAAAAANNNNN (im Vergleich zu der oben untersuchten repetitiven 10-Basenpaar-Sequenz AAAAAANNNN). Wir könnten in diesem Fall die Gesamtwindung t berechnen, indem wir die lokalen Twistwinkel T über elf Stufen addieren, was $t = (5 \times 35° + 6 \times 34°) - 360° = 379° - 360° = +19°$ ergibt. Unsere neue Superhelix wäre demnach rechtsgewunden, da t nun ein positives Vorzeichen hat. Die Krümmung k ließe sich mithilfe der Fourier-Transformation der Rollwinkel über elf Basenpaarstufen (bei Intervallen von 360°/11 = 32,7°) berechnen, wobei wir die Cosinus und Sinus der Winkel (32,7°n) benutzen; es ergibt sich ein Wert von $k = 11{,}6°$. Wir haben hier sowohl t als auch k für eine komplette 11-Stufen-Wiederholungssequenz berechnet. Bei kleineren Basenpaareinheiten wären die entsprechenden Werte $t = +19°/11 = +1{,}73°$ und $k = 11{,}6°/11 = 1{,}06°$. Aus diesen Werten für t und k in Grad könnten wir schließlich mithilfe der Formeln aus dem vorigen Abschnitt die Dimensionen der rechtsgewundenen Superhelix berechnen.

In Tabelle 5.1 sind die Werte für k und t für verschiedene DNA-Moleküle mit repetitiven Sequenzen aufgeführt, darunter auch zwei bereits erwähnte Sequenzen, nämlich A_6N_4 und A_6N_5. Anhand dieser berechneten Werte für k und t wurden dann die superhelikalen Parameter α, N^* und r für jede Sequenz errechnet. Wenn wir die beiden Spalten der Tabelle für k und t betrachten, erkennen wir deutlich, dass bei einer repetitiven Sequenz aus neun Basenpaaren (wie A_6N_3) oder aus zwölf Basenpaaren (wie A_6N_6) die Drehung t einen viel größeren Wert einnimmt als die Krümmung k. Im Falle von A_6N_3 erhalten wir $t = (5 \times 35° + 4 \times 34°) - 360° = 311° - 360° = -49°$ pro Wiederholungssequenz, also $t = -49°/9 = -5{,}44°$ pro Basenpaar. Die Krümmung k beträgt aber weiterhin nur 1,06° pro Basenpaar, sodass der Pitch-Winkel $\alpha = \arctan(t/k)$ gleich $\arctan(-5{,}44/1{,}06) = -79{,}0°$ ist. Demnach würde A_6N_3 eine sehr lang gestreckte, linksgewundene Superhelix mit der Konturlänge $N^* = 65$ Basenpaare und dem Radius $r = 2$ Basenpaare bilden.

Diese Berechnungen führen uns zu dem Schluss, dass wir bei DNA mit repetitiven Sequenzen von etwa zehn oder elf Basenpaaren Länge (und somit geringer Drehung t) nur DNA-Moleküle in Form einer *weiten* Spirale erwarten dürfen. Wenn die Drehung t exakt gleich Null ist, bildet die DNA natürlich einen flachen Kreis mit der Konturlänge $N^* = 360°/k$, und wirklich liegen viele natürlich auftretende DNA-Moleküle als flache Kreisformen vor.

Wie ließen sich k und t berechnen, wenn die Basensequenz komplizierter wäre als A_6N_4 oder die verwandten Sequenzen, die wir oben vorgestellt haben? Bisher haben wir die Rollwinkel- und Twistwerte R und T nur für AA/TT-Basenpaarstufen und „andere" festgelegt. Dabei setzten wir $T = 35°$ für AA/TT-Stufen und $T = 34°$ für „andere" fest. Dieses Modell ist eindeutig zu vereinfacht, um allen möglichen Basenpaaranordnungen in der DNA gerecht zu werden, aber es dient als erster Näherungswert für freie DNA in Lösung oder unter dem Elektronenmikroskop. Sind erst einmal mehr Daten über die genaue Gestalt von DNA in Lösung oder unter dem Elektronenmikroskop ermittelt, müsste es möglich sein, jeder Art von Basenpaarstufe exaktere Werte für R und T zuzuordnen. So haben zahlreiche wissenschaftliche Experimente ergeben, dass die Sequenzen GGC/GCC und AGC/GCT weitaus größere Rollwinkel R als der Durchschnitt aufweisen, möglicherweise +10° bis +15° über die beiden Basenpaarstufen. Diese großen Rollwinkel für bestimmte GC-Stufen scheinen besonders in Lösungen aufzutreten, die mit Magnesiumionen versetzt sind, und zwar in einer Konzentration, die der in lebenden Zellen entspricht. Erinnern wir uns, dass die GC-Stufe schon in Kapitel 4 eine besondere Rolle spielte, nämlich bei der Krümmung der DNA um verschiedene Proteine.

Bis hierher haben wir uns so mit der Geometrie überspiralisierter DNA beschäftigt, als sei das Molekül ein langes und starres Objekt. Das ist für kurze DNA-Abschnitte durchaus zufrieden stellend, nicht aber für lange DNA-Moleküle. Generell verhält sich ein kurzes DNA-Stück wie ein starrer Körper, während sich ein langes DNA-Stück eher flexibel zeigt, da es in Lösung von sehr beweglichen Wassermolekülen angestoßen wird („Brownsche Molekularbewegung"). Die Begriffe „kurz" und „lang" sind bedeutungslos, wenn wir kein Standard-Längenmaß für Vergleichszwecke haben. Und genau so eine Vergleichslänge haben die Wissenschaftler eingeführt, die so genannte „Persistenzlänge" (*persistence length*) der DNA. Sie ist definiert als die Länge, bei welcher der zeitlich gemittelte Winkel zwischen den beiden Enden eines an sich geraden DNA-Moleküls gleich einem Radiant oder 57° ist. Die so definierte Persistenzlänge lässt sich dann durch verschiedene Versuchsaufbauten ableiten, beispielsweise elektronenmikroskopisch, anhand der Viskosität oder der Lichtstreuung.

Über viele Jahre lag der allgemein anerkannte Wert für die Persistenzlänge von DNA mit gemischter Sequenz bei annähernd 140 Basenpaaren oder 450 Å. Von einem DNA-Stück von 100 Basenpaaren Länge erwartete man somit, sich mehr oder weniger wie ein starrer Körper zu verhalten, während ein 200 Basenpaare langes Stück sich mehr oder weniger wie eine flexible Schnur verhalten sollte. Jüngste Studien ergaben jedoch, dass frühere Schätzungen der Persistenzlänge der DNA nur etwa die Hälfte ihres tatsächlichen Wertes erreichten, der bei annähernd 240 Basenpaaren oder 800 Å liegt. Der Fehler früherer Tests bestand in der Annahme, dass DNA mit gemischter Sequenz vollkommen gerade verliefe; in Wirklichkeit aber weist sie aufgrund ihrer Basensequenz eine geringe, aber signifikante lokale Krümmung von rund 1° bis 3° pro Helixwindung auf. Heute geht man also davon aus, dass die Persistenzlänge der DNA etwa 240 Basenpaare oder 800 Å misst, bei einer thermisch induzierten Beugung von 57°. Die Konturlänge einer einzelnen Supercoil-Schleife der DNA von annähernd 200 Basenpaaren kann also als erste Näherung als starr angesehen werden – was sich in elektronenmikroskopischen Aufnahmen wie denen aus Abbildung 5.5 auch deutlich zu zeigen scheint.

An dieser Stelle sollte betont werden, dass freie DNA in Lösung im allgemeinen an sich eine geringe Krümmung aufweist. Eine solche Krümmung beläuft sich höchstens auf 15° oder 20° je Helixwindung, und dieses Maß an Krümmung wird offenbar nur bei bestimmten Basensequenzen, wie den in Tabelle 5.1 aufgeführten, erreicht. In engem Kontakt mit positiv geladenen Proteinen jedoch krümmt sich DNA, wie in Kapitel 4 beschrieben, normalerweise viel stärker – um 40–50° je Helixwindung. Die DNA muss sich verformen, um die vom Protein geforderte Form einzunehmen, denn eine solch starke Krümmung erfordert eine systematische Variabilität der Rollwinkel von etwa (plus oder minus) 9°, wie wir schon an früherer Stelle erfahren haben. In solchen Fällen erzwungener Krümmung kann es sein, dass eine typische Dinucleotid-Stufe, die unter belastungsfreien Bedingungen in Lösung einen Rollwinkel von $R = +3°$ einnimmt, diesen bis zu Werten von $R = +9°$ oder $-9°$ verändern muss, wenn sich die DNA eng um ein Protein wickelt.

Wenn wir eine DNA-Sequenz haben und auch eine Tabelle mit zulässigen Rollwinkel-Werten für jeden Typ von Dinucleotid-Stufe, können wir im Prinzip weiterhin die Fähigkeit der DNA prüfen, sich eng um ein Protein zu wickeln, indem wir nach einer möglichst passenden Cosinuskurve mit der Amplitude 9° suchen, die in diesem zulässigen Rahmen verläuft. Abbildung 5.7a zeigt ein hypothetisches Beispiel dieser Art; hier verläuft ein DNA-Molekül in Lösung vollkommen gerade, kann sich aber nötigenfalls um ein Protein krümmen. Die DNA enthält in diesem Fall zwei Arten von Basenpaarstufen; bei der einen liegen die zulässigen Roll-Werte R zwischen 0° und $-6°$, bei der anderen zwischen 0° und $+6°$. Bei freier DNA sind die Roll-Werte bei beiden Arten von Basenpaarstufen nahezu Null, sodass sich eine horizontale Linie durch diese Punkte ziehen lässt, die anzeigt, dass die Krümmugn k bei Null liegen muss. Wird solche DNA aber dazu gebracht, sich um ein Protein zu biegen, wird ihre Rollwinkel-Sequenz annähernd eine Cosinuskurve mit der Amplitude 9° einnehmen. In Abbildung 5.7a ist die passendste Cosinuskurve mit der Amplitude 9° als gestrichelte Linie eingezeichnet; dabei zeigt sich deutlich, dass die meisten Basenpaarstufen ihren maximalen Rollwinkel von $\pm 6°$ einnehmen müssen, um in die Kurve zu passen. Die DNA-Stufen, deren zur kleinen Furche hin gewandten Seiten an der Innenseite der Krümmung liegen, befinden sich jeweils in der Mitte der gezeigten Gruppen (bei den Stufen 2 und 12), wo $R = -6°$. Jede andere Phasenanordnung dieser Cosinuskurve würde weniger gut in die zulässigen Rollwinkelwerte passen.

Insgesamt kann diese besondere Art von DNA, die für viele natürlich vorkommenden DNA-Moleküle typisch ist, in gerader Form vorliegen oder sich in eine spezifische Richtung krümmen, wenn sie sich um ein Protein wickelt. In dieser Hinsicht ähnelt ein typisches DNA-Molekül Ihrem Finger oder Knie: Auch diese können sich nur in eine Richtung und in einer Ebene krümmen. Wollen wir aber ein Stück DNA konstruieren, das sich mit gleicher Leichtigkeit in alle Richtungen verbiegen kann, müssen wir einen zulässigen Spielraum für die R-Werte von $-6°$ bis $+6°$ (oder beispielsweise von $-2°$ bis $+10°$) bei jeder Basenpaarstufe mit einschließen. Die benötigte Cosinuskurve passt dann

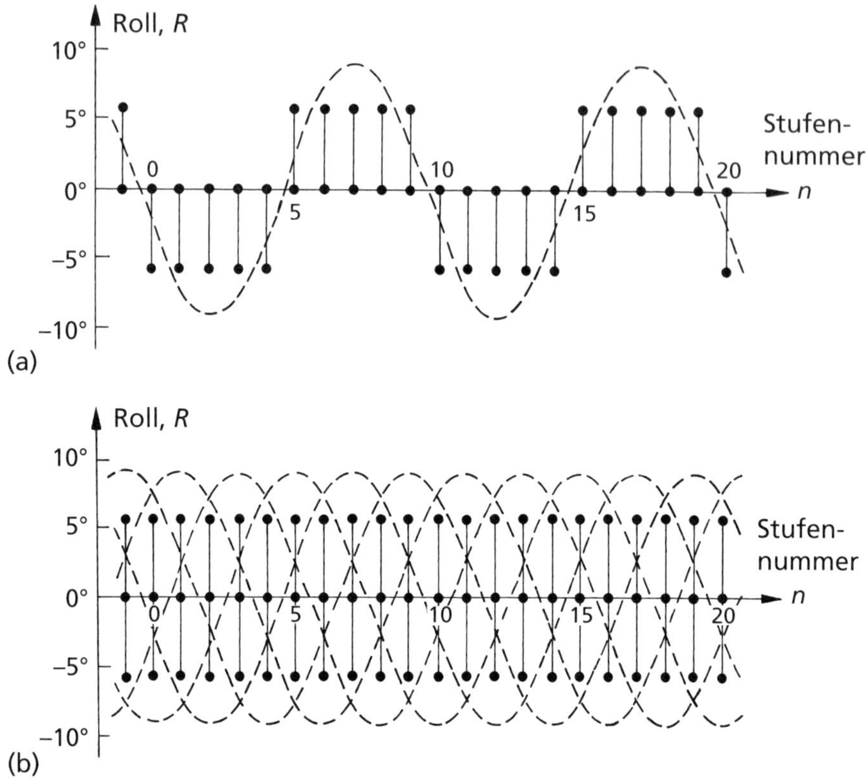

Abb. 5.7 Die Fähigkeit der DNA, sich eng um ein Protein zu wickeln, hängt davon ab, wie groß der zulässige Spielraum der Roll-Werte *R* bei ihren Basenpaarstufen ist. In Bild a sind für die Stufen 0, 1, 2, 3, 4 Roll-Werte zwischen 0° und −6° zulässig, für die Stufen 5, 6, 7, 8, 9 aber Werte zwischen 0° und +6°. Diese *R*-Werte können bei DNA in freier Lösung alle bei Null bleiben; krümmt sich die DNA aber um ein Protein, müssen viele von ihnen auf −6° oder +6° wechseln, um in die Cosinuskurve mit der Amplitude 9° (gestrichelte Linie) zu passen, die mit dem Fourier-Term von Periode 10 übereinstimmt. Diese DNA kann sich nur in eine Richtung krümmen, da die passendste Cosinuskurve nur eine einzige Phase hat. In Bild b sind für alle Basenpaarstufen *R*-Werte zwischen −6° und +6° zulässig. Die DNA kann sich nun in alle Richtungen krümmen, da dieselbe Cosinuskurve bei jeder nach links oder rechts versetzten Phase zu den neuen Rollwinkeln passt.

bei jeder Phase, wie in Abbildung 5.7b gezeigt, und die DNA kann sich relativ leicht in alle Richtungen verbiegen.

Wie können wir herausfinden, welche Basenpaarstufen angesichts der Krümmungsbelastung durch ein Protein einen großen oder kleinen Spielraum bei den zulässigen Roll-Werten *R* aufweisen? Abbildung 4.10 liefert bereits einige experimentell ermittelte Daten zu diesem Thema. Basenpaarstufen wie AA oder TT, die bei der DNA bevorzugt Lokalisationen mit geringem *R*-Wert einnehmen, wenn sich diese um eine Histonspule wickelt, fällt es vermutlich schwer, Konfigurationen mit großem Rollwinkel einzunehmen. Die Vorliebe für kleine Roll-Werte ist bei Sequenzen wie AAA offenbar noch ausgeprägter; das passt zu der Annahme, dass solche Sequenzen bei einem Wert *R* von annähernd 0°

relativ starr sind. Und tatsächlich ist bekannt, dass sich DNA-Moleküle mit mehr als 40 AA- oder TT-Stufen nacheinander nur schwer um eine Histonspule wickeln können, weil sie sich nicht im geforderten Maße krümmen können. Etwas Ähnliches gilt für die Basenpaarstufe GC, die bevorzugt Lokalisationen mit großem Rollwinkel einnimmt, wenn sich DNA um eine Histonspule wickelt; ihr ist wohl ein zulässiger Spielraum für den *R*-Wert zwischen +5° und +10° zuzuordnen. Und schließlich geht man unter anderem bei den Basenpaarstufen TA und CA davon aus, dass sie gegenüber Veränderungen im Roll relativ flexibel sind und Werte im gesamten Spektrum zwischen −9° und +9° annehmen können. Sequenzen wie TATATATA können sich also mit jeder Phase (oder angulären Anordnung) um eine Histonspule wickeln.

Auch wenn wir dieselben geometrischen Vorstellungen auf die intrinsische Krümmung von DNA mit repetitiven Sequenzen in Lösung und auf die erzwungene Krümmung der DNA um eine Histonspule angewandt haben, kann man dennoch davon ausgehen, dass die Krümmung der DNA um ein Protein sich in ihrem Ausmaß sehr von ihrer Krümmung in freier Lösung unterscheidet. Die meisten DNA-Sequenzen haben an sich nur eine geringe Krümmung, wenn sie sich in freier Lösung befinden, nehmen aber bevorzugte, stark gekrümmte Formen an, wenn sie sich um ein Protein biegen; diese richten sich nach der unterschiedlichen Flexibilität verschiedener Sequenzen in den Rollwinkeln.

In Abbildung 5.7 haben wir uns mit der einfachen, zweidimensionalen Krümmung der DNA in einer Ebene befasst, die recht gut untersucht ist. In welcher Beziehung aber steht die dreidimensionale Krümmung der DNA in superhelikale Formen zu ihrer biologischen Aufgabe? Hier gibt es zweierlei Möglichkeiten. Zum ersten könnte die dreidimensionale Form der DNA Einfluss darauf haben, wie gut sie an verschiedene Proteine in der Zelle bindet. So könnte ein Protein DNA bevorzugen, die sich als linksgewundene Superhelix um es wickelt, ein anderes könnte eine rechtsgewundene Superhelix vorziehen. Ein Protein könnte wiederum bevorzugt an DNA binden, welche die Form einer gestreckten Superhelix einnimmt, ein anderes zieht vielleicht eine flache Superhelix vor. Die dreidimensionale Form der DNA könnte auch Einfluss auf ihr Schwingungsverhalten in Lösung – in Reaktion auf die thermische Molekularbewegung der Wassermoleküle – haben. Man weiß sehr gut, dass die Form von Dingen ihr Schwingungsverhalten beeinflusst. Kleine Moleküle wie Kohlendioxid CO_2 und Stickoxid NO_2 schwingen unterschiedlich, weil das eine linear ist, das andere dagegen gekrümmt; deshalb zeigen sie unterschiedliche Infrarotspektren. Das Wesen dieser Schwingungen oder Fluktuationen könnte zudem durch umgrenzte Lokalisationen mit hoher Flexibilität innerhalb der DNA beeinflusst werden, die durch bestimmte Basensequenzen zustande kommen, wie Abbildung 5.7b zeigt.

Obwohl die theoretischen Prinzipien einfach sind, haben die Chemiker und Biologen bislang leider noch nicht viele eindeutige experimentelle Daten darüber gesammelt, wie die dreidimensionale Form der DNA in größerem Maßstab ihre Bindung an Proteine oder ihre thermischen Fluktuationen beeinflusst. Die zweidimensionale Krümmung der DNA in eine Fläche ist bereits mit vielerlei Prozessen in Zusammenhang gebracht worden, doch noch nicht die dreidimensionale Krümmung in Superhelices. Alles, was wir heute über die dreidimensionale Krümmung der DNA wissen, haben wir aus physikalischen Untersuchungen wie Elektronenmikroskopie oder Gel-Elektrophorese. Auf diesem Gebiet gibt es noch vieles über biologische Funktionen zu lernen.

Weiterführende Literatur

Bednar, J.; Furrer, P.; Katritch, V.; Stasiak, A. Z.; Dubochet, J.; Stasiak, A. *Determination of DNA persistence length by cryoelectron microscopy: separation of the static and dynamic contributions to the apparent persistence length of DNA.* In: *Journal of Molecular Biology* 254 (1995) S. 579–594. Die unter dem Elektronenmikroskop sichtbare Krümmung der DNA geht zur Hälfte auf ihre Basensequenz und zur Hälfte auf ihre thermische Bewegung zurück.

Brukner, I.; Susic, S.; Dlakic, M.; Savic, A.; Pongor, S. *Physiological concentration of magnesium ions induces a strong macroscopic curvature in GGGCCC-containing DNA.* In: *Journal of Molecular Biology* 236 (1994) S. 26–32. Metallionen beeinflussen die DNA-Krümmung in Lösung bei Sequenzen vom GGGCCC-Typ stark.

Brukner, I.; Balmaaza, A.; Chartrand, P. *Differential behaviour of curved DNA upon untwisting.* In: *Proceedings of the National Academy of Sciences, USA* 94 (1997) S. 403–406. Einfluss des Interkalators Ethidiumbromid auf überspiralisierte DNA-Strukturen in Lösung.

Calladine, C. R.; Drew, H. R.; McCall, M. J. *The intrinsic curvature of DNA in solution.* In: *Journal of Molecular Biology* 201 (1988) S. 127–137. Sämtliche relevanten Gleichungen zur dreidimensionalen Form gekrümmter DNA, ausgedrückt in Krümmung und Drehung.

Calladine, C. R.; Collis, C. M.; Drew, H. R.; Mott, M. R. *A study of electrophoretic mobility of DNA in agarose and polyacrylamide gels.* In: *Journal of Molecular Biology* 221 (1991) S. 981–1 005. Elektronenmikroskopische Bilder von langen, superhelikal gekrümmten DNA-Molekülen wie denen aus Abbildung 5.5.

Dlakic, M.; Harrington, R. E. *Bending and torsional flexibility of GC-rich sequences as determined by cyclization assays.* In: *Journal of Biological Chemistry* 270 (1995) S. 29 945–29 952. Die Sequenz GGGCCC hilft der DNA dabei, sich zu kleinen Kreisen zu krümmen, so wie AAAAA dies – allerdings mit entgegengesetzter helikaler Phase – tut (mit großem Roll statt einem Roll von nahezu oder gleich Null).

Goodsell, D. S.; Kopka, M. L.; Cascio, D.; Dickerson, R. E. *Crystal structure of CATGGCCATG and its implications for A-tract bending models.* In: *Proceedings of the National Academy of Sciences, USA* 90 (1993) S. 2 930–2 934. Die gekrümmte Struktur einer GGCC-Sequenz, wie sie sich in einem Kristall mit Magnesiumionen darstellt.

Lavigne, M.; Kolb, A.; Yeramian, E.; Buc, H. *CRP fixes the rotational orientation of covalently closed DNA molecules.* In: *EMBO Journal* 13 (1994) S. 4 983–4 990. Selbst wenn ein DNA-Molekül durch seine Basensequenz kaum gekrümmt ist, kann das Binden eines Proteins wie CRP, das die DNA lokal krümmt, die Phase der Krümmung in jede Richtung um Hunderte Basenpaare ausdehnen.

Murphy, C. J. *Photophysical probes of DNA sequence-directed structure and dynamics.* In: *Advances in Photchemistry* 26 (2001) S. 145–217. Gute Zusammenfassung zur DNA-Struktur und ihrer Vermessung durch auf Licht basierende molekulare Untersuchungen.

Nishikawa, J.; Amano, M.; Fukue, Y.; Takana, S.; Kishi, H. et al. *Left-handedly curved DNA regulates accessibility to cis-DNA elements in chromatin.* In: *Nucleic Acids Research* 31 (2003) S. 6 651–6 662. Künstliches Einsetzen von linksgewundener, überspiralisierter DNA stromaufwärts von einem Gen in menschlichen Zellen lockt ein Nucleosom an diese gekrümmte Lokalisation und platziert so die stromabwärts gelegene Bindungsstelle für das TBP-Protein an eine exponierte Lokalisation zwischen Nucleosomen, wo es leicht die Transkription initialisieren kann.

Revet, B.; Brahms, S.; Brahms, G. *Binding of the transcription activator NRI to a supercoiled DNA segment imitates association with the natural enhancer: an electron microscopic investigation.* In: *Proceedings of the National Academy of Sciences, USA* 92 (1995) S. 7 535–7 539. Eine linksgewundene Supercoil-DNA mit einer repetitiven Sequenz von zehn Basenpaaren Länge bindet spezifisch an ein Protein, das die Transkription aktiviert und ist deutlich als gut umschriebene Superhelix auf dem Objektgitter zu erkennen.

Rivetti, C.; Walker, C.; Bustamente, C. *Polymer chain statistics and conformational analysis of DNA molecules with bends or sections of different flexibility.* In: *Journal of Molecular Biology* 280 (1998) S. 41–59. Der durch d(AAAAAA) induzierte lokale Beugungswinkel wurde anhand von Atomic Force Microscopy (AFM, Rasterkraftmikroskop) auf 13,5° geschätzt (siehe Kapitel 9).

Roychoudhury, M.; Sitlani, A.; Lapham, J.; Crothers, D. M. *Global structure and mechanical properties of a 10-bp nucleosome positioning motif.* In: *Proceedings of the National Academy of Sciences, USA* 97 (2000) S. 13 608–13 613. Die lokale Krümmung von d(TATAAACGCC) wurde mithilfe von ligase-vermittelter Cyclisierung auf 13° geschätzt.

Sampaloese, B.; Bergia, A.; Scipioni, A.; Zuccheri, G.; Savino, M.; Samori, B.; De Santis, P. *Recognition of the DNA sequence by an inorganic crystal surface*. In: *Proceedings of the National Academy of Sciences, USA* 99 (2002) S. 13566–13570. C- oder S-förmige DNA-Moleküle heften sich auf ganz bestimmte Weise an eine Muskovit-Oberfläche.

Tchernaenko, V.; Radlinska, M.; Drabik, C.; Bujnicki, J.; Halvorson, H. R.; Lutter, L. C. *Topological measurement of an A-tract bend angle: comparison of bent and straight states*. In: *Journal of Molecular Biology* 326 (2003) S. 737–760. Der lokale Beugungswinkel durch d(AAAAAA) wurde anhand topologischer Methoden auf 26° bei 4°C oder 17° bei 37°C geschätzt, im Vergleich zu einem gestreckten Status bei hoher Temperatur. (Differenzen zwischen diesen Werten und denen von Rivetti et al. sind wahrscheinlich unterschiedlichen Konzentrationen von Magnesium-Ionen zuzuschreiben.)

Aufgaben

5.1 Jedes Band mit einer einheitlichen Krümmung k und Drehung t wird eine Spirale oder Helix bilden. Die charakteristische Form der Helix lässt sich aus k und t berechnen, wenn man die auf Seite 88 angegebenen Formeln für den Pitch-Winkel α, Radius r, der Pitch p und die Konturlänge N^* einer kompletten Windung benutzt (siehe auch Abbildung 5.4). Per definitionem sind k, r und N^* immer positiv; t, p und α sind dagegen bei einer rechtsgewundenen Helix alle positiv, bei einer linksgewundenen aber negativ.

Helix	k (°/bp)	t (°/bp)
a	2	–2
b	2	2
c	2	0,2
d	0,2	2

Berechnen Sie die Werte für α (in Grad) und r, p und N^* (in Basenpaaren) für die vier in der ersten Tabelle aufgeführten Kombinationen von k und t. Welche Helix hat den geringsten Durchmesser, und welche den größten? Welche Helices sind linksgewunden, welche rechtsgewunden?

5.2 Die helikale Geometrie eines einheitlich gekrümmten und verdrehten Bandes (Abbildung 5.4) kann in anderem Zusammenhang eine ungefähre Berechnung der in Abbildung 3.14c gezeigten Situation ermöglichen, wo die Addition der einheitlichen Roll-Werte bei jeder Basenpaarstufe dazu führt, dass sich die Basenpaare im Verhältnis zur Helix-Gesamtachse (im Bild senkrecht verlaufend) neigen.
Der Schlüssel zur Berechnung liegt in der Betrachtung des zentralen „Drahtes", der in Abbildung 3.14a und c die Basenpaare miteinander verbindet und ein „verdrehtes Band" darstellt. Da die Quader lokal jeweils senkrecht zum Draht befestigt sind, ist der Tilt = 90° – α.
Bei dieser Anwendung wird t zum lokalen Twist T (°/bp) zwischen benachbarten Basenpaaren, während k zum Roll R (°/bp) wird. N^* ist die Zahl der Basenpaarstufen pro kompletter Helixwindung; 360°/N^* entspricht demnach dem globalen Twist T_G (°/bp), gemessen relativ zu einer Gesamthelixachse, also in Abbildung 3.14c einer imaginären senkrechten Linie. Die Formeln von Seite 88 müssen also in diesem Zusammenhang neu geschrieben werden:

$\tan \alpha = T/R$, also $\tan(\text{Tilt}) = R/T$; $T_G^2 = T^2 + R^2$

a Berechnen Sie angesichts der in der zweiten Tabelle gezeigten T_G- und Tilt-Werte für idealisierte „A"-, „B"- und „C"-Formen von DNA aus Fasern (siehe Kapitel 9) mithilfe der oben genannten Formeln den lokalen Twist T und den Roll R für jedes Beispiel.

Fasermodell	T_G (°/Stufe)	Tilt (°)
„A"	32,7	+20
„B"	36,0	0
„C"	40,0	–10

b Beim Betrachten von Abbildung 3.14c wird deutlich, dass hier ein globaler Twist $T_G = 36°$ vorliegt. Berechnen Sie mithilfe der oben genannten Formeln den lokalen Twist T, für einen Roll $R = 12°$. (Beachten Sie, dass in Kapitel 3 behauptet wurde, für dieses Modell gelte $T \approx 36°$: Die geringe Differenz zwischen den Werten für globalen Twist T_G und dem lokalen Twist T wurden dort also übersehen.)

5.3a In Aufgabe 4.6 wurden Sie aufgefordert, die nun auf Seite 92 als „zweite Summe" beschriebene Quantität zu berechnen, und zwar für fünf unterschiedliche repetitive Sequenzen R_n von Rollwinkeln. Bestätigen Sie durch direkte Berechnung (Vorschlag: erweitern Sie die Tabellen aus Aufgabe 4.6 auf fünf Spalten), dass die „erste Summe" in all diesen fünf Fällen exakt gleich Null ist. Um die Berechnung zu erleichtern, haben wir die Rollwinkel in Aufgabe 4.6 stets so festgelegt, dass die erste Summe gleich Null ist; das ist aber nicht generell der Fall.

b Führen Sie eine Berechnung wie auf Seite 92 für folgenden Fall durch:

$$R_n = (0°, 10°, 10°, 10°, 0°, 0°, 0°, 0°, 0°, 0°)$$

Ermitteln Sie so die Krümmung k und ihre Phase. Ist die erste Summe in diesem Beispiel gleich Null? Welche Basenpaarstufe hat in der Fourierkurve den maximalen Roll-Wert R?

Beachten Sie die Berechnung des arctan (e/z), wobei e = erste Summe und z = zweite Summe. Nehmen wir beispielsweise an, dass $e = 1{,}2$ und $z = -1{,}6$. e/z ist dann gleich –0,75. Wenn Sie auf Ihrem Taschenrechner arctan(–0,75) eingeben, zeigt er wahrscheinlich –36,9° an, obwohl auch +143,1° eine richtige Antwort wäre, denn im 360°-Kreis gibt es immer zwei um 180° getrennte Winkel, die denselben Tangens haben. Im vorliegenden Fall müssen wir nur einen dieser beiden Winkel auswählen. Wir müssen hier nur die Regel anwenden, dass wenn θ die richtige Antwort ist, $\sin\theta$ und $\cos\theta$ jeweils dasselbe Vorzeichen haben wie e und z. In unserem Beispiel ist $\sin -36{,}9° = -0{,}6$ und $\cos -36{,}9° = +0{,}8$, während $\sin 143{,}1° = +0{,}6$ und $\cos 143{,}1° = -0{,}8$; also ist die zweite Antwort, 143,1°, die richtige.

5.4 Stellen Sie sich ein langes DNA-Molekül mit einer repetitiven Sequenz $A_4N_6A_4N_6A_4N_6$... oder $(A_4N_6)_m$ vor, also eine zehn Basenpaare lange Wiederholungssequenz des Typus A_4N_6, wobei N für eine beliebige Base außer A steht.

a Formulieren Sie diese Sequenzwiederholung ausgehend von $R = 0°$ für alle AA- und $R = 3{,}3°$ für alle anderen Basenpaarstufen in den entsprechenden repetitiven Rollwinkel R_n für $n = 0$ bis 9, wobei $n = 0$ der ersten AA-Basenpaarstufe in der Wiederholungssequenz entspricht. Berechnen Sie die erste und die zweite Summe wie auf Seite 92 und leiten Sie daraus den Wert für k ab; drücken Sie diesen nun in der Einheit °/bp aus. Welche Stufe hat den größten Rollwinkel in der Fourierkurve?

b Berechnen Sie ausgehend von den Twist-Werten $T = 35°$ für AA- und $T = 34°$ für alle anderen Basenpaarstufen die Drehung t (Gesamt-Twist) für eine repetitive Sequenz von zehn Basenpaarstufen (das heißt, zählen Sie die T-Werte zusammen und subtrahieren Sie dann 360°); drücken Sie auch dies in der Einheit °/bp aus.

c Benutzen Sie die Werte für k und t wie oben berechnet; finden Sie mit ihrer Hilfe den Radius r der superhelikalen Krümmung, die durch diese DNA mit repetitiver Sequenz gebildet wird, und ebenso die Zahl N^* der Basenpaarstufen einer kompletten superhelikalen Windung. Benutzen Sie die Formeln auf Seite 88; beachten Sie auch, dass r hier in Basenpaareinheiten angegeben ist: 1 bp ≈ 3,3 Å.

5.5 Wiederholen Sie Aufgabe 5.4, aber diesmal mit der Sequenz $(A_6N_4)_m$.

5.6 Wiederholen Sie Aufgabe 5.4, aber diesmal mit der Sequenz $(A_6N_5)_m$. In diesem Fall müssen zur Ermittlung von k Vielfache von 360°/11 = 32,7° für $n = 0$ bis n = 10 benutzt werden;

das bedeutet: Erste Summe = $\sum_{n=0,10} \mathrm{R}_n \sin(32{,}7°n)$, usw.

Der Wert für k wird in Grad pro 11-Stufen-Wiederholungssequenz ermittelt, sollte aber für den Gebrauch in den Formeln von Seite 88 in °/bp angegeben werden.

Welche der Sequenzen $(A_4N_6)_m$, $(A_6N_4)_m$ und $(A_6N_5)_m$ bilden linksgewundene und welche rechtsgewundene Helices?

6 DNA-Supercoiling

In Kapitel 4 haben wir erläutert, wie sich ein DNA-Molekül verdrehen – oder entwinden – muss, um seine vielfältigen biologischen Aufgaben zu erfüllen. So muss sich die DNA in der Nähe der „Start"-Stellen aller Gene entwinden, oft nahe bei oder direkt an TATA-Sequenzen, damit die RNA-Polymerase die Stränge entwinden oder trennen und neue RNA-Stränge nach den Regeln der Watson-Crick-Basenpaarung herstellen kann. Desgleichen muss sich die DNA überall dort entwinden, wo die Replikation ihren Ursprung nimmt, sodass die DNA-Polymerase in Vorbereitung der Zellteilung einen neuen DNA-Strang konstruieren kann. Und schließlich muss sich die DNA in der Zelle um eine Vielzahl von Proteinen krümmen. Einige davon helfen, die DNA in eine kompakte Form zu bringen, während andere zur Steuerung der Aktivität eines bestimmten Gens beitragen.

In Kapitel 5 haben wir dann erklärt, wie sich die DNA gleichzeitig verdrehen und krümmen kann, um lange, regelmäßige Supercoils oder Spiralen zu bilden. Manche DNA-Moleküle sind an sich schon infolge ihrer Basensequenz aufgewunden und gekrümmt; andere dagegen verdrehen und krümmen sich erst, wenn sie an bestimmte Proteine binden.

In diesem Kapitel nun gehen wir beim Thema Supercoiling (Überspiralisierung) noch einen Schritt weiter und beschreiben DNA-Moleküle, die gekrümmt sind, aber weder aufgrund ihrer Basensequenz noch wegen der Bindung an Proteine – sie krümmen sich aufgrund von *Torsionsspannung* im Raum. Als einfachen Einstieg in ein zugegebenermaßen recht schwieriges Thema wollen wir zunächst betrachten, wie Torsionsspannung die Form uns bestens bekannter Objekte im Haushalt verändern kann.

Abbildung 6.1a zeigt ein Stück Telefonschnur. Ein solches Kabel hat eine regelmäßige Spiralform, weil es schon mit einer ihm innewohnenden Krümmung und Drehung hergestellt wurde. Es hat sozusagen eine natürliche Spiralform, ähnlich den in Kapitel 5 beschriebenen, von sich aus gekrümmten DNA-Molekülen. Abbildung 6.1b und c dagegen zeigen ganz normale Stromkabel. Solche Kabel werden ohne innewohnende Krümmung oder Drehung hergestellt und ziehen es daher vor, gerade oder in einer sanft geschwungenen Kurve, wie sie Abbildung 6.1b zeigt, auf dem Fußboden oder Tisch zu liegen. Nimmt man aber je ein Ende dieses Kabels in beide Hände und dreht es ein paarmal auf, dann wird es die in Abbildung 6.1c gezeigte Form annehmen: Etwa bei jeder 360°-Drehung, die Sie ihm zufügen, windet es sich einmal um sich selbst. Wenn Sie dann ein Ende des Kabels loslassen und es ein wenig schütteln, wird sich das freie Ende in die umgekehrte Richtung um sich selbst drehen, um die zugefügte Drehung zu eliminieren; das Kabel nimmt dann wieder seine einfache Form aus Bild b ein.

Die meisten DNA-Moleküle, auch die ohne eigene Krümmung, können sich im Raum krümmen und drehen wie das in Abbildung 6.1b und c gezeigte Stromkabel. Ein langes DNA-Molekül kann problemlos ein paar Drehwindungen annehmen oder abgeben. Das geschieht beispielsweise, wenn es an bestimmte Proteine bindet oder sich während der RNA-Synthese lokal entwindet; wenn die beiden Enden der DNA nicht frei rotieren

(a)

(b)

(c)

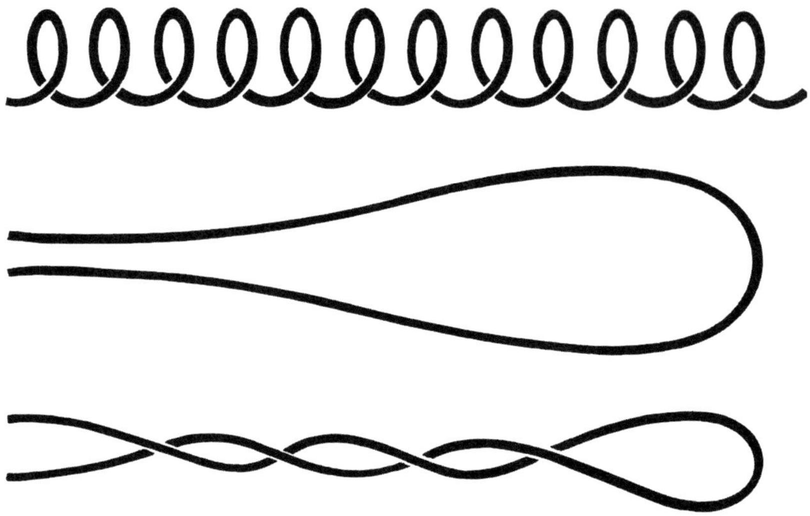

Abb. 6.1 Einige Modelle für DNA-Supercoiling aus dem Alltagsleben. Bild a zeigt eine Telefonschnur mit natürlicher Spiralisierung aufgrund ihrer innewohnenden Krümmung und Drehung. In Bild b ist ein Stromkabel ohne ihm eigene Krümmung oder Drehung dargestellt; fügt man ihm aber einige Drehwindungen zu, wie in Bild c, wird es sich etwa für jede zugefügte 360°-Drehwindung einmal selbst kreuzen.

können, führt schon eine kleine Veränderung in der Drehung dazu, dass sich die DNA im Raum zu einer Spirale verdreht. Zudem gibt es verschiedene Faktoren, die ein freies Rotieren der beiden Enden eines DNA-Moleküls verhindern können. So können sie zu einem Kreis miteinander verbunden sein, wie in Abbildung 6.2a und b gezeigt. Hier wurden die Enden der Telefonschnur und des Stromkabels zu komplexen und doch „zirkulären" Formen – ohne Anfang und Ende – miteinander verbunden. In lebenden Zellen finden sich viele Formen zirkulärer DNA.

Eine andere Form von Hindernis an den Enden ist in Abbildung 6.3 dargestellt. Hier hat ein langes Stück linearer DNA mehrere Schlaufen gebildet. Die Enden der Schlaufen sind jeweils mit einer linearen Struktur an ihrer Basis verbunden und werden so am Rotieren gehindert. Diese Form der linearen Anordnung mit Schlaufen ist wahrscheinlich typisch für die chromosomale DNA höherer Organismen; mehr dazu in Kapitel 7. Beide Formen von DNA, die zirkuläre und die linear-schlaufenförmige, bilden bei jeder inneren Drehungsveränderung Supercoils, weil ihre Enden nicht frei rotieren können. In unseren Zellen gibt es sogar verschiedene Enzyme, die schon in Kapitel 4 erwähnten Topoisomerasen, welche die DNA vorübergehend zerschneiden können; so entsteht ein freies Ende und einige Effekte der Überspiralisierung werden aufgehoben. Ohne solche Enzyme würde sich die DNA im Verlauf der normalen Zellfunktion mit sich selbst verknäuelen und kaum als genetisches Material fungieren können. Diese Enzyme eingehend zu beschreiben, würde allerdings den Rahmen dieses Buches sprengen; der Leser sei daher auf die am Ende dieses Kapitels genannte weiterführende Literatur verwiesen, wenn er mehr darüber erfahren will.

In jedem Fall können wir, wenn die Fixierung beider Enden eines DNA-Moleküls bekannt ist, zweierlei Formen des Supercoiling unterscheiden, die in Abbildung 6.2a und b dargestellt sind. Die zirkuläre DNA aus Bild a besteht aus einer Reihe von offenen Spi-

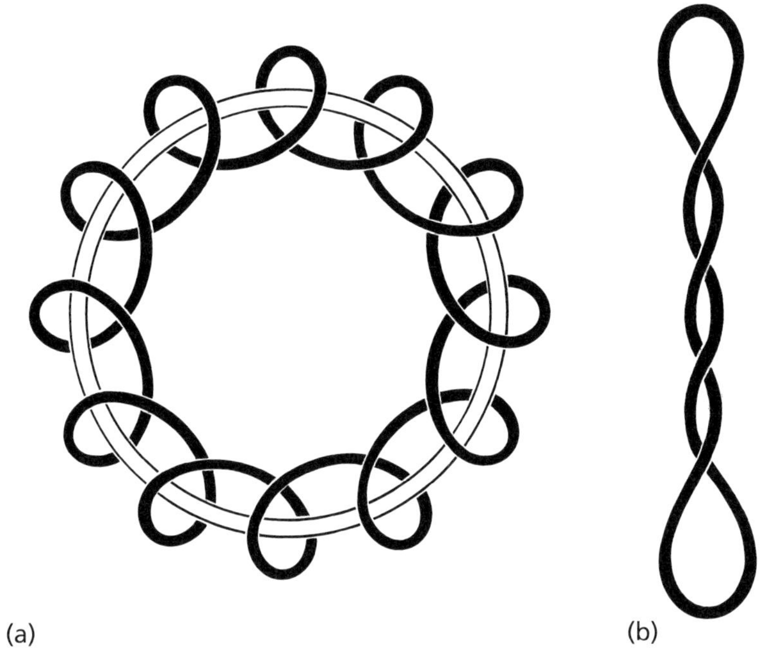

Abb. 6.2 Zwei allgemeine Typen von überspiralisierter DNA (Supercoils). In Bild a bildet die DNA eine Spirale um einen imaginären Ring oder Toroid (im Umriss eingezeichnet); diese Form der Spiralisierung nennt man daher „toroidal". In Bild b über- und unterkreuzt sich die DNA wiederholt selbst, man bezeichnet diese Form als „verdreht".

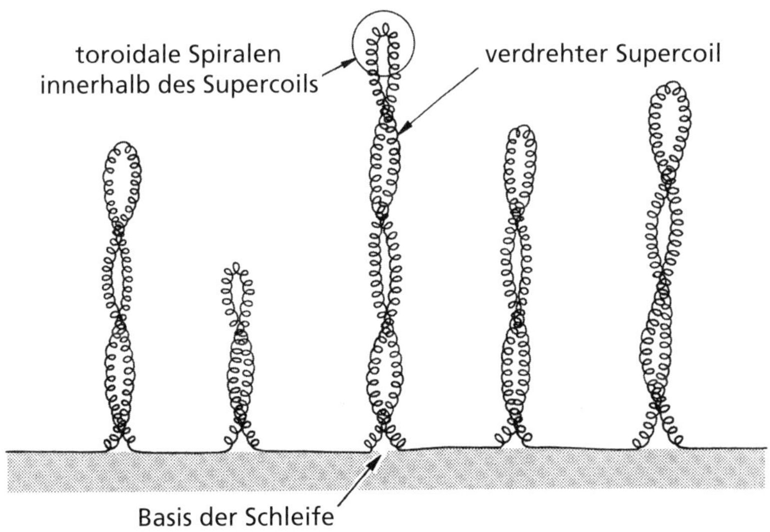

Abb. 6.3 Die Unterteilung eines langen linearen DNA-Moleküls in mehrere Schlaufen führt zu einer Behinderung der Schlaufen an ihrer Basis, wenn beide Enden mit dem „Grundgerüst" verbunden sind. Diese Form der linear-schlaufenförmigen Anordnung ist wahrscheinlich typisch für die chromosomale DNA höherer Organismen.

ralen, die sich um einen imaginären Ring (Toroid) winden;[1] diese Form der Überspiralisierung wird als „toroidal“ bezeichnet. Die zirkuläre DNA in Bild b dagegen über- und unterkreuzt sich mehrmals selbst und wird daher als „verdreht“ (*interwound*) bezeichnet. Natürlich vorkommende DNA-Supercoils weisen wahrscheinlich beiderlei Formen auf. Wo also bestimmte Abschnitte der DNA – entweder aufgrund ihrer Basensequenz oder weil sie sich um ein Protein wickelt – stark gekrümmt sind, findet man eher toroidale Strukturen, weil die DNA in einem toroidalen Supercoil durchgehend eine starke Krümmung aufweist. Sind solche gekrümmten DNA-Abschnitte aber nicht sehr lang, positionieren sie sich vielleicht an den stark gekrümmten Endschleifen eines verdrehten Supercoil, wie in Abbildung 6.2b am oberen und unteren Ende. Manchmal treten die toroidale und die verdrehte Form zusammen auf, wie bei der linear-schlaufenförmigen DNA, die in Abbildung 6.3 schematisch dargestellt ist. Im Kleinen gesehen ist die Spiralisierung dadurch, dass die DNA um Proteinspulen gewickelt ist, innerhalb jeder Schlaufe toroidal; betrachtet man aber die Schlaufe insgesamt, ist die Struktur verdreht. Ähnliches lässt sich bei einer Telefonschnur beobachten, wenn nämlich der Benutzer des Telefons beim Auflegen gewohnheitsmäßig den Hörer um sich selbst dreht.

Überspiralisierte DNA hat im allgemeinen die in Abbildung 6.2 gezeigten Formen, weil sie entweder mehr oder weniger Drehwindungen hat als die entspannte rechtsgewundene Doppelhelix, aus der sie besteht. DNA mit mehr als der natürlichen Zahl von Windungen bezeichnet man als positiv überspiralisiert oder *überdreht* (*overwound*), solche mit weniger als der natürlichen Zahl von Windungen als negativ überspiralisiert oder *unterdreht* (*underwound*).

Können wir durch Betrachten von Bildern wie denen aus Abbildung 6.2 irgendwie herausfinden, ob die überspiralisierte DNA über- oder unterdreht ist? Und können wir sagen, um wieviele Windungen sie über- oder unterdreht ist? Seltsamerweise ist die zweite Frage leichter zu beantworten als die erste. Wie oben erwähnt, kreuzt sich das in Abbildung 6.1b und c gezeigte Stromkabel für jede 360°-Drehwindung, die ihm zugefügt wird, ungefähr einmal selbst. Dieses recht allgemeine Prinzip lässt sich wohl auch auf die beiden Supercoils aus Abbildung 6.2 anwenden. Der Supercoil in Bild b, der vier Kreuzungen zeigt, ist also um etwa vier Windungen über- oder unterdreht; der Supercoil in Bild a enthält zwölf Kreuzungen und ist demnach um etwa zwölf Windungen über- oder unterdreht. Sehr viel schwieriger ist es zu entscheiden, ob diese Supercoils über- oder unterdreht sind; bevor wir dazu etwas sagen können, müssen wir mehr über die Theorie des Supercoilings erfahren, die im Folgenden beschrieben wird.

Werden zirkuläre DNA-Moleküle aus den Zellen unseres Körpers oder aus Bakterien isoliert, so findet man im allgemeinen, dass auf alle 17 Windungen einer stabilen, rechtsgewundenen Doppelhelix eine Drehwindung fehlt. Sie gelten daher als um 6% unterdreht oder negativ überspiralisiert. DNA mit *überzähligen* Windungen kommen natürlicherweise nicht oder nur unter speziellen Bedingungen vor; wir werden unten erläutern, warum das so ist.

Es mag unwahrscheinlich erscheinen, jemals ein allgemeines Schema zu finden, das alle möglichen Formen von DNA-Supercoiling erklärt, ob nun toroidal oder verdreht. Und doch haben die Mathematiker James White und Brock Fuller genau so ein Schema entwickelt. Es basiert auf der „Topologie“, einem Mathematikzweig, der sich damit beschäftigt, wie die Dinge ihre Gestalt verändern, während sie von einer Form in eine andere übergehen. Und eben das ist es, was wir hier brauchen, denn DNA-Supercoils

[1] Siehe Anmerkung am Ende dieses Kapitels.

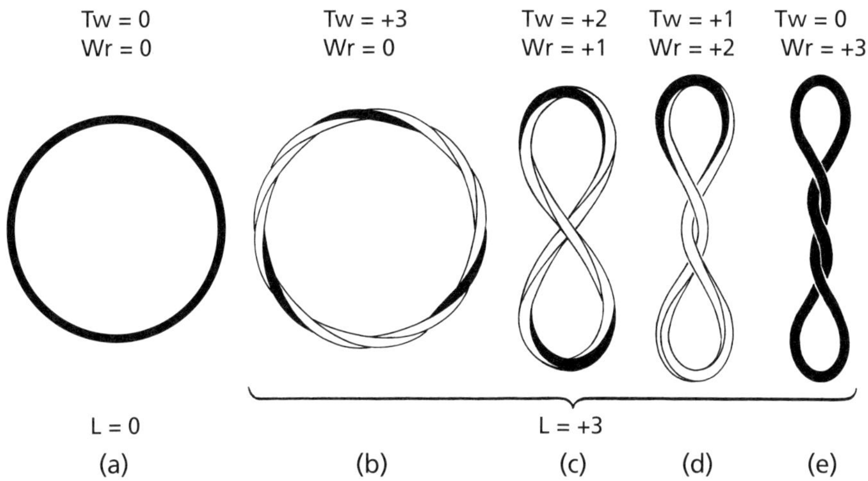

Abb. 6.4 Fünf nahe verwandte zirkuläre DNA-Moleküle: a und b zeigen offene Kreise, c, d und e dagegen verdrehte Supercoils. Die DNA in ihrer entspannten Form ist als Gummiband mit quadratischem Querschnitt dargestellt, wobei eine Seite schwarz gefärbt ist.

haben vielerlei Formen, auch wenn sie allesamt aus derselben Art von rechtsgewundener Doppelhelix bestehen.

Wir werden die Anwendung der Topologie auf das DNA-Supercoiling in zwei Schritten erläutern. Zunächst beschäftigen wir uns mit verdrehten Strukturen, später dann mit toroidalen. Am Ende werden Sie erkennen, dass wir in beiden Fällen dasselbe Schema angewandt haben.

Abbildung 6.4 zeigt fünf nahe verwandte zirkuläre[1] DNA-Moleküle. Zwei liegen als offene Kreise oder einfache Ringe vor, drei dagegen als verdrehte Supercoils. In allen Fällen ist die DNA so gezeichnet, als hätte sie in entspanntem Zustand die Form eines langen Gummibandes mit quadratischem Querschnitt (erinnern Sie sich an Abbildung 5.2b), wobei eine Seite schwarz gefärbt ist. Der offene Kreis aus Abbildung 6.4a ist beispielsweise auf einer Seite ganz und gar schwarz. Er hat demnach dieselbe Drehung wie entspannte lineare DNA derselben Länge, er ist weder unter- noch überdreht. Oberhalb jedes Moleküls haben wir in der Abbildung zwei Symbole ergänzt: Die Drehungszahl Tw (*twisting number*) und die Windungszahl Wr (*writhing number*). Tw sagt grob gesagt etwas darüber aus, wie oft auf seinem Weg einmal um den Kreis sich das Gummiband dreht, und Wr gibt an, wie oft sich das Band innerhalb jedes Moleküls selber kreuzt. Daher ist für den offenen Kreis in Abbildung 6.4a Tw = 0, weil wir auf ganzer Länge die schwarze Seite des Bandes sehen, und Wr = 0, weil sich das Band nicht selber kreuzt.

Bild 6.4b zeigt einen offenen Kreis mit drei zusätzlichen Drehwindungen. Diese gedrehte Konfiguration erhält man, wenn man den offenen Kreis aus Bild a an einer Stelle durchschneidet, ihm drei volle Drehwindungen zufügt und ihn dann wieder schließt. Es ist leicht zu beweisen, dass der offene Kreis aus Bild b drei zusätzliche Drehwindungen aufweist, denn die schwarze Fläche des Bandes ist nun an drei Stellen des Kreises zu sehen. Man erkennt auch, dass diese neue Drehung rechtsgewunden ist, weil sich der Kreis im Uhrzeigersinn wie ein Korkenzieher dreht, wenn man seinem Verlauf folgt. Dem entsprechend hat dieser Kreis die Drehungszahl Tw = +3. Das positive Vorzeichen zeigt an, dass die zusätzliche Drehung rechtsherum, also im selben Sinn wie die Drehung der ihr zugrunde liegenden DNA-Doppelhelix, verläuft. Auch hier ist natürlich Wr = 0, weil sich das Band in Abbildung 6.4b nicht selbst kreuzt.

Wenn Sie nun ein Modell des gedrehten Kreises in Bild b aus einem Gummiband oder einem Ledergürtel herstellen, werden Sie schnell erkennen, dass diese Form instabil ist. Der gedrehte Ring wird zwar, wenn Sie ihn auf einer Fläche festhalten, aussehen wie in Bild b, doch sobald Sie ihn loslassen, wird er eine der anderen Formen annehmen, meist die aus den Bildern d oder e.

Bei den Formen c, d und e kreuzt sich die DNA selbst mindestens einmal, und der über jeder Zeichnung angegebene Wr-Wert gibt die Zahl dieser Kreuzungen an: 1 für c, 2 für d und 3 für e. Beachten Sie, dass der Kreis durch jede dieser Kreuzungen eine Drehwindung einbüßt. Tw geht also von +3 bei b auf +2 bei c, +1 bei d und schließlich 0 bei e zurück. Der Tw-Wert lässt jeweils daran erkennen, wie oft die schwarze Seite sichtbar ist, wenn man dem Verlauf des Kreises folgt. Dieser Rückgang des Tw-Wertes ist es, der das Band spontan von der Form in Bild b in die Form in Bild e übergehen lässt. Für die meisten Gummibänder, Ledergürtel oder DNA-Moleküle ist es einfacher, sich mehrfach selbst zu kreuzen, als ihre Drehung zu verändern: Das Band reagiert auf die Überspiralisierung durch Windung und nicht durch Drehung. Es wäre vielleicht denkbar, dass sich eine besondere Art von Band herstellen ließe, die genau andersherum reagieren würde, also die Form in Bild b derjenigen in Bild e vorziehen würde. Ein solches Band ließe sich leicht verdrehen, aber nur schwer verbiegen. Die meisten tatsächlich vorkommenden Bänder und DNA-Moleküle aber ziehen die Konfigurationen e bis b vor.

Wie Ihnen vielleicht aufgefallen ist, bleibt die Summe aus Tw und Wr bei den Formen b bis e in allen Fällen bei +3. Das ist kein Zufall, sondern ein typisches Ergebnis von genereller Bedeutung. Dies gilt nachweislich für überspiralisierte DNA jeglicher Form und Größe, vorausgesetzt, die Bedeutung von Tw und Wr ist streng definiert (siehe unten) und die DNA-Doppelhelix bleibt in beiden Strängen undurchtrennt und intakt. So änderte sich die Summe (Tw + Wr) von 0 auf 3, als wir den offenen Kreis in Bild a aufschnitten und ihm drei Drehwindungen zufügten; danach aber veränderte sie sich nicht mehr – weder in b noch in c, d oder e –, weil wir den Kreis nicht noch einmal durchtrennten.

Da die Summe aus Tw und Wr nicht von der genauen Form des Kreises abhängig ist, sondern nur von der Unversehrtheit seiner beiden DNA-Stränge, haben die Mathematiker diese Quantität eine spezielle Bezeichnung gegeben, nämlich die Verwindungszahl L (*linking number*):

$$\mathrm{Tw} + \mathrm{Wr} = \mathrm{L}.$$

L wird als Verwindungszahl bezeichnet, weil sie in engem Zusammenhang damit steht, wie oft sich die beiden Zucker-Phosphat-Ketten der DNA umeinander wickeln oder „miteinander verwunden sind". In diesem Kapitel haben wir die DNA in ihrem entspannten Zustand als Referenz für die Zählung von L gewählt. Ein L-Wert von +3 sagt uns also, dass die DNA drei *zusätzliche* doppelhelikale Windungen aufweist als in entspannter, offener Kreisform. Generell gibt L den gesamten Überschuss oder das gesamte Defizit an doppelhelikalen Windungen im Molekül an. Wenn wir also sagen, dass ein DNA-Molekül „um drei Windungen überdreht" ist, meinen wir damit genau „L = +3". L kann nur ganzzahlig sein, denn die DNA kann nur eine ganzzahlige Anzahl von Windungen um sich selbst vollziehen. (Wenn allerdings eine Grppe von DNA-Molekülen in Lösung zufällig ganzzahlige L-Werte wie –19, –20, –21 und –22 annimmt, die energetisch gesehen sehr ähnlich sind, könnte man den durchschnittlichen L-Wert auf die ganze Gruppe bezogen mit −20,5 angeben.)

Müssen auch Tw und Wr ganzzahlig sein, oder können sie reelle Zahlen wie +0,5 oder +2,5 sein? Alle Bilder in Abbildung 6.4 zeigen ganzzahlige Tw- und Wr-Werte, aber das muss nicht unbedingt immer so sein. Man könnte beispielsweise einen verdrehten Supercoil mit Tw = +0,5 und Wr = +2,5 erzeugen, indem man die untere Schlaufe des Supercoils aus Bild e um einen Winkel von 90° relativ zur oberen Schlaufe dreht. Sie würde dann auf halbem Wege zwischen Bild d und e liegen, was physikalisch zufrieden stellend, aber schwer zu zeichnen ist. Eine weitere Drehung der unteren Schlaufe um 90° würde den Supercoil in Bild e dann ganz in denjenigen aus Bild d verwandeln, mit Tw = +1,0 und Wr = +2,0. Weder Tw noch Wr müssen also ganzzahlig sein.

Wir sind nun an einem Punkt, wo es präziserer Definitionen von Drehung (*twist*) und Windung (*writhe*) bedarf als derjenigen, die wir bisher benutzt haben. Wenden wir uns zunächst der Drehung zu. In Kapitel 5 haben wir einen speziellen Drehungswert *t* eingeführt, der in Grad pro Basenpaar angegeben wird und das Verdrehen der DNA über lange Strecken im Raum angibt. Daher gilt für eine ebene Krümmung $t = 0$, aber *t* hat bei einer linksgewundenen Spirale ein negatives, bei einer rechtsgewundenen ein positives Vorzeichen. Die Drehungszahl Tw, wie sie hier beschrieben ist, steht in enger Beziehung zu dem Drehwert *t* aus Kapitel 5. Um den Tw-Wert zu ermitteln, können wir einfach die Summe der *t*-Werte aller Basenpaarstufen in der zirkulären DNA nehmen und diese dann durch 360° teilen, um das Ergebnis in helikalen Windungen anzugeben. Manchmal brauchen wir diese komplizierte Definition nicht, um den Wert für Tw zu finden; beispielsweise können wir ihn für jede der Zeichnungen in Abbildung 6.4 durch Betrachten ermitteln. Bei komplizierteren Formen aber, bei denen der Tw-Wert nicht ganzzahlig ist, müssen wir die komplette Rechnung durchführen.

Wenden wir uns nun der Windungszahl zu, von der wir gesagt haben, dass sie angibt, wie oft sich das Band selbst überkreuzt. Entscheidend ist an Wr, dass sie ein Maß für die Form der DNA als dreidimensional gekrümmtes Objekt ist. Bisher haben wir die Zahl der Kreuzungen in der DNA in nur einer Ansicht gezählt, um Wr zu schätzen. Um den genauen Wr-Wert zu erhalten, müssen wir nur die Zahl der Kreuzungen zählen, die in vielen verschiedenen, zufällig ausgewählten Ansichten der Struktur zu sehen sind, und dann den Durchschnitt aus all diesen Zahlen bilden. Das ist ziemlich leicht nachvollziehbar, wenn wir uns eine große Zahl von Schnappschüssen der DNA vorstellen, während sie sich aufgrund der thermischen Molekularbewegung zufällig durch den Raum bewegt. In der Praxis aber ist diese Methode nicht besonders zweckmäßig, denn bei manchen Ansichten kann es zahlreiche Kreuzungen geben, die sich dann zum Teil wieder aufheben: siehe Aufgabe 6.3. Solche komplizierten Vorstellungen werden wir aber in diesem Kapitel fast gar nicht anschneiden, sodass sich nur die Spezialisten damit herumschlagen müssen.

Die Diagramme in Abbildung 6.4, mit denen wir uns bis hierher beschäftigt haben, wurden für eine positive Verwindungszahl L, also für überdrehte DNA gezeichnet. Wie schon erwähnt, ist jedoch die DNA in lebenden Zellen normalerweise nicht über-, sondern unterdreht, hat also eine negative Verwindungszahl. In Abbildung 6.5 haben wir daher einige entsprechende Bilder für negativ überspiralisierte, unterdrehte DNA zusammengestellt. Wenn Sie die beiden Abbildungen vergleichen, sehen Sie, dass die Drehung in Abbildung 6.5 linksgewunden ist, beispielsweise mit Tw = −3 und entgegen dem Uhrzeigersinn in Bild b. Auch die Art, wie sich die DNA selbst kreuzt (Wr), ist in den beiden Abbildungen etwas unterschiedlich. Die DNA kreuzt sich demnach in Abbildung 6.4e linksherum (Wr = +3), in Abbildung 6.5a aber rechtsherum (Wr = −3). Die Art der

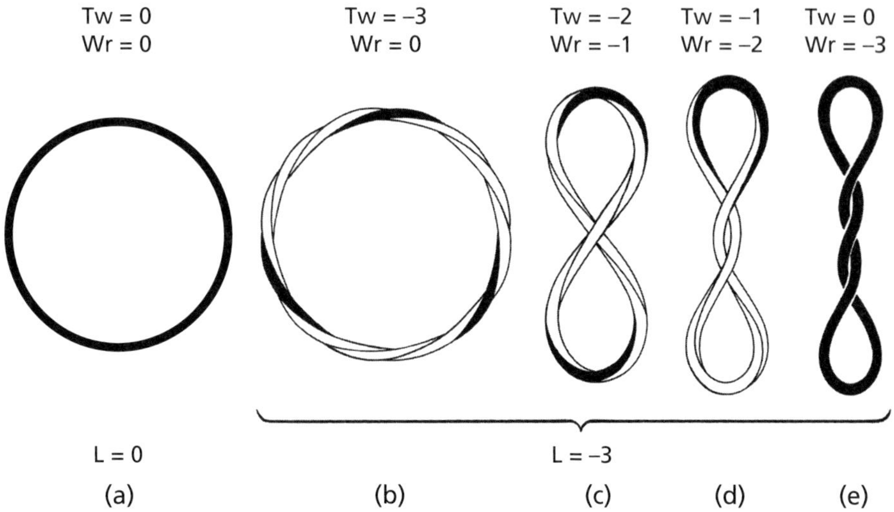

Abb. 6.5 Fünf zirkuläre DNA-Moleküle wie in Abb. 6.4, doch diesmal mit einer Verwindungszahl L mit entgegengesetztem Vorzeichen. Diese DNA-Moleküle sind unterdreht, der L-Wert ist negativ, während die Moleküle aus Abb. 6.4 überdreht sind und einen positiven L-Wert haben.

Überkreuzung bei jedem verdrehten Supercoil, ob links- oder rechtsherum, gibt sogar definitiv darüber Auskunft, ob die DNA unter- oder überdreht ist, einfach indem man ein Bild betrachtet. Bei offenen DNA-Ringen ohne Kreuzungen muss man die Drehung des Bandes betrachten, um festzustellen, ob die DNA überdreht (Drehung im Uhrzeigersinn) oder unterdreht (Drehung entgegen dem Uhrzeigersinn) ist. Die Zeichnungen in den Abbildungen 6.4 und 6.5 sollten als zuverlässige Hilfe für spätere Untersuchungen dienen.

Zu Beginn dieses Kapitels haben wir zwei allgemeine Klassen von Überspiralisierung beschrieben, nämlich die verdrehte und die toroidale. Bislang haben wir uns nur mit der verdrehten Form beschäftigt. Da wir nun mit der Bedeutung von L, Tw und Wr vertraut sind, sollte es nicht allzu schwer fallen, auch die Form eines toroidalen Supercoils wie dem aus Abbildung 6.2a zu analysieren.

Die beste Vorgehensweise scheint dabei zu sein, ein kleines Stück eines toroidalen Supercoils im Detail zu untersuchen, beispielsweise einen Abschnitt von zwei superhelikalen Windungen. Die Abbildungen 6.6a und b zeigen, wie zwei derartige toroidale superhelikale Windungen durch das Kollabieren eines stark gedrehten DNA-Stückes erzeugt werden können. In Diagramm a ist ein gedrehtes Band dargestellt, dessen eine Seite dunkel gefärbt ist. Es stellt ein DNA-Stück dar, das um zwei Windungen unterdreht ist. Das Band ist an jedem Ende an einem Quader befestigt, sodass seine Enden nicht rotieren können: Auf diese Weise können wir ein kleines Stück zirkulärer DNA isoliert betrachten. Wie Sie sehen, gilt für dieses Teilstück Tw = –2 und L = –2, weil Wr = 0: In keiner Ansicht ist eine Kreuzung erkennbar.

In Abbildung 6.6b haben wir die beiden Quader näher zueinander gebracht, sodass sich das gedrehte Band zu einem Teilstück einer toroidalen Spirale verformen kann, ähnlich einer Schlange, die sich in der Sonne aufrollt. Das Band bildet nun zwei flache, linksgewundene Spiralen. Dass es linksgewunden ist, können Sie mit einem einfa-

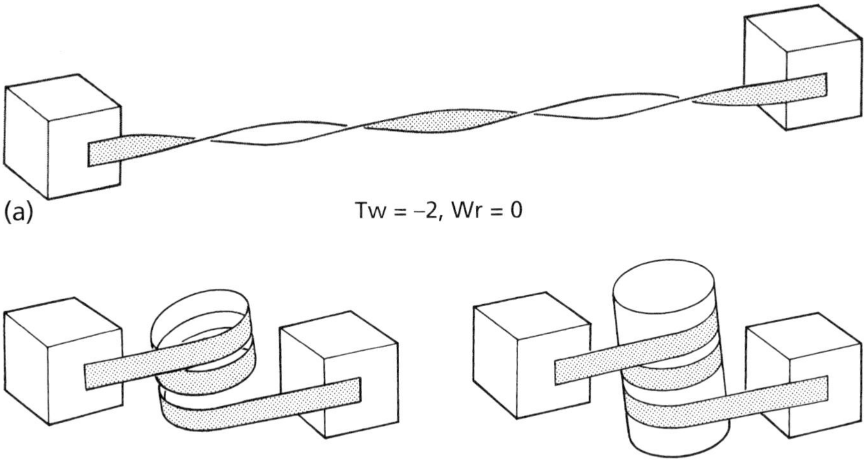

Abb. 6.6 Ein stark gedrehtes Band kollabiert spontan zu einem Teilstück eines toroidalen Supercoils. In Bild a werden die beiden Enden des Bandes durch zwei Quader auseinander gehalten, an denen sie befestigt sind, sodass Tw = –2. In Bild b rücken die beiden Quader zusammen, sodass das Band zu Wr = –2 kollabieren kann. In Bild c stabilisiert ein Korken (oder eine Proteinspule) die Form des in Bild b gezeigten Bandes.

chen Experiment mithilfe eines kurzen Stückes eines Ledergürtels oder Papierstreifens nachvollziehen. Bei dieser Konfiguration sind beide Spiralen nahezu plan, also ist Tw nahezu gleich Null, und die Verwindungszahl L hat ihren vorherigen Wert von –2 nicht geändert. Daraus ergibt sich also, dass Wr = L –Tw = –2. Das wichtigste Ergebnis dieses kleinen Experiments ist, dass zwei flache, linksgewundene toroidale Spiralen eine Verwindungszahl L = –2 haben. Von Abbildung 6.6a zu 6.6b wurde also aus der Drehung der DNA eine Windung.

Wenden wir uns nun noch einmal dem toroidalen Kreis aus Abbildung 6.2a zu. Seine Spiralen sind zweifellos linksgewunden, aber sie sind nicht so flach wie die aus Abbildung 6.6b. Wenn wir uns vorstellen, dass das gesamte Toroid nach innen gedrückt und somit sein Radius verringert wird, dann werden die Spiralen flacher. In einem solchen Fall wäre die Verwindungszahl für jedes Spiralenpaar L = –2, genau wie in dem oben geschilderten Beispiel; daraus ergäbe sich dann Wr = –12 für das gesamte Molekül. Würde andererseits der Supercoil nach außen gezogen und somit sein Radius stark vergrößert, sodass er einen einfachen, offenen Kreis bildet, müsste Wr = 0 und Tw = –12 gelten. Bei der gezeigten Konfiguration liegt Wr wohl irgendwo zwischen diesen beiden Extremen, aber näher bei –12 als bei 0, vielleicht bei Wr = –10.

Wie Sie vielleicht bei unseren Bildern bemerkt haben, ergibt eine *linksgewundene* Spiralisierung in der toroidalen Form von Abbildung 6.2a eine negative Windungszahl Wr, während eine *rechtsgewundene* Spiralisierung bei der verdrehten Form von Abbildung 6.2b ebenfalls einen negativen Wr-Wert ergibt. Hat sich hier ein Fehler eingeschlichen? Gewiss müssten doch die Regeln für das Überkreuzen bei verschiedenen Supercoil-Typen, wie verdreht und toroidal, gleichermaßen gelten? Tatsächlich hat all dies seine Richtigkeit; die beiden Abbildungen sind unzweifelhaft aus physikalischen Experimenten mit unterdrehten Gummibändern oder Ledergürteln abgeleitet. Entscheidend ist hier, dass wir eine Methode brauchen, um jeder beliebigen Kreuzung, die wir erkennen, ein *Vor-*

zeichen zuzuordnen, um deutlich auszudrücken, ob sie positiv oder negativ zur Windung beiträgt. Das ist keineswegs eine leichte Übung, und so haben wir sie in Aufgabe 6.3 gesteckt.

Wir haben nun zweierlei Arten von Supercoiling der DNA beschrieben – toroidal und verdreht. Wie aber verhält es sich mit deren relativer Stabilität, oder anders gefragt: Wann wird eine DNA verdreht sein und wann toroidal? Die verdrehte Form ist meist sehr stabil, und die meisten unter- oder überdrehten DNA-Moleküle werden natürlicherweise eine verdrehte Form einnehmen, wenn keine weiteren Kräfte einwirken. Die Proteine, die in lebenden Zellen mit der DNA in Verbindung treten, verändern jedoch die Situation manchmal dramatisch und begünstigen die toroidale im Gegensatz zur verdrehten Form, indem sie die DNA um sich wickeln.

Betrachten wir beispielsweise den Korken, der in Abbildung 6.6c in die beiden Spiralen des Bandes eingefügt wurde. Dieser Korken stellt eine typische „Proteinspule" dar, um die sich die DNA wickeln kann und um die sie sich auch (linksgewunden) in den Chromosomen der meisten höheren Organismen auf unserem Planeten wickelt. Würde man die DNA oder das Band in Abbildung 6.6c an beiden Enden von den Quadern losschneiden, bliebe sie/es dennoch um die „klebrige" Proteinspule gewickelt; wenn man es aber in Abwesenheit einer solchen Spule losschnitte, wie in Abbildung 6.6b, würde sie/es sofort wieder eine gerade Konfiguration einnehmen. Wenn wir im Labor DNA aus allen möglichen Zellarten in Reinform isolieren, müssen wir irgendwann die Proteine entfernen, um welche die DNA ursprünglich gewickelt war, ohne dabei einen der beiden Stränge der Doppelhelix zu durchtrennen. Wir müssen also den Korken aus der in Abbildung 6.6c gezeigten Anordnung nehmen, ohne die DNA von einem der Quader an ihren Enden loszuschneiden. Von Natur aus wird die „nackte" DNA zunächst in die stark gedrehte Form aus Abbildung 6.6a springen und dann zu einem verdrehten Supercoil wie in Abbildung 6.5e kollabieren, weil sie die Krümmung eingebüßt hat, welche die toroidale Form stabilisierte. In den Präparaten von reiner DNA aus lebenden Zellen müssen wir also damit rechnen, stark verdrehte Supercoils zu sehen, nachdem wir die verschiedenen Proteine entfernt haben. Genau das ist übrigens der Grund, weshalb DNA-Supercoils in der Natur meist unter- und nicht überdreht sind: Die DNA wickelt sich im Zellkern stets in Form einer linksgewundenen toroidalen Spirale um Proteine, was zu einer negativen Verwindungszahl L führt.

Abbildung 6.7a zeigt einige typische Präparate gereinigter, proteinfreier bakterieller DNA, so wie sie sich unter dem Elektronenmikroskop präsentieren. Diese DNA-Moleküle sind zirkulär und haben eine Länge von 7000 Basenpaaren. Sie sind durchschnittlich um 40 Windungen unterdreht, haben also eine Verwindungszahl $L = -40$. Eine lineare, entspannte Doppelhelix derselben Länge hätte $7000/10{,}6 = 660$ Windungen rechtsgewundener DNA, also eine typische helikale Drehung von 10,6 Basenpaaren pro Windung; die hier gezeigten DNA-Moleküle haben nur 620 Windungen und sind daher um $40/660 = 6\%$ unterdreht.

Beachten Sie, dass die in Abbildung 6.7a gezeigten Supercoils einen verzweigten Verlauf haben; er ist in Abbildung 6.7b schematisch dargestellt. Das hat an sich kaum Auswirkungen auf die Topologie oder den energetischen Zustand der Struktur. Die verzweigte Struktur könnte unter den entsprechenden Bedingungen sogar allmählich in eine unverzweigte, insgesamt viel längere Form übergehen.

Angenommen, diese DNA-Moleküle hätten alle eine verdrehte Form, können wir dann ihre Parameter L, Wr und Tw bestimmen? Ein Wert für die Verwindungszahl von $L = -40$ lässt sich auch unabhängig von elektronenmikroskopischen Aufnahmen ermitteln, indem man die Mobilität solcher DNA bei der Gel-Elektrophorese beobachtet: Diese

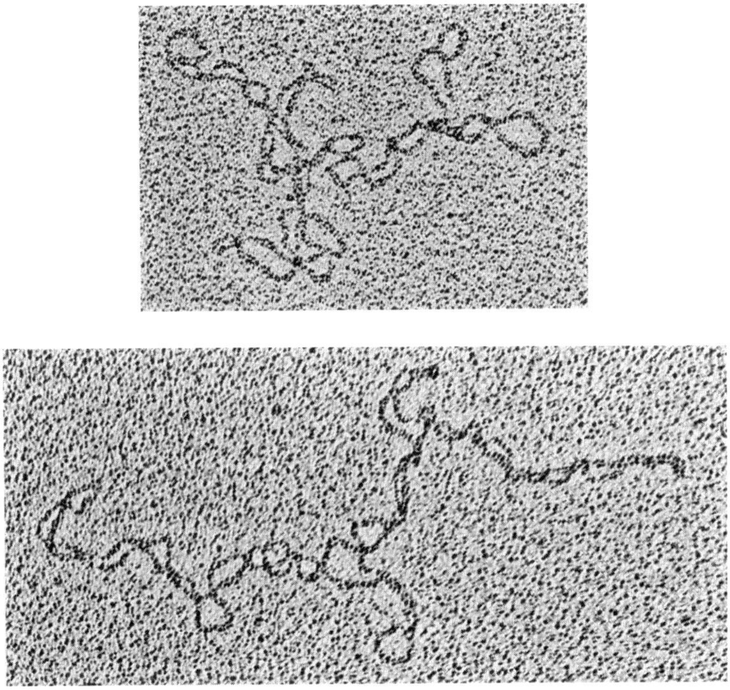

(a)

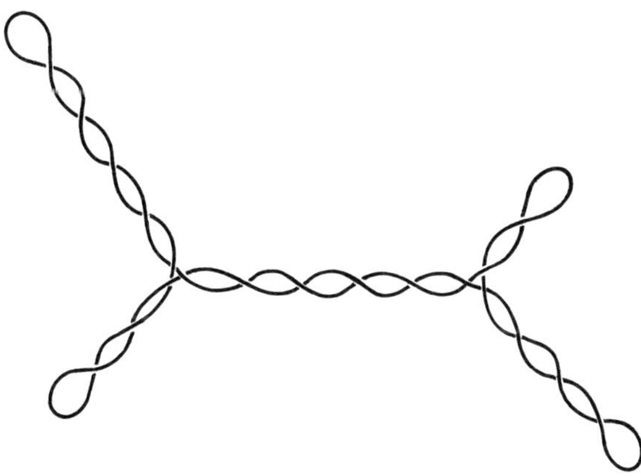

(b)

Abb. 6.7 a: Elektronenmikroskopische Aufnahmen von negativ überspiralisierter, verdrehter DNA, so wie sie in Reinform aus dem Bakterium *E. coli* gewonnen wurde. Jedes DNA-Plasmid (oder Ring) ist 7000 Basenpaare lang und hat eine mittlere Verwindungszahl L = −40. Mit freundlicher Genehmigung von C. Boles, N. Cozzarelli und J. White, aus *Journal of Molecular Biology* 213 (1990) S. 931–951. b: Verzweigter Verlauf der verdrehten DNA aus Bild a, schematisch dargestellt. Eine solche Verzweigung hat wenig Einfluss auf die Parameter L, Tw und Wr.

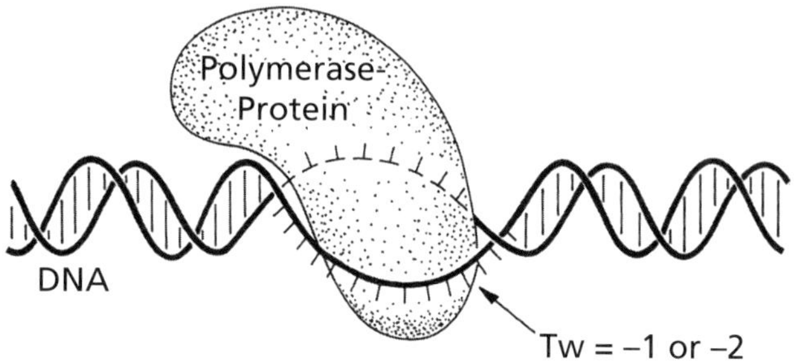

Abb. 6.8 Entwinden der DNA durch ein typisches Polymerase-Protein, hier schematisch dargestellt. Die Drehung Tw der DNA muss meist um ein oder zwei Windungen verringert werden, damit eine RNA-Polymerase agieren kann.

Methode werden wir in Kapitel 9 beschreiben. Ein Näherungswert für die Windungszahl, Wr = –36, lässt sich bestimmen, indem man die mittlere Zahl von Kreuzungen pro DNA-Molekül auszählt, wie man sie in vielen elektronenmikroskopischen Aufnahmen (etwa in Abbildung 6.7a) sieht. Und schließlich käme man durch Subtraktion auf Tw = L – Wr = –4. Die bevorzugte verdrehte Form ist also der idealisierten Form aus Abbildung 6.5e nicht unähnlich, da Wr = 0,9 L und Tw = 0,1 L. Mit anderen Worten: Die unterdrehte DNA zieht es energetisch vor, sich selbst mehrfach zu kreuzen, anstatt ihre Drehung zu verändern.

In Kapitel 7 werden wir einige typische Bilder toroidaler Supercoils zeigen, bei denen die DNA stabilisiert wurde, indem sie sich um Protein wickelte.

Damit beschließen wir unseren Exkurs über die physikalischen Eigenschaften überspiralisierter DNA; nun können wir uns ihren biologischen Eigenschaften zuwenden. Das Supercoiling spielt in der Biologie eine wichtige Rolle, weil es der DNA dabei hilft, sich zu entwinden, um die Synthese neuer RNA- oder DNA-Stränge zu unterstützen. Wie Abbildung 6.8 zeigt, müssen die verschiedenen Polymerase-Proteine, welche bereits existierende DNA als RNA- oder DNA-Strang kopieren, die DNA zunächst um ein bis zwei Windungen an den Stellen entwinden, an denen sie agieren sollen. Erst dann können sie die ungepaarten Basen in einem Strang der DNA „lesen" und schließlich den Regeln der Watson-Crick-Basenpaarung entsprechend einen neuen Strang zusammenstellen. Manchmal ist es nicht die Polymerase, welche die DNA entwindet, sondern ihre „Helferproteine". In jedem Fall aber muss die DNA entwunden sein, sonst kann es keine korrekte Synthese geben.

Wir haben oben erläutert, dass die fehlenden Windungen bei jedem negativ überspiralisierten DNA-Molekül meist in Form von Windung (*writhe*, Wr) gespeichert sind, und zwar bei einem verdrehten Supercoil als Kreuzungen und bei einem toroidalen Supercoil als flache Spiralen. Wie kann dann das Supercoiling eine Reduktion der Drehung Tw um eine oder zwei Windungen erzeugen, wie sie etwa ein Polymerase-Protein braucht, um die DNA an verschiedenen Stellen zu entwinden? Auf jeden Fall muss die DNA in der Lage sein, in Lösung (im Zuge der Brownschen Molekularbewegung) zwischen Formen mit starker Windung und Formen mit starker Drehung zu schwingen oder zu fluktuieren. So wechselt vielleicht ein verdrehtes Supercoil-Molekül zwischen der in Abbildung 6.5e gezeigten Form und einer der Formen in Abbildung 6.5d, c oder b, um eine Drehung zu erzeugen. Ein toroidales Supercoil dagegen verändert sich möglicherweise von der Form aus Abbildung 6.5b zu der aus Abbildung 6.6a.

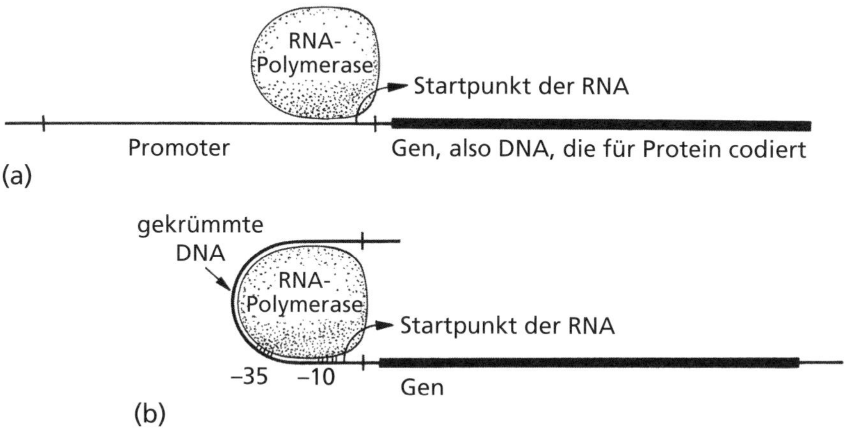

Abb. 6.9 Stark schematisierte Darstellung der Struktur eines typischen Bakteriengens und seiner Interaktion mit der RNA-Polymerase. In Bild a bindet das Polymerase-Protein unmittelbar stromaufwärts der DNA, die für Protein codiert, und innerhalb der „Promotor"-Region. In Bild b trägt eine Krümmung der DNA innerhalb der Promotorregion dazu bei, dass die Polymerase enger an die DNA binden und somit mehr RNA-Stränge synthetisieren kann. Spezifische Kontakte zwischen Protein und DNA treten vor allem in zwei Regionen auf, die 35 beziehungsweise 10 Basenpaare stromaufwärts vom Startpunkt der RNA-Synthese liegen. Die DNA entwindet sich an der −10-Region (meist einer TATA-Sequenz), damit die Polymerase wie in Abbildung 6.8 arbeiten kann.

Leider gibt es bisher kaum unmittelbare experimentelle Daten, die uns verraten könnten, wie ein DNA-Molekül in Lösung im Großen betrachtet fluktuiert. Durch Untersuchungen an Einzelstrangregionen mithilfe von Enzymen und chemischen Substanzen wissen wir, dass negativ überspiralisierte DNA weit effektiver durch Schwingung eine Drehung Tw erzeugt als entspannte DNA, und wir wissen auch, dass viele Gene ein negatives Supercoiling brauchen, um von der RNA-Polymerase transkribiert zu werden. Dagegen wissen wir nicht, wie die DNA ihre Form im großen Maßstab verändert, um Schwingungen zu erzeugen, die letztlich eine Drehung Tw herbeiführen. Beteiligt sind vielleicht Veränderungen in der lokalen Gestalt der DNA von einem linksgewundenen Supercoil zu einer flachen Krümmung, oder von einer flachen Krümmung zu einem linksgewundenen Supercoil, wie in Kapitel 5 beschrieben. Leider haben wir bis heute nicht mehr als zahlreiche indirekte Hinweise darauf, was da vor sich geht. Diese indirekten Belege sind zudem auf Beobachtungen an Bakteriengenen beschränkt, weil wir über die Gene höherer Organismen so wenig wissen, dass wir nicht sicher auf ihre Funktionsweise schließen können.

Da wäre zunächst einmal die Beobachtung, dass viele verschiedene bakterielle Gene mehr RNA synthetisieren, wenn die DNA in ihrer „Promotor"-Region entsprechend ihrer Basensequenz gekrümmt ist, als wenn die DNA nicht passend gekrümmt oder gerade verläuft. Die meisten bei der Transkription aktiven Gene des Bakteriums *Escherichia coli* weisen sogar vor dem Promotor fast immer eine gekrümmte DNA-Region auf. Abbildung 6.9a zeigt die Struktur eines typischen Bakteriengens. Wir sehen, dass ein RNA-Polymerase-Protein mit der Produktion von messenger-RNA beginnt, und zwar gleich stromaufwärts von dem langen DNA-Segment, das für Protein codiert. Die RNA-Kopie der DNA wandert dann vom bakteriellen Chromosom zur Proteinfabrik, dem Ribosom, wo die Abfolge der Basen A, U, C und G in seinem Verlauf die Synthese von Protein

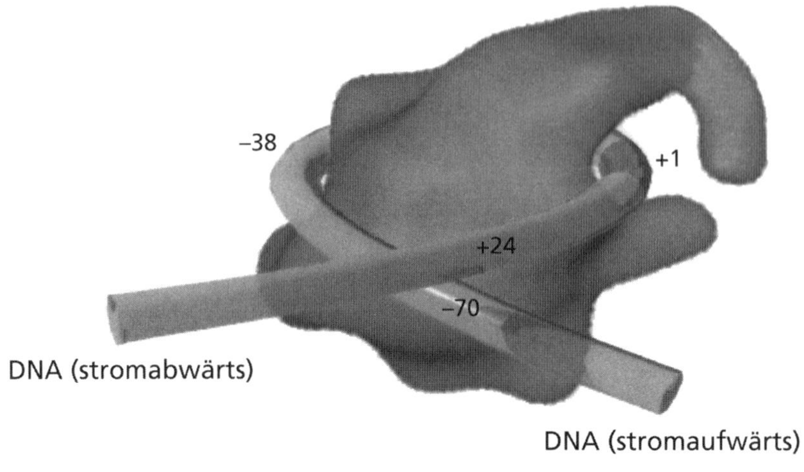

Abb. 6.10 Modell für den räumlichen Verlauf von Promotor-DNA um eine RNA-Polymerase von *E. coli*, ermittelt durch Atomic Force Microscopy (AFM) und biochemische Methoden. Die DNA krümmt sich um etwa 300° zu einem negativen (also linksgewundenen) Supercoil; der Startpunkt der Transkription ist blau markiert. Mit freundlicher Genehmigung von Claudio Rivetti.

mit einer bestimmten Anzahl und Anordnung von Aminosäuren festlegt. Wenn weitere RNA-Moleküle einer bestimmten Sorte vorliegen, wird mehr Protein synthetisiert, und die Anzahl der RNA-Moleküle hängt ihrerseits davon ab, wie oft die RNA-Polymerase die Synthese neuer RNA-Stränge an jedem Promotor initiieren kann.

Warum sollte die Krümmung der DNA innerhalb einers Promotors Einfluss darauf haben, wie oft die RNA-Polymerase mit der RNA-Synthese beginnt? Dies ergibt keinen Sinn, wenn wir das Problem nur *eindimensional* betrachten, wie in Abbildung 6.9a. Einleuchtender wird es bei *zweidimensionaler* Betrachtung, wenn wir sehen, dass sich die gekrümmte DNA vielleicht um das Polymerase-Protein wickelt, wie in Abbildung 6.9b, und so zu dessen Bindung an den Promotor beiträgt. Tatsächlich sprechen viele physikalische Belege dafür, dass die RNA-Polymerase von *E. coli* an mindestens bis zu 160 Basenpaare, so viel wie ein ganzes Nucleosom, am Promotor binden kann. Der Großteil dieser DNA liegt vor dem Startpunkt der Transkription. Wenn sich eine Polymerase einem Promotor nähert, prüft sie zunächst die Identität der Basen in zwei Regionen des Promotors, die als „–35" und „–10" bezeichnet werden, wie in Abbildung 6.9b gezeigt. Dann bindet sie etwa 100 DNA-Basenpaare stromaufwärts der –35-Region, und erst jetzt entwindet sie die DNA in der Promotor-Region, um die Transkription zu initiieren. Besonders wichtig ist, dass die Bindung der DNA am besten erfolgt, wenn diese negativ überspiralisiert ist; das lässt vermuten, dass sie linksgewunden um die Polymerase gewickelt ist. Jüngste physikalische Belege für dieses Umwickeln der RNA-Polymerase von *E. coli* durch die DNA scheinen sehr überzeugend. So haben Studien von Claudio Rivetti und seinen Kollegen, bei denen sie Atomic Force Micrsocopy (AFM, Rasterkraftmikroskopie, siehe Kapitel 9) mit biochemischen Methoden kombinierten, ergeben, dass sich eine typische Promotor-DNA beim Start der Transkription um fast 300° um das RNA-Polymerase-Protein wickelt, so wie in Abbildung 6.10 gezeigt. Verschiedene Kontakte zwischen Protein und DNA sind nötig, um diese extreme Krümmung zu stabilisieren, aber sie sind nur ein Teil des Gesamtbildes.

Wie könnte eine DNA-Überspiralisierung in dieser Situation helfen, die DNA in der −10-Region zu entwinden? Nun, wenn sich die DNA in freier Lösung befindet, ist das Problem recht einfach. Betrachten wir zunächst die toroidale Konfiguration der DNA in *drei Dimensionen*. Eine Windung eines linksgewundenen, toroidalen Supercoils ergibt einen Wert von Wr ≈ −1,0 Windungen, wenn sie gerade ausgestreckt wäre wie in Abbildung 6.6b und a. Aufgrund der thermisch bedingten Fluktuationen in Lösung wird diese DNA recht häufig in eine gestreckte Form mit Tw ≈ −1,0 Windungen schwingen. Bei einer freien, stark überspiralisierten DNA wird diese rapide Umwandlung zwischen Windung und Drehung bei den empfindlichsten Sequenzen, namentlich denen mit TATA, in einer vorübergehenden Trennung der Stränge resultieren. Ist die DNA aber um ein Protein wie die RNA-Polymerase gewickelt, ist sie fixiert. Wenn also das Umwickeln der RNA-Polymerase durch die DNA der Polymerase dabei helfen könnte, die DNA nahe dem Startpunkt des Gens zu entwinden, also in der −10-Region, würde sich jede den Fluktuationen eines freien DNA-Moleküls ähnliche Formveränderung des gebundenen Supercoils einstellen können. Alternativ dazu könnte die Energie des Supercoilings eine Torsionsspannung auf die −10-Region ausüben, indem sie eine Veränderung des Polymerase-Proteins selbst induziert.

Henri Buc und seine Kollegen haben nachgewiesen, dass ein negatives Supercoil – meist als Windung Wr – erzwungen wird, wenn die RNA-Polymerase an einen Promotor bindet, ohne die DNA in der −10-Region zu entwinden. Die sich anschließende Trennung der DNA-Stränge um die Startstelle der Transkription herum erhöht jedoch die Zahl der erzwungenen Supercoils auf fast zwei: Das zeigt, dass dieser Schritt nicht einfach eine direkte Umwandlung von Windung in Drehung ist, sondern dass vielmehr ein zusätzliches Entwinden erfolgt. Eine mögliche Lösung für dieses Paradoxon ist die Annahme, dass die ursprüngliche, eng umgrenzte Entwindung in der −10-Region tatsächlich durch die aufgewickelte DNA angetrieben wird, während die sich anschließende Expansion dieser entwundenen Region, die dann den Startpunkt der Transkription einschließt, unter einer konzertierten Veränderung der Polymerase-Struktur erfolgen könnte.

Neben all dem wissen wir von der Existenz einer Vielfalt von Proteinen, so genannten „Aktivatoren", bei Bakterien, die offenbar in folgender Weise für eine verbesserte Genfunktion sorgen: Sie binden stromaufwärts von der Polymerase an die DNA und krümmen sie um bis zu 180°. Man nimmt allgemein an, dass diese Aktivator-Proteine einfach an der Polymerase haften und ihr so dabei helfen, an den Promotor zu binden, wie in Abbildung 6.9b gezeigt. Das mag zum Teil zutreffen, doch neuere Daten haben dreierlei ergeben. Erstens müssen die Aktivator-Proteine keine genaue Lokalisation auf der DNA relativ zur Polymerase besetzen, solange sie die DNA in die richtige Richtung krümmen. Zweitens können manche Proteine, welche die DNA krümmen, als „Repressoren" der Genaktivität an einer Lokalisation wirken, indem sie kompetitiv an das DNA-Stück binden, das auch die RNA-Polymerase bevorzugt; später können sie dann als „Aktivatoren" der Genaktivität wirken, wenn sie zu einer anderen, stromaufwärts gelegenen und weiter vom Gen entfernten Lokalisation wechseln. Und drittens kann proteinfreie DNA eine ähnliche Aktivierung von Genen herbeiführen, wenn diese DNA ihrer Basensequenz entsprechend gekrümmt ist. Kurzum: Die Aktivatoren helfen zwar der Polymerase dabei, die DNA aufzuwickeln, aber die Polymerase ist dazu auch allein imstande, wenn die DNA gekrümmt oder negativ überspiralisiert ist.

Anmerkung

1. Siehe Anhang 1.

Weiterführende Literatur

Asayama, M.; Kato, H.; Shibato, J.; Shirai, M.; Ohyama, T.: *A curved DNA structure in the upstream region of light-responsive genes: its universality, binding factor, and function of cyanobacterial psbA transcription.* In: *Nucleic Acids Research* 30 (2002) S. 4658–4666. Die biologische Funktion der DNA-Krümmung in den Promotoren bestimmter Gene bei Cyanobakterien (entwicklungsgeschichtlich alten, Photosynthese betreibenden Bakterien).

Benhoff, B.; Yang, H.; Lawson, C. L.; Parkinson, G.; Liu, J.; Blatter, E.; Ebright, Y. W.; Berman, H. M.; Ebright, R. H. *Structural basis of transcription activation: the CAP-α CTD-DNA-complex.* In: *Science* 297 (2002) S. 1562–1565. Promotor-DNA krümmt sich stark um ein Cap-Protein und heftet sich gleich daneben auch an die α-Untereinheit der RNA-Polymerase von *E. coli.*

Berger, J. M.; Gamblin, S. J.; Harrison, S. C.; Wang, J. C. *Structure and mechanism of DNA topoisomerase II.* In: *Nature* 379 (1996) S. 225–232. Röntgenanalytisch dargestellte Kristallstruktur der Topoisomerase II einer Hefe, welche die DNA aufbrechen und wieder zusammenfügen kann, um die Verwindungszahl L zu verändern.

Boles, T. C.; White, J. H.; Cozzarelli, N. R. *The structure of plectonemically supercoiled DNA.* In: *Journal of Molecular Biology* 213 (1990) S. 931–951. Elektronenmikroskopische Aufnahmen von verdrehten Supercoils wie in Abbildung 6.7.

Bramhill, D.; Kornberg, A. *Duplex opening by* dnaA *protein at novel sequences in initiation of replication at the origin of the* E. coli *chromosome.* In: *Cell* 52 (1988) S. 743–755. Zum vorübergehenden Entwinden der DNA, induziert durch das Umwickeln von Proteinen, nahe einer bakteriellen Startstelle der Replikation.

Cerf, C.; Stasiak, A. *A topological invariant to predict the three-dimensional writhe if ideal configurations if knots and links.* In: *Proceedings of the National Academy of Sciences, USA* 97 (2000) S. 3795–3798. Neue Quantisierung der Windungszahl Wr bei bestimmten verknoteten Systemen.

Coleman, B. C.; Swigon, D. *Theory of supercoiled elastic rings with self-contact and its application to DNA plasmid.* In: *Journal of Elasticity* 60 (2000) S. 173–221. Detaillierte Studie von DNA-Supercoils als elastisches Ringmodell von begrenzter Dicke.

Collis, C. M.; Molloy, P. L.; Both, G. W.; Drew, H. R. *Influence of the sequence-dependent flexure of DNA on transcription in* E. coli. In: *Nucleic Acids Research* 17 (1989) S. 9447–9468.Der größte Teil der Bindungsstelle für RNA-Polymerase kann aus gekrümmter DNA bestehen.

Crawford, L.; Waring, M. *Supercoiling of polyoma virus DNA measured by its interaction with ethidium bromide.* In: *Journal of Molecular Biology* 25 (1967) S. 23–30. Erste Demonstration der Tatsache, dass Ethidiumbromid die Struktur überspiralisierter DNA verändern kann, indem es die lokale Drehung der Doppelhelix an vielen Stellen verändert.

Heggeler-Bordier, B.; Wahli, W.; Adrian, A.; Stasiak, A.; Dubochet, J. *The apical localization of transcribing RNA polymerases in supercoiled DNA prevents their rotation around the template.* In: *EMBO Journal* 11 (1992) S.667–672. Die *E. coli*-RNA-Polymerase induziert eine starke 180°-Krümmung bei der DNA, so stark, dass ihre Bindungsstelle auf der DNA oft zur gekrümmten Endschlaufe eines verdrehten Supercoil wird.

Kumar, A.; Grimes, B.; Fujita, N.; Makino, K.; Malloch, R.; Hayward, R.; Ishihama, A. *Role of the sigma-70 subunit of* E. coli *RNA polymerase in transcription activation.* In: *Journal of Molecular Biology* 235 (1994) S. 405–413. Sorgfältige Untersuchung zur Funktion der –35- und der –10-Region bei bakteriellen Promotoren.

Lutter, L. C.; Halvorsen, H. R.; Calladine, C. R. *Topological measurement of protein-induced bend angles.* In: *Journal of Molecular Biology* 261 (1996) S. 620–633. Eine neue Methode, um mit großer Genauigkeit und in Lösung die Krümmungs- und Drehwinkel zu bestimmen, die bei DNA durch ein gebundenes Protein induziert werden.

Ohyama, T. *Intrinsic DNA bends: an organizer of local chromatin structure for transcription.* In: *Bioessays* 23 (2001) S. 708–715. Guter Überblick zur DNA-Krümmung, negativem Supercoiling und ihrer Bedeutung für die RNA-Synthese.

Schnos, M; Zahn, K.; Inman, R. B.; Blattner, F. R. *Initiation protein induced helix dastabilisation at the origin: a prepriming step in DNA replication.* In: *Cell* 52 (1988) S. 385–395. Die Krümmung der DNA um Proteine bei einem viralen Startpunkt der Replikation führt im Reagenzglas zu einem vorübergehenden Entwinden der DNA, wenn sie negativ überspiralisiert ist.

Stump, D. M.; Fraser, W. B.; Gates, K. E. *The writhing of circular cross-sectional rods: undersea cables to DNA supercoils.* In: *Proceedings of the Royal Society of London* A 454 (1998) S. 2123–2156. Ein elastisches, gleichmäßiges Schichtenmodell (*balanced-ply*) des DNA-Supercoiling.

Vinograd, J.; Lebowitz, J.; Radloff, R.; Watson, R.; Laipis, P. *The twisted circular form of polyoma viral DNA.* In: *Proceedings of the National Academy of Sciences, USA* 53 (1965) S. 1104–1111. Die erste schriftliche Arbeit über DNA-Supercoiling.

Yan, H.; Zhang, X.; Shen, Z.; Seeman, N. C. *A robust DNA mechnical device controlled by hybridization topology.* In: *Nature* 415 (2002) S. 62–65. Entwurf einer rotierenden Vorrichtung im Nanobereich, in der die DNA-Topologie die Struktur überprüfen kann.

Zaychikov, E.; Denissova, L.; Guckenberger, R.; Heumann, H. E. coli *Polymerase translocation ist accompanied by periodic bending of the DNA.* In: *Nucleic Acids Research* 27 (1999) S. 3645–3652. Zur Krümmung der DNA um die RNA-Polymerase, während diese mit der RNA-Synthese beschäftigt ist.

Bibliographie

Amouyal, M.; Buc, H. *Topological unwinding of strong and weak promoters by RNA polymerase: a comparison between the lac wild-type and UV5 sites of* E. coli. In: *Journal of Molecular Biology* 195 (1987) S. 795–808. Sie finden einen Rückgang der Windungszahl L, aber keinen Rückgang der Basenpaare an der ursprünglichen Bindungsstelle der RNA-Polymerase an die DNA; daraus folgt, dass dieses Protein eine negative Windung induziert, bevor es die Doppelhelix komplett entwindet.

Bracco, L.; Kothlarz, D.; Kolb, A.; Diekmann, S.; Buc, H. *Synthetic curved DNA sequences can act as transcriptional activators.* In: *EMBO Journal* 8 (1989) S. 4289–4296. Gekrümmte DNA kann die Genaktivität in der Zelle modulieren.

Drew, H. R.; Travers, A. A. *DNA bending and its relation to nucleosome positioning.* In: *Journal of Molecular Biology* 186 (1985) S. 773–790. Für DNA-Sequenzen der stromaufwärts gelegenen Region eines bakteriellen Promotors wird hier gezeigt, dass sie dieselbe Art von DNA-Krümmung steuern, ob diese nun um RNA-Polymerase, um die chromosomalen Histonproteine oder als enger, proteinfreier Ring aufgewickelt ist.

Fuller, F. B. *The writhing number of a space curve.* In: *Proceedings of the National Academy of Sciences, USA* 68 (1971) S. 815–819. Entwicklung des Konzepts der Windung (*writhe*) für verdrehte und toroidale Supercoils.

Gartenberg, M. R.; Crothers, D. M. *Synthetic DNA bending sequences increases the rate of* in vitro *transcription initiation at the* Escherichia coli *lac promoter.* In: *Journal of Molecular Biology* 219 (1991) S. 217–230. Zum Thema, wie die Phasierung gekrümmter DNA die Transkription von Genen in der Zelle erhöhen kann.

Pemberton, I. K.; Muskhelishvili, G.; Travers, A. A.; Buckle, M. *FIS modulates the kinetics of successive interactions of RNA polymerase with the core and upstream regions of the tyrT promoter.* In: *Journal of Molecular Biology* 318 (2002) S. 651–663. Zum Thema, wie sich die dem nahe dem Promotor gelegene DNA um die bekaterielle Polymerase wickelt und wie die –10- und die –35-Region mit ihr interagieren.

Rivetti, C.; Guthold, M.; Bustamente, C. *Wrapping of DNA around the* E. coli *RNA polymerase open-promoter complex.* In: *EMBO Journal* 18 (1999) S. 4464–4475. Die DNA-Krümmung um die RNA-Polymerase, direkt sichtbar gemacht mithilfe der Atomic Force Microscopy (AFM).

Aufgaben

6.1 Für diese Aufgabe brauchen Sie ein ziemlich langes Stück (etwa 1,5 m) elastisches Band. Ideal ist ein rundes Stromkabel mit einem Durchmesser von etwa 6 mm; ansonsten bietet sich auch ein Gummischlauch an (der aber in entspanntem Zustand nicht gekrümmt sein darf), oder sogar ein geflochtenes Seil aus dem Segelbedarf. Um der Einheitlichkeit willen sprechen wir bei all diesen Modellen stets von einem „Band".

a Ahmen Sie mithilfe des Bandes die Formveränderung nach, die in Abbildung 6.1 von b nach c dargestellt ist. Wie oft überkreuzt sich das Band für jede hineingewundene volle Drehung von 360° selbst?

b Demonstrieren Sie mithilfe desselben Bandes, dass sich ein linksgewundener toroidaler Supercoil, wie in Abbildung 6.2a gezeigt, in einen rechtsgewundenen verdrehten Supercoil, wie in Abbildung 6.2b verwandelt, wenn man es ausschüttelt. Stellen Sie dazu zunächst eine gestreckte linksgewundene Spirale her, indem Sie das Band um einen Stock winden. (Tipp: Halten Sie den Stock und ein Ende des Bandes in Ihrer linken Hand und winden Sie das Band mit der rechten Hand um den Stock.) Entfernen Sie dann vorsichtig den Stock und biegen Sie die Spirale zu einem Toroid; nehmen Sie schließlich beide Enden zusammen in eine Hand und schütteln Sie das Band vertikal aus. Wie oft überkreuzt sich die rechtsgewundene verdrehte Form für jede linksgewundene Toroidwindung um den Stock?

6.2 Für diese Aufgabe brauchen Sie dasselbe Band wie für Aufgabe 6.1, aber diesmal müssen Sie auf einer Seite eine schwarze (oder farbige) Linie (oder einen Streifen) über die ganze Länge des Bandes malen, die eine Drehung Tw = 0 anzeigt. Um aus dem Band einen geschlossenen Kreis zu machen, können Sie die Enden mit Klebeband verbinden (bei einem Gummischlauch mit einem kurzen Dübel), oder Sie halten einfach beide Enden zusammen in einer Hand, wie in Aufgabe 6.1.

Wiederholen Sie die in den Abbildungen 6.4 und 6.5 gezeigten Umformungen, indem Sie dem Band drei volle rechts- oder linksgewundene Drehungen zufügen, um eine Windungszahl L = +3 beziehungsweise –3 zu erzeugen. Welche der Formen aus den Bildern b bis e ist für Ihr Modell die stabilste? Zählen Sie die Kreuzungen und benutzen Sie dann die Abbildungen 6.4e und 6.5e als Orientierung, um das Vorzeichen von L festzusetzen, indem sie die Windungsrichtung der Kreuzungen betrachten. Folgen Sie auch dem Verlauf der schwarzen Linie, um das Vorzeichen und die Größe des Tw-Wertes (Drehung) zu bestimmen. Bestätigen Sie, dass L = Tw + Wr.

Entwinden Sie das Band vollständig und wiederholen Sie das Ganze beispielsweise mit L = +5 oder –5.

6.3 Mit dieser Übung soll bestimmt werden, mit welchem Vorzeichen (+ oder –) eine einzelne Kreuzung zur Windungszahl Wr beiträgt.

Wählen Sie zunächst eine bestimmte Kreuzung in einem Bild eines verwundenen Bandes aus. Zeichnen Sie einen Pfeil auf den oberen Teil des Bandes (also denjenigen, der Ihnen näher ist) und folgen Sie dem Band, bis Sie am unteren Segment derselben Kreuzung angekommen sind. Zeichnen Sie auch hier einen Pfeil ein, in derselben Richtung entlang der Konturlinie des Bandes wie den oberen Pfeil.

Die beiden gekreuzten Segmente sollten nun beide mit Pfeilen versehen sein, wie in Bild a (unten). Drehen Sie nun diesen lokalen Bildausschnitt der Kreuzung, bis der Pfeil des oberen Segments zur oberen Kante des Papierblattes zeigt. Wenn der untere Pfeil jetzt von rechts nach links zeigt, wie in Bild b, trägt die Kreuzung mit +1 zur Windungszahl Wr bei, zeigt er von links nach rechts wie in Bild c, mit –1.

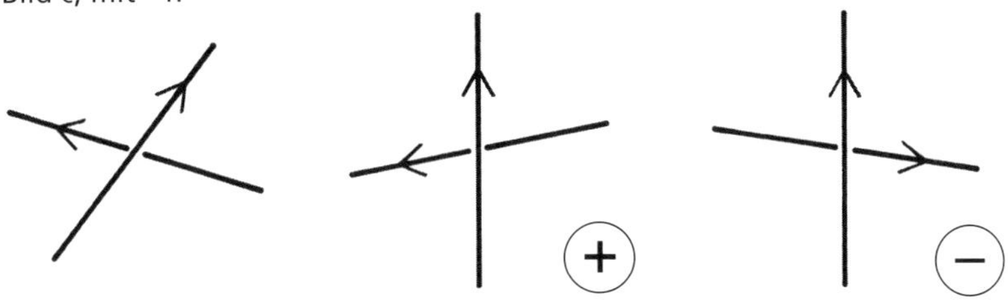

(a) (b) (c)

Bestätigen Sie mit diesem Doppelpfeil-Test, dass jede der Spiralen aus Abbildung 6.2 einen negativen Wr-Wert aufweist, und bestätigen Sie auch die den Wr-Werten der Spiralen aus den Abbildungen 6.4e und 6.5e zugewiesenen Vorzeichen.
(Sie können bei der in b gezeigten Situation auch eine „Rechtswindungs-Regel" anwenden, und wenn Ihnen solche Regeln aus den Gebieten Elektrizität und Magnetismus vertraut sind, empfinden Sie diese vielleicht als praktischer. Wenn Sie also den Daumen Ihrer rechten Hand ausstrecken, die anderen Finger krümmen und dann mit dem Daumen das obere Segment entlang zeigen, weisen Ihre Finger bei positivem Wr-Wert in dir Richtung des unteren Segments. Wenn Sie dies bei Bild c probieren, stellen Sie fest, dass das untere Segment in die andere Richtung verläuft; diese Kreuzung trägt also mit negativem Vorzeichen zum Wr-Wert bei.)

6.4 Bei dieser Aufgabe brauchen Sie entweder ein Band mit einer aufgemalten Linie, wie in Aufgabe 6.2, oder einen Papierstreifen, der auf einer Seite mit einem Filzstift farbig angemalt wurde, wie in Abbildung 6.6.

a Wickeln Sie ein Stück des Bandes zweimal linksherum um eine Getränkedose und benutzen Sie Ihre Hände als „Quader", die an jedem Ende des Bandes befestigt sind, wie in Abbildung 6.6c. Entfernen Sie nun die Dose und ziehen Sie die Enden des Bandes auseinander, wie in Abbildung 6.6a. Wie viele Drehwindungen sind durch das Umwickeln entstanden? Und sind diese neuen Windungen rechts- oder linksgewunden?

b Der weitaus größte Teil der DNA in unseren Chromosomen wickelt sich um Proteinspulen wie die aus Abbildung 1.5. Dort wickelt sich die DNA jeweils zweimal linksherum um jede Spule, so wie in unserer Übung mit der Getränkedose. Wird die DNA jedoch von einer solchen Proteinspule entfernt, zeigt sich im Experiment, dass für je zwei Windungen um die Spule nur eine Drehwindung erzeugt wird. Tw ist also –1 und nicht –2, wie man anhand der einfachen Modelle aus Aufgabe 6.4a und Abbildung 6.6a erwarten würde. Um wieviele Windungen müsste die DNA vor dem Aufwickeln auf die Spule (oder währenddessen) vorgedreht sein, um dieses Ergebnis zu erzielen? Warum könnten die Proteinspulen so beschaffen sein, dass sie die erwartete Veränderung der Drehungszahl Tw beim Wickeln oder Abwickeln der DNA verringern? (Siehe Germond, J. E.; Hirt, B.; Oudet, P.; Gross-Bellard, M.; Chambon, P. In: *Proceedings of the National Academy of Sciences, USA* 72 (1975) S. 1843–1847 zum ersten Experiment dieser Art, das jemals durchgeführt wurde.)

6.5 Angenommen, die DNA wickelt sich in n kompletten Windungen als linksgewundener Supercoil um ein zylindrisches Protein, beispielsweise mit $n = 2$ in Abbildung 6.6c. Wenn wir die entspannte DNA als Band darstellen, lässt sich im direkten Experiment leicht herausfinden, dass in solchen Fällen $L = -n$, wobei n eine positive, ganze Zahl von Windungen ist. So definiert, muss L demnach eine ganze Zahl sein, und das negative Vorzeichen von L entspricht der linksgewundenen Umwickelung.

Wir können nun den Verlauf der spiralisierten DNA anhand eines Pitch-Winkels α beschreiben, wie schon zuvor in Abbildung 5.4. Der Winkel α ist bei linksgewundener Umwickelung ebenfalls negativ. Wenn wir die Ergebnisse aus den Kapiteln 5 und 6 kombinieren, lässt sich außerdem zeigen, dass:

$$\mathrm{Tw} = n \sin \alpha; \ \mathrm{Wr} = \mathrm{L} - \mathrm{Tw} = -n(1 + \sin \alpha)$$

Berechnen Sie (bei $n = 1$) die Tw- und Wr-Werte für $\alpha = 0°, -30°, -60°$ und $-90°$.

7 Von der DNA zum Chromosom

In Kapitel 1 haben wir die Biologie einer typischen Zelle allgemein beschrieben und erklärt, dass die DNA bei dieser Biologie eine entscheidende Rolle spielt, indem sie die Konstruktion von Proteinmolekülen festschreibt. Seitdem haben wir die DNA hauptsächlich als einfachen Faden in Form einer Doppelhelix betrachtet, der Transkription und Replikation durchläuft und sich um Proteinspulen wickelt. In diesem Kapitel nun gilt es, den Zusammenbau der DNA zu Chromosomen (*assembly*) zu beschreiben. Wie faltet sich die DNA vor der Zellteilung zu den hoch kompakten Chromosomen, wie sie Abbildung 1.3 zeigt? Und wie organisiert sie sich in anderen Stadien im Leben einer Zelle, wie in Abbildung 1.2, wenn sie RNA erzeugen muss, die für Protein codiert? Unsere Antworten auf diese Fragen werden leider nicht ganz so sicher ausfallen, wie wir es gerne hätten. Nur wenige Aspekte der chromosomalen Struktur sind mit Sicherheit bekannt; der Rest erfordert einige fundierte Vermutungen.

Zunächst werden wir relativ detailliert jene Proteine beschreiben, welche die Histonspulen bilden, und auch die DNA, die sich um diese wickelt. Dann erläutern wir, wie sich eine Kette von aufeinander folgenden Histonspulen zu einem „300-Å-Faden" spiralisieren kann, wenn die Bedingungen stimmen. Wir beschreiben dann, wie sich diese 300-Å-Fäden entlang eines „Proteingerüsts" zu einer Reihe von Schleifen falten können und wie sich dieses „Gerüst" mitsamt der Schleifen seinerseits in die Form des kompakten Chromosoms falten kann, das für uns im Zuge der Zellteilung unter dem Mikroskop sichtbar ist. Und schließlich werden wir – zumindest in rudimentärer Form – erklären, wie Chromosomen aus Proteinen und DNA entstehen und wie sie vielleicht wieder auseinander genommen werden, wenn Gene für die RNA-Synthese aktiviert werden.

Aus Abbildung 1.1 wissen wir, dass die DNA in unseren Chromosomen im Verhältnis zur Länge eines einfachen, doppelhelikalen Fadens etwa um den Faktor 10 000 verdichtet ist. Wenn sich die DNA um die Histonspulen wickelt, reduziert sich dadurch ihre Gesamtlänge ungefähr um den Faktor 6; wenn sie sich also zu verschiedenen anderen Strukturformen im Chromosom faltet, muss das ihre Gesamtlänge zusätzlich um den Faktor 1 500 verringern. Jedes Chromosom enthält sogar eine bemerkenswert lange DNA-Strecke: Bei der Hefe sind es meist ein bis zehn Millionen Basenpaare, beim Menschen 50 bis 400 Millionen. Wäre diese DNA nicht auf eine bestimmte Weise stark komprimiert, könnte es kein Leben geben, so wie wir es kennen. Bei unserer Darstellung werden wir – wenn auch in etwas spekulativer Form – darauf eingehen, wie dieser Kompaktheitsgrad erreicht werden kann.

Beginnen wir mit einem kurzen Blick auf die Geschichte unseres Themas. Die Genetiker beschäftigten sich über Jahre mit den Chromosomen, aber nicht auf molekularer Ebene. Jene Wissenschaftler wussten, dass Chromosomen aus einer Mixtur von Protein und DNA bestehen, aber sie wussten nicht, ob diese Mischung möglicherweise eine regelmäßige Struktur oder Organisation aufweist. Im Jahre 1973 sorgten Dean Hewish und Leigh Burgoyne mit einem Paukenschlag für Klarheit: Sie fanden heraus, dass der größte

Teil der DNA in einem Chromosom von einem DNA-schneidenden Enzym in zahlreiche kleine Fragmente von regelmäßiger Größe – zu je 200, 400, 600, 800 Basenpaaren und so fort – zerlegt werden konnte.

Sie konnten für ihr Ergebnis auch folgende Erklärung liefern: Angenommen, Chromosomen bestehen hauptsächlich aus einer Reihe nahezu identischer Einheiten, die jeweils bestimmte Proteine und 200 Basenpaare DNA umfassen. Wenn nun das DNA-schneidende Enzym überall dort wirken sollte, wo es eine Schwachstelle findet, beispielsweise in den DNA-Regionen zwischen den Einheiten, dann würde die lange chromosomale DNA in kurze Abschnitte von 200 Basenpaaren Länge zerschnitten. Wenn aber das schneidende Enzym zufällig und nur an einer begrenzten Zahl von Stellen agieren sollte, dann würde das lange DNA-Molekül lediglich in multiple Einheiten von 200, 400, 600, 800 und so fort Basenpaaren zerlegt, einfach weil nicht jede Schwachstelle durchschnitten würde. Wenn zudem die einzelnen 200-Basenpaar-Einheiten nicht von genau vorgegebener Länge wären, sondern beispielsweise zwischen 180 und 220 Basenpaaren Länge schwanken würden, dann wären die Längen der entstehenden multiplen Einheiten ebenso uneinheitlich; sie lägen zwischen 360 und 440, 540 und 660, 730 und 880 Basenpaaren und so fort. In diesem Fall könnte man die multiplen Einheiten kaum als Fragmente von diskreter Länge erkennen. Tatsächlich aber sieht man bei solchen Experimenten oft multiple Einheiten von diskreter Länge mit DNA-Längen von bis zu 2 000 Basenpaaren. Daraus darf man wohl schließen, dass bestimmte Proteine recht präzise – alle 200 Basenpaare – an diese DNA binden und dabei deren Grundlänge bestimmen.

Wir wissen nun, dass man in jedem Chromosom fast über die ganze Länge der DNA in Abständen von 200 Basenpaaren regelmäßige Protein-DNA-Kombinationen findet. Diese Partikel bezeichnet man als *Nucleosomen*, und sie spielen in der Biologie eine sehr wichtige Rolle. Die Grundlänge misst dabei nicht immer genau 200 Basenpaare bei jedem Tier und jeder Pflanze oder bei allen Geweben jedes Tieres und jeder Pflanze. Es ist bekannt, dass dieser Grund-„Abstand“ (*spacing*) von nur 160 Basenpaaren bei bestimmten Chromosomen bis zu 260 bei anderen variieren kann. Man vermutet daher, dass es gewisse Schwankungen hinsichtlich der Art und Zahl von Proteinen gibt, welche die Nucleosomen bilden. Wir haben an anderer Stelle schon recht grobe Darstellungen von Nucleosomen gezeigt (so in den Abbildungen 1.5 und 6.6c), ohne aber diesen Partikeln einen Namen zu geben oder zu erläutern, wie sie gebildet werden.

Um der Korrektheit willen sei darauf hingewiesen, dass dieses von Hewish und Burgoyne entdeckte sich wiederholende Muster schon drei Jahre zuvor erstmals von Robert Williamson gesehen wurde. Er untersuchte damals Mäusezellen in der Gewebekultur und erblickte DNA-Fragmente von 200, 400, 600, 800 und so fort Basenpaaren Länge, als Abbauprodukte von Zellen, die nicht so gut wuchsen. Williamson glaubte jedoch, diese Fragmente könnten infolge einer unvollständigen Synthese langer DNA-Moleküle entstanden sein (wie aus früheren Arbeiten hervorging) und nicht durch den Abbau intakter Chromosomen. Aus diesem Grund fand seine Arbeit kaum Aufmerksamkeit; die Chromosomenforschung hätte jedoch schneller Fortschritte gemacht, wenn ein größeres Publikum deren Tragweite realisiert hätte.

Nachdem also Hewish und Burgoyne diese Daten richtig interpretiert hatten, lieferten schon bald andere Forscher in vielen Labors überall auf der Welt detailliertere Informationen über das neu entdeckte Nucleosom. So machten Ada und Donald Olins im Frühjahr 1974 ein Nucleosomenpräparat bei starker Vergrößerung mithilfe eines Elektronenmikroskops (dessen Funktionsweise wir in Kapitel 9 erläutern werden) sichtbar und erblickten eine Reihe von Protein-„Perlen“ auf einer gestreckten DNA-„Schnur“. Ein solches Ergebnis passte genau zu der Vorstellung, dass die chromosomale DNA eine regelmäßige,

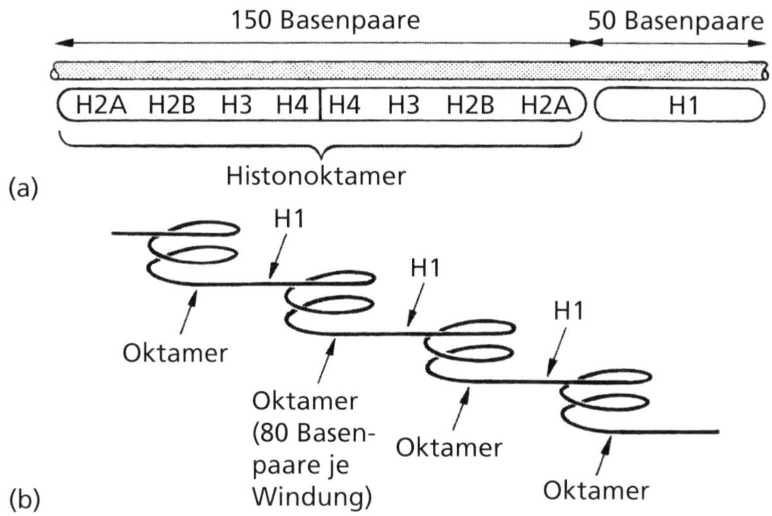

Abb. 7.1 An DNA gebundene Histonproteine, schematisch ein- und dreidimensional dargestellt. In Bild a ist die DNA als langer Schlauch, in Bild b als langes, gekrümmtes Band gezeichnet.

sich wiederholende Struktur aufweist. Der nächste signifikante Fortschritt erfolgte später im selben Jahr, als Roger Kornberg und Jean Thomas einen Bericht über die Identität und ungefähre Organisation der Proteine in einem typischen Nucleosom veröffentlichten. Sie untersuchten die physikalischen Eigenschaften aller größeren chromosomalen Proteine, die man als „Histone" bezeichnet; wie sie herausfanden, konnten die meisten Histontypen, nämlich H2A, H2B, H3 und H4, miteinander eine stabile Verbindung eingehen und so ein großes Proteinpartikel bilden, um das sich die DNA wickeln konnte. Dies Partikel kennen wir heute unter der Bezeichnung „Histonoktamer", weil es insgesamt acht Proteine enthält: Jeder der vier oben genannten Histontypen liegt in zwei Kopien vor. Zunächst nahm man an, dass sich die gesamte DNA eines 200-Basenpaare-Nucleosoms allein um dieses Histonoktamer wickeln würde, doch wie man später erkannte, bindet das Histonoktamer als solches nur an etwa 145 Basenpaare der DNA. Ein neuntes Proteinmolekül, das Histon H1, bindet an die verbleibenden etwa 50 Basenpaare. Diese Ergebnisse sind in vereinfachter Form in Abbildung 7.1a zusammengefasst; diese zeigt schematisch die Verteilung der verschiedenen Histone entlang der DNA in einer Dimension.

Die dreidimensionale Struktur des Histonoktamers mit seiner DNA wurde erst 1977 sicher etabliert, als John Finch, Len Lutter und ihre Kollegen Kristalle aus dem Histonoktamer mitsamt seiner DNA erzeugten, die sich für die Analyse durch Röntgendiffraktion eigneten. Sie erforschten die Struktur außerdem bei geringerer Auflösung mit dem Elektronenmikroskop und in Lösung mithilfe des enzymatischen Verdaus. Indem sie die Daten, die sie mit all diesen verschiedenen Methoden (dazu mehr in Kapitel 9) erhalten hatten, miteinander kombinierten, konnten sie nachweisen, dass sich die 145 Basenpaare der DNA zu einem flachen, linksgewundenen Supercoil fast zweimal um das Histonoktamer wickeln, und zwar mit etwa 80 Basenpaaren je Windung. Im Jahre 1984 gelang es dann derselben Gruppe mit Tim Richmond, die Struktur des Histonoktamers mitsamt seiner DNA bei einer Auflösung von sieben Å zu erhalten, und dies ausschließlich mithilfe der Röntgendiffraktion. Richmond und seine Kollegen analysierten dann im Jahre

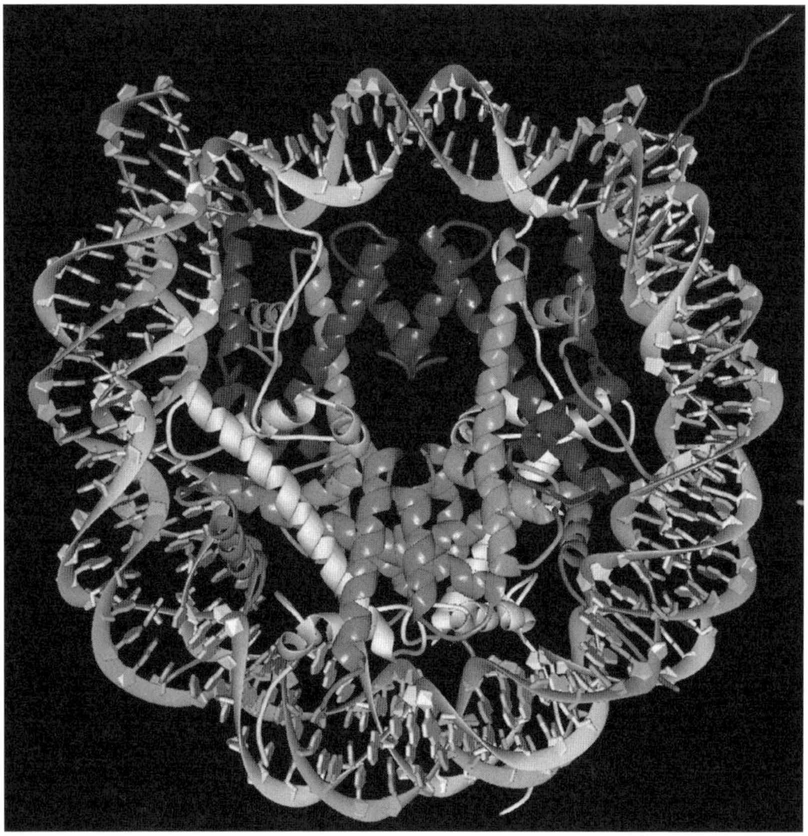

Abb. 7.2 Struktur des kompletten Nucleosoms, wie sie sich unter hoch auflösender Röntgendiffraktion darstellt. Die zweifache Rotationssymmetrie des Proteins um die Vertikalachse dürfte deutlich erkennbar sein. Farbcodierung der Proteine: H2A orange, H2B rot, H3 blau und H4 grün. Das Protein liegt meist in Form einer α-Helix vor (siehe Kapitel 8); die Kontaktstellen zwischen Protein und DNA sind klar zu erkennen. (Die Zwischenräume zwischen den Helices sind mit eng gepackten Seitenketten gefüllt, nicht dargestellt.) Mit freundlicher Genehmigung von Tim Richmond.

1997 schließlich die Struktur des Nucleosomenkernes (*Core*) in besser geordneten Kristallen bei einer Auflösung nahe der Atomebene und enthüllten dabei viele wichtige Einzelheiten darüber, wie die DNA um die Oberfläche des Histonoktamers gewickelt ist und wie die einzelnen Histonproteine zusammenpassen.

Nach dem alten Befund von 1984 hat die Proteinspule einen Durchmesser von etwa 60 Å, während die die umgebende DNA insgesamt rund 20 Å einnimmt; das gesamte Partikel hat demnach einen Durchmesser von etwa 100 Å. Der Befund besagte auch, dass die Proteine H2A und H2B nahe an beiden Enden des DNA-Supercoil liegen, während die Proteine H3 und H4 eine kompakte Gruppe nahe seinem Zentrum bilden. Die dreidimensionale Struktur ist demnach sozusagen eine aufgewickelte Version des in Abbildung 7.1a gezeigten Histonstranges. Abbildung 7.2 zeigt das neue Strukturmodell nach dem Befund von 1997. Da die *x*-, *y*- und *z*-Koordinaten in diesem neuen Modell mit einer

Auflösung nahe der Atomebene genau sind, erkennen wir hier viele wichtige Aspekte der nucleosomalen Struktur, die bislang unbekannt waren: Details der Proteinfaltung und des Kontakts zwischen den Proteinen; Details zum Roll, Slide und Twist der DNA; die Lokalisation von mehr als 1000 Wassermolekülen und die Lokalisation von Kationen wie Magnesium oder Mangan.

Die Abbildungen 7.1 und 7.2 zeigen die einfachste mögliche Organisationsebene von der DNA und den mit ihr in einem Chromosom assoziierten Proteine. Stellen wir uns nun einmal vor, wie sich eine Nucleosomenschnur zu einer Struktur höherer Ordnung falten könnte. Die regelmäßigen Abstände – 200 Basenpaare pro Nucleosom – müssten das Zusammenfügen zu einem geordneten Faden begünstigen und nicht etwa einen unregelmäßg geformten „Klumpen".

Die Struktur eines Polynucleosomfadens ist immer noch nicht sicher bekannt, aber ein oft angeführtes Modell ist das von John Finch und Aaron Klug, das später von diesen beiden in Zusammenarbeit mit Fritz Thoma und Theo Koller weiter entwickelt wurde. Im Jahre 1979 berichteten die beiden, dass sich die Struktur eines Polynucleosoms stabilisieren ließe, indem man es über Nacht mit einem Fixiermittel tränke und erst dann elektronenmikroskopische Bilder mache. Sie sahen so Strukturen unter dem Mikroskop, die ähnlich aussahen wie das Modell aus Abbildung 7.3. Leider erreicht das Elektronenmikroskop nicht den erwünschten Auflösungsgrad, und es ist eine gewisse Interpretation nötig. In ihrem Modell wickeln sich einzelne Nucleosomen zu einer kompakten Spirale auf, die mit jeder Windung 110 Å zurücklegt. Jede Windung dieser Struktur enthält etwa fünf bis sechs Nucleosomen, je nach den Lösungsbedingungen, und die DNA selbst nimmt eine toroidale Konfiguration ein. Das Histon H1 stabilisiert wahrscheinlich das Auffalten der Nucleosomen zu dieser kompakten Form: Ohne H1 werden die Nucleosomen von dem Fixiermittel nicht in Form einer Spirale „eingefroren", sondern erscheinen unter dem Mikroskop wie Perlen auf einer Schnur, so wie in Abbildung 7.3 unten gezeigt. Ob das Histon H1 an die DNA bindet oder nicht, hängt von den chemischen Bedingungen in der umgebenden Flüssigkeit ab, etwa ihrem Salzgehalt.

Die in Abbildung 7.3 gezeigte Struktur bezeichnet man als „300-Å-Faden", weil ihr äußerer Durchmesser meist bei etwa 250 bis 300 Å liegt. Die Länge eines solchen Fadens ist um das Sechsfache geringer als die der Nucleosomenschnur, aus der er besteht; die Länge des Fadens ist also um einen Faktor von etwa 6 x 6 oder ungefähr 40 geringer als die eines einfachen DNA-Doppelstranges.

Das Histon H1 ist im Inneren dieser Struktur lokalisiert; viele andere wichtige Aspekte des 300-Å-Fadens sind dagegen noch nicht bestimmt und somit Gegenstand laufender Forschungen. Da den elektronenmikroskopischen Untersuchungen eine präzise strukturelle Definition fehlt, wurden zudem verschiedene Modelle des 300-Å-Fadens postuliert, beispielsweise (in Abwesenheit eines Fixiermittels) eine höchst unregelmäßige, aber spiralisierte Struktur oder sogar ein Zickzackmodell, bei dem sich die Nucleosomen überhaupt nicht aufspiralisieren, sondern im Zickzack dem Verlauf der Fadenachse folgen.

Schließlich ist noch zu betonen, dass es eben den Histonen noch zahlreiche wichtige Proteine gibt, die ebenfalls die Chromosomenstruktur beeinflussen. Ordnet man sie in einer Reihenfolge, so sind die nach den Histonen am häufigsten zu findenden DNA-bindenden Proteine diejenigen aus der so genannten „*high mobility group*", kurz HMG-Proteine genannt. Diese kleinen Proteine wurden bei frühen Untersuchungen entdeckt, weil sie bei der Elektrophorese (siehe Kapitel 9) schnell durch das Gel wanderten, wenn man einen Essigsäure-Harnstoff-Puffer verwendete. Die drei wichtigsten Typen von HMG-Proteinen sind HMGA, HMGB und HMGN (früher als HMG-I,Y, HMG-1,2 beziehungsweise HMG-14,17 bezeichnet). Jede Klasse liegt in den meisten Geweben in einer etwa

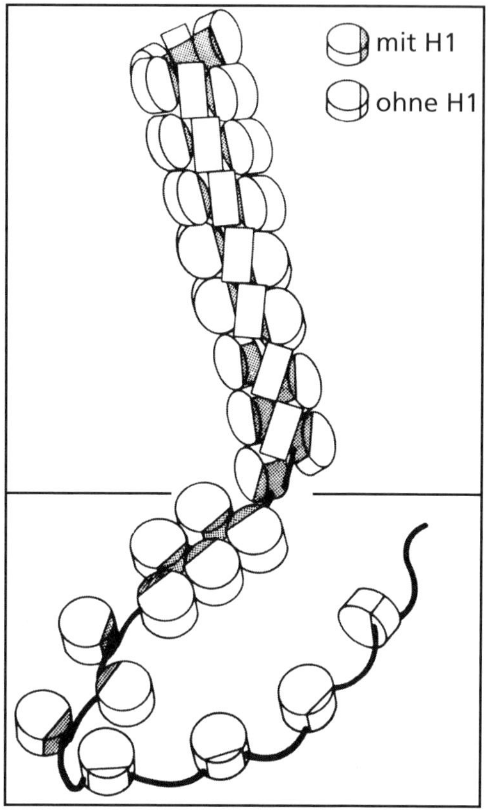

Abb. 7.3 Histonoktamere können sich entlang eines langen DNA-Moleküls zu „Perlen auf einer Schnur" aufreihen, und diese „Perlenkette" kann sich dann wiederum zu einer kompakteren Konfiguration auffalten, so etwa in Anwesenheit des Histons H1 zu einer flachen Spirale oder einem „300-Å-Faden". Aus F. Thoma et al. (1979), verändert.

um das Zehn- oder Hundertfache geringeren Menge vor als die Histone. Alle HMG-Proteine können mit Nucleosomen eine Verbindung eingehen. Von HMGN weiß man, dass es mit DNA-Regionen innerhalb aktiv transkribierender Gene assoziiert ist, wo das Chromatin teilweise entspiralisiert ist; über die Aufgaben von HMGA und HMGB weiß man bis jetzt nichts Genaues.

Wir haben bis hierhin einige der wichtigeren Eigenschaften der Chromosomenstruktur im kleineren Maßstab aufgeführt; schreiten wir jetzt zu den globaleren Eigenschaften fort. Hier wird es äußerst kompliziert. Das Problem besteht darin, dass DNA und Histone die meiste Zeit so gleichmäßig im Zellkern verteilt sind, dass sie kaum unterscheidbare Eigenschaften haben und so unter dem Licht- und auch Elektronenmikroskop „unsichtbar" bleiben, oder anders gesagt: Die 300-Å-Fäden scheinen im Nucleus so locker verteilt zu sein wie Spaghetti in einer Schüssel, so wie in Abbildung 1.2 schematisch dargestellt. Nur wenn eine Zelle kurz davor steht, sich zu teilen, kondensieren diese Fäden und falten sich zu Strukturen, die so kompakt sind, dass sie auch unter dem Licht- oder Elektronenmikroskop sichtbar sind. Solche hoch kompakten Strukturen bezeichnet man als Chromosomen der „Metaphase"[1]; einige von ihnen zeigt Abbildung 1.3. Die 300-Å-Fäden in solchen Metaphasen-Chromosomen müssen eindeutig recht dicht und regelmäßig umeinander gepackt sein, doch wissen wir derzeit noch nicht, wie das vor sich geht.

Wahrscheinlich aber sind die 300-Å-Fäden in ihrem verteilten Zustand während der „Interphase"[1] doch nicht ganz so locker oder zufällig organisiert wie Spaghetti in einer Schüssel. Schließlich müssen sie im Verlauf der Zellteilung in der Metaphase eine kompakte Form annehmen, und es ist schwer vorstellbar, wie das ablaufen soll, wenn sie in den Zwischenphasen vollkommen zufällig verteilt sind. Wir sollten daher nach einer weiteren Strukturebene suchen, die zwischen dem 300-Å-Faden und dem kondensierten Metaphasen-Chromosom liegt.

Die stärksten Belege für eine solche Zwischenstufe der Organisation liefern die seltsamen „Polytänchromosomen" aus den Speicheldrüsen der Taufliege und ein paar anderen Insekten. Die Taufliege besitzt vier Chromsomenpaare, und durch einen Kniff der Natur kann jedes Chromosom in der Speicheldrüse während der Interphase etwa 1 000 Kopien von sich selbst herstellen. Diese Kopien arrangieren sich parallel Seite an Seite und schaffen so eine sehr geordnete Struktur, die unter dem Lichtmikroskop erkennbar ist. Einige sehr deutliche, detaillierte Bilder von Polytänchromosomen der Fliege sind in Abbildung 1.4 zu finden. Jedes einzelne Chromosom bewahrt sich seine aufgelockerte Form, aber es gibt in einem Polytänchromosom so viele Kopien von ihm, die alle nebeneinander angeordnet sind, dass das Gebilde mit einer Gesamtlänge von etwa 1/30 mm fast mit bloßem Auge erkennbar ist.

Diese Riesengebilde haben zudem eine ausgeprägte Substruktur in Form von wohldefinierten Regionen von Hell und Dunkel oder „Banden" und „Interbanden". Die Banden enthalten 95 Prozent der DNA plus Protein, die Interbanden enthalten nur fünf Prozent. DNA und Protein müssen daher in den Banden sehr viel dichter gepackt sein als in den Interbanden, denn beide Regionen haben in etwa dieselbe Größe. Es wäre wunderbar zu wissen, wie die Banden und Interbanden entstehen. Sie sind einer der deutlichsten Belege für die strukturelle Organisation eines Chromosoms zwischen der Ebene des 300-Å-Fadens und derjenigen der finalen, kompakten Form, die man nur bei der Zellteilung sieht. Wir kennen heute dank sorgfältiger Untersuchungen mit dem Licht- und Elektronenmikroskop bereits viele genaue Details des Polytänchromosoms der Fliege, doch die strukturelle Basis der Banden-Interbanden-Organisation der DNA, die wahrscheinlich irgendwie durch die Basensequenz selbst festgelegt wird, ist noch unklar.

In Abbildung 6.3 haben wir angedeutet, dass die DNA in relativ regelmäßigen Abständen entlang eines Chromosoms gelegentlich „Schleifen" mit einer Länge von rund 50 000 Basenpaaren bildet. (Übrigens entspricht die dünne, gekringelte Linie aus Abbildung 6.3 eher einer Nucleosomenschnur als der DNA selbst.) Möglicherweise gehen die bei den Polytänchromosomen erkennbaren Banden und Interbanden auf eine Reihe solcher Schleifen zurück. Jede Schleife verdichtet die DNA in der Länge und sorgt so für die kompakte Packung von DNA und Protein, wie sie in den Polytän-Banden zu erkennen ist; die Intervalle zwischen den Schleifen dagegen entsprächen den Interbanden, in denen DNA und Protein viel weniger dicht gepackt sind. Die einzelnen Schleifen selbst sind natürlich unter dem Lichtmikroskop nicht zu erkennen, weil eine Bande aus 1 000 fast identischen Schleifen besteht; man kann sie aber bei anderen ungewöhnlichen Chromosomentypen erkennen, wie wir später noch beschreiben werden.

[1] Siehe Anmerkung am Ende dieses Kapitels.

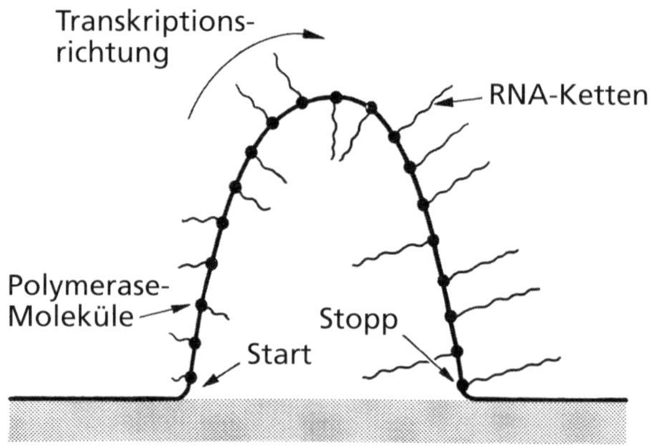

Abb. 7.4 RNA-Polymerase-Moleküle auf ihrem Weg um eine DNA-Schleife eines Lampenbürstenchromosoms. Die Schleife und ihre Basis, das „Gerüst", sind schematisch dargestellt. Die von diesen Polymerasen gebildeten RNA-Ketten werden länger, während sich die Polymerasen die Schleife entlang bewegen.

Erinnern wir uns, dass die Länge einer DNA-Doppelhelix durch das Aufwickeln zu einem 300-Å-Faden etwa um den Faktor 40 reduziert wird. Faltet sich der 300-Å-Faden zu einer Reihe von Schleifen, reduziert sich seine Länge wiederum um einen Faktor von etwa 25, insgesamt erfolgt also eine Komprimierung um 40 x 25 = 1 000 von der freien DNA zu der verteilten Interphase-Form eines typischen Chromosoms. Wenn sich eine Zelle teilt, muss sie also die Größe ihrer Chromosomen nur noch um einen weiteren Faktor von etwa zehn verringern, um eine 10 000-fache Gesamtverdichtung zu erreichen, wie wir sie am Anfang dieses Kapitels erwähnt haben.

Gibt es nun diese Schleifen tatsächlich, oder sind sie nur ein attraktives Modell zur Erklärung von Phänomenen, die wir derzeit nocht nicht verstehen? Nun, viele indirekte Beweise sprechen für die Schleifen, so etwa die Beobachtung, dass die DNA in Bruchstücke einer ungefähr gleichmäßigen Größe von rund 50 000 Basenpaaren zerfällt, wenn die Chromosomen im größeren Maßstab geringfügig abgebaut werden. Man beobachtet auch Fragmente von 300 000 Basenpaaren Größe, was einer Windung oder Ansammlung von sechs kleineren Schleifen entspräche. Auch Riesenscheifen mit zwei Millionen Basenpaaren wurden aufgrund indirekter Belege postuliert, und zwar im Falle des Aufwickelns der DNA über sehr große Distanzen in Interphase-Zellkernen.

Die unmittelbarsten Beweise für solche Schleifen aber sind schon lange bekannt und stammen aus detaillierten Untersuchungen so genannter „Lampenbürstenchromosomen", die man beispielsweise bei Fröschen oder Molchen in Zellen findet, die sich bald zu Eizellen entwickeln werden. Die Schleifen sind bei ihnen aus einem einfachen Grund deutlich sichtbar, nämlich weil die Gene entlang dieser Schleifen am laufenden Band riesige Mengen RNA produzieren, um die Bildung eines neuen Frosch- oder Molcheies vorzubereiten. Solche Gene sind daher fast ganz mit RNA-Polymerase-Molekülen und den daran hängenden RNA-Ketten bedeckt und kaum von Histonproteinen. Die DNA hat die durch das Umwickeln der Histonproteine entstandene Kompaktheit fast ganz eingebüßt und behält doch eine relativ hohe Dichte, weil sich entlang jeder Schleife so viel Protein und RNA befindet; darum ist sie unter dem Mikroskop gut zu erkennen.

Wie in Abbildung 7.4 schematisch dargestellt, sind die RNA-Polymerase-Moleküle in den Schleifen eines Lampenbürstenchromosoms entlang der DNA sehr eng gepackt, so wie dicht hintereinander wartende Autos vor einer Ampel. Die seitlich heraustretenden RNA-Ketten sind in Protein gehüllt (das hier nicht dargestellt ist) und werden immer länger, während die Polymerase-Moleküle um die Schleife herumwandern. Jede Schleife ist an ihrer Basis an zwei Stellen an speziellen, unbekannten Proteinen (oder anderen Molekülen) verankert, die eine feste Stütze oder ein „Gerüst“ bilden, dann schließt sich ein bestimmtes Intervall zwischen den Schleifen an, bevor die nächste Verbindungsstelle zum „Gerüst“ erreicht wird. Diese Anordnung ist der „Banden-Interbanden-Struktur“ aus den Polytänchromosomen der Taufliege recht ähnlich, aber bei den Fliegen sind die Schleifen noch weitaus kondensierter, weil sie mit Histonproteinen bedeckt sind.

Wann immer wir also die Feinstruktur eines Chromosoms mithilfe des Licht- oder Elektronenmikroskops tatsächlich sehen können, finden sich Hinweise auf eine intermediäre Struktur zwischen der des 300-Å-Fadens und der des gefalteten Metaphasen-Chromosoms. Zudem ist es nicht abwegig, als Arbeitshypothese davon auszugehen, dass diese intermediäre Strukturstufe schlichtweg aus einer Reihe großer Schleifen in der DNA besteht – und den Intervallen zwischen den Schleifen. Bislang aber gibt es praktisch keine gesicherten Daten aus biochemischen Studien, die zeigen würden, welche DNA-Sequenzen sich vielleicht an das Gerüst an der Basis jeder Schleife heften oder mit welchen Proteinen in einem solchen Gerüst sich die DNA wohl verbindet.

Eine gängige und von vielen Wissenschaftlern angewandte Methode zur Untersuchung von Strukturen auf dieser Ebene ist es, alle Histone mit Salzen, Detergenzien und anderen Reagenzien aus der DNA zu entfernen und dann zu sagen, dass die verbliebenen Proteine ein „Gerüst“ repräsentieren. Dieses Vorgehen bringt jedoch einige offensichtliche Gefahren mit sich, und die Ergebnisse bleiben umstritten. Wenn die DNA beispielsweise an das Gerüst nicht sehr viel fester gebunden ist als an die Histone, könnten die echten Verbindungen der DNA mit einem tatsächlichen Gerüst während einer solchen Behandlung verloren gehen. Bei einem solchen Experiment könnte man also zum Schluss mit irgendeinem Restprotein dastehen und nicht mit einem Gerüst. Uli Laemmli und Kollegen entwickelten clever eine Prozedur, bei der nur ein relativ schwaches Detergens zum Entfernen der Histone dient; dabei sprechen schlüssige Beweise dafür, dass die nach der Behandlung mit einem solchen Detergens verbleibenden Gerüstproteine tatsächlich an ihrem ursprünglichen Platz verblieben sein könnten. Dennoch richten die unterschiedlichen eingesetzten Prozeduren möglicherweise Schaden an, wie jüngere Studien zeigen. Dean Jackson und Peter Cook etwa haben nachgewiesen, dass die scheinbare Größe der mit solchen Methoden ermittelten „Schleifen“ sehr empfindlich auf die bei der Präparation der Proben verwendeten Mittel reagiert. Zudem zeigen die mit so kartierten Schleifen in Polytänchromosomen der Fliege keinerlei Übereinstimmung mit der unter dem Lichtmikroskop deutlich erkennbaren Banden-Interbanden-Struktur. Und schließlich hat man in einem Fall nachgewiesen, dass sich ein bestimmtes DNA-Stück erst nach und nicht vor dem Zugeben eines Detergens oder ähnlichen Reagens an das Gerüst binden wird. Andere Studien wiederum zeigen, dass die Topoisomerase 2, postuliert als das Haupt-„Gerüstprotein“, das sich nicht durch ein Detergens entfernen lässt (wahrscheinlich weil es kovalent an die DNA bindet, während es die Verwindungszahl L verändert), keine Rolle für das Gerüst oder die Struktur spielt, wenn chromosomale Schleifen in Zellextrakten zusammengebaut werden.

Zu diesem schwierigen Thema haben V. F. Semeshin, I. F. Zhimulev und ihre Kollegen in Sibirien interessante Arbeit geleistet. Sie haben die Insertion fremder DNA-Stücke in ein Polytänchromsom der Fliege elektronenmikroskopisch untersucht. Als Fremd-DNA benutzten sie ein bestimmtes DNA-Fragment, das so genannte „P-Element“; darin enthaltene Sequenzen versetzen ein Fliegenenzym in die Lage, Fremd-DNA in Fliegen-DNA einzubauen. Wie die Untersuchungen ergaben, kann das P-Element entweder eine neue Bande bilden oder eine bereits existierende Bande spalten, je nachdem, bei welcher Position im Chromosom seine Insertion erfolgt. In anderen, noch nicht elektronenmikroskopisch untersuchten Fällen kann die Genaktivität innerhalb eines P-Elements von seiner Position innerhalb eines Chromosoms „isoliert“ werden, indem man an beide Seiten bestimmte DNA-Sequenzen anhängt. Normalerweise reagiert die Aktivität jedes Gens sehr empfindlich auf seine Position im Chromosom, doch diese Experimente lassen vermuten, dass bestimmte Sequenzen in der DNA eine „Grenze“ zwischen verschiedenen Genen auf einem Chromosom setzen, möglicherweise in Gestalt einer Schleifen-Bindungsstelle.

Die kompakten Metaphase-Chromosomen, die Polytänchromosomen der Taufliege und die Lampenbürstenchromosomen des Frosches sind allesamt hoch spezialisierte biologische Strukturen und an bestimmte Funktionen adaptiert. Jeder Zellkern befindet sich die meiste Zeit in der Interphase; um also die Funktionsweise der Chromosomen wirklich zu verstehen, müssen wir die Struktur und Funktion in diesem verteilten Zustand auseinander nehmen. Im Nucleus der Interphase sind die verschiedenen langen Moleküle chromosomaler DNA keineswegs miteinander verknäuelt, sondern in bestimmten räumlichen Domänen voneinander getrennt. Innerhalb jedes Chromosoms sind auch die Regionen von transkriptionsaktivem und -inaktivem Chromatin räumlich getrennt. Bestimmte inaktive Regionen (das so genannte „Heterochromatin“) scheinen mit der kräftigen Kernmembran assoziiert zu sein, und bestimmte aktive Chromatinregionen, die sich an der Transkription beteiligen, liegen offenbar häufig an den beiden Rändern einer chromosomalen Domäne.

Einen großen Fortschritt hinsichtlich der Frage, wie es zu der Interphase-„Architektur“ des Nucleus kommt, brachte eine Entdeckung, die Kohwi-Shigematsu und Kollegen unlängst machten; sie fanden im Zellkern ein käfigartiges Netzwerk, das von einem SatB1 genannten Protein gebildet wird. Dieses Protein bindet bevorzugt an DNA-Regionen, die sich leicht zu Einzelsträngen „entpaaren“. SatB1 verankert viele Gene an spezifischen Chromosomenstellen und hält auch die Basis der Chromosomenschleifen fest. Außerdem kann es Enzyme rekrutieren, welche die Struktur des Chromatins verändern. Es hat also alle Eigenschaften, die ein Protein haben muss, das möglicherweise die Funktion einer authentischen chromosomalen Domäne reguliert.

Vielleicht empfinden Sie an dieser Stelle eine gewisse Frustration angesichts der vielen Unsicherheiten in unserer Darstellung. Seit wir nicht mehr von den Nucleosomen, sondern von dem 300-Å-Faden, HMG-Proteinen, Schleifen und Gerüsten reden, gibt es kaum noch definitive Fakten zu lernen. Bevor wir uns aber einem anderen Thema zuwenden, wollen wir noch einen weiteren Aspekt der Schleifenbildung der DNA im Chromosom beleuchten, der offenbar viel mit der Aktivität der Gene zu tun hat – und allzu deutlich zeigt, wie verschwommen unsere Kenntnisse von diesen wichtigen Dingen sind. In Abbildung 7.4 waren wir davon ausgegangen, dass die DNA-Schleifen in einem Chromsom fest fixierte Strukturen seien, weil die DNA jeder Schleife an ihren beiden Enden offenbar von einem Proteinstab oder -gerüst gehalten wird. Aber das denken nur einige der Wissenschaftler, die sich derzeit mit Chromosomen beschäftigen. Andere glauben, dass die Schleifen flexible Strukturen seien, die es der DNA gestatten, sich durch die Basis eines Chromosoms zu schieben oder zu fädeln, so wie sich das Magnetband durch den Tonkopf eines Cassettenrekorders fädelt.

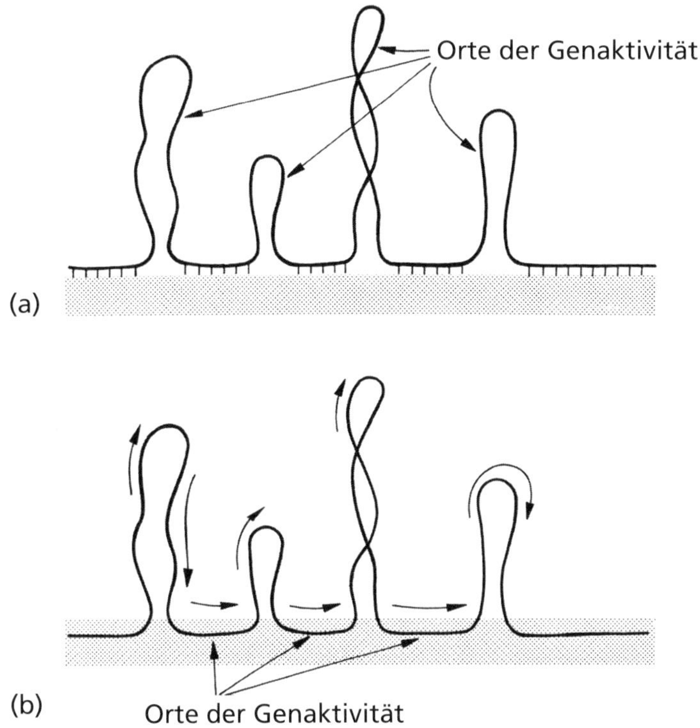

Abb. 7.5 Zwei Hypothesen zur Lokalisation der Genaktivität in einem typischen Chromosom höherer Organismen, schematisch dargestellt. Wir wissen nicht, ob die hypothetischen Schleifen der DNA starr fixierte Strukturen sind wie in Bild a oder ob sie so flexibel sind, dass sich die DNA durch ihre Verbindungsstellen mit einem „Gerüst" fädeln kann wie in Bild b.

Abbildung 7.5 zeigt die beiden alternativen Modelle. In Abbildung 7.5a sind die Schleifen als fixe Objekte dargestellt, und es wird vorausgesetzt, dass die RNA-Polymerase die Gene entlangwandert, die in den äußeren Teilen jeder Schleife angesiedelt sind. Die Polymerase und ihre assoziierten Proteine beginnen hier also nahe dem einen Ende einer Schleife damit, RNA zu bilden, und hören damit auf, wenn (oder bevor) sie das andere Ende erreichen. In Abbildung 7.5b dagegen sind die Schleifen in der Lage, durch die Basis des Chromosoms zu schlüpfen, und es wird angenommen, dass alle Polymerasen mitsamt ihrer assoziierten Proteine dort in einer Art „aktivem Kompartiment" untergebracht sind. Die DNA fädelt sich demnach selbst durch diese aktive Region, um in Kontakt mit der Polymerase zu treten und somit RNA zu bilden.

Gegenwärtig gibt es für beide Theorien einige Belege. Bedenken Sie, dass die Biologen heute viele Proteine isolieren können, die Gene arbeiten lassen (die „Transkriptionsfaktoren"), aber noch nicht wissen, wo diese Proteine lokalisiert sind – an der Basis oder an der Spitze einer chromosomalen Schleife. Einerseits wissen wir, dass ein Polymerase-Molekül in bestimmten Fällen um die äußeren Teile einer Schleife wandern kann (siehe Abbildung 7.4), wenn die Gene sehr große Mengen RNA herstellen. Andererseits nimmt man an, dass einige Schleifen innerhalb eines Lampenbürstenchromosoms ihre Größe verändern können, wie in Abbildung 7.5b schematisch dargestellt. Im Vergleich zu nor-

Abb. 7.6 Spezielle funktionelle Regionen der chromosomalen DNA. Ein Centromer muss sich nicht unbedingt genau in der Mitte der chromosomalen DNA befinden, doch die Telomere sitzen stets an ihren Enden. Telomere sind kurze, repetitive DNA-Sequenzen wie TTAGGG, die sich (bei Fischen, Fröschen und Menschen) hundertfach hintereinander wiederholen. Centromere sind lange, semi-repetitive Sequenzen mit einer Länge von mindestens 1000 bis zu 10000 Basenpaaren, die möglicherweise viele Bindungsstellen zwischen DNA und Mikrotubuli stellen. Bislang sind viele der chromosomalen Centromer-Regionen bei einfachen Organismen wie Hefen isoliert, doch hat man bisher noch kein funktionelles Centromer eines höheren Organismus mit Sicherheit isoliert.

malen Chromosomen, die nicht so große Mengen an RNA herstellen, kann man Berichten zufolge 90 Prozent der DNA und des Proteins der äußeren Teile abtrennen und nur den zentralen Anteil, das „Gerüst" zurücklassen; bei diesem Prozess werden dennoch fast alle enzymatischen Aktivitäten bewahrt, die zur RNA-Herstellung nötig sind.

Wenden wir uns nun nach diesem Exkurs über Schleifenbildung und Genaktivität wieder Dingen zu, über die wir heute mehr wissen. Wenn man es bei viel geringerer Vergrößerung betrachtet als wir es bisher taten, weist ein Chromosom zweierlei spezialisierte Strukturen auf, die spezifischen DNA-Sequenzen entsprechen. Man bezeichnet diese als „Centromer" (oder „Mittelstück") und „Telomere" (oder „Endstücke"); Abbildung 7.6 zeigt eine schematische Darstellung. Das Centromer liegt irgendwo im Hauptteil jedes Chromosoms, und es ist dieses Mittelstück, das sich mit den tubulären Proteinstrukturen – den „Mikrotubuli" – verbindet, die sich zusammenfinden, wenn die Teilung der Zelle bevorsteht. Diese Mikrotubuli ziehen die duplizierten Chromosomen auseinander und sorgen so dafür, dass jede neue Zelle eine Kopie jedes Chromosoms erhält. In dem Foto aus Abbildung 1.3 liegen die beiden DNA-Centromere in dem schmalen, zentralen, x-förmigen Teil jedes duplizierten Chromosoms. Die Telomere dagegen sitzen an jedem Ende eines langen, linearen Chromosoms, und ihre Aufgabe ist noch unklar. Offenbar können sie die Enden eines Chromosoms „versiegeln", damit es sich nicht mit anderen Chromosomen verbindet; es ist aber durchaus möglich, dass sie noch mehr tun. Manche Wissenschaftler nehmen an, dass sich die Telomere an die Zellkernmembran heften, um die Chromosomen im dreidimensionalen Raum zu verankern. Andere glauben, die Telomere würden beim Kopieren eines linearen Chromosoms im Vorfeld der Zellteilung gebraucht, weil das sonst übliche Kopierenzym (die DNA-Polymerase) die DNA nicht bis ganz ans Ende eines linearen Moleküls und auf beiden Strängen der Doppelhelix kopieren kann (weil sie einen kleinen „Primer" braucht, siehe Kapitel 10); daher würde ein spezielles Enzym, die „Telomerase", die Telomerenden ergänzen.

Werfen wir nun einen genaueren Blick auf die Struktur eines kompakten Metaphasen-Chromosoms. Zahlreiche licht- und elektronenmikroskopische Studien haben gezeigt, dass solche duplizierten Chromosomen, die dafür bereit sind, bei der Zellteilung (bei der jede Tochterzelle eine Kopie erhält) geteilt zu werden, eine spiralige Struktur aufweisen, wie sie Abbildung 7.7a zeigt. Sie erkennen dort dieselbe Gesamtform wie in Abbildung 1.3, aber diesmal detaillierter. Eine Art „Wurst" windet sich hier zu spiralisierten Armen, welche die Gesamtgröße des Chromosoms verringern und somit bei der Zellteilung helfen. Woraus genau mag dieser spiralige Stab bestehen? Eine nahe liegende Möglichkeit wäre die bereits beschriebene Gerüst-und-Schleife-Struktur (Abb. 7.7b). Die

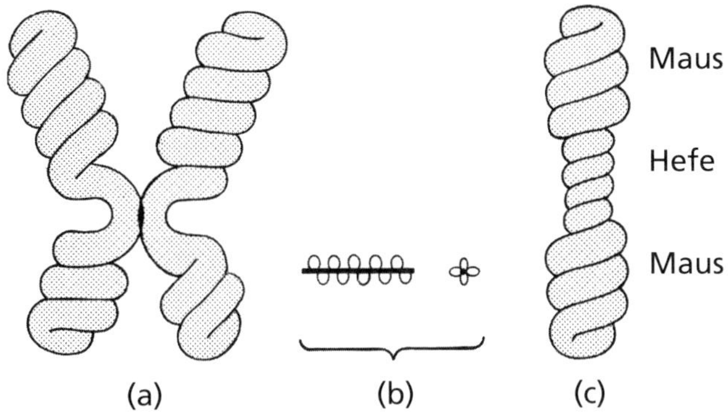

Abb. 7.7 a: Detail der Feinstruktur des duplizierten Metaphasen-Chromosoms, das sich zu einem spiraligen Stab oder einer „Wurst" aufgewickelt hat (vgl. Abb. 1.3). b: Derselbe Stab im Detail als hypothetisches Gerüst mit Schleifen in zwei Ansichten. c: Ein spezielles Maus-Hefe-Hybridchromosom mit zweierlei Durchmessern, das verdeutlicht, wie wenig wir über die Faktoren wissen, welche die Chromosomenstruktur auf höherer Ebene beeinflussen.

Schleifen sind in diesem Bild kleiner als die früher gezeigten, weil die beiden Diagramme in Bild 7.7b – eine Seiten- und eine Aufsicht der Schleifen – im Maßstab des viel größeren Bildes 7.7a gezeichnet sind. Dennoch erscheint es möglich, dass der spiralige Stab zum Großteil aus diesen Schleifen besteht, während das Proteingerüst vielleicht eine relativ schmale Kernstruktur (Core) bildet.

Die Bildung kompakter Spiralen aus einer Gerüst-und-Schleifen-Struktur gäbe eine wunderbare Erklärung für den letzten Verdichtungsfaktor von 10 ab, der benötigt wird, um eine Gesamtverdichtung um den Faktor 10 000 von der Länge freier DNA zu der Länge eines Metaphasen-Chromosoms zu erreichen. Vielleicht (und rein hypothetisch) stellt die Zelle ja ein spezifisches Protein her, das die Krümmung in der Gerüst-und-Schleife-Struktur induziert, während sich die Zelle auf die Teilung vorbereitet, und dabei für den Übergang vom Interphasen- zum Metaphasen-Chromosom sorgt. Unter dem Licht- und Elektronenmikroskop hat man übrigens sowohl links- als auch rechtsgewundene Spiralen (wie die aus Abbildung 7.7a) gefunden.

Vor kurzem haben Wissenschaftler zahlreiche Möglichkeiten entdeckt, wie sich die DNA eines Organismus in die Chromosomen eines anderen transferieren lässt. So kann die gesamte DNA eines Hefechromosoms – neun Millionen Basenpaare – in das Chromosom einer aus der Maus isolierten Zelle inseriert werden, und zwar durch eine seltene „Fusion" der zwei Zelltypen in der Gewebekultur. Das daraus resultierende Metaphasen-Chromosom hat eine seltsame, hantelförmige Form, zu sehen in Abbildung 7.7c: Diese Bild ist eine vereinfachte Version und entspricht einer Hälfte von Bild 7.7a. Die entscheidende Eigenschaft besteht darin, dass das Mittelstück, das die Hefen-DNA enthält, nur den halben Durchmesser eines normalen Mäuse-Chromosoms hat. Eine mögliche Erklärung dafür ist, dass die Schleifen der Hefen-DNA kürzer sind als die der Mäuse-DNA, was den Durchmesser dieser Gerüst-und-Schleifen-Struktur schrumpfen lässt. Es könnte auch sein, dass sich das Proteingerüst bei der Hefe zu engeren Spiralen windet als bei der Maus. Und vielleicht treten diese beiden Effekte auch gleichzeitig auf. In jedem Fall ist dies ein tief greifendes Ergebnis, weil es zeigt, dass ein Metaphasen-Chromosom eine definivite Organisationsstufe hat, die durch die DNA-Sequenz (oder das Muster ihrer Methylierung, siehe Kapitel 11) bestimmt wird und die wir noch nicht richtig verstehen.

Letztlich – und wahrscheinlich noch in diesem Jahrhundert – werden die Menschen authentische Chromosomen in voller Länge im Reagenzglas zusammenbauen und diese in der Landwirtschaft (vielleicht auch der Medizin) einsetzen wollen, um nützliche Dinge zu tun, die jetzt noch nicht möglich sind. Die meisten heutigen Nutzpflanzen und -tiere sind keine Wildformen, sondern selektiv auf ihren Nährwert hin gezüchtet. So wurden der wohl bekannte Apfel „Granny Smith“ und die Orange „Parson Brown“ im vergangenen Jahrhundert auf verbesserte Fruchtqualität hin von Menschenhand gezüchtet. Vor rund 20 Jahren erzeugten einige Wissenschaftler der Firma Calgene in Kalifornien eine Tomatenpflanze, deren Tomaten nicht faulen, sondern fest und rot bleiben. Das erreichten sie, indem sie der Tomatenpflanze kleine Abschnitte fremder DNA hinzufügten, welche die Bildung des „Fäulnis“-Enzyms hemmen. Inzwischen gibt es zahlreiche andere Beispiele für „gentechnisch veränderte“ (*genetically modified*, GM) Lebensmittel, etwa Getreide mit einem eingebauten Gen für Insektenresistenz oder Reis, der in salzhaltigem Wasser wachsen kann.

Im Augenblick ist viel Forschung der Entwicklung von Methoden gewidmet, mit denen man große Abschnitte fremder DNA in Zellen einbauen kann, um „transgene“ Pflanzen oder Tiere für die Landwirtschaft zu erzeugen (beispielsweise ein transgenes Schwein, das schneller zur Schlachtreife gelangt als ein normales Tier) oder aber wichtige Gene für Zellen für die „Gentherapie“ in der Medizin, etwa als neuartige Therapie gegen Krebs oder als Mittel, um Gendefekte zu behandeln. Diese neuen Methoden bedienen sich oft Viren oder Fett-DNA-Komplexe, so genannter „Liposomen“, für die Einschleusung in die Zellen; mehr dazu in Kapitel 10. Andere laufende Forschungen suchen nach funktionellen Mini-Chromosomen, die in menschlichen Zellen normal wachsen und vererbt werden. Niemand weiß, ob und welche dieser Methoden in ihrer letztlichen Wirkungsform Histone und DNA beteiligen, aber es scheint schon lohnend, das Umwickeln von Histonen mit DNA wenigstens als Modellsystem zu erforschen, um derartige Prozesse und ihren möglichen Ablauf in Zelle oder Reagenzglas besser verstehen zu können.

Bislang stehen die Wissenschaftler mit ihrem Wissen darüber, wie sich die DNA zu Chromosomen zusammenfindet, noch ganz am Anfang. Nur allzu gerne würden sie ein wenig DNA, reines Protein und vielleicht ein paar andere Substanzen in ein Reagenzglas geben, um im Labor Chromosomen zusammenzubauen. Aber dergleichen liegt noch in ferner Zukunft. Derzeit kann man aus Histonen und DNA nur dann authentische Nucleosomen erzeugen, wenn man „Extrakte“ aus lebenden Zellen hinzugibt. Diese Extrakte enthalten wahrscheinlich viele für die Bildung von Nucleosomen, vielleicht auch Schleifen und Gerüsten wichtige Faktoren; was das aber für Faktoren sind und wie sie wirken, wissen wir noch nicht. Einige Extrakte können sogar eine Kernmembran um die DNA entstehen lassen. Hier gibt es noch viel interessante Arbeit zu tun.

Das wichtigste Ergebnis auf diesem allgemeinen Gebiet erzielten Ron Laskey und seine Kollegen schon 1977. Sie entdeckten, dass man DNA mit einem Extrakt aus Froscheiern inkubieren konnte, um authentische Fragmente eines Chromosoms zu erzeugen. Schließlich fanden diese Gruppe und gleichzeitig Jürgen Kleinschmidt unabhängig voneinander zwei Proteine im Froschei, „N1“ und „Nucleoplasmin“, die an die Histonpaare H3 und H4 beziehungsweise H2A und H2B binden und sie auf die DNA laden. Warum sollten solche „*Carrier*“ („Träger“) nötig sein, um die Histone in Form von Nucleosomen auf die DNA zu bringen? Warum sollten Histone nicht imstande sein, spontan an DNA zu binden?

Das Wasser in unseren Zellen enthält verschiedene gelöste Salze in geringer Konzentration. Im Reagenzglas setzen sich Histone nur dann als Nucleosomen auf die DNA, wenn die Salzkonzentration erst weit über diejenige in unseren Zellen erhöht und dann langsam wieder verringert wird. Bei physiologischen, zellähnlichen Salzkonzentrationen bilden die positiv geladenen Histone oft Klumpen und keine Nucleosomen. Die Carrier-Proteine N1 und Nucleoplasmin aber enthalten zahlreiche negativ geladene Aminosäuren wie Aspartat und Glutamat; diese binden fest an die Histone und hindern sie so am Zusammenklumpen. Auch ein einfaches Polymer aus Aspartat oder Glutamat kann Histone auf die DNA bringen. Die Natur benutzt aus zwei Gründen stattdessen komplizierte Proteine wie N1 und Nucleoplasmin: erstens um die Histone von ihrem Syntheseort im Ribosom durch die Kernmembran zu der Stelle zu bringen, wo die Chromosomen zusammengebaut werden, und zweitens um genau H3 und H4 beziehungsweise H2A und H2B aus all den unterschiedlichen, positiv geladenen Proteinen in der Zelle herauszusuchen, die vielleicht unspezifisch an die DNA binden könnten.

Die Entdeckung dieser Histon-Carrier war ein schöner Fortschritt, doch dann stieß man auf ein Hindernis. Als man die Komplexe aus N1 mit H3, H4 und aus Nucleoplasmin mit H2A, H2B aus dem Zellextrakt isolierte, stellte sich heraus, dass sich die Histone im Reagenzglas mit einem Abstand (*spacing*) von nur 145 Basenpaaren auf der DNA versammelten und nicht mit einem Abstand von 180 Basenpaaren, wie in dem Originalextrakt aus Froscheiern. Bei anderen lebenden Zellen kann der Abstand zwischen 160 und 260 Basenpaaren schwanken, je nachdem, welche Proteine im jeweiligen Nucleosom vorliegen, doch in der Natur beobachtet man niemals einen so geringen Zwischenraum von nur 145 Basenpaaren.

Abbildung 7.8 zeigt einige typische Ergebnisse für die Anlagerung von Histonen auf DNA, auf der einen Seite durch einen Extrakt aus lebenden Zellen, auf der anderen Seite durch ein reines System (*pure system*). Um die Abstände der Nucleosomen zu bestimmen, „verdaut" man das Präparat mit einem DNA-schneidenden Enzym (wie dem von Hewish und Burgoyne benutzten) und misst dann die Größe der so erzeugten Fragmente mithilfe der Gel-Elektrophorese nach einem Schema, das wir in Kapitel 9 noch beschreiben werden.

Auf der linken Seite von Abbildung 7.8 kann man im Gel „ablesen", dass sich die DNA mit Histonen aus einem Froscheiextrakt zu Partikeln von 180, 360, 540, 720 und 900 Basenpaaren Größe zusammengefunden hat; die Grundeinheit ist also 180 Basenpaare groß. Auf der rechten Seite wurde die DNA mit Histonen in einem reinen System (also ohne jegliche Zellextrakte) zusammengebracht, und es entstanden Partikel mit 145, 290, 435, 580, 725 und 870 Basenpaaren Größe nach dem Verdau mit dem Enzym; die Größe der Grundeinheit misst demnach 145 Basenpaare. (Die unterste Bande mit den 145-Basenpaar-Partikeln ist in diesem Gel verdeckt, zeigt sich aber in anderen Experimenten.)

Eine allgemein akzeptierte Erklärung für die Verringerung des Zwischenraumes von 180 (beim Zellextrakt) auf 145 Basenpaare (beim reinen System) ist, dass uns bei der Reinigung des Materials bestimmte wichtige Proteine verloren gehen. Wenn diese Proteine normal mit den Histonen assoziieren würden, zumindest während des Nucleosomenzusammenbaues, während sich diese auf der DNA in einer Zelle zusammenfügen, dann wären im Zellextrakt mehr Proteine pro Partikel als im reinen System; deshalb würde sich jeder Partikel über eine längere Strecke entlang der DNA ausdehnen. Welche Proteine mögen wir verloren haben? Der Froscheiextrakt enthält bekanntermaßen keinerlei übliches Histon H1; vielleicht ist also ein anderes, häufig vorkommendes Protein (oder Proteine) wichtig für den korrekten Zusammenbau der Nucleosomen.

Der aussichtsreichste Kandidat für diese Aufgabe wären die schon früher erwähnten Proteine der *high mobility group*, HMGA, HMGB und HMGN. Diese kleinen Proteine liegen im Zellkern in recht großer Menge vor und binden auch mit geringer Spezifität für die Basensequenz an die DNA. In verschiedenen Experimenten hat David Tremethick

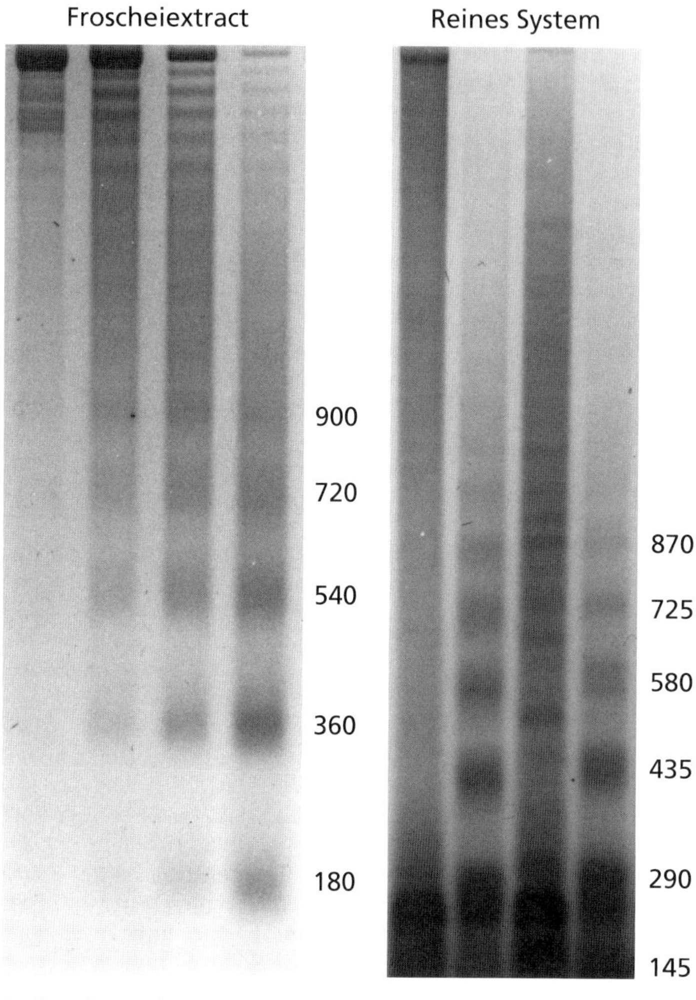

Abb. 7.8 Analyse des Nucleosomen-Zusammenbaues mithilfe der Gel-Elektrophorese, nach Verdau mit Enzymen. Die Histone setzen sich in einem reinen System mit einem Abstand von 145 Basenpaaren auf die DNA, in einem Extrakt aus Froscheiern dagegen mit einem authentischeren Abstand von 180 Basenpaaren. Linkes Bild mit freundlicher Genehmigung von David Tremethick.

gezeigt, dass sowohl eine mäßig reine Proteinfraktion aus dem Froscheiextrakt, die verschiedene HMG-ähnliche Proteine enthält, als auch ein hoch reines Präparat aus phosphorylierten HMGN-Proteinen aus der menschlichen Placenta die Abstände zwischen den Nucleosomen von 145 auf 165 Basenpaaren wachsen lässt. Andere Forscher, wie James Kadonaga und seine Kollegen, haben festgestellt, dass HMGN die Abstände der Nucleosomen in einem Fliegeneiextrakt von 160 auf 175 Basenpaare zunehmen lässt.

Gibt man das Histon H1 zu einem Froschei- oder Fliegeneiextrakt oder aber zu einem teilgereinigten Extrakt, so nimmt der Abstand zwischen den Nucleosomen sogar noch weiter zu: von etwa 180 auf 220 Basenpaare bei einem Rohextrakt und von 165 auf 190

Basenpaare bei einem teilgereinigten Extrakt. Zahlreiche unabhängige Experimente verschiedener Forscher zeigen diesen Effekt deutlich. Die meisten ausgereiften Gewebe bei Tieren wie Fliege, Huhn und Mensch enthalten das Histon H1 und zeigen zudem in der Gel-Elektrophorese Zwischenräume, die einer Grundeinheit von 190 bis 220 Basenpaaren entsprechen. Tiere wie der Seeigel zeigen in manchen Geweben einen Zwischenraum von 260 Basenpaaren; vielleicht enthalten diese Zellen andere spezielle Proteine für den Zusammenbau der Nucleosomen, die wir noch nicht kennen.

Abbildung 7.9 zeigt schematisch eine vorläufige Zusammenfassung dieser Ergebnisse. Wahrscheinlich erfolgt der Zusammenbau von DNA zu Nucleosomen in mindestens drei Schritten. Zuerst bindet das N1-Protein (oder ein anderer negativ geladener Carrier) je zwei Kopien der Histone H3, H4 und fügt sie zur DNA hinzu. Dann bindet vielleicht das Protein Nucleoplasmin die Histone H2A, H2B und möglicherweise auch ein HMG-ähnliches Protein und ergänzt diese Proteine zur DNA, beiderseits des bereits zusammengebauten H3, H4-Tetramers. Das HMG-ähnliche Protein ist in manchen Fällen vielleicht HMGN ähnlich. Ohne dieses HMG-ähnliche Protein haben wir während des Zusammenbaues wohl nur acht Proteine pro Partikel, die 145 Basenpaare DNA überspannen; mit dem HMG-ähnlichen Protein aber sind es während des Zusammenbaues wohl zehn Proteine pro Partikel, die dann 165 Basenpaare DNA überspannen. Ist schließlich noch das Histon H1 präsent, kann es die DNA-Strecke zwischen den Partikeln und somit ihren Abstand weiter verlängern, und zwar im einfachsten Fall von 165 auf 190 Basenpaare oder in anderen Fällen von 180 auf 220 Basenpaare. Den Carrier für Histon H1 in lebenden Zellen kennen wir nicht, aber im Extrakt scheint dies eine Art von RNA zu sein. Ohne Zweifel wird das auf Vermutungen basierende Bild aus Abbildung 7.9 in der Zukunft verändert und verbessert werden.

Eine wichtige Konsequenz des schrittweisen Zusammenbaues von DNA zu Nucleosomen, wie ihn Abbildung 7.9 zeigt, ist folgende: Jeder Schritt in diesem Prozess ist reversibel, wir dürfen also erwarten, dass der Abbau in denselben Schritten vor sich geht, nur in umgekehrter Reihenfolge. Die relativen Raten von Zusammenbau und Abbau bei jedem Schritt spielen daher wohl eine Rolle bei spezifischen biologischen Prozessen – etwa der Genaktivierung –, bei denen die DNA zumindest teilweise entwirrt und nicht gefaltet vorliegen muss. Zu diesem Thema später mehr.

Ein großer Teil dieses Buches ist der Untersuchung der DNA-Krümmung gewidmet. In welchem Zusammenhang steht die Krümmung der DNA mit ihrem Zusammenbau zu Nucleosomen? Die Abbildungen 7.1 und 7.2 zeigen, dass sich die DNA mit fast zwei superhelikalen Windungen von je etwa 80 Basenpaaren um die Histone in jedem Nucleosom wickelt. Man könnte daher erwarten, dass sich *gekrümmte* oder sonstwie sehr *flexible* DNA leichter zu Nucleosomen zusammenbauen ließe als DNA mit uneinheitlicher Sequenz, weil jene speziellen Sequenzen weniger Energie dafür brauchen, um sich in die geforderte superhelikale Form zu wickeln. Und wirklich sind beide Faktoren wichtig. Allgemein gilt, dass schon eine geringe Krümmung, wie sie durch die Basensequenz festgeschrieben wird (siehe Kapitel 4), ausreicht, um den Verlauf der DNA über die Histonproteine zu bestimmen. Wenn nicht schon eine Krümmung vorliegt, zeigt es sich, dass die Affinität der DNA zu Histonproteinen umso größer ist, je flexibler die DNA ist.

Versuche mit lebenden Zellen haben außerdem gezeigt, dass die Histonproteine oft äußerst geordnete Positionen relativ zur DNA-Sequenz in einem Zellkern einnehmen; diese werden zwar durch die Flexibilität der DNA nicht strikt festgelegt, aber doch beeinflusst. Wie leicht sich eine beliebige DNA-Sequenz um eine einzelne Histongruppe krümmen wird, lässt sich mit Fourier-Algorithmen ähnlich den in den Kapiteln 4 und

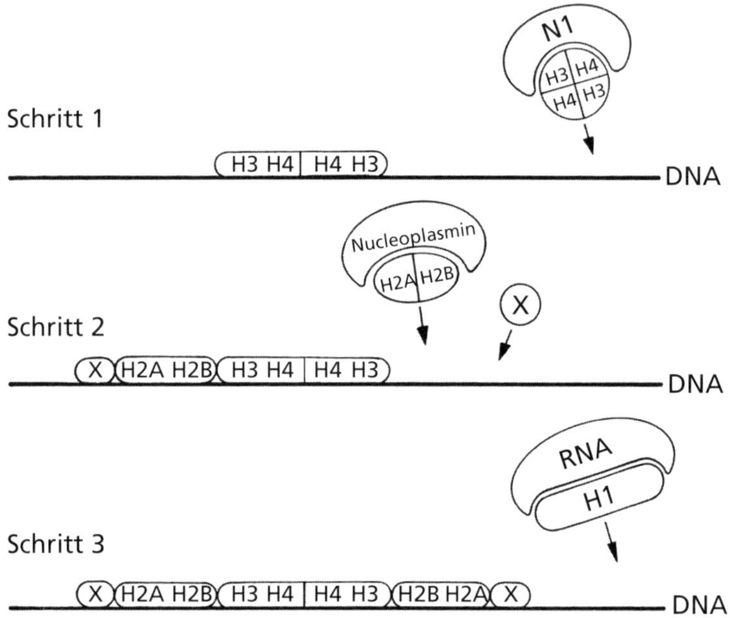

Abb. 7.9 Allgemeines Schema für den Zusammenbau von Nucleosomen in drei Schritten. Die Identität des hier mit „X" bezeichneten Proteins ist noch unsicher; den gegenwärtigen Forschungen zufolge handelt es sich wahrscheinlich um ein HMG-ähnliches Protein, oder es ist mit HMGN verwandt.

5 beschriebenen errechnen. Allerdings ist es schwierig, derlei Dinge exakt für mehrere aufeinander folgende Gruppen von Histonproteinen zu berechnen, weil benachbarte Nucleosomen vielleicht aneinander haften oder sich gemeinsam zu einem 300-Å-Faden falten, und dies in einer Weise, die den Vorlieben der DNA für Krümmung oder Flexibilität entgegenläuft. Wie jüngste Experimente ergeben haben, legt die DNA-Sequenz aber vielleicht die Lokalisation des ersten Nucleosoms in einer langen Reihe fest, dass dann Einfluss auf seine Nachbarn ausübt.

Verschiedene Experimente haben gezeigt, dass der Einbau von gekrümmter oder sonstwie sehr flexibler DNA nahe der Startstelle eines Gens die Aktivität dieses Gens unterdrücken kann. In solchen Fällen scheint es wahrscheinlich, dass die Histonproteine wegen der Krümmung oder Flexibilität fester als gewöhnlich an die DNA binden, sodass die spezialisierten „Transkriptionsfaktor"-Proteine, welche die RNA-Synthese initiieren, keinen Zugang zur DNA erhalten und daher das Gen nicht aktivieren können. (Das in den Kapiteln 4 und 8 beschriebene Zinkfingerprotein Zif268 ist ein Beispiel für einen solchen Transkriptionsfaktor.) Dazu passt, dass die Insertion von nicht gekrümmter oder starrer DNA nahe dem Startpunkt eines Gens (beispielsweise langen Strecken mit den Sequenzen AA/TT oder GG/CC) bekanntermaßen dieses Gen aktivieren kann, indem der Zugang von Transkriptionsfaktoren zur nahe gelegenen DNA gesteigert wird. Wenn gekrümmte DNA in großer Menge überall in einem Chromosom vorliegt (wie bei manchen Vögeln oder Reptilien), können zudem Gene im gesamten Chromosom reprimiert werden und das Chromosom selbst bleibt vielleicht so kompakt gefaltet und kondensiert, dass es während der Interphase sichtbar wird.

Bis heute wurden buchstäblich Hunderte von Experimenten durchgeführt, bei denen Transkriptionsfaktoren und Histon-Proteine (oder HMG-Proteine) demselben Stückchen DNA zugegeben und die Effekte des einen auf das andere gemessen wurden. Diese Untersuchungen geben nur unzulänglich wieder, was tatsächlich im Chromosom einer lebenden Zelle vor sich geht, aber sie haben einige interessante Ergebnisse erbracht. So können bestimmte Transkriptionsfaktoren mit gänzlich unterschiedlichen Affinitäten an dasselbe Stück DNA binden, je nachdem, wie sich die DNA um das Histon krümmt und welche Seite der Helix somit frei liegt. Diese besonderen Ergebnisse scheinen recht gut das nachzuahmen, was in lebenden Zellen geschieht, wenn Transktiptionsfaktoren Gene aktivieren, die bereits zu Nucleosomen aufgewickelt sind.

Aus diesen Untersuchungen lässt sich grob folgern, dass die Aktivitäten der DNA in einem Chromosom sehr vielschichtig und kompliziert sind. Wenn man versucht, die Tätigkeit der DNA allein anhand abstrakt definierter Gene und Transkriptionsfaktoren zu erforschen, ohne ihre dreidimensionale Struktur zu berücksichtigen, wird man auf viele zelluläre Phänomene stoßen, die nicht erklärbar sind. In der Vergangenheit wurde bei zellfreien Untersuchungen der Mechanismen der Transkription bei höheren Organismen freie DNA benutzt und nicht DNA, die in authentische Stücke eines Chromosoms gepackt war. Bei der Untersuchung der Aktivität solcher Transkriptionsfaktoren aber fanden Kadonaga und Kollegen heraus, dass der Einsatz von an nucleosomale Proteine gebundener DNA bei einem zellfreien Transkriptionsversuch Ergebnisse erbrachte, die denen aus lebenden Zellen ähnlicher waren als jene, bei denen man histonfreie DNA als Matrize gebraucht hatte.

Vor der Aktivierung jedes Gens muss vor allem die fest um die Histonproteine gewickelte DNA zumindest vorübergehend entwirrt werden. Ohne dieses Entwickeln kämen die RNA-Polymerase und andere für das „Lesen“ der DNA benötigte Proteine niemals an die erforderlichen Bindungsstellen nahe dem Startpunkt eines Gens heran. Wie also wird die DNA für Transkriptionsfaktoren und RNA-Polymerase zugänglich, während sie gleichzeitig mit den Histonen assoziiert bleibt?

Unsere Zellen haben offenbar ausgefeilte Mechanismen entwickelt, um die lokale Struktur des Chromatins zu verändern und um innerhalb aktiver Gene Nucleosomen auf der DNA zu verschieben. Im Reagenzglas zeigen Nucleosomen die Fähigkeit, sich entlang eines DNA-Abschnittes zu bewegen, allerdings nur zufällig. In der lebenden Zelle jedoch scheint diese Fähigkeit nicht nach dem Zufallsprinzip benutzt zu werden; vielmehr erfolgt hier offenbar eine aktive Regulierung. Bestimmte Nucleosomen müssen demnach ein Signal tragen, das anzeigt, wo eine solche Verschiebung erfolgen soll.

Der wahrscheinlichste Mechanismus für ein solches Signal ist wohl die chemische Modifikation der Histonproteine. Um die Histone – H2A, H2B, H3 und H4 – chemisch zu modifizieren, gibt es mehrere Möglichkeiten, die wichtigsten sind die Acetylierung, die Phosphorylierung und die Methylierung. Diese drei Modifikationen werden von speziellen Enzymen vorgenommen, die man Acetylasen, Kinasen beziehungsweise Methylasen nennt. Wird ein Protein acetyliert, wird eine Acetylgruppe (CH_3CO) an eine oder mehrere der Lysin-Aminosäuren gehängt und somit die positive Ladung aufgehoben (siehe Abbildung 7.10a). Bei der Phosphorylierung eines Proteins wird eine Phosphatgruppe PO_3^- angehängt, meist an eine oder mehrere seiner Serin- oder Threonin-Aminosäuren; dabei erhält es eine negative Ladung (siehe Abbildung 7.10b). Bei der Methylierung eines Proteins schließlich werden eine, zwei oder drei Methylgruppen (CH_3) an die Lysin-Aminosäuren angehängt, was deren Größe, aber nicht ihre Ladung verändert (siehe Abbildung 7.10c). Auch Arginin-Aminosäuren können durch Hinzufügen einer Methylgruppe modifiziert werden.

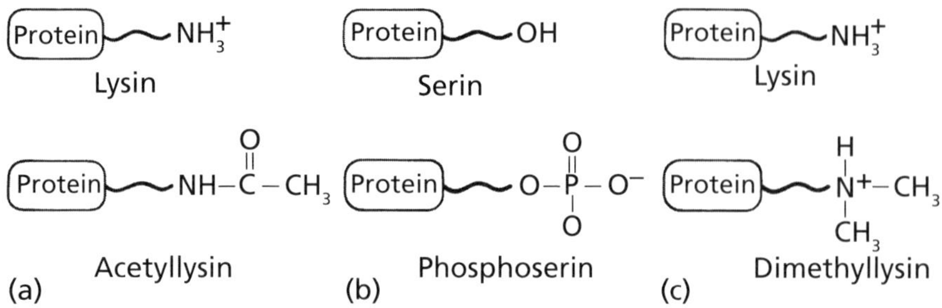

Abb. 7.10 a: Acetylierung, b: Phosphorylierung und c: Methylierung typischer Aminosäuren in einem Protein. Die ersten beiden Modifikationen verändern die elektrische Ladung des Proteins in einer Weise, die sich auf seine Struktur und auf seine Fähigkeit zur Interaktion mit DNA oder anderen Proteinen auswirken könnte. In Bild c wurden zwei Methylgruppen angehängt, doch es könnte noch eine dritte (anstelle des Wasserstoffs H) hinzugefügt werden (in der ebenfalls möglichen einfach methylierten Form wäre nur eines von drei Wasserstoffatomen durch eine Methylgruppe ersetzt).

Tab. 7.1 Die Acetylierung, Phosphorylierung oder Methylierung bestimmter chromosomaler Proteine kann deren physikalische Eigenschaften und somit auch ihre biologischen Funktionen beeinflussen.

Protein	Modifikation	Effekt
H2A, H2B, H3, H4	Acetylierung	meist leichte Verschiebung auf der DNA
H3	Phosphorylierung	Genaktivierung
H3	Methylierung	Modifikation der Genaktivität (siehe Kap. 11)
HMGB	Acetylierung	Veränderung der DNA-Bindung
HMGN	Phosphorylierung	Festere Bindung von H2A, H2B
HMGA	Acetylierung	unbekannt
	Phosphorylierung	
	Methylierung	
H1	Phosphorylierung	DNA wird weniger fest gebunden
N1, Nucleoplasmin	Phosphorylierung	Histone werden fester gebunden

Die wichtigsten Formen der Histonmodifikation im Zusammenhang mit der Dynamik des Chromosoms sind in Tabelle 7.1 aufgeführt. Diese Modifikationen sind zumeist hoch spezifisch und beschränken sich für gewöhnlich auf die beiden exponierten und flexiblen Enden jeder Histon-Polypeptidkette. Die Acetylierung schwächt beispielsweise die Bindung der Histone an die negativ geladene DNA, indem sie die positive Gesamtladung eben dieser Histone verringert. Es ist sogar schon lange bekannt, dass Histone mit vielen Acetylgruppen mit Chromatin assoziiert sind, das aktiv transkribiert wird oder aber leicht für die Transkription zur Verfügung steht. Dagegen besitzt Chromatin, das in der Transkription inaktiv oder stark gefaltet ist, meist keine Acetylgruppen. Desgleichen steht die Phosphorylierung eines bestimmten Serinrestes (Serin 10) im Histon H3 oft im Zusammenhang sowohl mit der Kondensation der Metaphasen-Chromosomen als auch mit der Aktivierung bestimmter Gene während der Interphase.

Bei der Histonmethylierung werden meist noch weitere Proteine herangezogen, die dann zusammen eine inaktive Chromatinstruktur bilden können. Einmal gebildet, bleibt diese inaktive Struktur bei der DNA-Replikation und Zellteilung stabil; die molekulare Basis einer solch bemerkenswerten Stabilität wird in Kapitel 11 beschrieben. Die signifikanteste Stelle der Proteinmethylierung befindet sich offenbar am Lysin 9 des Histons H3, wo die Aminosäure als Trimethyllysin von einem anderen Chromatinprotein, HP1, erkannt wird; dieses kann die Transkription unterdrücken. In einem anderen Fall wird das Lysin 4 – ebenfalls auf dem Histon H3 – methyliert, was mit einer *Aktivierung* von Genen einhergeht.

Histonmodifikationen wie die Acetylierung sind eng mit einer verbesserten Zugänglichkeit der Nucleosomen verknüpft. Nucleosomen können durch große, sich neu gestaltende Komplexe entlang der DNA verschoben werden, die Carl Wu erstmals beschrieben hat. Dieser Prozess kann durch die vielfache Acetylierung von Histonen gefördert werden, und in bestimmten Fällen führt er schließlich dazu, dass das Histonoktamer komplett von einer Promotorregion geschoben wird; so können dann sowohl Transkriptionsfaktoren als auch die RNA-Polymerase an die DNA binden.

Im Nucleus ist außerdem ein Typus der RNA-Polymerase, der verantwortlich für die Synthese von messenger-RNA ist, stark daran beteiligt, die Eigenschaften der Nucleosomen zu verändern. Die größte Protein-Untereinheit der RNA-Polymerase hat einen langen „Schwanz", der aus 30 bis 50 Wiederholungen einer Sequenz aus sieben Aminosäuren (Tyronsin-Serin-Prolin-Threonin-Serin-Prolin-Serin, oder kurz YSPTSPS) besteht. Wenn die RNA-Polymerase an einen beliebigen Gen-Promotor bindet, kurz bevor sie mit der RNA-Bildung einsetzt, kann der lange „Schwanz" einen „Aktivator"-Komplex aus Proteinen anziehen, der für die korrekte Initiation der RNA-Ketten benötigt wird (siehe Abbildung 7.11a). Während des eigentlichen Initiationsprozesses wird dann eben dieser Polymerase-„Schwanz" an einer seiner drei Serin-Aminosäuren (Nummer 5 aus der Wiederholungssequenz) phosphoryliert und bindet an einen anderen, großen „Elongationskomplex" aus Proteinen, der am „Capping" von RNA-Ketten an ihrem 5'-Ende beteiligt ist, um sie vor zellulären Nucleasen zu schützen (siehe Abbildung 7.11b). Während der anschließenden Stadien der Transkription wird der „Schwanz" an der Serin-Aminosäure 2 (und nicht 5) der Wiederholungssequenz phosphoryliert, wie in Abbildung 7.11c schematisch dargestellt. Er kann dann außerdem an andere große Enzymkomplexe binden, die dabei helfen, die messenger-RNA zu „spleißen" (also nicht codierende Abschnitte zu entfernen, bevor sie den Nucleus verlässt) oder sie zu „polyadenylieren" (also eine Reihe von A-Basen an ihr 3'-Ende zu hängen, um sie vor Nucleasen zu schützen). Eine der Protein-Untereinheiten jenes Elongationskomplexes ist übrigens eine Acetylase, welche die Lysin-Seitenketten von Histonen innerhalb aktiver Gene verändern kann.

Die Zelle koppelt also sehr geschickt die Transkription von DNA zu RNA durch ein beliebiges Polymerase-Enzym und seinen assoziierten „Aktivator"- oder „Elongationskomplex" mit der Acetylierung von Histonproteinen, um einen aktiven Status herbeizuführen.

Was genau geschieht wohl, wenn sich die RNA-Polymerase einem Nucleosom im Chromatin nähert, das ihr den Weg versperrt? Oft bildet die zwischen der herannahenden Polymerase und dem gebundenen Nucleosom liegende DNA einen rechtsgewundenen Supercoil aus (siehe Kapitel 6), der das Entwickeln oder „Lockern" eines linksgewundenen, aus zwei Windungen bestehenden DNA-Supercoil im Nucleosom selbst

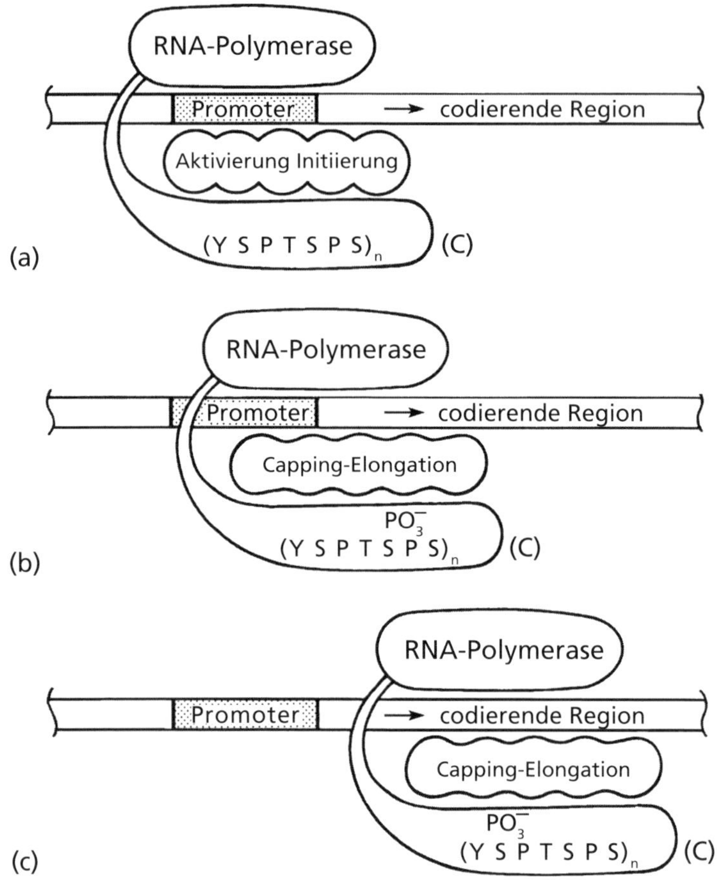

Abb. 7.11 Stark schematisierte Darstellung der RNA-Polymerase mit ihrem langen „Schwanz" auf ihrem Weg entlang der DNA. In Bild a hat der Schwanz den „Aktivatorkomplex" gebunden. Die sieben Aminosäuen lange Wiederholungssequenz ist hier mit einzelnen Buchstaben bezeichnet (siehe Text). Im weiteren Verlauf wird (Bild b) eine der Serin-Aminosäuren (S) in der Wiederholungssequenz phosphoryliert, und ein anderer, so genannter „Elongationskomplex" wird stattdessen gebunden. In Bild c schließlich wurde eine andere Serin-Aminosäure phosphoryliert; der nun an den Schwanz gebundene Komplex enthält auch eine Histon-Acetylase. Das Carboxylende des Proteins ist hier mit „C" bezeichnet.

erleichtert. Eines der H2A-H2B-Dimere kann dann vorübergehend frei gesetzt werden, wie in Abbildung 7.12 schematisch dargestellt, sodass die Polymerase besseren Zugang erhält; allerdings weiß niemand sicher, wie das vor sich gehen mag. Eine andere RNA-Polymerase – die RNA-Polymerase III – aber scheint Zugang zur DNA zu erhalten, ohne dass Histone vom Oktamer verschoben werden.

Vor über 20 Jahren wiesen Brad Baer und Daniela Rhodes nach, dass einigen der Nucleosomen aus aktiv wachsenden Zellen eines jener H2A-H2B-Dimere fehlt. Interessanterweise waren diese Partikel nicht nur bevorzugt mit der RNA-Polymerase assoziiert, sondern auch der Spaltung durch die Nuclease zugänglicher als normale Nucleosomen (sie waren also entwunden).

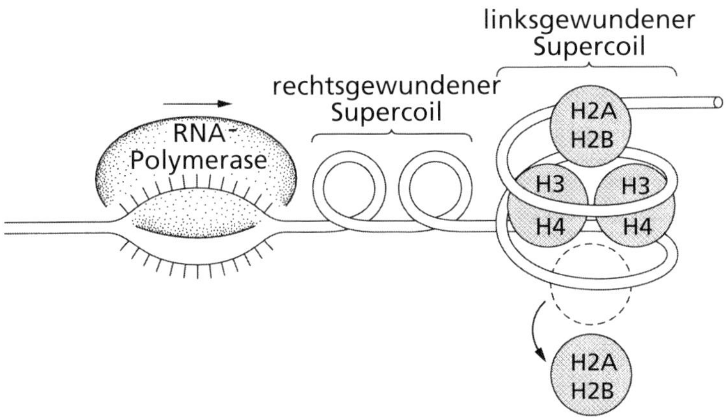

Abb. 7.12 Während sich die RNA-Polymerase vorwärts bewegt (vgl. Abb. 4.2), bildet die vor ihr liegende doppelhelikale DNA einen rechtsgewundenen Supercoil aus. Dieser führt zu einer gewissen Lockerung des linksgewundenen Supercoils der DNA um das Histonoktamer; außerdem kann eines der H2A/H2B-Dimere abgegeben werden. Das Histonoktamer ist hier stark schematisiert als Bündel aus vier Dimeren dargestellt.

Einige „Remodellierungsenzyme" der Nucleosomen werden offenbar von Regionen aktiven Chromatins angezogen, entweder durch Bindung an acetylierte Histone oder durch Bindung an genaktivierende Proteine, die „Transkriptionsfaktoren" (siehe Kapitel 8). Die meisten „Remodellierungsenzyme", wie die RNA-Polymerase, brauchen die Zufuhr biochemischer Energie, um sich entlang histongebundener DNA voranzubewegen. Diese Energie stammt meist aus der Umwandlung von Adenosintriphosphat (ATP) in Adenosindiphosphat (ADP), wobei eine Phosphatgruppe durch Wasser ersetzt und gleichzeitig Energie frei gesetzt wird (die drei an eine Adeninbase mit einem Zuckerring gebundenen Phosphate werden auf zwei reduziert, siehe Kapitel 10). Zudem können die meisten dieser Remodellierungsenzyme auch die vorübergehende Abgabe eines H2A-H2B-Dimers herbeiführen, wiederum nur wegen der Aktivität der RNA-Polymerase.

Insgesamt tragen die Acetylierung von Lysin-Aminosäuren in Histonen, das lokale positive Supercoiling der DNA und auch die vorübergehende Freisetzung eines H2A-H2B-Dimers allesamt dazu bei, dass die RNA-Polymerase bei der Transkription eine beliebige lange Abfolge von Nucleosomen durchqueren kann, ohne diese ständig zu verschieben.

Wir haben uns nun mit vielen wichtigen Aspekten der gegenwärtigen Forschung zur Chromosomenstruktur und Genaktivität vertraut gemacht. Zweifellos erfordert es aber ein viel tiefer gehendes Wissen um die Chromosomen und ihre Funktionsweise, um einige große Fragen in der Biologie – etwa die nach Wachstum und Entwicklung höherer Organismen – zu beantworten.

Anmerkung

1. Siehe Anhang 1.

Weiterführende Literatur

Allshire, R. C.;Cranston, G.; Gosden, J. R.; Maule, J. C.; Hastie, N. D.; Fantes, A. P. *A fission yeast chromosome can replicate autonomously in mouse cells.* In: *Cell* 50 (1987) S. 391–403. Das Hefe-Maus-Hybridchromosom mit zwei verschiedenen Durchmessern (schematisch dargestellt in Abbildung 7.7) stammt aus der Zelllinie F1.1 aus diesem Artikel.

Bednar, J.; Horowitz, R. A.; Dubochet, T.; Woodcock, C. L. *Chromatin conformation and salt-induced compaction: three-dimensional structural information from cryoelectron microscopy.* In: *Journal of Cell Biology* 131 (1995) S. 1365–1376. Postulat eines irregulären Zickzack-Modells für die Packung von Nucleosomen in einem 300-Å-Faden.

Cai, S.; Han, H. J.; Kohwi-Shigematsu, T. *Tissue-specific nuclear architecture and gene expression regulated by SATB1.* In: *Nature Genetics* 34 (2003) S. 42–51. Mögliche Organisation von nuclearen Substrukturen durch das Protein SATB1.

Callan, H. G. Lampbrush chromosomes. In: *Proceedings of the Royal Society of London* B 214 (1982) S. 417–418. Zahlreiche wunderbare Bilder von Gerüsten und Schleifen.

Cook, P. R. *The nucleoskeleton and the topology of transcription.*In: *European Journal of Biochemistry* 185 (1989) S. 487–501. Sind die Gene an äußeren Teilen der Schleifen oder an deren Basis lokalisiert?

Davey, C.; Pennings, S.; Meersseman, G.; Wess, T. J.; Allan, J. *Periodicity of strong nucleosome positioning sites around the chicken adult beta-globin gene may encode regularly spaced chromatin.* In: *Proceedings of the National Academy of Sciences*, USA 92 (1995) S. 11210–11214. Histonoktamere binden mit einer 300-fachen Variabilität der Affinität an natürliche DNA-Sequenzen; eine derart variable Affinität könnte dabei helfen, Nucleosomen in lebenden Zellen zu lokalisieren.

Disney, J. E.; Johnson, K. R.; Magnuson, N. S.; Sylvester, S. R.; Reeves, R. *High mobility group protein HMG-I localizes to GQ and C bands of human and mouse chromosomes.* In: *Journal of Cell Biology* 109 (1989) S. 1975–1982. Das HMG-I-Protein (also HMGA) wird vor allem in inaktiven Regionen eines Chromosoms gefunden.

Farr, C. J.; Bayne, R.; Kipling, D.; Mills, W.; Critcher, R.; Cooke, H. J. *Generation of a human X-derived mini-chromosome using telomere-associated chromosome fragmentation.* In: *EMBO Journal* 14 (1995) S. 5444–5454. Erste Schritte zur Erzeugung eines authentischen Mini-Chromosoms für menschliche Zellen.

Hirano, T.; Mitchison, T. J. *Topoisomerase II does not play a scaffolding role in the organisation of mitotic chromosomes assembled in Xenopus egg. extracts.* In: *Journal of Cell Biology* 120 (1993) S. 601–612. Untersuchung der globalen Struktur von Chromosomen hinsichtlich Gerüsten und Schleifen.

Holde, K. van *Chromatin*, New York (Springer) 1988. Wichtiges Werk auf diesem Gebiet; es gibt einen Überblick zu DNA und Chromosomen auf dem Stand der 1980-er Jahre.

Iyer, V.; Struhl, K. *Poly (dA.dT), a ubiquitous promoter element that stimulates transcription via its intrinsic DNA structure.*In: *EMBO Journal* 14 (1995) S. 2570–2579. Lange Reihen von AA/TT oder GG/CC stimulieren die Transkription von einem nahe gelegenen Gen bei der Hefe, indem sie Nucleosomen aus der Nähe dieses Gens entfernen und so die Bindung von Transkriptionsfaktoren erleichtern.

Kim, J. H.; Lane, W. S.; Reinberg, D. *Human 'elongator' facilitates RNA polymerase II transcription through chromatin.* In: *Proceedings of the National Academy of Sciences*, USA 99 (2002) S. 1241–1246. Ein großer Proteinkomplex, der „Elongationskomplex", hilft der RNA-Polymerase dabei, Gene im Chromatin zu transkribieren und enthält außerdem eine Histon Acetylase.

Kurdistani, S. K.; Grunstein, M. *Histone acetylation and deacety-lation in yeast.* In: *Nature Reviews in Molecular Cell Biology* 4 (2003) S. 276–281. Zur Bedeutung der Histon-Acetylierung und -Deacetylierung für die Dynamik des Chromosoms.

Lagarkova, M.A.; Iarovaia, O. V.; Razin, S.V. *Large-scale fragmentation of mammalian DNA in the course of apoptosis proceeds via excision of chromosomal DNA loops and their oligomers.* In: *Journal of Biological Chemistry* 270 (1995) S. 20239–20241. Indirekter Nach weis von Schleifen mit einer Größe von 50000 oder 300000 Basenpaaren in Chromosomen durch sanfte Fragmentierung in größerem Maßstab.

Li, Q.; Wrange, O. *Accessibility of a glucocorticoid response element in a nucleosome depends on its rotational positioning.* In: *Molecular and Cellular Biology* 15 (1995) S. 4375–4384. Transkriptionsfaktoren können mit sehr verschiedenen Affinitäten an dieselbe DNA-Sequenz im Chromatin binden, je nachdem, wie sich diese DNA um die Histonproteine krümmt.

Rattner, J. B.; Lin, C. C. *Radial loops and helical coils coexist in metaphase chromosomes.* In: *Cell* 42 (1985) S. 291–296. Bilder von duplizierten Metaphasen-Chromosomen, gebildet aus einem spiralisierten Faden.

Richmond, T J.; Davey, C. A. *The structure of DNA in the nucleosome core.* In: *Nature* 423 (2003) S. 145–150. Detaillierte Analyse der DNA-Krümmung hinsichtlich Roll, Slide, Twist und anderer helikaler Parameter für fast zwei Windungen eines linksgewundenen DNA-Supercoils.

Sandaltzopoulos, R.; Blank, T.; Becker, R. B. *Transcriptional repression by nucleosomes but not H1 in reconstituted preblastoderm Drosophila chromatin.* In: *EMBO Journal* 13 (1994) S. 373–379. Vergrößerung der Abstände durch das Histon H1 von 180 auf 220 Basenpaare in einem Fliegeneiextrakt und Untersuchungen zur dortigen Genfuktion.

Sivolob, A. V.; Khrapunov, S. N. *Translational positioning of nucleosomes on DNA: the role of sequence-dependent isotropic DNA bending stiffness.* In: *Journal of Molecular Biology* 247 (1995) S. 918–931. Gutes Modell der Rotations- und Translationspositionierung von Histonoktameren an unterschiedlichen DNA-Sequenzen, basierend darauf, wie leicht sich verschiedene Sequenzen krümmen.

Suka, N.; Shinohara, Y., Saitoh, Y; Saitoh, H.; Ohtomo, K.; Harata, M.; Shpigelman, E.; Mizuno, S. *W-heterochromatin of chicken: its unusual DNA components, late replication, and chromatin structure.* In: *Genetica* 88 (1993) S. 93–105. Gekrümmte DNA bildet einen Großteil des W-Geschlechtschromosoms beim Huhn.

Sumner, A. T. *Chromosome Banding*, London (Unwin Hyman) 1990. Maßgebliches Werk über die Methoden zur Untersuchung von Metaphasen-Chromosomen.

Tremethick, D. *High mobility group proteins 14 and 17 can space nucleosomal particles deficient in histones H2A and H2B, creating a template that is transcriptionally active.* In: *Journal of Biological Chemistry* 269 (1994) S. 28436—28442. HMG-14,17 (also HMGN) kann die Abstände zwischen Histonoktameren von 145 auf 165 Basenpaare vergrößern und gleichzeitig das Chromatin für die Transkription aktiver machen; es kann außerdem die Abstände zwischen Histonhexameren von 125 auf 145 Basenpaare vergrößern (siehe Abbildung 7.12).

Truss, M.; Bartsch, J.; Schelbert, A.; Hache, R.; Beato, M. *Hormone induces binding of receptors and transcription factors to a rearranged nucleosome on the MMTV promoter in vivo.* In: *EMBO Journal* 14 (1995) S. 1737—1751 Sorgfältige Studie zur Lokalisation von Nucleosomen bei hoher Auflösung und in lebenden Zellen, vor und nach der Genaktivierung durch Transkriptionsfaktoren.

Tsukiyama, T.; Becker, P. B.; Wu, C. *ATP-dependent nucleosome disruption at a heat-shock promoter mediated by binding of GAGA transcription factor.* In: *Nature* 367 (1994) S. 525–532. Erster direkter Nachweis der ATP-abhängigen Nucleosomen-Remodellierung.

Urata, Y; Parmelee, S. J.; Agard, D. A.; Sedat, J. W. *A three-dimensional structural dissection of Drosophila polytene chromosomes.* In: *Journal of Cell Biology* 131 (1995) S. 279–295. Detaillierte Studie der inneren Struktur von Polytänchromosomen der Fliege mithilfe des Lichtmikroskops.

Widom, J. *Short-range order in two eukaryotic genomes: relation to chromosome structure.* In: *Journal of Molecular Biology* 259 (1996) S. 579–588. In der Gesamt-DNA von Organismen wie Bakterien, Hefen oder Würmern finden sich Periodizitäten von Sequenzen im Bereich von 10,2 Basenpaaren, besonders für die Dinucleotide AA/TT und GC/GC, so wie man es angesichts der bevorzugten Krümmung derartiger DNA in enge Kurven erwartet.

Wolffe, A. *Chromatin*, London (Academic Press) 1995. Ein bedeutendes Buch, das einen Großteil der jüngeren Forschungen zu DNA und Chromosomen vorstellt.

Yoshida, M.; Horinouchi, S.; Beppu, T. *Trichostatin A and trapoxin: novel chemical probes for the role of histone acetylation in chromatin structure and function.* In: *Bioessays* 17 (1995) S. 423–430. Zur Entdeckung von zwei Chemikalien, welche die Histon-Acetylasen mit hoher Spezifität hemmen können.

Zinkowski, R. P.; Meyne, J.; Brinkley, B. R. *The centromere-kinetochore complex: a repeat subunit model.* In: *Journal of Cell Biology* 113 (1991) S. 1'091—1110. Das Centromer eines Säugetierchromosoms besteht, wie hier gezeigt wird, aus zahlreichen strukturellen Wiederholungen, von denen sich jede bei der Zellteilung separat an Mikrotubuli heftet.

Bibliographie

Allfrey, V.; Faulkner, R.M.; Mirsky A. E. *The acetylation and methylation of histones and their possible role in the regulation of RNA synthesis.* In: *Proceedings of the National Academy of Sciences,* USA 51 (1964) S. 786–794. Erste Vermutung dahingehend, dass die Acetylierung von Histonen mit der Transkription korreliert sein könnte.

Arents, G.; Burlingame, R.W.; Wang, B.-C.; Love, W. E.; Moudrianakis E. N. *The nucleosomal core histone octamer at 3.1 Å resolution: a tripartite protein assembly and a left-handed superhelix.* In: *Proceedings of the National Academy of Sciences, USA* 88 (1991) S. 10 148–10 152. Hoch auflösende Bilder von Histonproteinen ohne DNA.

Finch, J. T.; Lutter, L. C.; Rhodes, D.; Brown, R. S.; Rushton, B.; Levitt, M.; Klug, A. *Structure of nucleosome core particles of chromatin.* In: *Nature* 269 (1977) S. 29–36. Erste Kristalle des Core-Partikels der Nucleosomen, die das Histonoktamer und 145 Basenpaare DNA enthalten, und ihre strukturelle Analyse bei geringer Auflösung.

Hewish, D; Burgoyne, L. *Chromatin sub-structure: the digestion of chromatin DNA at regularly spaced sites by a nuclear deoxy-ribonuclease.* In: *Biochemical and Biophysical Research Communications* 52 (1973) S. 504–510. Entdeckung von regelmäßigen Abständen zwischen Histonproteinen entlang der DNA im Chromatin.

Jackson, D. A.; Dickinson, P.; Cook, P.R. *The size of chromatin loops in HeLa cells.* In: *EMBO Journal 9* (1990) S. 567–571. Die bei der Histon-Depletion erhaltenen „Schleifengrößen" sind stark davon abhängig, welche exakte Prozedur angewandt wird.

Kireeva, M. L.; Walter, W.; Tchernajenko, V.; Bondarenko, V.; Kashlev, M.; Studitsky, V. M. *Nucleosome remodeling induced by RNA polymerase II: loss of the H2A/H2B dimer during transcription.* In. *Molecular Cell* 9 (2002) S. 451–452. Zur Frage, wie die transkribierende Polymerase ein auf ihrem Weg befindliches H2A-H2B-Dimer vom Nucleosom verschiebt.

Kleinschmidt, J. A.; Fortkamp, E.; Krohne, G.; Zentgraf, H.; Franke, W. W. *Co-existence of two different types of soluble histone complexes in nuclei of Xenopus laevis oocytes.* In: *Journal of Biological Chemistry* 260 (1985) S. 1 166–1 176. Unabhängige Entdeckung von N1 und Nucleoplasmin durch diese Wissenschaftler.

Kornberg, R. D.; Thomas, J. O. *Chromatin structure: oligomers of the histones. Science* 184 (1974) S. 865–868. Kornberg, R. D. *Chromatin structure: a repeating unit of histones and DNA.* In: *Science* 184 (1974) S. 868–871. Postulat eines Histonoktamers als Grundeinheit des Protein-DNA-Zusammenbaues in Chromosomen.

Laskey, R. A.; Mills, A. D.; Morris, N. R. *Assembly of SV40 chromatin in a cell-free system from Xenopus eggs.* In: *Cell* 10 (1977) S. 237–243. Entdeckung eines Zellextraktes, der authentische Chromosomenstücke erzeugt.

Luger, K.; Mader, A. W.; Richmond, R. K.; Sargent, D. F.; Richmond, T. J. *Crystal structure of the nucleosome core particle at 2.8 Å resolution.* In: *Nature* 389 (1997) S. 251–260. Erste Darstellung der Kristallstruktur des Core-Partikels vom Nucleosom bei einer Auflösung nahe der Atomebene.

Olins, A. L.; Olins, D. E. *Spheroid chromatin units (bodies).* In: *Science* 183 (1974) S. 330–331 Erste Bilder von Histonen und DNA in Chromosomen als „Perlen auf einer Schnur".

Paranjape, S. M.; Krumm, A.; Kadonaga, J. T. *HMG-17 is a chromatin-specific transcriptional coactivator that increases the efficiency of transcription initiation.* In: *Genes and Development* 9 (1995) S. 1978–1991. HMG-17 (also HMGN) kann die Abstände von Nucleosomen im Fliegeneiextrakt von 160 auf 175 Basenpaare erhöhen und dabei die Transkription aktivieren, indem es die Rate steigert, mit der neue RNA-Ketten initiiert werden.

Semeshin, V. F.; Demakov, S. A.; Perez-Alonso, M.; Zhimulev, I. F. *Formation of interdisc from DNA material of the P-element in Drosophila polytene chromosomes.* In: *Genetika* (USSR) 26 (1990) S. 448–456. Die P-Element-DNA kann neue Banden erzeugen oder aber alte spalten.

Thoma, F; Koller, T.; Klug, A. *Involvement of histone H1 in the organisation of the nucleosome and of the salt-dependent superstructures of chromatin.* In: *Journal of Cell Biology* 83 (1979) S. 403–427. Elektronenmikroskopische Untersuchung langer Reihen von Nucleosomen nach chemischer Fixierung. Die Quelle für Abbildung 7.3.

Tremethick, D. J.; Drew, H. R. *High mobility group proteins 14 and 17 can space nucleosomes in vitro.* In: *Journal of Biological Chemistry* 268 (1993) S. 11 389–11 393. Die phosphorylierten Proteine HMG 14, 17 (also HMGN) aus der menschlichen Placenta können die Abstände zwischen den Nucleosomen von 145 auf 165 Basenpaare erhöhen, ebenso wie eine Spacing-Fraktion aus Froscheiextrakt, die zahlreiche HMG-ähnliche Proteine enthält, und bei ihrer Aktivität auf ATP (über eine Proteinkinase) angewiesen ist.

Williamson, R. *Properties of rapidly labeled deoxyribonucleic acid fragments isolated from the cytoplasm of primary cultures of embryonic mouse liver cells.* In: *Journal of Molecular Biology* 51 (1970) S. 157–168. Zum Chromatinmuster mit Zwischenräumen von 200 Basenpaaren, aber nicht als solches interpretiert.

Aufgaben

7.1 Ein 3010 Basenpaare langes Stück doppelhelikaler DNA wird in einem Reagenzglas an eine Reihe von Histonoktameren gebunden, so wie in den Abbildungen 7.1, 7.2 und 7.3 gezeigt. Zu einem Ansatz wird dann ein Enzym wie das von Hewish und Burgoyne (1973) verwendete zugegeben. Experimente zur exakten Kartierung zeigen, dass das Enzym auf der ganzen Länge des DNA-Moleküls nur an bestimmten Lokalisationen schneidet, die bekanntermaßen leere Zwischenstücke oder „Linker" zwischen Histonoktameren darstellen. Diese wurden im Experiment – angegeben als Abstand in Basenpaaren zu einem Ende der 3'010-bp-DNA – an folgenden Stellen lokalisiert: 220, 430, 670, 870, 1090, 1320, 1520, 1740, 1930, 2140, 2350, 2580 und 2790.

a Erstellen Sie eine Tabelle aller möglichen Längen von DNA-Fragmenten für Fragmente, die ein, zwei, drei oder vier Histonoktamere enthalten. Diese Tabelle sollte vier Spalten haben. Spalte 1 sollte alle Fragmentlängen von der Größe 220 – 0 = 220, 430 – 220 = 210 Basenpaare und so fort auflisten und 14 Einträge haben. Spalte 2 sollte Fragmentlängen der Größe 430 – 0 = 430, 670 – 220 = 450 Basenpaare und so fort enthalten und 13 Einträge haben. Spalte 4 sollte Fragmente wie 670 – 0 = 670, 870 – 220 = 650 und so fort auflisten und 12 Einträge haben. Spalte 4 schließlich sollte die Größen 870 - 0 = 870, 1090 – 220 = 870 und so fort enthalten und elf Einträge haben.
Welches ist jeweils die durchschnittliche Fragmentgröße der Spalten 1, 2, 3 und 4, und was ist ihre Standardabweichung?

b Wie groß ist der durchschnittliche Abstand der Histonoktamere in diesem speziellen Beispiel? Teilen Sie jede durchschnittliche Fragmentgröße durch die Spaltennummer 1, 2, 3 oder 4, um einen Optimalwert zu erhalten.

7.2 Das in Abbildung 7.2 gezeigte Modell des Histonoktamers mit seiner assoziierten DNA lässt sich vereinfacht als Proteinzylinder mit einem Durchmesser von 60 Å und einer Höhe von 50 Å darstellen, um den zwei komplette Windungen von DNA mit einem Durchmesser von 20 Å gewickelt sind.

a Berechnen Sie den Anteil des Gesamtvolumens, der von der DNA besetzt ist. Für diese grobe Berechnung können Sie die DNA wie zwei separate Reifen mit einem Innendurchmesser von jeweils 60 Å behandeln. Bedenken Sie, dass das Volumen eines Reifens gleich dem Produkt aus seiner Querschnittsfläche und seinem mittleren Umfang ist.

b Berechnen Sie die Anzahl der Basenpaare in jedem Reifen, ausgehend von einer DNA-Länge von 3,3 Å pro Basenpaar.

7.3 Die Anordnung der Nucleosomen in einem gängigen Modell des „300-Å-Fadens" (siehe Abbildung 7.3) lässt sich annähernd durch das unten gezeigte Diagramm a darstellen. Um die Berechnungen besonders einfach zu machen, haben wir die Nucleosomen hier als geschlossene Sechserringe dargestellt und nicht als helikale Spiralen mit sechs Nucleosomen pro Windung.
Betrachten Sie jedes Nucleosom als Zylinder mit einem Radius von 50 Å und einer Länge von 50 Å (für das Protein plus DNA, siehe Aufgabe 7.2). Schätzen Sie nun

a den äußeren Durchmesser jedes Ringes, *b* den Durchmesser des inneren Hohlraumes und *c* die Höhe des 300-Å-Fadens pro Ring aus sechs Nucleosomen.
Ein zweites mögliches Anordnungsschema, ebenfalls mit geschlossenen Ringen dargestellt, ist im unten gezeigten Diagramm b dargestellt. Die Nucleosomen sind, wie zuvor, Zylinder, aber diesmal liegen ihre flachen Oberflächen senkrecht zur Achse des 300-Å-Fadens und nicht parallel dazu wie in Diagramm a.

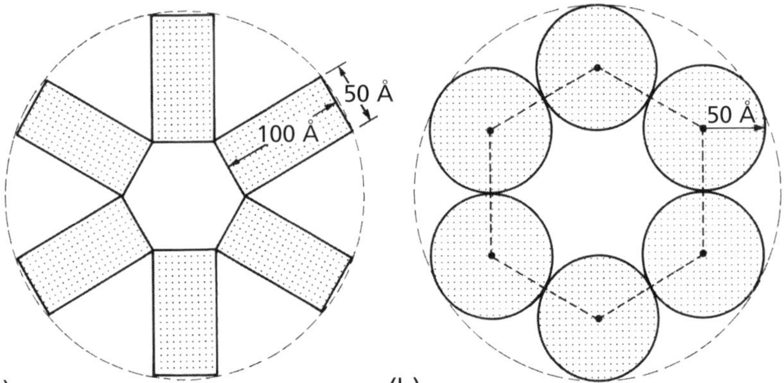

(a) (b)

Berechnen Sie die Dimensionen *a–c* auch für das Modell aus Diagramm b und vergleichen Sie diese mit den entsprechenden Zahlen für Modell a. (Siehe Widom, J.; Klug, A. in: *Cell* 43 [1985] S. 207–213 zu Nachweisen der grundlegenden Dimensionen und insbesondere zum axialen Abstand *c* von ungefähr 110 Å.)

7.4 Die Telomere menschlicher Chromosomen bestehen aus einer langen, vielfachen Wiederholung der Sequenz (5') TTAGGG (3'), wie in der Legende zu Abbildung 7.3 beschrieben. Eine solche Wiederholungssequenz geht oft über das Ende der doppelhelikalen DNA an jedem Ende des Chromosoms hinaus, und es bleibt ein kurzer Einzelstrang aus sechs ungepaarten Basen, der folgendermaßen aussieht:

(5') ... TTAGGGTTAGGGTTAGGG (3')
(3') ... AATCCCAATCCC (5')

Eine solche Anordnung nennt man auch kohäsive Enden (*sticky ends*) der DNA. Wir kennen zahlreiche zelleigene Enzyme, die zwei solche Einzelstrangenden der DNA-Moleküle miteinander verbinden oder „fusionieren“ können, wenn sie auf eine passende Watson-Crick-Basenpaarung stoßen.

a Ließen sich zwei identische (5') TTAGGG (3')-Enden wie die oben gezeigten (wobei das zweite durch Rotation des ersten um 180° in der Diagrammebene gefunden wird) von einem solchen Enzym zusammenfügen?

b Angenommen, menschliche Telomere bestünden nicht aus Wiederholungen von TTAGGG, sondern aus Wiederholungen einer anderen Sequenz, wie TAGCTA oder CGATCG. Würden solche hypothetischen Telomere verhindern, dass sich Chromosomenenden miteinander durch Watson-Crick-Basenpaarung verbinden? (Siehe Ijdo, J. W.; Baldini, A.; Ward, D.C.; Reeders, S. T.; Wells, R. A. in *Proceedings of the National Academy of Sciences, USA* 88 [1991] S. 9051–905 zum Fall einer seltenen Telomerfusion.)

7.5 Im Labor ist es oft möglich, eine „Suppe" oder einen Extrakt aus Proteinen aus einer lebenden Zelle herzustellen, der ein bestimmtes RNA-Molekül herstellen kann, wenn ihm ein DNA-„Matrizenmolekül" mit einer spezifischen Sequenz zugegeben wird.
Wenn Sie den Vorgang der Transkription ausschließlich in diesem Zellextrakt bei „nackter", histonfreier DNA untersuchen, welche wichtigen Eigenschaften der Chromosomenstruktur – Eigenschaften, welche die Aktivität einer DNA-Schablone in der lebenden Zelle beeinflussen könnten – blieben dann in Ihrer Untersuchung unberücksichtigt? Betrachten Sie die Abbildungen in diesem Kapitel und finden Sie mindestens vier verschiedene DNA-Strukturen innerhalb eines Chromosoms, welche die Genaktivität in dieser Weise beeinflussen könnten. (Siehe Felsenfeld, G. in: *Nature* 355 [1992] S. 219–224 zu diesem Problem.)

8 Spezifische Interaktionen zwischen DNA und Protein

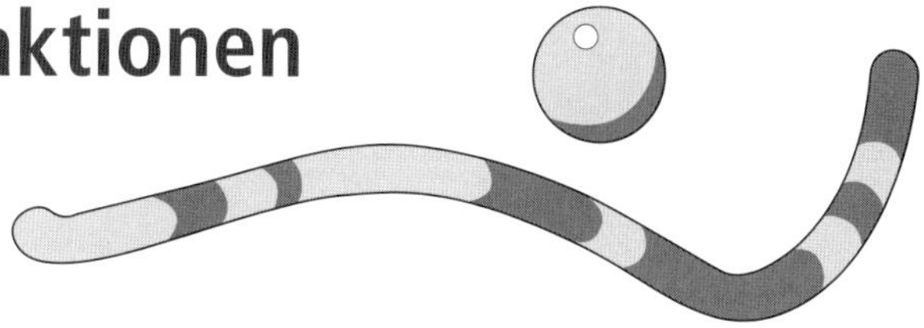

Im vorigen Kapitel haben wir erläutert, wie der Großteil der chromosomalen DNA mit „Verpackungsproteinen" zusammengebaut wird, beispielsweise mit Histonen. Diese in großen Mengen vorliegenden Proteine binden an den meisten Abschnitten der länglichen chromosomalen DNA und zeigen dabei keine sehr ausgeprägte Präferenz hinsichtlich der Basensequenz. Bei Organismen, deren Zellen über einen Nucleus verfügen, dienen sie hauptsächlich dazu, die lange DNA um einen Faktor von etwa 10 000 zu komprimieren, damit sie in den winzigen Zellkern passt. Dieser Verdichtungsvorgang kann über den Zugang der RNA-Polymerase zur Startstelle von Genen (also den „Promotor"-Sequenzen) entscheiden und somit die Transkription von DNA in RNA beeinflussen. Doch allein aus der Untersuchung der Verpackungsproteine erfahren wir nicht, wie spezifische Gene gesteuert werden könnten, sei es während des Wachstums oder der Entwicklung von Zellen zu einem ausgereiften Organismus, während der Zellantwort auf äußere Stimuli oder aber während der alltäglichen Routineaktivitäten voll entwickelter Zellen.

Aus diesem Grund hat sich die Wissenschaft auch den vielen in geringeren Mengen vorliegenden DNA-bindenden Proteinen zugewandt, die spezifisch nur an einen kleinen Teil der langen chromosomalen DNA binden – beispielsweise in unmittelbarer Nähe zu den Startpunkten von Genen oder an anderen wichtigen Lokalisationen. Einige dieser Proteine können mit hoher Spezifität für die Basensequenz an die DNA binden und dabei zahlreiche biologische Aufgaben erfüllen, etwa die Transkription kontrollieren, beschädigte DNA reparieren oder die DNA entwinden. Einige dieser Aufgaben sind in Abbildung 8.1 dargestellt.

Die ersten von Wissenschaftlern untersuchten DNA-bindenden Proteine waren bakterielle Regulationsproteine, welche die vielleicht einfachsten in der Natur anzutreffenden genetischen Systeme steuern. Viele dieser bakteriellen Proteine wirken als *„Repressoren"* der Genaktivität (oberer Abschnitt von Abbildung 8.1), wenn sie fest an eine Basensequenz der DNA binden, welche sich mit der „Promotor"-Sequenz überlappt, an die ja eine RNA-Polymerase ebenfalls binden kann. Indem sie also mit der RNA-Polymerase direkt um dasselbe lokale DNA-Segment konkurrieren, können sie deren Bindung an einen bestimmten Promotor verhindern. Solche Repressorproteine reduzieren im allgemeinen die Rate, mit der RNA von einem Promotor gebildet wird; eine solche Repression der RNA-Synthese ist vielleicht für nur eines oder wenige Gene im gesamten Organismus spezifisch, wenn der Repressor nur an eine oder wenige Stellen im gesamten Chromosom bindet.

Bei Bakterien kommt Repressorproteinen eine wichtige Aufgabe bei der Reduzierung lokaler Transkriptionsraten zu; bei Pflanzen, Tieren und anderen Organismen, deren Zellen Zellkerne besitzen – den so genannten Eukaryoten[1] – reduziert schon die Chro-

[1] Siehe Anmerkung am Ende dieses Kapitels.

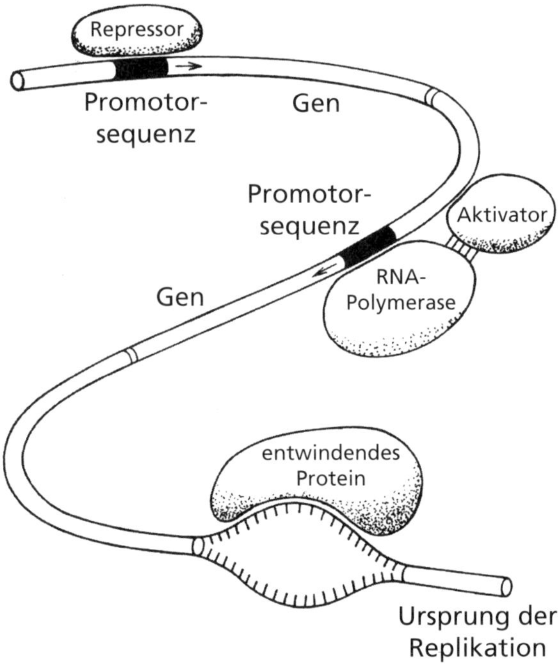

Abb. 8.1 Verschiedene Proteine können spezifisch an unterschiedliche DNA-Sequenzen binden, um wichtige biologische Aufgaben wie die Repression oder Aktivierung einzelner Gene oder das Entwinden der Doppelhelix an bestimmten Stellen für den Kopier- oder Replikationsvorgang zu erfüllen. Hier sind einige der in diesem Kapitel beschriebenen DNA-Protein-Interaktionen stark schematisiert dargestellt.

mosomenstruktur selbst oft die Transkription. Bei eukaryotischen Organismen scheint sogar die Aktivierung von Genen der wichtigere Aspekt der Genregulation zu sein. Diese Aufgabe erfüllen „*Aktivatoren*" der Transkription (mittlerer Abschnitt von Abbildung 8.1), die in der Umgebung einer Bindungsstelle für die RNA-Polymerase spezifisch an die DNA binden. Das Aktivatorprotein kann dann die Rate erhöhen, mit der RNA gebildet wird, indem es der RNA-Polymerase und ihren Helferproteinen direkt dabei assistiert, über ein Protein-zu-Protein-Netzwerk an die Promotorsequenz zu binden, oder indem es indirekt dabei hilft, Enzyme zu „rekrutieren", die das Chromatin chemisch modifizieren können (siehe Kapitel 7). So können bestimmte Transkriptions-Aktivatoren Histonacetylasen in die Richtung der Region eines bestimmten Gens lenken. Die daraus folgende Modifikation von Histonen kann zu einer Auflockerung des Chromatins in der Nähe dieses Promotors führen; dieser ist dann der RNA-Polymerase und ihren Helferproteinen besser zugänglich.

DNA-„Schleifen" sind ein etwas komplexeres Beispiel dafür, dass Gene in drei Dimensionen reguliert werden und nicht nur in einer oder zwei, nämlich durch bestimmte lineare oder planare Anordnungen von DNA-Bindungsstellen. Im letzteren Fall können beispielsweise zwei oder mehr Repressor- oder Aktivatorproteine an dasselbe DNA-Stück binden und sich dann miteinander verbinden, sodass eine kleine Schleife oder eine Spirale entsteht; diese kann wegen ihrer stabilen Struktur sehr starken (positiven oder negativen) Einfluss auf die Genaktivität haben.

Bisher war von Repressoren, Aktivatoren und Schleifen die Rede, doch es gibt noch viele andere Arten von regulatorischen Proteinen, die mit der DNA interagieren und darum eine wichtige Rolle in der Zelle spielen. Eine vierte Art von DNA-bindendem Protein (unterer Abschnitt von Abbildung 8.1) kann dabei helfen, die DNA-Doppelhelix nahe einem „Ursprung der Replikation“ (*origin of replication*) zu entwinden, an dem die Duplikation alter DNA zu neuer DNA während jeder Zellteilung einsetzt. Nach diesem Entwinden durch solche speziellen Proteine kann ein DNA-Polymerase-Enzym die Basen jedes Einzelstranges mithilfe der Watson-Crick-Basenpaarung lesen und sie dann kopieren, also zwei neue DNA-Doppelhelices aus den beiden alten Einzelsträngen bilden. DNA-bindende Proteine können noch viele andere biologische Funktionen erfüllen, die wir hier nicht vorstellen, etwa das Supercoiling der DNA oder den Austausch von DNA-Segmenten bei der „Rekombination“. Die Zelle verfügt zudem über ein ausgefeiltes Sortiment an Enzymen, die Schäden an der DNA erkennen und reparieren – ein entscheidender Aspekt für die Lebensfähigkeit der Zelle.

Die Darstellung in Abbildung 8.1 ist sehr stark vereinfacht; viele wichtige Einzelheiten sind ausgespart. So muss jede spezifische Interaktion zwischen Protein und DNA chemisch hoch kompliziert sein, damit eine Basensequenz unter vielen auf der ganzen Länge eines Chromosoms sicher erkannt wird. Außerdem kann jedes Protein in seiner Fähigkeit, an spezifische Sequenzen der DNA zu binden, von verschiedenen Faktoren reguliert werden, darunter (a) die Interaktion mit anderen Proteinen in unmittelbarer Nähe, (b) jede Modifikation der DNA, wie die Basen-Methylierung (siehe Kapitel 11) oder (c) die Verbindung mit kleinen Molekülen wie Zuckern und Aminosäuren, die in der Zellflüssigkeit vorkommen.

Wie kann man hoffen, aus einer solchen Kakophonie von Informationen etwas Nützliches zu lernen, ohne ein großes Lexikon mit Tausenden von Seiten zusammenzustellen und dann ein Faktum nach dem anderen zu suchen? Aussicht auf ein besseres Verständnis scheint nur zu bestehen, wenn wir uns in unserer Untersuchung auf wenige, gut beschriebene Beispiele beschränken und die wichtigsten Prinzipien herausarbeiten.

Die am besten gesicherten Informationen zu spezifischen Protein-DNA-Interaktionen bieten zurzeit die detailliert und mit einer Auflösung nahe der Atomebene dargestellten Strukturen zahlreicher verschiedener Protein-DNA-Komplexe. Seit 1990 hat man Hunderte solcher großen Komplexe aus Protein und DNA mithilfe der Röntgendiffraktion einzelner Kristalle, aber auch mit der Kernresonanzspektroskopie von Molekülen (siehe Kapitel 9) in Lösung bis ins Detail untersucht. Diese Strukturen liefern heute sehr nützliche und zuverlässige Daten, anhand derer wir die biologischen Funktionen von DNA und Proteinen in lebenden Zellen teilweise nachvollziehen können.

Bei einer Untersuchung solcher Protein-DNA-Strukturen könnte man dem in Abbildung 8.1 dargestellten Schema entsprechend vorgehen, nach dem „Repressoren“ eine Klasse bilden, „Aktivatoren“ eine andere und „entwindende Proteine“ wieder eine andere. Offenbar aber finden sich in jeder dieser Klassen verschiedene Proteine von ganz und gar unterschiedlicher Struktur. So können Repressoren die DNA mithilfe einer α- („alpha“-) Helix, eines β- („beta“-) Faltblattes oder anderer Arten von Aminosäuren-„Motiven“ erkennen. Desgleichen können Aktivatoren und entwindende Proteine die DNA mithilfe der vielfältigsten Proteinstrukturen erkennen. Bei vielen eukaryotischen Regulatoren der Transkription etwa werden kurze Peptidschleifen durch die Koordination des Metalls Zink stabilisiert; diese „Zinkfinger“ treten bei ganz unterschiedlichen Regulatorproteinen verschiedener Struktur und Funktion auf.

Daher scheint es logischer, wenn wir uns bei unserer Untersuchung an dem allgemeinen Motiv orientieren, durch das ein Protein die DNA erkennt, ob nun eine α-Helix, zwei α-Helices, ein β-Faltblatt oder ein Zinkfinger. Wir werden im Folgenden Beispiele für jede dieser Klassen von „Lesekopf" eingehend beschreiben; Verweise auf andere wichtige Protein-DNA-Strukturen ähnlicher Art finden Sie in der Bibliographie. Außerdem werden wir einige synthetische Substanzen vorstellen, die geschaffen wurden, um bestimmte DNA-Sequenzen zu erkennen und fest an diese zu binden.

Beginnen wir unseren Überblick über die Protein-DNA-Interaktionen mit der einfachsten Art der Erkennung, bei der sich die α-Helix eines Proteins exakt in die große Furche eines kurzen DNA-Stückes schmiegt und dort direkten Kontakt mit einigen Basen herstellt. Das am besten untersuchte Beispiel für eine solche Struktur ist in Abbildung 8.2a dargestellt; zu erkennen ist das 434-Repressorprotein (bestehend aus zwei identischen Molekülen, es ist also ein „Dimer"), wie es an zwei benachbarte DNA-Windungen bindet. In einem kleinen Teil jeder Windung setzt dieses Protein eine α-Helix, im Bild mit „3" bezeichnet, in die große Furche der DNA ein und kann somit die Identität der dort befindlichen Basenpaare genau erkennen. Ein weniger detailliertes Bild derselben Sache haben wir in Abbildung 4.11 gezeigt, dort im Zusammenhang mit der Krümmung der DNA genau in der Mitte des Komplexes, bei den Basenpaaren 5 bis 10. Wir werden uns an dieser Stelle auf die spezifische Erkennung der DNA durch das 434-Protein an jedem Ende des Komplexes konzentrieren, die nahe den (schattiert dargestellten) Basenpaaren 1 bis 4 und 11 bis 14 erfolgt.

Bevor wir die wichtigsten Aspekte dieses Protein-DNA-Komplexes im Detail betrachten, wollen wir für all die Leser, die keine biochemische Vorbildung auf Universitätsniveau haben, kurz einige bekannte Eigenschaften der Proteinstruktur erläutern. In Kapitel 1 haben wir erfahren, dass jedes Protein als lange Peptidkette hergestellt wird, wobei für jedes Peptid die einzelnen Aminosäuren so aneinander gehängt werden, wie es die DNA-Sequenz entsprechend dem in Tabelle 1.1 aufgeführten Genetischen Code mit seinem Drei-Basen-System vorgibt. Wir haben auch gelernt, dass es 20 verschiedene Aminosäuren gibt. Jetzt müssen wir uns daran erinnern, dass einige davon groß sind und andere klein; manche können eine elektrische Ladung tragen, andere sind neutral, und manche sind hydrophob, andere dagegen hydrophil.

Lange Peptidketten, wie man sie in den meisten Proteinen findet, enthalten stets eine große Vielfalt von Aminosäuren; jede Kette kann in einem Teil positiv, in einem anderen aber negativ geladen sein oder hydrophob in einem, aber hydrophil in einem anderen Teil. So können sich verschiedene Aminosäuren innerhalb der Kette auf komplizierte Weise anziehen oder abstoßen; eine bestimmte lange Aminosäurensequenz könnte so beispielsweise die gesamte, in Abbildung 8.2a gezeigte Struktur des 434-Proteins in all ihren Einzelheiten festlegen.

Natürlich muss der Faltungsprozess jeder langen Polypeptidkette in ihre kompakte, endgültige Form kompliziert sein, schließlich erfolgen nur wenige entscheidende Interaktionen zwischen den Aminosäureresten aus einer astronomisch großen Zahl von Möglichkeiten. Man kann aber bestimmte Schlüsseleigenschaften, wie die Stabilität und Interaktion sekundärer struktureller Elemente oder „Motive" (etwa β-Stränge oder α-Helices), erkennen, wenn man die gefalteten Strukturen untersucht. Wie Abbildung 8.2a zeigt, bestehen beispielsweise die beiden identischen Hälften des 434-Proteins aus fünf kleinen Zylindern unterschiedlicher Länge, deren Enden über flexible Zwischenstücke (Linker) mit anderen, gleichartigen Zylindern verbunden sind. Jeder dieser Zylinder enthält ein kurzes Stück Peptidkette, dass zu einer Einzelstrangspirale oder α-Helix aufgewickelt ist; Abbildung 8.2b zeigt dies in detaillierterer Form.

Innerhalb jeder α-Helix winden sich in einer Reihe liegende starre Peptide zu einer rechtsgewundenen Spirale mit 3,6 Peptiden pro Helixwindung auf. Wie in Abbil-

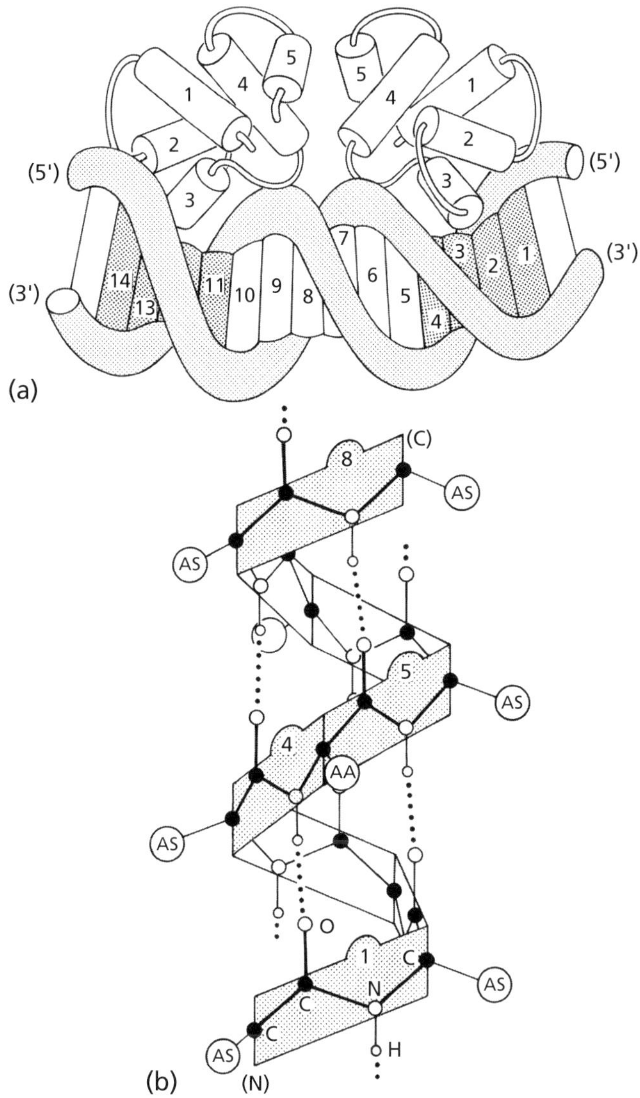

Abb. 8.2 a: Schematische Darstellung des 434-Proteins, das an zwei Windungen der DNA bindet. Das 434-Protein besteht aus zwei identischen Hälften, die zweifach rotationssymmetrisch zueinander sind. In jeder Hälfte faltet sich eine lange Peptidkette zu fünf durchnummerierten α-Helices; sie sind hier als kurze Zylinder abgebildet, zwischen denen flexible Zwischenstücke (Linker) sitzen. Eine der α-Helices, die Nummer 3, schmiegt sich auf beiden Seiten des Komplexes tief in die große Furche der DNA, wo ihre Aminosäuren direkt mit den vier schattiert dargestellten Basenpaaren in Kontakt treten können. b: Detaillierte Darstellung in viel größerem Maßstab, die zeigt, wie sich eine Peptidkette zu einer α-Helix faltet. Jede starre Peptideinheit bildet im Abstand von drei Schritten auf ganzer Länge der Kette zwei H-Bindungen (gepunktete Linien) mit anderen Peptideinheiten aus, sodass sich das gesamte Gebilde zu einer regelmäßigen, rechtsgewundenen Spirale auffaltet. An dieser Spiralstruktur können viele verschiedene Aminosäuren (AS) untergebracht sein, denn die Aminosäuren-Seitenketten ragen aus dem zentralen Peptid-Kernbereich (Core) heraus. (Die konventionelle Nummerierung von Peptiden beginnt am N- (Amino-) Ende und endet am C- (Carboxyl-) Ende des Moleküls.)

dung 8.2b zu erkennen ist, liegt also nach zwei Spiralwindungen das Peptid 8 fast direkt über Peptid 1; es würde sogar *exakt* darüber liegen, wenn die Spirale 3,5 Peptide pro Windung aufwiese und nicht 3,6. Jedes Peptid steht über zwei H-Bindungen (Wasserstoffbrückenbindungen) mit seinen Nachbarn entlang der nächsten Windung der Kette in lockerer Verbindung; diese H-Bindungen verlaufen fast parallel zur Helixachse und sind als gepunktete Linien dargestellt. Jede H-Bindung verbindet ein Sauerstoffatom (großer schwarzer Kreis) aus einer Peptideinheit mit einem Wasserstoffatom (kleiner schwarzer Kreis) aus einer benachbarten Peptideinheit. An der Außenseite des zentralen Polypeptidkernes (Core) können sich verschiedene Aminosäuren befinden, hier mit „AS" bezeichnet, das Ganze erinnert manchmal an großen Christbaumschmuck auf einem kleinen Christbaum. Diese einfache Spiralstruktur der Polypeptidketten wurde 1950 von dem Chemiker Linus Pauling entdeckt; Pauling war damals krank und vertrieb sich zu Hause die Zeit damit, Proteinmodelle zu basteln, indem er eine Polypeptidkette auf Papier zeichnete und dieses dann aufrollte.

Wie bereits erwähnt, bestehen die beiden identischen Teile des 434-Repressorproteins aus mehreren dieser α-Helices, die in Abbildung 8.2a von 1 bis 5 durchnummeriert sind. Der Raum zwischen ihnen ist mit den Aminosäuren auf ihrer Oberfläche dicht angefüllt. Zwei dieser α-Helices (mit „3" bezeichnet) schmiegen sich genau in die große Furche der DNA auf beiden Seiten des Komplexes. Die aus den α-Helices 3 ragenden Aminosäuren haben in der großen Furche der DNA direkten Kontakt zu den Basenpaaren an den Lokalisationen 1 bis 4 und 11 bis 14. Der Rest des 434-Proteins hält diese beiden Erkennungshelices 3 im richtigen Abstand zueinander und in der korrekten Ausrichtung, sodass sie beiderseits gut in die großen Furchen der leicht gekrümmten DNA passen und die dorthin gewandten Seiten der Basenpaare auf ihre Identität hin prüfen können.

Indem es bei nur einigen wenigen Sequenzen in einer Zelle fest an die DNA bindet, wirkt das 434-Protein als Repressor der RNA-Synthese für bestimmte Gene eines Bakteriophagen (Bakterienvirus) namens 434. Seine spezifische Bindung an die DNA hilft festzulegen, ob der Phage das von ihm infizierte Bakterium lysiert (also zum Platzen bringt) und tötet, oder ob er einfach friedlich mit ihm zusammen wächst. Die biologische Aktivität des 434-Proteins besteht also in seiner Fähigkeit, in einem viralen oder bakteriellen Chromosom nur eine oder wenige DNA-Sequenzen unter allen anderen zu erkennen.

Wie erkennen nun jene beiden α-Helices 3 eine bevorzugte DNA-Sequenz, nachdem das Protein an der DNA ganz „angedockt" hat? Die Basenpaarsequenz, an die ein 434-Repressor besonders fest bindet, ist in Abbildung 8.3a dargestellt. Wie wir sehen, bindet jede α-Helix 3 an eine Basensequenz ACAA an den Positionen 1 bis 4 beziehungsweise an deren Equivalent TTGT an den Positionen 11 bis 14. Ein detaillierteres Bild dieser spezi-

Abb. 8.3 a: Eine DNA-Sequenz, die spezifisch vom 434-Repressorprotein erkannt wird. Die vier Basenpaare an jedem Ende dieser Sequenz aus 14 Basenpaaren sind mit fett gedruckten Buchstaben dargestellt: Sie entsprechen den vier schattierten Basenpaaren an jedem Ende der DNA aus Abbildung 8.2a, zu denen Aminosäuren aus der α-Helix 3 direkten Kontakt haben. b: Detailliertere Darstellung des Kontakts zwischen den Aminosäuren 27, 28, 29 und 33 der α-Helix 3 und verschiedenen Basenpaaren in der großen Furche bei der Sequenz ACAA oder TTGT, die in Bild a fett gedruckt ist. H-Bindungen zwischen Aminosäuren und Basenpaaren sind als durchgezogene, hydrophobe Bildungen als gestrichelte Pfeile gezeichnet. c: Hier ist die DNA „abgerollt", um die große Furche frei zu legen und deutlich zu zeigen, welche Aminosäuren des 434-Proteins mit Basenpaaren oder Phosphaten der DNA in Kontakt treten. Der kleine Rhombus oben im Bild zeigt den Mittelpunkt der zweifachen Rotationssymmetrie an. d: In diesem Bild ist die Protein-α-Helix 3 abgerollt, damit deutlich erkennbar ist, welche Basenpaare der DNA mit welchen Aminosäuren des Proteins in Kontakt treten. So steht die Base T4' mit der Aminosäure 33 in Kontakt, während die Base T3' die Aminosäure 29 kontaktiert.

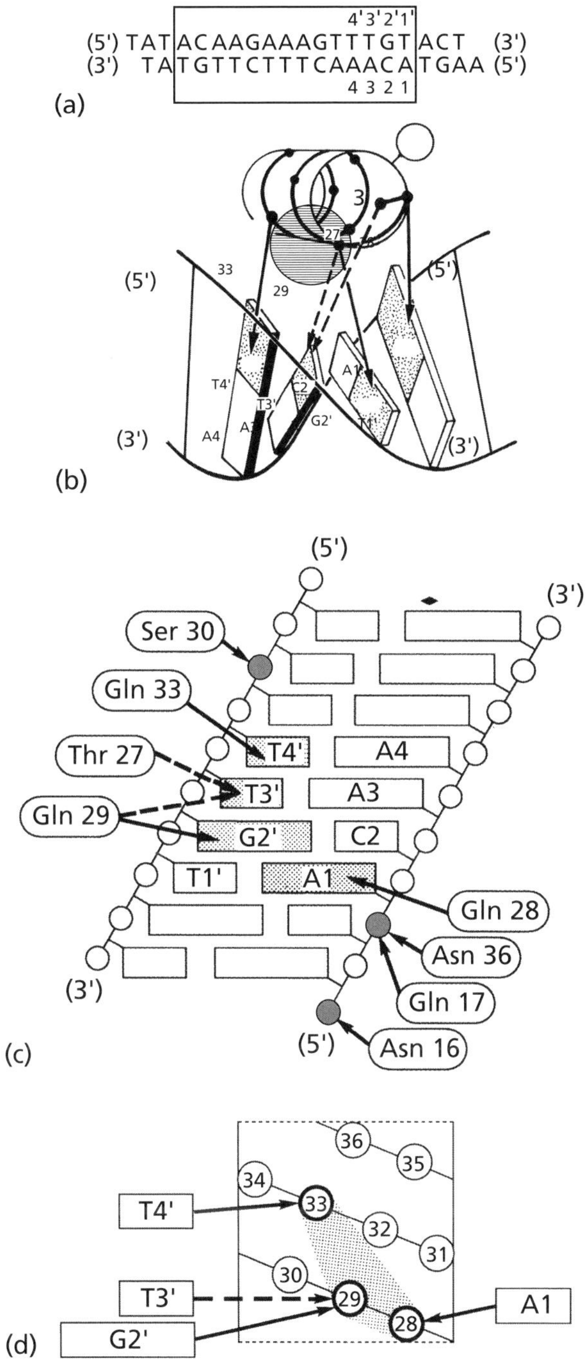
4'3'2'1'
(5') TAT ACAAGAAAGTTTGT ACT (3')
(3') TA TGTTCTTTCAAACA TGAA (5')
4 3 2 1
(a)
(5')
(3')
(5')
(3')
33
29
27
T4'
T3'
A4
C2
G2'
A1
T1'
(b)
(5')
(3')
Ser 30
Gln 33
Thr 27
Gln 29
T4'
A4
T3'
A3
G2'
C2
T1'
A1
Gln 28
Asn 36
Gln 17
Asn 16
(3')
(5')
(c)
36
35
34
33
32
31
30
29
28
T4'
T3'
G2'
A1
(d)

fischen Interaktion zeigt Abbildung 8.3b, wo zu erkennen ist, dass vier Aminosäuren aus Helix 3, nämlich die Nummern 27, 28, 29 und 33, an die vier Basenpaare A1-T1', C2-G2', A3-T3' und A4-T4' binden.

Diese engen Kontakte sind in den Abbildungen 8.3c und d noch detaillierter dargestellt. Abbildung 8.3c zeigt, welche Aminosäuren sich mit welchen Basenpaaren verbinden, und Abbildung 8.3d zeigt, welche Basen sich mit welchen Aminosäuren auf der „abgerollten" α-Helix verbinden. Thr (Threonin) 27 etwa steht über eine hydrophobe Bindung mit der Base T3' in der großen Furche in Kontakt; Gln (Glutamin) 28 ist über eine H-Bindung mit der Base A1 in der großen Furche verbunden; Gln 29 hat eine H-Bindung zu G2' und eine hydrophobe Bindung zu T3'; Gln 33 schließlich ist über eine H-Bindung mit der Base T4' verbunden. Alle über H-Bindungen hergestellten Kontakte, beispielsweise zwischen N-H und O oder O-H und O, sind hier schematisch als durchgehende Linien gezeichnet, ein hydrophober Kontakt dagegen (etwa zwischen der CH_3-Gruppe der Aminosäure Thr und der CH_3-Gruppe der Base T) als gestrichelte Linie. Die exakten chemischen Formeln der 20 Aminosäuren finden Sie in jedem Biochemie-Lehrbuch, einige haben wir in Kapitel 4 vorgestellt.

Andere wichtige Kontakte zwischen dem 434-Protein und der DNA bilden sich zwischen Aminosäuren und Phosphaten des „DNA-Rückgrats" aus, auch sie sind in Abbildung 8.3c dargestellt. So bildet Ser (Serin) 30 eine H-Bindung mit einem Phosphat direkt unterhalb der Base T4' aus, während Asn (Asparagin) 16 und 36 sowie Gln 17 H-Bindungen mit Phosphaten unterhalb der Base A1 ausbilden. Einige dieser spezifischen Kontakte zu Phosphaten bestehen mit Aminosäuren der α-Helix 2, wieder andere mit dem flexiblen Zwischenstück zwischen den α-Helices 3 und 4 (eine dreidimensionale Übersicht bietet Abbildung 8.2a).

Die in Abbildung 8.3 gezeigten Einzelheiten erscheinen schrecklich kompliziert, und dennoch sollten wir bedenken, dass bei den Zeichnungen schon viele Vereinfachungen vorgenommen wurden. Vor allem haben wir mehrere Wassermoleküle vernachlässigt, die mithilfe der Röntgenkristallographie bei hoher Auflösung in den „Spalten" zwischen den Oberflächen von DNA und Protein zu finden sind und die für zahlreiche weitere, indirekte H-Bindungen zwischen den beiden sorgen.

Alles in allem scheint bei der spezifischen Interaktion zwischen dem 434-Repressorprotein und der DNA eine ausgefeilte Mischung aus Chemie und dreidimensionaler Geometrie im Spiel zu sein, die man meist als „Stereochemie" bezeichnet. Zunächst müssen viele verschiedene Aminosäuren zusammenpassen, damit ein Protein entsteht, das in seiner Form vollkommen komplementär zu der aus Basenpaaren und Phosphaten geformten Oberfläche der DNA ist, und dann müssen beide Oberflächen auch hinsichtlich der H-Bindungen und hydrophoben Kontakte genau zusammenpassen. Schon der Verlust weniger H-Bindungen und hydrophober Kontakte bei einem optimierten Protein-DNA-Komplex wird dazu führen, dass die Spezifität für die ausgewählte DNA-Sequenz im Vergleich zu anderen möglichen Bindungsstellen des Proteins stark nachlässt.

Noch bevor Protein und DNA zusammenkommen, bildet jede „polare Gruppe" (beispielsweise N-H, O-H, N oder O) H-Bindungen mit Wassermolekülen der Umgebung aus. Diese H-Bindungen mit Wasser werden im Protein-DNA-Komplex größtenteils durch direkte H-Bindungen zwischen Protein und DNA ersetzt. Im Grunde ist es sogar dieses konzertierte Ersetzen vieler verschiedener Wassermoleküle durch Protein oder DNA, das dem Komplex Stabilität verleiht.

Betrachten wir nun eine zweite geometrische Möglichkeit, mit der ein Protein spezifisch an DNA binden kann: Das Einbringen *zweier* α-Helices in die große Furche eines beliebigen DNA-Moleküls innerhalb nur einer Doppelhelixwindung. Ein bekanntes Bei-

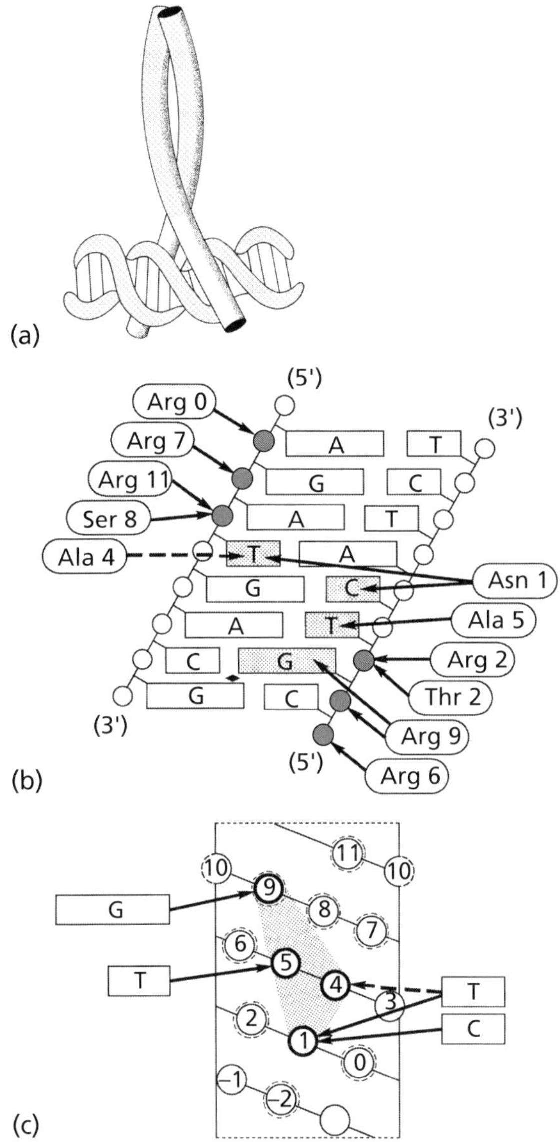

Abb. 8.4 a: Schematische Darstellung des an DNA gebundenen bZIP-Aktivatorproteins. Das bZIP-Protein besteht aus zwei ähnlichen, aber nicht immer identischen Hälften. Jede dieser Hälften faltet sich zu einer langen α-Helix, die sich in einer sanft geschwundenen Spirale (*coil*) um die andere Hälfte legt; man spricht hier von einem „*coiled coil*" oder dem „*leucine zipper*" (Leucin-Reißverschluss, hier schattiert dargestellt). Ein Ende jeder α-Helix ragt in die große Furche der DNA hinein. b: „Abgerollte" Ansicht einer DNA-Sequenz, die spezifisch durch das bZIP-Protein gebunden ist; zu erkennen ist, welche Aminosäuren der α-Helix mit welchen Basenpaaren oder Phosphaten Kontakt haben. Der kleine Rhombus im unteren Teil des Bildes zeigt den Mittelpunkt der zweifachen Rotationssymmetrie an. c: Ansicht der abgerollten α-Helix des bZIP-Proteins mit seinen Bindungen in der großen Furche; gezeigt wird, welche Basen mit welchen Aminosäuren Kontakt haben. Die mit einer gestrichelten Linie umrandeten Aminosäuren stehen in Kontakt mit Phosphaten.

spiel dafür ist der Komplex aus einem kurzen DNA-Stück und einer „bZIP" genannten Proteindomäne, die in Abbildung 8.4a schematisch dargestellt ist. Zwei Kopien dieser α-helikalen bZIP-Domäne bilden zusammen ein Dimer; dieses ist Teil eines größeren Proteins namens GCN4, eines Genaktivators der Hefe. Im Gegensatz zum „bohnenförmigen" 434-Repressorprotein (Abbildungen 4.11 und 8.2a) hat die bZIP-Proteindomäne die Form eines Y und kann mit ihren beiden Armen eine einzelne Windung der großen Furche sondieren. So kann sie sich mit zwei α-Helices in eine einzige Doppelhelixwindung der DNA einfügen, während das bohnenförmige 434-Protein mit seinen beiden α-Helices volle zwei Doppelhelixwindungen beansprucht.

Wie hält der Rest des bZIP-Proteins dessen zwei α-Helices in der richtigen Ausrichtung und am richtigen Platz, damit sie eine spezifische DNA-Sequenz erkennen können? Wie Abbildung 8.4a zeigt, bildet der größte Teil des bZIP-Proteins ein langes Paar identischer Helices, die sich miteinander zu einer sanft geschwungenen, linksgewundenen Spirale verdrehen. Diese beiden α-Helices haften sehr fest aneinander, weil ihre innen gelegenen Oberflächen mit hydrophoben Aminosäuren wie Leucin und Valin bedeckt sind. Die Spirale aus den beiden α-Helices, wie sie Abbildung 8.4a zeigt, wird manchmal auch „*leucine zipper*" (Leucin-Reißverschluss) genannt, weil viele Leucin-Aminosäuren eine Art hydrophoben „Streifen" auf jeder der beiden α-Helices bilden. In diesem Bild sind die Helices mit glatter Oberfläche dargestellt; tatsächlich aber gleichen die Aminosäuren eher knaufähnlichen Vorsprüngen auf jeder α-Helix, die in komplementäre Lücken zwischen den Knäufen auf der Partnerhelix passen. Diese „Verzahnung" miteinander hält dann die beiden Teile zusammen wie ein Reißverschluss; ihre Existenz wurde schon vor über 50 Jahren von Francis Crick abgeleitet.

Warum winden sich die beiden α-Helices von bZIP linksherum umeinander? Warum liegen sie nicht einfach nebeneinander? Nun, in Abbildung 8.2b haben wir erläutert, dass es in jeder Windung einer α-Helix 3,6 Aminosäuren gibt. Nehmen wir für einen Augenblick an, diese Zahl würde auf 3,5 geändert. Wir würden dann feststellen, dass jede siebte Aminosäure (bei 2 x 3,5 = 7) exakt in einer Reihe mit der ersten liegen würde, wenn man die Achse entlangblickt. Wenn die Aminosäuren in diesen Streifen bei zwei natürlich vorkommenden, einzelnen α-Helices allesamt hydrophob wären, dann würden die Helices aneinanderkleben wie zwei Bleistifte, die nebeneinander auf dem Schreibtisch liegen.

Aber es sind nun einmal 3,6 Peptide pro Helixwindung und nicht 3,5. Diese kleine Differenz bedeutet, dass die auf der Kette sieben Schritte voneinander entfernt liegenden Peptide eine sanft geschwungene, linksgewundene Spirale auf der Oberfläche der α-Helix bilden, so wie sie Abbildung 8.2b zeigt. Demzufolge passen die hydrophoben Streifen jener beiden Helices nur dann zusammen, wenn diese sich in einer linksgewundenen Spirale umeinanderwinden.

Wenn nun die beiden herausragenden α-Helices von bZIP ihren Platz in der großen Furche der DNA über die kurze Distanz von nur einer Doppelhelixwindung gefunden haben, wie erkennen sie dann dort eine spezifische Basensequenz? Die Abbildungen 8.4b und c zeigen die spezifischen Kontakte zwischen Aminosäuren und DNA-Basenpaaren im Detail, genauso wie die Abbildungen 8.3c und d. Wieder zeigen wir nur einen Kontakt, weil sowohl Protein als auch DNA aus zwei identischen Hälften bestehen: Das ganze Gebilde ist „zweifach rotationssymmetrisch".

Jede α-Helix des bZIP-Proteins kontaktiert vier Basenpaare der DNA, die in Abbildung 8.4b gezeigt sind: TGAC auf dem einen Strang und GTCA auf dem anderen. Ala (Alanin) 4 stellt so einen hydrophoben Kontakt zu T her, Asn (Asparagin) 1 eine H-Bindung mit T und C und so fort. Zu sehen ist auch, wo positiv geladene Aminosäuren des

Proteins, wie Arg (Arginin) 0, 7 und 11 auf der linken Seite und Arg 2, 6 und 9 auf der rechten, Kontakt mit negativ geladenen DNA-Phosphaten auf beiden Strängen herstellen. Der Erkennungsmechanismus von bZIP ist also dem oben gezeigten des 434-Repressorproteins ähnlich, auch wenn die relativen Lokalisationen und Ausrichtungen der beiden für die Erkennung benutzten α-Helices in beiden Fällen unterschiedlich sind.

Wir wollen nun in unserer Betrachtung weiter gehen und andere Beispiele untersuchen, bei denen ein Protein keine α-Helix zur Erkennung von Basenpaaren einsetzt, sondern eine andere Struktur, ein anderes Motiv. Das in Abbildung 8.5a gezeigte Met-Repressorprotein etwa setzt ein β-Faltblatt in die große Furche der DNA ein, um die dortigen Basenpaare zu erkennen. Dieses Met-Repressorprotein dient einem Bakterium dazu, die produzierte Menge der Aminosäure Methionin zu regulieren. Es bindet an den Promotor eines Gens, das die Methioninsynthese steuert, und wirkt dort als Repressor, wenn eine vom Methionin abgeleitete Substanz (das S-Adenosylmethionin) in der Zelle in einer bestimmten Menge vorliegt. Wenn wir Abbildung 8.5a genau betrachten, sehen wir, dass das Met-Repressorprotein aus zwei identischen Peptidketten besteht, die sich miteinander zu einer einzigen strukturellen Einheit vernetzt haben. Es gibt mit „A" und „B" bezeichnete α-Helices, die dabei helfen, ein doppelsträngiges β-Faltblatt (lange Pfeile) tief in der großen Furche zu halten. Aminosäuren, die aus dem β-Faltblatt herausragen, können dann in Kontakt zu DNA-Basen treten, sodass das Met-Repressorprotein eine spezifische Basensequenz erkennen kann.

Wie sieht die Struktur eines β-Faltblattes im Detail aus, wenn man sie mit derjenigen der α-Helix aus Abbildung 8.2b vergleicht? In jedem β-Faltblatt liegen, wie in Abbildung 8.5b gezeigt, zwei oder mehr Polypeptidstränge (hier auf- und abgewellt dargestellt) in einer Ebene dicht nebeneinander. Jedes dieser Polypeptide steht durch zwei H-Bindungen (gepunktete Linien) mit seinem nächsten Nachbarn auf einem benachbarten Strang in lockerer Verbindung; diese H-Bindungen bilden sich zwischen einem Sauerstoffatom einer Peptideinheit (großer schwarzer Kreis) und einem Wasserstoffatom einer Peptideinheit auf dem anderen Strang (kleiner schwarzer Kreis). Wenn man den Strang entlanggeht, stellt man fest, dass verschiedene Aminosäuren (AS) abwechselnd oben und unten aus der Ebene des β-Faltblattes herausragen. Abbildung 8.5b zeigt außerdem zwei weitere Stränge, die das β-Faltblatt auf der rechten Seite verlängern, aber stärker vereinfacht als breite Pfeile dargestellt sind, so wie in Abbildung 8.5a.

Wenn das Met-Repressorprotein an die DNA bindet, schmiegen sich beide Stränge seines β-Faltblattes in die große Furche, um dort die Basenpaare zu erkennen. Abbildung 8.5c zeigt die engen Kontakte zwischen Aminosäuren und Basenpaaren. Das Met-Repressorprotein erkennt eine konservative DNA-Sequenz von acht Basenpaaren, obwohl die Aminosäuren nur zu vier der acht einzelnen Basen in jedem Teil spezifische Bindungen ausbilden. Benachbarte G- und A-Basen gehen H-Bindungen mit Lys (Lysin) 23 und Thr (Threonin) 25 aus verschiedenen Strängen des β-Faltblattes ein, während die äußeren beiden Basen A und C aus der Sequenz AGAC offenbar keinen direkten Kontakt zu irgendwelchen Aminosäuren haben. Verschiedene DNA-Phosphate werden von unterschiedlichen Aminosäuren gebunden, nämlich Lys, 17, 22 und einigen Peptiden aus der α-Helix B.

Die spezifische Erkennung der DNA durch das Met-Repressorprotein ist also ganz ähnlich wie diejenige beim 434- und beim bZIP-Protein, nur dass beim met-Repressor die mit Basenpaaren in direkten Kontakt tretenden Aminosäuren von einem β-Faltblatt am Platz gehalten werden und nicht von einer α-Helix. Das Met-Repressorprotein weist eine zweifache Rotationssymmetrie auf und erkennt eine zweifach symmetrische Basensequenz in der DNA. Dasselbe gilt für das 434-Repressor- und das bZIP-Protein und die von ihnen erkannten DNA-Sequenzen. Zusätzlich zur Interaktion mit der DNA aber können zwei Met-Repressorproteine auch noch miteinander eine Verbindung eingehen, wenn sie an benachbarten Stellen der DNA binden. Das macht die Bindung an die DNA noch stärker; später werden wir noch einige andere Fälle kennen lernen, bei denen analoge Interaktionen zwischen Proteinen an einer repetitiven Ziel-DNA erfolgen.

Aus Kapitel 4 kennen wir bereits das Protein TBP („TATA-bindendes Protein"), das die TATA-Promotorsequenz der DNA entwindet und stark krümmt (siehe Abbildung 4.14). Auch dieses spezielle Protein benutzt, wie der met-Repressor, ein β-Faltblatt zur DNA-Erkennung, nur dass in diesem Fall das Faltblatt bei der TATA-Sequenz mit ihrem geringen Twist in die stark geweitete kleine Furche passt und nicht in eine große Furche von normalen Ausmaßen wie beim Met-Repressorprotein. Wir kommen auf TBP noch einmal zurück, wenn wir erläutern, wie es mit einem anderen Protein interagiert, das ganz in der Nähe an die DNA bindet.

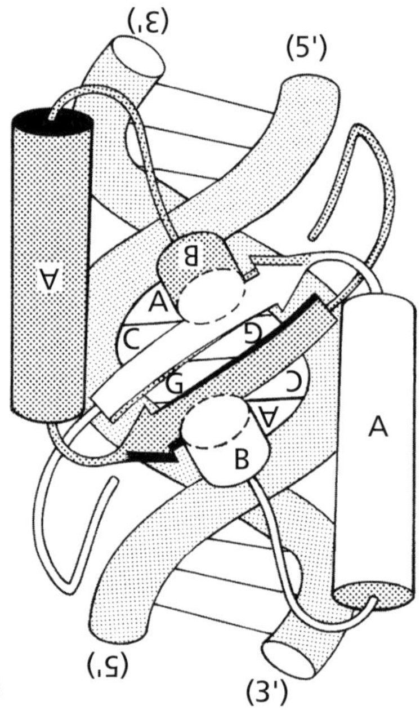

(a)

Abb. 8.5 a: Schematische Darstellung des an DNA gebundenen met-Repressorproteins. Das Protein besteht aus zwei identischen Hälften, die jeweils mehrere α-Helices (A und B) sowie Anteile eines doppelsträngigen β-Faltblattes (breite Pfeile) enthalten; letzteres liegt in der großen Furche. Andere Teile des Proteins sind aus Gründen der Verständlichkeit nicht dargestellt. Die identischen Hälften sind unterschiedlich getönt; die überkopf stehende Beschriftung mancher Komponenten entspricht der zweifachen Rotationssymmetrie des Gebildes. b: Detailliertere Ansicht der Faltung einer Peptidkette in ein β-Faltblatt. Zwei Peptidketten liegen nebeneinander (entweder parallel oder – wie hier – antiparallel), sodass jede Peptideinheit zwei H-Bindungen (gepunktete Linien) mit benachbarten Peptideinheiten anderer Ketten ausbilden kann. Jede Peptidkette in einem β-Faltblatt kann auch als breiter Pfeil dargestellt werden, wie um unteren Teil des Bilde gezeigt. c: „Abgerollte" Ansicht der DNA-Sequenz, die spezifisch an das met-Repressorprotein gebunden ist. Erkennbar ist, welche Aminosäuren des β-Faltblattes mit Basenpaaren oder Phosphaten in Kontakt treten. Auch hier ist die zweifache Rotationssymmetrie dieser Kontakte durch die auf dem Kopf stehende Beschriftung im oberen Teil verdeutlicht, die mit der richtig herum stehenden Beschriftung unten identisch ist.

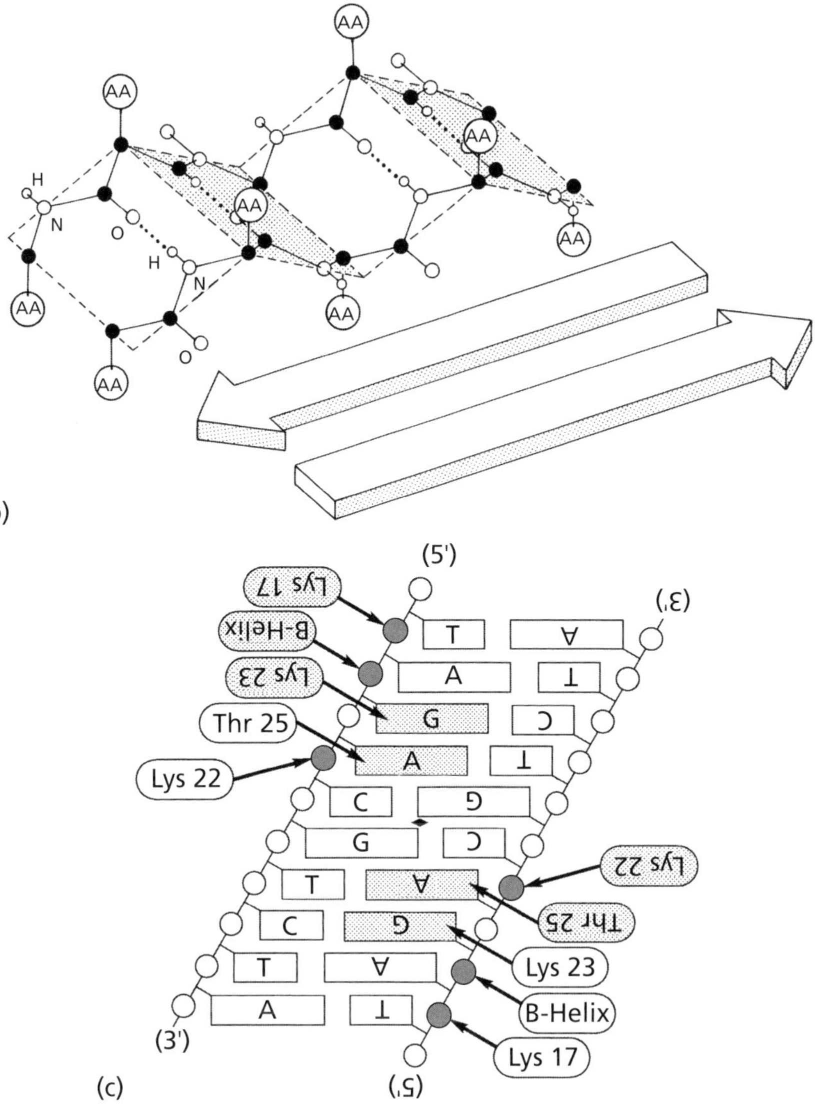

Die „Zinkfinger“-Proteine sind ein anderes Beispiel für weitere Strukturen, die Proteinen zur DNA-Erkennung dienen. Ein Beispiel für eine solche Struktur lieferte Abbildung 4.13, nämlich das Zinkfingerprotein ZIF268. Dort wurde schematisch gezeigt, wie eine Reihe von Zinkfingern an eine Reihe von jeweils aus drei Basen bestehenden Erkennungsstellen auf der DNA bindet, indem sich in der großen Furche spezifische Kontakte zwischen Arginin-Aminosäuren und Guanin-Basen ausbilden Die „modulare“ Anordnung gestattet es kleinen Proteinen, lange Erkennungssequenzen in der DNA zu selektieren, obwohl sie nur ein kleines Protein-Motiv benutzen.

Eine detailliertere Darstellung eben dieses spezifischen Komplexes aus Zif268 und der DNA bietet Abbildung 8.6a. Wir können erkennen, dass sich drei benachbarte Zinkfinger als rechtsgewundene Spirale durch den Raum winden und so dem Verlauf der großen Furche folgen. Jeder Zinkfinger entsendet eine α-Helix in die große Furche, allesamt in demselben, recht steilen „Angriffswinkel", und ist dann über ein flexibles Peptid-Zwischenstück mit dem nächsten Finger der Kette verbunden. Zif268 fungiert wahrscheinlich als Aktivator der Transkription, denn es wird von der Zelle in Reaktion auf bestimmte Wachstumsfaktoren gebildet, welche die Zelle dazu bringen, schnell zu wachsen und sich zu teilen.

Betrachten wir nun die Struktur eines Zinkfingers noch eingehender. In jedem Finger bildet ein Teil der Peptidkette eine α-Helix und ein Teil ein β-Faltblatt, so wie in Abbildung 8.6b gezeigt. Die α-Helix steht über hydrophobe Kontakte zwischen den Aminosäuren Leucin, Phenylalanin und Tyrosin – hier als Scheiben mit dem Buchstabencode L, F beziehungsweise Y dargestellt – mit dem β-Faltblatt in Verbindung, aber auch über ein Zinkion, das an zwei Histidin-Aminosäuren (H) der α-Helix und und zwei Cystein-Aminosäuren (C) des β-Faltblattes bindet. Die Bindung an das Zinkion stabilisiert die Faltung der Peptide, sodass zur DNA hin eine einzigartige Erkennungsoberfläche präsentiert wird. Der Zinkfinger ist im Vergleich zu anderen Proteinen, wie dem in Abbildung 8.2 gezeigten 434-Repressorprotein, sehr klein. Man findet Zinkfinger bei ganz unterschiedlichen DNA- und RNA-bindenden Proteinen von Tieren und Pflanzen, aber nur selten bei DNA-bindenden Proteinen von Bakterien – vielleicht weil die Vorfahren dieser einfachen Organismen die Zink-Cystein-Verbindung nicht vor Schädigungen durch eine sauerstoffreiche Umgebung schützen konnten.

Wie erkennt ein Zinkfinger Basensequenzen innerhalb der großen Furche der DNA? Abbildung 8.6c zeigt spezifische Beispiele einer solchen Erkennung für die drei Zinkfinger von Zif268. Die Finger 1 und 3 erkennen auf einem Strang Basen mit der Sequenz GCG mithilfe von H-Bindungen zwischen Arg (Arginin) 1 und 7 und Atomen auf der zur kleinen Furche gewandten Seite der Base Guanin G (mehr dazu in Abbildung 4.12). Die Base C in jedem dieser Tripletts wird nicht direkt durch einen der Zinkfinger erkannt.

Der Finger 2 desselben Proteins erkennt dagegen Basen mit der Sequenz TGG auf demselben Strang. Diesem Finger fehlt an Position 7 eine Aminosäure Arg, sodass er G als erste Base nicht so leicht erkennen kann; er besitzt aber dafür eine His-Aminosäure (Histidin) an Position 4, welche die Seite der zweiten Base durch eine H-Bindung als G erkennt. Alle drei Finger besitzen an Position 3 die Aminosäure Asp, die mit einer Base A oder C auf dem Komplementärstrang Kontakt aufnimmt. Durch diesen Asp 3-Kontakt überlappen die Bindungsstellen der Finger 1 und 2. Alle drei Finger zusammen erkennen eine Sequenz aus den zehn Basen GCGTGGGCGT zuverlässiger und spezifischer als jeder dieser Zinkfinger für sich genommen.

Zinkfinger erscheinen für ihre Größe sehr effizient bei der Erkennung langer Abfolgen von Basensequenzen in der DNA, weil sie dem rechtsgewundenen Verlauf der großen Furche folgen können. Die End-zu-End-Verknüpfung mehrerer modularer Zinkfingereinheiten lässt diese DNA-Zielsequenzen erkennen, die nicht unbedingt symmetrisch sein müssen – im Gegensatz zu den Beispielen vom 434-Repressor, dem met-Repressor und dem bZIP-Protein, bei denen die „Leseköpfe" durch zweifach rotationssymmetrische Strukturen zusammengehalten werden.

Eine letzte Gruppe sequenzspezifischer, DNA-bindender Proteine bei Tieren sind die „Rezeptoren" für kleine „Signalmoleküle" wie die Hormone. Haben diese Proteine ein spezifisches Hormonmolekül gebunden, können sie die Transkription eines Zielgens in der unmittelbaren Umgebung ihrer spezifischen DNA-Bindungsstelle stimulieren. Die

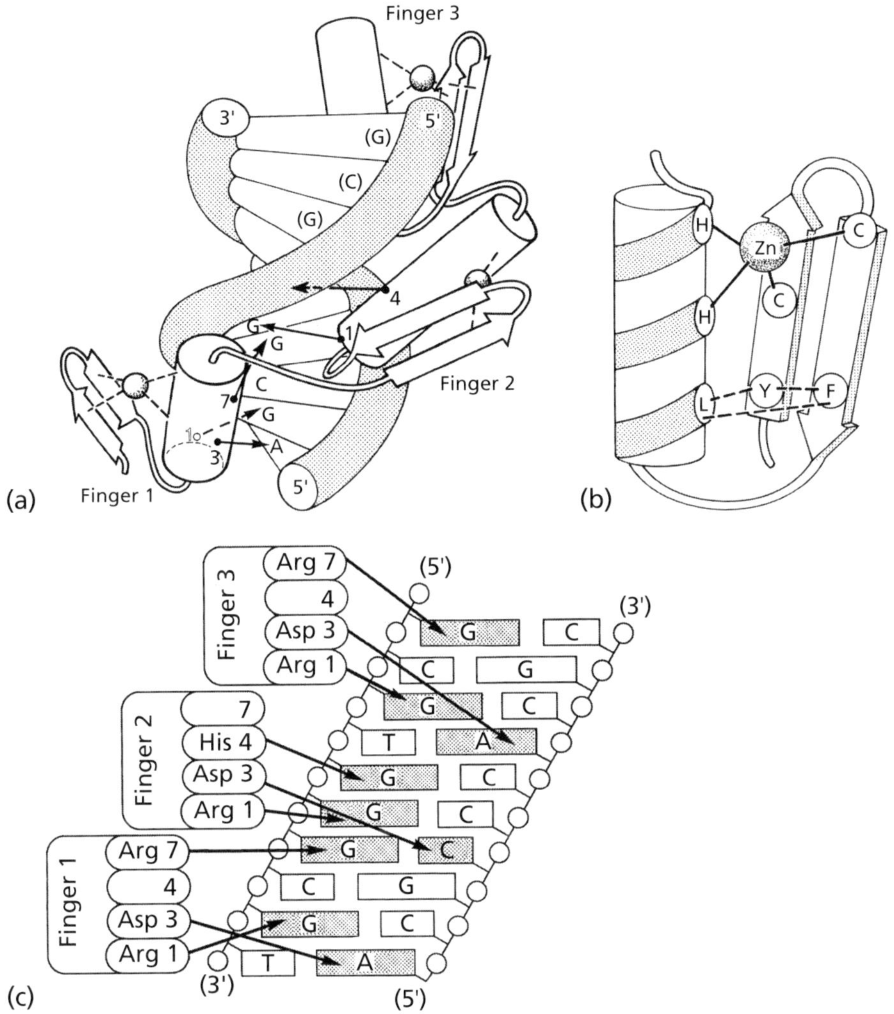

Abb. 8.6 a: Schematische Darstellung des spezifisch an DNA gebundenen Zif268-Proteins, die zeigt, wie sich dessen drei Zinkfinger-Module zu einer rechtsgewundenen Spirale aufwinden und so dem Verlauf der großen Furche fast über eine komplette Doppelhelixwindung folgen. Jeder Zinkfinger platziert in einem steilen „Angriffswinkel" eine α-Helix in der großen Furche, um dort mit Basenpaaren in Kontakt zu treten. Einige Basen sind mit Buchstaben bezeichnet, die auf der Seite der kleinen Furche in Klammern gesetzt sind. b: Detailliertere Ansicht der Faltung einer Peptidkette zu einem Zinkfinger. Ein Teil der Peptidkette wickelt sich zu einer α-Helix auf, der andere faltet sich zu einem β-Faltblatt. Das Zinkatom stellt eine Verbindung zwischen beiden her. c: „Abgerollte" Ansicht der DNA-Sequenz, die an Zif268 gebunden ist; gezeigt wird, welche Aminosäuren der Finger 1, 2 und 3 mit Basen in Kontakt treten. Beachten Sie, dass das Asp 3 aus Finger 2 und Arg 7 aus Finger 1 in Kontakt mit verschiedenen Basen desselben Basenpaares stehen; auf diese Weise überlappen die Bindungsstellen benachbarter Finger (wie auch bei anderen Beispielen von Zinkfingern).

Zellen von Tieren können zahlreiche verschiedene Signalrezeptorentypen enthalten, von denen jeder einen spezifischen „Liganden" – ein kleines Molekül wie ein Androgen, ein Östrogen, Vitamin D oder Vitamin A – erkennt. Ein Teil des Rezeptorproteins ist spezifisch für die Erkennung des kleinen Liganden, ein anderer für die Erkennung der DNA. Anhand von Kristallstrukturen ist erkennbar, dass diese Rezeptorproteine eine α-Helix, durch die Bindung an Zink stabilisiert und ausgerichtet, für ihre spezifische Kontaktaufnahme mit Basenpaaren in der großen Furche benutzen.

Überraschenderweise binden viele dieser Hormonrezeptorproteine an *dieselbe* DNA-Sequenz, steuern aber unterschiedliche Gene! In diesem Fall erwächst die Genspezifität aus der Erkennung der einzigartigen Abstände und Orientierung zweier separater, aber nahezu identischer DNA-Sequenzen zueinander.

Betrachten wir zunächst ein gut bekanntes Beispiel: den Östrogenrezeptor (Abbildung 8.7a). Insgesamt ähnelt der Östrogenrezeptor in gewisser Weise dem 434-Repressorprotein, indem er an zwei identische „Halbstellen" der Ziel-DNA bindet, die zueinander *gegenläufig* sind. Er besteht auch aus zwei identischen Proteinmolekülen, die sozusagen Kopf an Kopf miteinander verbunden sind. Das gesamte Östrogenrezeptorprotein und seine halben Erkennungsstellen sind zweifach rotationssymmetrisch, ebenso wie der 434-Repressor, aber seine Erkennungshalbstellen sind jeweils sechs Basenpaare lang und sind durch drei beliebige Basenpaare getrennt.

In Abbildung 8.7c sehen wir den Vitamin-D-Rezeptor. Wieder erkennen zwei identische Proteinmoleküle zwei identische DNA-Halbstellen aus sechs Basenpaaren, die durch drei Basenpaare getrennt sind, aber in diesem Fall verlaufen die Halbstellen in derselben Richtung, und daher sind die Proteine Kopf an Schwanz miteinander verbunden.

Zu guter Letzt werfen wir noch einen Blick auf den Schilddrüsenhormonrezeptor (Abbildung 8.7b). Hier sind die DNA-Erkennungshalbstellen fast dieselben wie beim Östrogen- und beim Vitamin-D-Rezeptor, aber nun liegen *vier* Basenpaare dazwischen, und sie verlaufen in dieselbe Richtung. Wieder stehen zwei Proteinmoleküle in Kontakt miteinander, sodass die „Leseköpfe" relativ zueinander richtig positioniert sind. Zwei weitere Beispiele, die in den Abbildungen 8.7d und e zu sehen sind, ähneln ebenfalls dem Vitamin-D- und dem Schilddrüsenhormonrezeptor, aber hier sind die Halbstellen durch zwei Basenpaare beziehungsweise durch eines voneinander getrennt.

Kommen wir zum Schluss noch einmal kurz auf unsere Darstellung der Bindung von TBP an eine acht Basenpaare umfassende, TATA enthaltende Sequenz zurück. In

Abb. 8.7 Beispiele für verschiedene Interaktionen zwischen Proteinen, die zur Erkennung der räumlichen Anordnung von DNA-Erkennungsstellen dienen. Die Steroidrezeptoren, hier vertreten durch den Östrogenrezeptor, binden an „umgekehrte" Wiederholungssequenzen (*inverted repeats*), andere Rezeptoren dagegen binden an „tandemartige" Wiederholungssequenzen (*tandem repeats*). Die Rezeptorproteine für a: Östrogen, b: Schilddrüsenhormon, c: Vitamin D_3, d: Vitamin-A-Säure und e: 9-cis-Vitamin-A-Säure binden allesamt an Wiederholungssequenzen derselben hexameren Sequenz AGGTCA. Dennoch erkennen sie ihre Bindungsstellen sicher, weil jede eine spezifische Kontaktform zwischen den Proteinen erfordert. Die Schemata rechts zeigen die Erkennungsstellen als Pfeile, die durch unterschiedlich viele Basenpaare voneinander getrennt sind. Diese Bilder zeigen nur die DNA-bindenden Teile der Rezeptoren, die hormonbindenden Teile sind nicht abgebildet. f: Die Symmetrie des TATA-TBP-Komplexes ist durch Interaktionen mit einem zweiten Protein, TFIIB, gestört, welches sowohl TBP als auch die stromaufwärts gelegene DNA kontaktiert. Das TATA-Element hat eine grobe zweifache Rotationssymmetrie, und das TBP könnte sich eigentlich in der einen oder der anderen Richtung an das Molekül legen; die Bindung von TFIIB aber richtet den Komplex durch Protein-Protein- und Protein-DNA-Kontakte räumlich aus. Dieser Komplex gibt die Richtung für den Start der Transkription vor.

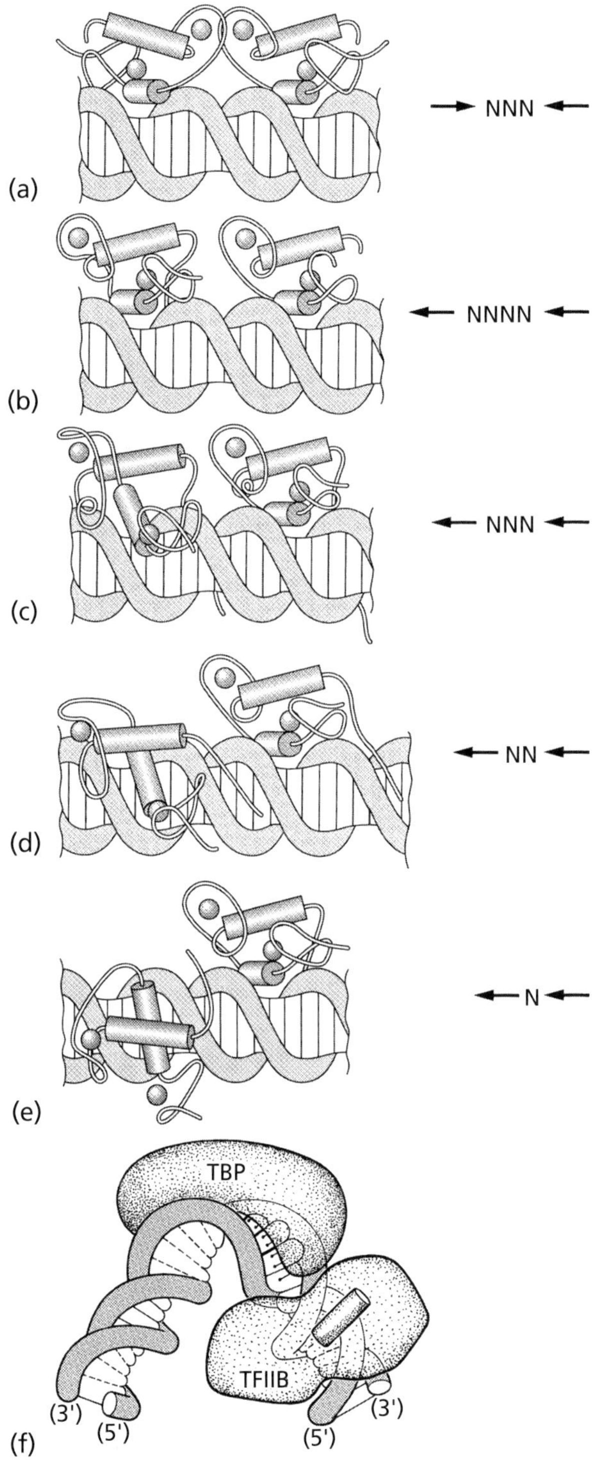
(a)
NNN
(b)
NNNN
(c)
NNN
(d)
NN
(e)
N
(f)
TBP
TFIIB
(3')
(5')
(5')
(3')

Abbildung 4.14 haben wir TBP so dargestellt, als wäre das gesamte Gebilde – Protein und DNA – zweifach rotationssymmetrisch. Um genau zu sein, hat zwar das TBP-Protein annähernd eine zweifache Rotationssymmetrie, die DNA-Sequenz, an die es bindet, braucht eine solche aber nicht; die Sequenz könnte beispielsweise TATAAAAT lauten. TBP verfügt meistens über ein „Partnerprotein" auf der Promotor-DNA für jedes beliebige spezifische Gen, nämlich das Protein TFIIB. Dieses Partnerprotein bindet spezifisch an nur ein Ende von TBP und gleichzeitig an eine G-C-reiche DNA-Sequenz, die dem TATA-Motiv vorausgeht. Eine solche einzigartige und deutlich ausgerichtete Anordnung stellt sicher, dass die Transkription der promotorassoziierten DNA in die richtige Richtung erfolgt.

Wir wissen nun, dass die Natur viele verschiedene Wege entwickelt hat, um eine spezifische DNA-Sequenz zu erkennen; dabei hat sie sich ganz unterschiedlicher proteinaler Strukturelemente bedient. Wie sich gezeigt hat, entstehen zwei Drittel aller atomaren Kontakte in Protein-DNA-Komplexe aus dem exakten Zusammenpassen ähnlicher Oberflächen, während ungefähr ein Drittel aus H-Bindungskontakten entsteht, die sich entweder direkt zwischen Aminosäuren und der DNA ausbilden oder aber vermittelt durch Wassermoleküle.

Die direkte Erkennung einer DNA-Sequenz durch H-Bindungen mit Aminosäuren oder Wasser wird oft als „direktes Lesen" bezeichnet. „Indirektes Lesen" dagegen resultiert aus einem subtilen Erkennen einer DNA-Basensequenz anhand der Fähigkeit der DNA, ihre äußere Gestalt zu verändern (etwa durch Krümmung oder Verdrehen, wie in Kapitel 4 beschrieben), damit das Protein besser passt. Da der größere Anteil der Protein-DNA-Kontakte hydrophober Natur ist, zeigt sich, dass das „indirekte Lesen" einen wichtigen Beitrag zur Bindungsspezifität jedes Proteins zur DNA leisten könnte.

Verschiedene Proteine können bestimmte gängige Methoden der DNA-Erkennung benutzen, bei denen beispielsweise entweder eine α-Helix oder ein β-Faltblatt in der großen Furche versenkt werden können, damit die beiden Oberflächen ideal zusammenpassen. Könnten diese groben Ähnlichkeiten ein Hinweis auf einen „Erkennungscode" sein, anhand dessen sich voraussagen ließe, welche spezifische DNA-Sequenz durch eine bestimmte Aminosäurensequenz erkannt wird? Das einfache Muster des Erkennens von drei Basenpaaren langen DNA-Sequenzen durch einzelne Zinkfinger von Zif268 lässt tatsächlich einen speziellen Erkennungscode für die Zinkfingerproteine vermuten. Abbildung 8.6c zeigt sogar, dass entweder drei oder vier aufeinander folgende DNA-Basen durch die Aminosäuren an den Positionen 7, 4, 3 und 1 der Zinkfinger-α-Helix erkannt werden könnten, die in die große Furche hineinragt. Ein Arginin (Arg) an Position 7 erkennt so eine G-Base am 5'-Ende von vier Basenpaaren GXXX, ein Histidin (His) an Position 4 dagegen eine G-Base im nächsten Paar, XGXX. Ein Arg an Position 1, also ganz an der Spitze der α-Helix, erkennt ein G im dritten Basenpaar, XXGX, und eine Asparaginsäure (Asp) an Position 3 „reicht herüber" und erkennt entweder eine A- oder eine C-Base vom gegenüberliegenden Strang im vierten Basenpaar, XXXA oder XXXC.

Basierend auf diesen viel versprechenden Ideen gab es einige Versuche, neue Zinkfingerproteine zu konstruieren und zu therapeutischen Zwecken einzusetzen. So erzeugten Andrew Jamieson und seine Kollegen zahlreiche Zufallsmutationen in Finger 1 des Proteins Zif 268 und entdeckten, dass zwei unterschiedliche Sequenzen, GTG oder TCG, die ursprüngliche Sequenz GCG ersetzen können, wenn statt Arg 1 und Arg 7 andere Aminosäuren an diesen Positionen sitzen. In einer weiter gehenden Studie erzeugten Yen Choo und Aaron Klug eine große Zahl von Zufallsmutationen, um auf eine Reihe von drei verschiedenen Zinkfingern zu selektieren, die spezifisch an die Sequenz GCAGAAGCC bindet; diese findet sich in bestimmten Krebszellen, nicht aber in gesunden Zel-

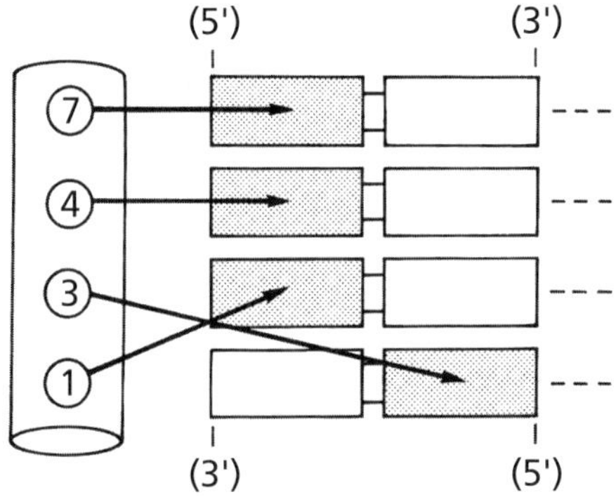

Aminosäure-position auf Erkennungs-α-Helix — erkannte DNA-Basen

Aminosäure (mit Position) auf Erkennungsfinger der α-Helix	erkannte Base: G	C	A	T
(7)	Arg Lys		Gln	Lys
(4)	His Lys	Asp Thr Val	Asn Ser His	Thr Ala Ser Val
(1)	Arg	Asp	Gln	Leu Thr Asn
(3)	Ser	Asp Ser Phe	Asp	

Tabelle mit Aminosäuren an spezifischen Positionen der Erkennungshelix, die spezifische Basen erkennen

Abb. 8.8 Häufig beobachtete Kontakte zwischen DNA und künstlichen Zinkfingern, wie sie von Choo und Klug sowie Miller und Pabo beschrieben wurden. Das Muster der Kontakte zwischen Aminosäuren und Basen ist auf der linken Seite als einfaches Schema dargestellt. Jeder Finger kann potenziell zu vier Basen in Kontakt treten, und die Bindungsstellen aufeinander folgender Finger können überlappen, wie in Abb. 8.6c. Die Tabelle auf der rechten Seite zeigt, welche Basen durch welche Aminosäuren an den vier Erkennungspositionen erkannt werden. Fett gedruckt sind solche Kontakte, die in Kristallstrukturen beobachtet wurden. (Zum Drei-Buchstaben-Code der Aminosäuren siehe Tab. 1.1)

len. Zunächst selektierten sie auf verschiedene Zinkfinger, die bevorzugt an jede der drei kurzen Sequenzen GCA, GAA und GCC banden, dann kombinierten sie drei ausgewählte Zinkfinger zu einem langen Proteinmolekül, das tatsächlich alle neun Basenpaare zusammen erkennen kann. Carl Pabo und seine Kollegen fanden mit ähnlichen Methoden Codierungsmuster, welche die DNA-Sequenz den vier relevantesten Aminosäuren (1, 3, 4 und 7) der Finger zuordnen. Einige ihrer Ergebnisse sind in Abbildung 8.8 aufgeführt. So kann die Base G an jeder der vier Zielpositionen durch Arg, His oder Lys an den α-helikalen Positionen 7, 4 und 1 erkannt werden.

Könnten wir auch Varianten der anderen oben beschriebenen Proteine herstellen, etwa des 434-Repressors oder der Hormonrezeptoren, sodass diese durch den Austausch nur weniger Aminosäuren etwas andere DNA-Sequenzen auswählen? Im Falle der Zinkfinger scheint es, dass die Erkennungs-α-Helix stets praktisch in derselben Ausrichtung wie die große Furche der DNA liegt, wodurch das in Abbildung 8.8 gezeigte Schema möglich wird. Bei den anderen Proteinen aber ist die Lage weitaus komplizierter, weil ihre α-Helices ganz unterschiedliche Neigungswinkel einnehmen können, wenn sie an die große Furche der DNA andocken. Jedes denkbare Erkennungsschema müsste demnach die Gesamtgeometrie beschreiben, mit der die fragliche α-Helix in der großen Furche lokalisiert ist. Eine weitere Schwierigkeit bildet zudem die Entdeckung, dass die Interaktionen zwischen Aminosäuren und Basenpaaren nicht immer eins zu eins erfolgen, wie in Abbildung 8.8; sie sind auf eine Weise kontextabhängig, die eine Vorhersage derzeit schwierig macht.

Da die Aufgabe, neue Proteine zu entwickeln, so entmutigend erscheint, haben sich viele Wissenschaftler stattdessen dafür entschieden, neue *chemische Verbindungen* zu entwickeln, die kurze DNA-Sequenzen spezifisch erkennen. Diese Versuche gehen oft von der röntgenanalytisch ermittelten Kristallstruktur von Komplexen aus kurzen DNA-Stücken und Antibiotika oder aber von chemischen Verbindungen wie Ethidium oder Porphyrin aus. In einer weiteren wichtigen Studie haben sich Wissenschaftler darum bemüht, neue Peptide oder peptidähnliche Verbindungen zu erzeugen, die spezifisch an Basenpaare in der großen oder der kleinen Furche der DNA binden. Es gibt viele natürlich vorkommende Beispiele dieser Art, die nützliche biologische Aufgaben erfüllen, darunter die Antibiotika Actinomycin, Daunorubicin, Chromomycin und Bleomycin – einige von ihnen werden noch heute in der Krebstherapie eingesetzt.

Am bekanntesten ist eine Reihe von distamycin-verwandten Verbindungen, die Peter Dervan und seine Kollegen synthetisiert haben; diese platzieren eine Amidkette tief in der kleinen Furche der DNA, um die dortigen Basenpaare zu erkennen. Das ursprüngliche Distamycin erkennt eine kurze Basensequenz wie AAAA oder AATT über H-Bindungen von N-H-Gruppen der Amide zu N- oder O-Atomen der zur kleinen Furche gewandten Seiten von A-T-Basenpaaren. Dervan und seine Chemiker gingen jedoch einen Schritt weiter und stellten Polyamide her, die *zwei* Ketten nebeneinander in der kleinen Furche platzieren, wie in Abbildung 8.9a schematisch dargestellt. Diese synthetischen Polyamide können separate Pyrrol- (Py), Imidazol- (Im) und Hydroxy-Imidazolringeinheiten (Hp) enthalten. Das Pyrrol ist die Fünferring-Komponente im roten Blutfarbstoff, Imidazol ist Teil der Seitenkette der Aminosäure Histidin. Zwei solcher Polyamidketten können zu einer Art Haarnadel verknüpft werden, sodass sich Py, Im und Hp als Paare stapeln. Diese Amideinheiten können an die Sauerstoff- und Stickstoffatome der kleinen Furche über H-Bindungen binden, und Py und Im erkennen – Seite an Seite in der kleinen Furche liegend –ausschließlich ein G-C-Basenpaar, wie in den Abbildungen 8.9b und c schematisch gezeigt. Desgleichen erkennen Py und Hp, wenn sie nebeneinander liegen, ausschließlich ein A-T-Basenpaar, wie ebenfalls gezeigt. Diese Polyamide können um die Bindungen rotieren, die ihre Amideinheiten miteinander verknüpfen; sie können also räumlich eine Spirale bilden, um dicht an den Basenpaaren in der kleinen Furche der Doppelhelix zu bleiben.

Am Ende unserer Untersuchung haben wir also erfahren, auf welch unterschiedliche Weise Proteine spezifische Basensequenzen der DNA mithilfe vieler verschiedener Mechanismen erkennen können, von denen sich die meisten beim heutigen Stand der Theorie nicht voraussagen lassen. Die meisten dieser Proteine scheinen zunächst irgendwie an den Zucker-Phosphat-Ketten der DNA „anzudocken", um eine α-Helix oder ein β-Faltblatt in die große Furche zu entsenden; in einem zweiten Schritt „sondieren" dann die in die Furche ragenden Aminosäuren die Identität der Basenpaare über H-Bindungen oder hydrophobe Bindungen. Solche präzisen Interaktionen sind wegen ihrer verwickelten Stereochemie theoretisch nur schwer vorhersagbar. Zudem ist die DNA-Helix auf eine Weise flexibel, die von ihrer Basensequenz abhängt, was eine Vorhersage noch mehr erschwert.

Dennoch haben manche Forscher auf diesem widrigen Gebiet Fortschritte erzielt, indem sie – durch Zufallsmutation der Aminosäuren in einem einzelnen Zinkfinger, der dann mit veränderter Spezifität an die DNA bindet – neuartige DNA-Bindungsstellen für Zinkfingerproteine auswählten. Andere Wissenschaftler stellten neuartige chemische Substanzen her, die an DNA mit einer spezifischen Basensequenz binden; diese kleinen Moleküle könnten auch in Biologie und Medizin von Nutzen sein. Die Studien zur spezifischen Interaktion von Proteinen und DNA sind noch nicht am Ziel, und zweifellos wird es in den kommenden zehn oder 20 Jahren weitere Fortschritte geben, die zu nützlichen Erfindungen führen werden.

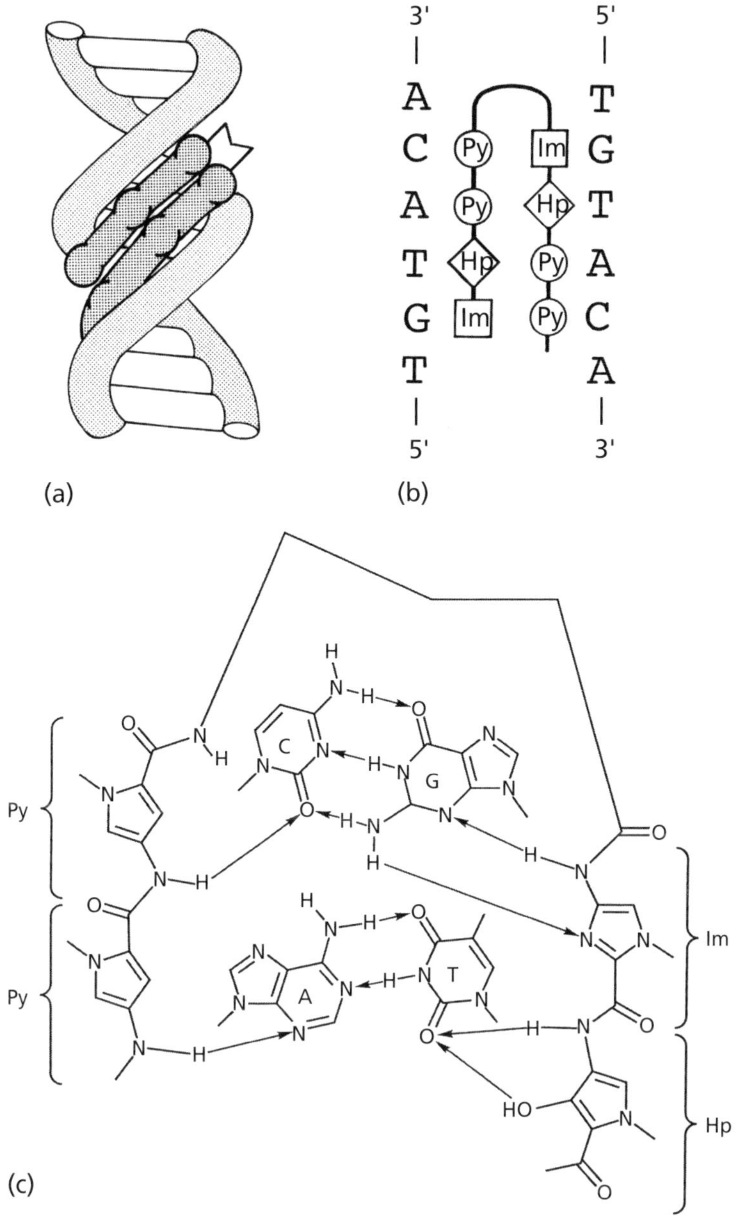

Abb. 8.9 Erkennung spezifischer Basensequenzen durch in der kleinen Furche nebeneinander liegende Polyamidmoleküle. a: Gesamtanordnung mit zwei Ketten, die an einem Ende miteinander verbunden sind. b: Ausgestreckte schematische Darstellung der kleinen Furche einer bestimmten Sequenz; die beiden Amidketten liegen parallel zu ihren Erkennungspartnern. So wird der einzigartige Erkennungscode sichtbar. c: Detaillierte Darstellung der für die Erkennung von G-C- und A-T-Basenpaaren nötigen H-Bindungen. Die Polyamide sind beiderseits der Basenpaare gezeigt: Sie wurden getrennt und auf der Buchseite ausgebreitet, während die Basenpaare auf dieselbe Ebene rotiert wurden. Die Maßstäbe von Polyamiden und Basen sind nicht dieselben. H-Bindungen sind als Pfeile eingezeichnet, die auf den Donator zeigen.

Die zellbiologischen Aspekte spezifischer Protein-DNA-Interaktionen würden den Rahmen unseres Buches sprengen, doch sollen an dieser Stelle einige Sätze zur Biologie Platz finden. Zunächst einmal könnte man sich vorstellen, dass jedes Gen eines komplexen Organismus sein eigenes spezielles Regulationsprotein hat, etwa einen Repressor oder Aktivator, der spezifisch an eine bestimmte DNA-Sequenz nahe der Transkriptions-Startstelle des Gens binden könnte. Geht man von 30 000 Genen im menschlichen Genom aus, würde ein solches Eins-zu-eins-Schema 30 000 einzigartige Regulatorproteine erfordern! Die Natur geht jedoch oft andere Wege als die, welche man sich naiverweise vorstellt.

Bei den meisten Bakterienarten sind daher verschiedene verwandte Gene dicht zusammengerückt und benutzen nur *ein* Protein zur Steuerung ihrer Gesamtexpression. Eine solche Genansammlung, „Operon" genannt, kann die meisten oder alle nötigen Gene für bestimmte biochemische Prozesse enthalten, beispielsweise alle für die Synthese der Aminosäure Methionin erforderlichen Enzyme. Das bakterielle Methionin-Operon wird tatsächlich nur durch ein einziges Protein gesteuert, nämlich den oben beschriebenen met-Repressor.

Auch bei Pflanzen oder Tieren rücken mehrere verwandte Gene zusammen, aber aufgrund der hohen Komplexität eines großen Genoms reicht ein Protein meist nicht aus, um die Transkription mit genügender Spezifität zu steuern. Daher werden die meisten Gene bei Tieren oder Pflanzen durch zwei oder mehr Proteine gesteuert, die so genannten „Transkriptionsfaktoren", die gemeinsam in verschiedenen Kombinationen agieren können und so eine viel höhere Genspezifität erreichen als ein einzelnes, separat agierendes Protein es könnte.

Desweiteren verfügen die Zellen von Tieren und Pflanzen über hoch komplizierte Mittel zum Verpacken der DNA in Chromosomen, die ebenfalls die Gene auf spezifische Weise steuern. Histonproteine, die sehr lange DNA zu Chromosomen kondensieren, können so ebenfalls durch Enzyme, die „Acetylasen" oder „Methylasen", chemisch modifiziert werden, um die Packungsdichte in der Umgebung bestimmter Gene zu verringern und somit die Transkription an bestimmten Lokalisationen zu aktivieren (siehe Kapitel 7 und 11). Die Gene von Tieren oder Pflanzen scheinen also durch eine komplexe Hierarchie molekularer Interaktionen gesteuert zu sein; die Steuerung bakterieller Gene dagegen erfolgt offenbar oft auf einfachere Weise.

Weiterführende Literatur

Aggarwal, A. K.; Rodgers, D. W.; Drottar, M.; Ptashne, M.; Harrison, S. C. *Recognition of a DNA operator by the represser of phage 434: a view at high resolution.*In: *Science* 242 (1988) S. 899-,907. Frühes Beispiel einer spezifischen Protein-DNA-Bindung für das 434-Repressorprotein, gebunden an seine bevorzugte Basensequenz. Quelle für die Abbildungen 8.2a und 8.3.

Arora, P. S.; Ansari, A. Z.; Best, T. P.; Ptashne, M.; Dervan, P. B. *Design of artificial transcriptional activators with rigid poly-L-proline linkers.* In: *Journal of American Chemical Society* 124 (2002) S. 13067–13071. Über den möglichen Einsatz von Verbindungen auf Polyamidbasis zur Kontrolle der Genexpression .

Fersht, A. R. *Structure and Mechanism in Protein Science*, New York (W.H. Freeman) 1999. Beleuchtet die allgemeinen Prinzipien spezifischer Assoziationen innerhalb und zwischen biologischen Molekülen, darunter Interaktionen, die zur Faltung eines Proteins führen, und die Interaktionen zwischen Proteinen, die deren Stabilität und Spezifität beeinflussen.

Gowers, D. M.; Halford, S. E. *Protein motion from non-specific to specific DNA by three-dimensional routes aided by supercoiling.* In: *EMBO Journal 22* (2003) S. 1410—1418. Stellt dar, wie Proteine durch Verschieben oder Springen Zielstellen auf einer DNA-Strecke finden. Diese Prozesse beeinflussen die Raten, mit denen Stellen innerhalb der Zelle gefunden werden können.

Judson, H. F. *The Eighth Day of Creation*, New York (Simon & Schuster) 1979. Kapitel 2a liefert eine exzellente Beschreibung von Paulings frühen Untersuchungen an Proteinen und seiner Entdeckung der einfachen α-Helixstruktur.

Lewis, M.; Chang, G.; Horton, N.; Kercher, M.; Pace, H.; Schumacher, M.; Brennan, R.; Lu, P. *Crystal structure of the lactose operon represser and its complexes with DNA and inducer.* In: *Science* 271 (1996) S. 1247–1255. Ein bekanntes Repressorprotein, an DNA gebunden; zwei dieser Repressorproteine haften oft zusammen und formen so eine enge DNA-Schleife.

Li, T.; Stark, M.; Johnson, A.; Wolberger, C. *Crystal structure of the MATal/MATa2 homeodomain heterodimer bound to DNA.* In: *Science* 270 (1995) S. 262–627. Ein DNA-bindendes Protein der Hefe, das die DNA in einer großen Schleife um sich krümmt. Die Struktur verdeutlicht auch, dass Interaktionen zwischen Proteinen ein wichtiger Aspekt der Spezifität und Steuerung der Genexpression sind.

Lilley, D. M. J.; White, M. F. *The junction-resolving enzymes.* In: *Molecular Cell Biology* 2 (2001) S. 433–443. Überblick über Proteine, die „Vier-Stränge-Kreuzung" (*four-way junctions*) in der DNA erkennt, um die homologe Rekombination zu erleichtern.

Marmorstein, R.; Fitzgerald, M. X. *Modulation of DNA-binding domains for sequence-specific DNA recognition.* In: *Gene* 304 (2003) S.1-12. Über Faktoren, welche die DNA-Sequenzerkennung beeinflussen, darunter Interaktionen zwischen Proteinen in Zusammenstellungen aus zahlreichen DNA-bindenden Proteinkomponenten.

Nolte, R. T.; Conlin, R. M.; Harrison, S. C.; Brown, R. S. *Differing roles for zinc fingers in DNA recognition: structure of a six-finger transcription factor IIIA complex.* In: *Proceedings of the National Academy of Sciences, USA* 95 (1998) S. 2938—4293. Beispiel für unterschiedliche Modi der DNA-Bindung durch Proteine der Zinkfingerfamilie.

Ogata, K.; Sato, K.; Tahirov, T. *Eukaryotic transcriptional regulatory complexes: cooperativity from near and afar.* In: *Current Opinion in Structural Biology* 13 (2003) S. 40-48. Zu den Prinzipien der kombinatorischen Kontrolle der Genregulation bei Eukaryoten; experimentelle Belege für DNA-Schleifenbildung in einem regulatorischen Komplex aus zahlreichen Komponenten mithilfe der AFM (Rasterkraftmikroskopie) – einer in Kapitel 9 beschriebenen Technik.

Perutz, M. F. *Protein Structure: New Approaches to Disease and Therapy*, New York (W.H. Freeman) 1992. Maßgeblicher Überblick zu Proteinstrukturen und ihrer Bedeutung für Arzneimittelentwicklung und Medizin.

Rice, P. A.; Yang, S.; Mizuuchi, K.; Nash, H. A. *Crystal structure of an IHF-DNA complex: a protein-induced DNA U-turn.* In: *Cell* 87 (1996) S. 1295—1306. Zu der bemerkenswerten Struktur des an DNA gebundenen IHF-Proteins, die unter anderem eine 180°-Krümmung über 35 Basenpaare und das Einschieben der Aminosäure Prolin bei zwei großen Knicks einschließt.

Internetadressen

Atlas der Interaktionen zwischen Aminosäuren und Basen von Janet Thorton und Kollegen:
http://www.biochem.ucl.ac.uk/bsm/sidechains

Zusammenfassung der Strukturfamilien DNA-bindener Proteine:
http://www.biochem.ucl.ac.uk/bsm/prot_dna/prot_dna_cover.html

Sammlung von kristallographisch und durch Kernresonanzspektroskopie ermittelten Strukturen von Nucleinsäuren und Proteinkomplexen:
http://www.ndbserver.rutgers.edu

Bibliographie

Choo, Y.; Klug, A. *Physical basis of a protein-DNA recognition code.* In: *Current Opinion in Structural Biology* 7 (1997), S 117–125. Beschreibt Studien zur Manipulation der Spezifität DNA-bindender Proteine mit Schwerpunkt auf den Zinkfingern für Basentripletts in der DNA, wenn Aminosäuren an entscheidenden Positionen verändert werden. Quelle für Abbildung 8.6.

Dervan, P. B. *Molecular recognition of DNA by small molecules.* In: *Bio-organic Medicinal Chemistry* 9 (2001) S. 2215—2235. Darstellung der Entwicklung der Polyamidverbindungen, basierend auf Beobachtungen an kleinen Molekülen, die an DNA binden.

Jamieson, A. C.; Kim, S.-H.; Wells, J. A. *In vitro selection of zinc fingers with altered DNA-binding specificity.* In: *Biochemistry* 33 (1994) S. 5689–5695. Veränderungen an den Aminosäuren in den Zinkfingern von Zif268 erlauben es diesen, andere DNA-Sequenzen zu erkennen.

Keller, W.; Konig, P.; Richmond, T.J. *Crystal structure of a bZIP/DNA complex at 2.2 A resolution: determinants of DNA specific recognition.* In: *Journal of Molecular Biology* 254 (1995) S. 657–667. Zur Kristallstruktur des an DNA gebundenen bZIP-Proteins. Quelle für Abbildung 8.4.

Kielkopf, C. L.; White, S.; Szewczyk, J. W.; Turner, J. M.; Baird, E. E.; Dervan, P. B.; Rees, D. C. *A structural basis for recognition of A-T and T-Abase pairs in the minor groove of B-DNA.* In: *Science* 282 (1998) S. 111. Kristallstruktur, die erkennen lässt, wie ein Polyamid die Erkennung aller vier möglichen Basenpaare (A-T, T-A, G-C und C-G) über Kontakte in der kleinen Furche codieren kann.

Luscombe, N. M.; Laskowski, R. A.; Thornton, J. M. *Amino acid-base interactions: a three-dimensionsal analysis of protein-DNA interactions at an atomic level.* In: *Nucleic Acids Research* 29 (2001) S. 2860–2874. Überblick zu Kontakten zwischen Aminosäuren und Basen bei einem breiten Spektrum von Protein-DNA-Komplexen.

Miller, J. C.; Pabo, C. O. *Rearrangement of side-chains in a Zif268 mutant highlights the complexities of zinc finger-DNA recognition.* In: *Journal of Molecular Biology* 313 (2001) S. 309–315. Geht detailliert auf den Aufbau von Zinkfingerproteinen ein, mit dessen Hilfe diese spezifische Ziel-DNA erkennen. Eine Quelle für Abbildung 8.6.

Nair, S. K.; Burley, S. K. *X-ray structures of Myc-Max and Mad-Max recognizing DNA. Molecular basis of regulation by proto-oncogenic transcription factors.* In: *Cell* 112 (2003) S. 193–205. Zeigt, wie die DNA von einer Klasse von Reißverschluss-Proteinen erkannt wird und wie das Myc-Max-Heterodimer die Schleifenbildung bei der DNA begünstigen könnte.

Otwinowski, Z.; Schevitz, R. W.; Zhang, R. G.; Lawson, C. L.; Joachimiak, A.; Marmorstein, R. Q.; Luisi, B. F.; Sigler, P. B. *Crystal structure of trp represser/operator complex at atomic resolution.* In: *Nature* 335 (1988) S. 321-329. Die meisten Kontakte zwischen Protein und DNA-Basen werden indirekt durch Wasser in dieser Struktur vermittelt.

Pabo, C. O.; Nekludova, L. *Geometric analysis and comparison of protein-DNA interfaces: why is there no simple code for recognition*? In: *Journal of Molecular Biology* 301 (2000) S. 597–624. Demonstriert geometrische Voraussetzungen für günstige H-Bindungsinteraktionen zwischen DNA-Basen und Aminosäuren-Seitenketten und wie diese von der Orientierung der α-Helices in der Furche beeinflusst werden.

Pavletich, N. P.; and Pabo, C. O. *Zinc finger-DNA recognition: crystal structure of a Zif268-DNA complex at 2.1 Å.* In: *Science* 252 (1991) S. 809–817. Über eine Kette aus drei Zinkfingern, die in regulärer Weise an die DNA binden, für das Protein Zif268. Eine Quelle für Abbildung 8.6.

Rastinejad, F.; Khorasanizadeh, S. *Nuclear-receptor interactions on DNA-response elements.* In: *Trends in Biochemical Sciences* 26 (2001) S. 384–390. Fasst die Kristallstrukturen verschiedener Rezeptorproteine auf unterschiedlichen DNA-Halbstellen und die Symmetrieerkennung durch Interaktionen zwischen Proteinen zusammen.

Schaffer, P. L. Gewirth, D. T. *Structural basis of VDR-DNA interactions on direct repeat response elements.* In: *EMBO Journal* 21 (2002) S. 2242–2252. Eine Quelle für Abbildung 8.7.

Somers, W. S. Phillips, S. E. V. *Crystal structure of the met represser-operator complex at 2.8 Å resolution reveals DNA recognition by p-strands.* In: *Nature* 359 (1992) S. 387–393. Erstes detailliertes Beispiel für eine β-Faltblattstruktur, die spezifisch an DNA bindet. Quelle für die Abbildungen 8.5a und c.

Suzuki, M.; Yagi, N. *An in-the-groove view of DNA structures in complexes with proteins.* In: *Journal of Molecular Biology* 255 (1996) S. 677–687. Untersuchungen zum dichten Ineinanderpassen von Transkriptionsfaktorproteinen und DNA.

Tsai, F. T.; Littlefield, O.; Kosa, P. P.; Cox, J. M.; Schepartz, A.; Sigler, P. B. *Polarity of transcription on PolII and archael promoters: where is the ‚one-way sign' and how is it read*? In: *Cold Spring Harbor Symposium in Quantitative Biology* 63 (1998) S. 53–61. Eine Quelle für Abbildung 8.7.

9 Methoden zur Untersuchung der DNA-Struktur

Mit unserem Buch möchten wir so einfach wie möglich erklären, wie die DNA in der Biologie ihre Aufgaben erfüllt. Darum haben wir uns bemüht, uns nicht zu lange mit den Methoden aufzuhalten, mit denen Wissenschaftler die DNA erforschen: Wir wollten lieber ein integriertes Bild von der DNA geben, so wie es sich aus vielen verschiedenen Analysemethoden ergibt. Immer wieder haben wir darauf hingewiesen, dass die DNA etwas sehr Winziges ist; die Darstellungen in unseren Abbildungen aber sind in einem Maßstab gezeichnet, den der Leser als „normal" empfindet.

Ein Student, der eines der Themen in Gänze nachvollziehen möchte, will wahrscheinlich wissen, wie genau es zu den Befunden kam, aus denen dann die allgemeinen Schlüsse gezogen wurden. Und der Historiker, von dem wir im ersten Kapitel berichtet haben, war nicht so sehr von der Tatsache verwirrt, dass die DNA in unseren Körperzellen so unermesslich klein ist, sondern fragte sich, wie man über einen so kleinen Gegenstand *etwas herausfinden* kann. In diesem Kapitel werden wir daher einige der Techniken vorstellen, mit deren Hilfe Wissenschaftler heute die Struktur der DNA erforschern.

Die – zumindest historisch gesehen – wichtigste Methode ist die Analyse der DNA durch *Röntgendiffraktion*. Mit dieser Methode wurde 1953 die grundlegende Doppelhelixform der DNA entdeckt. Zehn Jahre zuvor, in den 1940-er Jahren, hatten Forschungen an Pneumokokken durch Oswald Avery und seine Kollegen ergeben, dass ein DNA-Reinpräparat aus einer harmlosen Form des Bakteriums eine infektiöse machen konnte, die dann Mäuse an Lungenentzündung erkranken ließ. (Heute wissen wir, dass die von Avery benutzte DNA ein Gen enthielt, das für die Bildung einer starken Hülle um das Bakterium codierte; dies war damals nicht bekannt.) In den 1950-er Jahren hatte man so viele Befunde gesammelt, dass sich selbst Physiker davon überzeugen ließen, dass die DNA das unsichtbare „Gen" sei, von dem in der Biologie schon seit über 40 Jahren die Rede war. Einige Physiker und Chemiker machten sich daher daran, die DNA-Struktur mit verschiedenen Methoden (auch der Röntgendiffraktion) zu untersuchen, um herauszufinden, ob ihre physikalische Struktur vielleicht etwas über ihre Funktion als das genetische Material verraten würde.

Eine begabte frühe Röntgenologin war Rosalind Franklin. Sie extrahierte feine DNA-Fäden aus natürlichem Material und fand heraus, dass diese Fäden unter Röntgenbestrahlung eine von zwei möglichen Röntgendiffraktionsfotografien ergeben konnten. Sie nannte diese beiden Muster „A" und „B". Die „A"-Form war zu erkennen, wenn die Fäden relativ trocken gehalten wurden, die „B"-Form, wenn sie die Fäden feucht hielt. Ihr Foto von der „B"-Form – welche die weitaus einfachere von beiden war – wurde im Frühjahr 1953 von James Watson und Francis Crick als rechtsgewundene Doppelhelix mit A-T- und G-C-Basenpaare interpretiert. Robert Langridge bestätigte dann im Jahre 1960 die entscheidenden Angaben zum „B"-Form-Modell und verfeinerte dabei ein Modell, das Franklin und Raymond Gosling Ende 1953 erstmals postuliert hatten. Die Modelle der „A"- und der „B"-Form haben wir in Abbildung 2.7 gezeigt.

Spätere Studien von Struther Arnott und Kollegen ergaben, dass DNA mit einer regelmäßig sich wiederholenden Sequenz, wie A_n/T_n (bei der alle A-Basen auf dem einen Strang sitzen und alle T-Basen auf dem anderen) oder $(AT)_n/(AT)_n$ (bei der beide Stränge die Sequenz ATATAT aufweisen), extrem polymorph sein kann. Jede Präparation von DNA-Fäden konnte also bis zu drei oder vier verschiedene Röntgenmuster ergeben, je nachdem, wie ihr Salz- und Wassergehalt unter der Röntgenbestrahlung war. Ein Faden mit der Sequenz $(AT)_n/(AT)_n$ kann beispielsweise unter verschiedenen Bedingungen insgesamt vier unterschiedliche Röntgenmuster ergeben, die man als „A“, „B“, „C“ und „D“ bezeichnet. Andere Basensequenzen können ähnliche Muster ergeben, so etwa „B' “, „C' “ und „C'' “, die eindeutig Varianten der Grundform darstellen, während wieder andere Röntgenmuster wie „E“ zeigen, die sich deutlich unterscheiden. Bis 1980 hatten sich daher viele Hinweise darauf angesammelt, dass die Struktur der DNA komplexer sein könnte als Watson und Crick es in den 1950-er Jahren je hätten voraussagen können. Aber obwohl Röntgenaufnahmen eines DNA-Faden-Präparats deutlich zeigen, dass sich die Formen „A“ bis „E“ voneinander unterscheiden, geben sie doch nicht genügend Informationen preis, um die dreidimensionale Struktur dieser unterschiedlichen Formen bei ausreichender Auflösung so zu bestimmen, dass man die einzelnen Atome klar erkennt.

Glücklicherweise beherrschten Chemiker wie Keiichi Itakura, Shoji Tanaka und Jacques van Boom 1980 bereits die Kunst, DNA chemisch in großen Mengen zu synthetisieren und zu reinigen, sodass Kristalle aus bestimmten, kurzen Basensequenzen gezüchtet werden konnten. Kristalle wachsen nur dann, wenn das Präparat rein ist, also wenn die kurzen DNA-Fragmente (oder Oligomere)[1] alle eine identische Sequenz und eine identische Länge haben. Die erste DNA-Struktur, die durch Röntgenanalyse eines Kristalls und nicht eines Fadens ermittelt wurde, war die der Sequenz ATAT durch M. A. Viswamitra im Jahre 1978. Allerdings erwies sie sich als Enttäuschung, denn das Molekül bildete keine komplette Doppelhelix aus, da sich TA-Basenpaarstufen leicht entwinden. Die folgenden Röntgenstrukturen allerdings erbrachten erstaunliche Ergebnisse: Die Sequenzen CGCG und CGCGCG, unabhängig voneinander von Andrew Wang, J. Crawford, Horace Drew und Kollegen 1979–1980 analysiert, kristallisierten beide als linksgewundene Doppelhelices. Über 20 Jahre lang waren die Biologen davon ausgegangen, dass DNA nur rechtsgewunden sein konnte; jetzt hatte man entdeckt, dass es sie auch in linksgewundener Form gab! Frühere Studien von Fritz Pohl und Tom Jovin, die Lösungen mit der Zirkular-Dichroismus-Spektroskopie (*circular dichroism spectroscopy*) untersucht hatten, hatten bereits vermuten lassen, dass alternierende C-G-Sequenzen, wie CGCG, je nach Salzkonzentration rechts- oder linksgewunden sein konnten, aber nur wenige Kristallographen und andere Fachleute hatten sie ernst genommen.

In der Zeit seit 1980 hat man viele wichtige Strukturen von DNA-Oligomeren und ihren Komplexen mit Antibiotika oder Proteinen in Einzelkristallen mithilfe der Röntgendiffraktion analysiert. Diese Studien bilden das eigentliche Fundament für alle vorangegangenen Kapitel dieses Buches. Sie sind viel zu zahlreich, um hier aufgeführt zu werden, aber am Ende dieses Kapitels verweisen wir auf einige Literatur zu diesem umfassenden Feld. An dieser Stelle aber werden wir die typischen Schritte einer Röntgenanalyse am Beispiel eines bestimmten, fraglichen DNA-Moleküls oder Protein-DNA-Komplexes erklären.

Zunächst einmal muss sich der Kristallograph entscheiden, welche DNA-Sequenz er untersuchen will, und dann große Mengen an Reinmaterial produzieren, meist durch

[1] Siehe Anmerkung am Ende dieses Kapitels.

Abb. 9.1 Kristalle aus DNA mit der Sequenz AGCATGCT in Kombination mit dem Antibiotikum Nogalamycin. Jeder Kristall ist etwa 1 mm lang. Mit freundlicher Genehmigung von Louise Lockley.

chemische Synthese. Im Falle eines Protein-DNA-Komplexes muss auch das Protein in chemisch reiner Form in großen Mengen vorbereitet werden; das geschieht meist, indem man ein für dieses Protein codierendes Gen in Bakterien einschleust und dann das Protein in großen Mengen exprimieren lässt. Als nächstes muss er oder sie Kristalle aus dieser Substanz züchten, die sich für Röntgendiffraktionsuntersuchungen eignen. Kristalle zu züchten ist eine riskante Sache! Abbildung 9.1 zeigt einige DNA-Kristalle, die für die Röntgenanalyse geeignet sind. Sie sind jeweils etwa einen Millimeter lang. Diese besonderen Kristalle enthalten einen Komplex aus einer acht Basenpaare langen Doppelhelix mit der Sequenz AGCATGCT zusammen mit dem Antibiotikum Nogalamycin, an das sie fest gebunden ist. Das Antibiotikum ist orange, die DNA selbst ist farblos. Die in dieser Abbildung gezeigten Kristalle wurden in einem Kühlraum zwei Wochen lang langsam gezüchtet, bis sie die erforderliche Größe von einem Millimeter erreichten.

Anschließend wird einer dieser Kristalle vorsichtig in ein feuchtes, versiegeltes Kapillarröhrchen verbracht und mit einem Röntgenstrahl durchleuchtet. Wenn der Kristall eine geordnete Struktur aufweist, wird ein Röntgenbild wie das in Abbildung 9.2 gezeigte entstehen. Jeder größere DNA-Kristall entsteht aus Millionen identischer DNA-Moleküle, die allesamt in regelmäßiger Anordnung dicht gepackt sind. Die geometrischen Positionen der Punkte in Abbildung 9.2 verraten uns, welche Form repetitiver Anordnung die Moleküle gebildet haben. DNA kann in 65 verschiedenen Formen dreidimensionaler Symmetrie Kristalle bilden; die erste Aufgabe liegt also darin zu bestimmen, welche Art von Symmetrie in dem jeweiligen Kristall vorliegt. Dann gilt es, die relative Intensität der Punkte zu messen, und zwar bei jedem einzelnen von vielen Röntgenbildern, die bei unterschiedlicher Ausrichtung des Kristalls im Röntgenstrahl aufgenommen wurden. In der Anfangszeit war dies sehr zeitaufwändig, doch heute lässt es sich binnen kurzer Zeit mit automatisierten Verfahren und mithilfe eines starken Röntgenstrahles erledigen. Die letzte und zugleich schwierigste Aufgabe schließlich besteht darin, die relativen Intensitäten der Punkte in ein Modell der atomaren Struktur von DNA und jeglichem An-

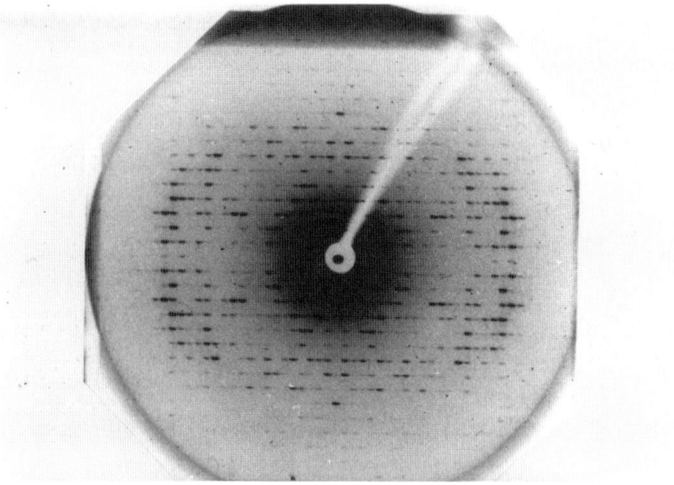

Abb. 9.2 Typisches Röntgendiffraktionsbild eines DNA-Kristalls. Das DNA-Molekül in dem Kristall, der dieses Bild erzeugte, enthielt zwölf Basenpaare mit der Sequenz CGCGAATTCGCG in jedem Strang.

tibiotikum oder Protein im Kristall zu übertragen. Jedes Nicht-Wasserstoff-Atom (beispielsweise Kohlenstoff, Stickstoff, Sauerstoff oder Phosphor) lässt sich auf etwa 0,1 bis 0,2 Å genau im dreidimensionalen Raum lokalisieren, wenn diese letzte Aufgabe richtig durchgeführt wird; so lassen sich sogar feine strukturelle Details ermitteln.

Abbildung 9.3 zeigt einen kleinen Ausschnitt einer kompletten DNA-Struktur, die auf diese Weise bestimmt wurde. Zu erkennen ist ein Adenin-Thymin-Basenpaar, umgeben von zahlreichen geordneten Wassermolekülen. Die Positionen von Kohlenstoff, Stickstoff und Sauerstoff werden anhand von Konturenabfolgen bestimmt, die auf einer steigenden Elektronendichte beruhen. Die Fähigkeit jedes Atoms, Röntgenstrahlen zu streuen, ist proportional zum Quadrat seiner Elektronenzahl; Kohlenstoff streut also Röntgenstrahlen mit $6^2 = 36$, Stickstoff mit $7^2 = 49$ und Sauerstoff mit $8^2 = 64$. Aus diesem Grund lassen sich Wasserstoffatome meist nicht lokalisieren, weil sie Röntgenstrahlen nur mit $1^2 = 1$ streuen. Und aus demselben Grund kann man schwere Atome wie Brom, Jod oder Platin benutzen, um Röntgenstrukturen aufzulösen; schließlich streut beispielsweise Platin mit $78^2 = 6\,084$, viel stärker also als die anderen, leichten Atome.

Aus der endgültigen Zuordnung von Atompositionen in einem Kristall (und nach vielen Verbesserungsdurchgängen am Computer) kann man ein sehr genaues dreidimensionales Modell des gesamten DNA-Moleküls (plus Protein oder Antibiotikum, je nach Präparat) erhalten. Solche dreidimensionalen Modelle gelten meist als etwa durchschnittlich repräsentativ für die Struktur in Lösung, denn wenn sich die Struktur im Kristall zu sehr von derjenigen in Lösung unterschiede, wäre das Molekül niemals auskristallisiert! Diese dreidimensionalen Modelle bilden das gesamte Fundament der Molekularbiologie, und eben deshalb haben wir erklärt, wie sie sich herleiten. Zudem sind die Prinzipien der Symmetrie und molekularen Struktur, die man im Verlauf der Röntgenanalyse kennen lernt, nützlich, um andere, weiter gefasste Aspekte der Biologie zu verstehen, die nichts mit Kristallen zu tun haben. So kann man beispielsweise Filamente gleich welcher Art, ob sie nun in Form von Flagellen, Muskeln, Mikrotubuli oder DNA vorliegen, nur dann

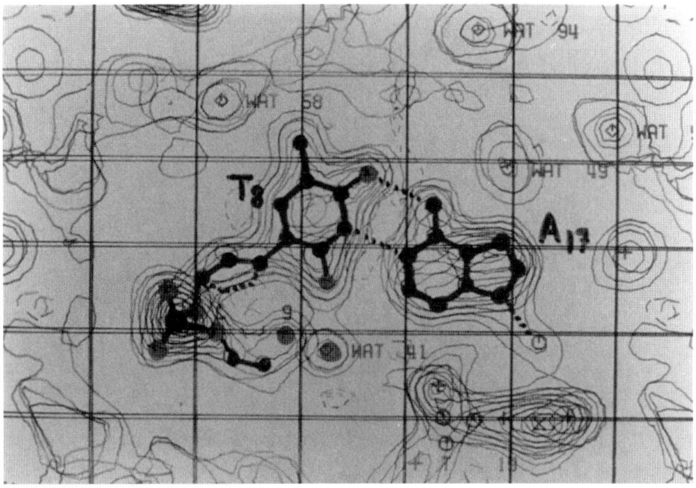

Abb. 9.3 Zuordnung der atomaren Struktur zu einem Ausschnitt einer Elektronendichtekarte, wie sie durch Röntgendiffraktion erzeugt wird. Dieser Teil der Karte zeigt ein A-T-Basenpaar wie in Abb. 2.11a. Wassermoleküle sind mit „WAT" bezeichnet. Aus: Dickerson und Drew, in: *Journal of Molecular Biology* 149 (1981) S. 761–786.

verstehen, wenn man etwas über Symmetrie weiß. Wie J. D. Bernal einst schrieb: »Die verallgemeinerte Kristallographie ist der Schlüssel zur Molekularbiologie.«

Wir haben hier nicht erklärt, wie Wissenschaftler aus den relativen Intensitäten von Punkten in einer Reihe von Röntgenmustern eine detaillierte dreidimensionale Atomstruktur erhalten. Warum? Die dabei benutzte Mathematik ist äußerst schwierig; ein Student muss nur wissen, dass sich die endgültige Struktur aus der Superposition vieler Wellen zusammensetzt und dass die relative Intensität jedes Punktes auf dem Film die Höhe einer bestimmen Welle definiert. Man sollte auch wissen, dass die hier angewandte Mathematik sehr statistischer Natur ist: Jedes Röntgenstrahlpartikel (oder Photon) verhält sich unvorhersagbar, wenn es den Kristall durchdringt, und kann an jedem beliebigen Punkt wieder austreten. Ein einziges Röntgenstreuungsereignis sagt also nicht viel aus; durch Mittelung aus vielen dieser Ereignisse jedoch kann man eine beständige Wahrscheinlichkeit für die Ankunft des Photons an einem beliebigen Punkt erhalten, die dann proportional zu seiner Intensität ist.

Neben Methoden der Röntgendiffraktion zur Analyse der atomaren Struktur kann man auch Experimente mit dem *Elektronenmikroskop* durchführen. Dabei platziert man zunächst ein DNA-Molekül auf ein Raster und behandelt es mit einem schwermetallhaltigen Mittel (etwa Uran oder Platin), damit die DNA im Elektronenstrahl besser sichtbar wird. Dann schließt man das Raster im Vakuum ein und feuert Elektronen durch das Präparat. Die Elektronen sind auf einen Punkt gerichtet, und vielleicht erhält man saubere Bilder von der DNA, so wie sie die Abbildungen 5.5 und 6.7 zeigen. Experimente mit dem Elektronenmikroskop sind leicht durchführbar, aber ihnen fehlen die Details auf Atomebene. Außerdem kann die DNA – oder was auch immer – beim Präparieren für die Elektronenmikroskopie leicht verzerrt werden, da sie aus der sie normalerweise umgebenden Flüssigkeit genommen und einem Vakuum ausgesetzt wird. Die vom Elektronenmikroskop erzeugten Bilder zeigen das fragliche Molekül meist nur in zwei Dimensionen, wenn man sich nicht die Mühe macht, das Raster zu kippen und eine Abfolge von Bildern aus unterschiedlichen Perspektiven zu machen.

Röntgenstrukturanalyse wie Elektronenmikroskopie sind Techniken, um die Struktur der DNA *direkt* zu ermitteln. Am Ende blickt man einfach auf ein dreidimensionales Modell der DNA, so wie es sich aus der Röntgendiffraktion ergeben hat, oder auf ein Bild der DNA auf einem Raster, wie es mit dem Elektronenmikroskop ermittelt wurde – und muss darauf vertrauen, dass das, was man sieht, auch der physikalischen Realität entspricht. Nicht alle Wissenschaftler wenden jedoch diese beiden Methoden an, weil (a) die notwendige Ausrüstung teuer ist, (b) ein Wissenschaftler sehr viel Erfahrung besitzen muss, um solche Analysen durchführen zu können, und (c) weil es oft schwierig ist, von einer biologisch interessanten Substanz einen passenden Kristall oder auch nur eine Präparation für die Elektronenmikroskopie herzustellen.

Aus diesen Gründen bedienen sich viele Wissenschaftler heute verschiedenster *indirekter* Methoden, um etwas über die DNA-Struktur herauszufinden. Die meisten indirekten Methoden sind weniger zuverlässig als die oben beschriebenen direkten Methoden, aber sie sind im allgemeinen weniger teuer und einfacher durchzuführen. Wir werden im Folgenden einige unterschiedliche indirekte Methoden erklären. Da wären zunächst einmal die spektralanalytischen Methoden, wie Kernresonanzspektroskopie, Raman-Spektroskopie und Zirkular-Dichroismus-Spektroskopie. Dann gibt es *enzymatische Methoden* wie das „Footprinting" mit einem DNA-schneidenden Enzym. Und schließlich bleiben noch die *elektrophoretischen Methoden*, bei denen die DNA ein Gel durchwandert, an das ein elektrisches Feld angelegt ist, sodass eine Trennung nach Größe, Form und elektrischer Ladung erfolgt.

Bei der *Kernresonanzspektroskopie* (*nuclear magnetic resonance*, kurz NMR-Spektroskopie) – einer inzwischen sehr kostspieligen Methode, die in der Durchführung sogar noch teurer ist als die Röntgendiffraktion – wird eine konzentrierte DNA-Probe einem starken Magnetfeld ausgesetzt, sodass sich das magnetische Moment aller Wasserstoffatome in der DNA an diesem starken Feld orientiert. Anschließend setzt man die Probe einem schwachen elektromagnetischen Feld bei einer Reihe verschiedener Radiowellenfrequenzen aus. Bei einer bestimmten Frequenz absorbieren die einzelnen Protonen in den Kernen der DNA-Wasserstoffatome vielleicht Energie und richten dann ihr magnetisches Moment *gegen* das Hauptfeld. Die benötigte Energiemenge, um das magnetische Moment eines Wasserstoffatoms gegen das Hauptfeld zu richten, steht in sehr engem Zusammenhang mit dessen Position im Molekül, seinen chemischen Bindungen zu anderen Atomen und damit, was für Atome sich in seiner räumlichen Nachbarschaft befinden. Abbildung 9.4 zeigt einen Teil eines NMR-Spektrums für ein aus zwölf Basenpaaren bestehendes Molekül mit der Sequenz CGCGAATTCGCG bei verschiedenen Temperaturen. Da beide Enden des Moleküls zueinander symmetrisch sind (da sich also CGCGAA und TTCGCG miteinander verpaaren können), weist das Spektrum nur sechs und nicht zwölf Peaks (Ausschläge) auf. Jeder dieser Peaks entspricht dem magnetischen Moment einer einzigen Art von Wasserstoffatom in Millionen identischer DNA-Moleküle. Diese besonderen Wasserstoffatome liegen im Inneren von Watson-Crick-Basenpaaren als N–H···O- oder N–H···N-Wasserstoffbrücken (vergleiche Abbildung 2.11) vor. Es gibt sechs Peaks bei etwas unterschiedlichen Frequenzen der Radiowellenabsorption, weil es sechs etwas unterschiedliche Arten von Basenpaaren in chemisch verschiedenen Umgebungen gibt. Wird die Temperatur der Probe von –5°C auf +51°C erhöht, beginnen die Basenpaare an beiden Ende des Moleküls (die Nummern 1 und 2), sich zu trennen: Die NMR-Peaks für ihre Wasserstoffatome verschwinden dann, da diese durch Wasser ausgetauscht werden. Der wichtigste Vorzug der NMR-Methode ist, dass sie Informationen

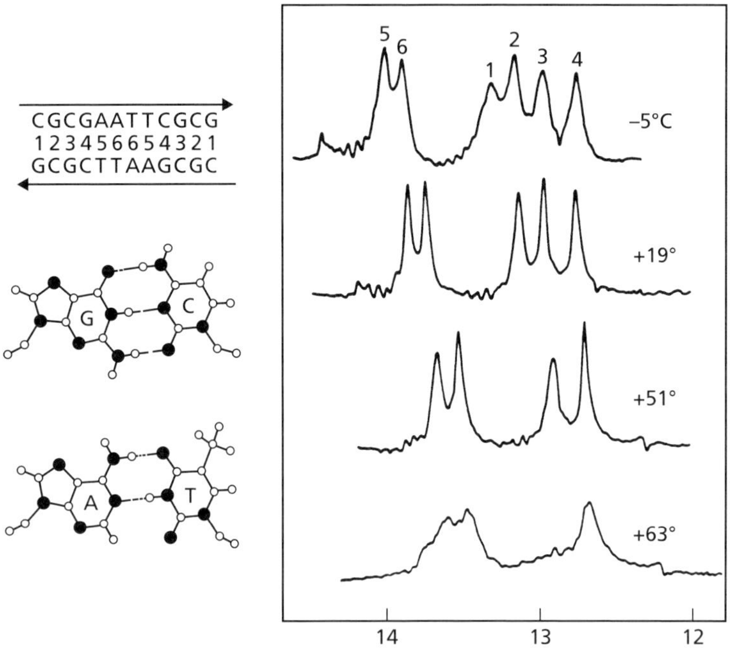

Abb. 9.4 NMR-Spektren eines DNA-Moleküls mit der Sequenz CGCGAATTCGCG bei vier unterschiedlichen Temperaturen. Die Pfeile entlang der Sequenz zeigen jeweils die 5'→3'-Richtung, und die horizontale Skala unter den Spektren gibt die Radiowellenfrequenz an. Mit freundlicher Genehmigung von Dinshaw Patel.

über die dynamische Struktur von DNA in Lösung liefert; das können Röntgenanalyse oder Elektronenmikroskop nicht leisten. Für viele Anwendungen der Kernresonanzspektroskopie bei DNA in Lösung leistete Dinshaw Patel in den 1970-er Jahren Pionierarbeit, und in den letzten Jahren haben sich Hunderte von Wissenschaftlern auf diesem Gebiet betätigt.

In den 1980-er Jahren wandten Kurt Wüthrich und seine Kollegen eine neue, von Richard Ernst entwickelte Technik in der NMR-Spektroskopie an, mit der man den Transfer des magnetischen Moments eines Wasserstoffatoms zu dem jedes beliebigen anderen Wasserstoffatoms in einem Molekül messen kann; diese Information macht es dann möglich, etwas über dessen chemische oder dreidimensionale Struktur abzuleiten. Die beiden Wasserstoffatome müssen räumlich dicht beieinander liegen, damit ein solcher magnetischer Transfer stattfinden kann. Diese Technik erlaubt es, fast alle interatomaren Entfernungen zwischen verschiedenen Wasserstoffatomen in biologischen Molekülen zu messen und somit ihre Struktur in Lösung zu ermitteln. Die Methode hat sich bei Proteinen bewährt; in der Praxis ist sie jedoch bei der DNA nur qualitativ von Nutzen, weil die Basen und Zucker so wenige H-Bindungen aufweisen. Solche „Transfer"-Methoden sind aber bei der Untersuchung von Komplexen aus DNA und Antibiotika oder Proteinen nützlich, bei denen sie anzeigen, welche Wasserstoffatome der DNA nahe an welchen Wasserstoffatomen des Antibiotikums oder Proteins liegen. NMR-Methoden beschränken sich auf Moleküle mit höchstens wenigen Tausend Atomen, weil die Spektren bei mehr Atomen immer komplizierter werden und weil sich sehr große Mo-

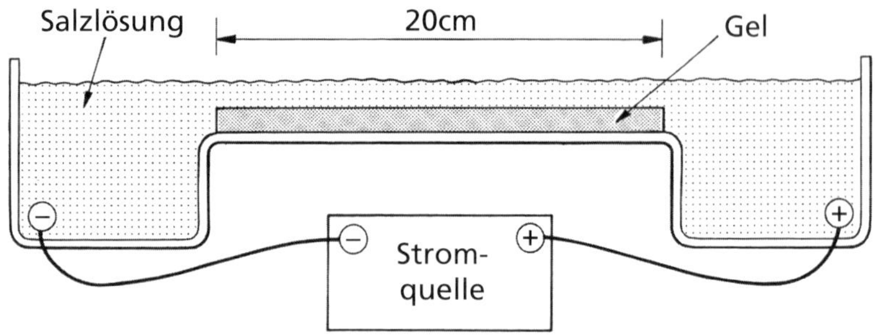

Abb. 9.5 Typischer Aufbau für die Gel-Elektrophorese. Andere Versuchsaufbauten können bis zu 50 cm lang sein und vertikal oder horizontal verlaufen.

leküle in Lösung nicht schnell genug drehen (oder schwingen), um ein klares Spektrum zu ergeben.

Die *Raman-Spektroskopie* misst die Schwingungsfrequenz einzelner Bindungen innerhalb der DNA und ist daher ein empfindliches Maß für die chemischen Bindungen und Struktur. Die *Zirkular-Dichroismus-Spektroskopie* (*circular dichroism spectroscopy*) misst die Absorption polarisierten UV-Lichtes durch die DNA und zeigt, ob das Molekül mehr rechtsdrehendes oder mehr linksdrehendes polarisiertes Licht absorbiert. Beide Methoden kamen in der Vergangenheit häufiger zur Anwendung als heute – Pohl und Jovin benutzten sie beispielsweise 1972, um die Existenz linksgewundener DNA nachzuweisen – und werden daher hier nicht weiter beschrieben.

Verschiedene *Enzyme* und *chemische Substanzen* können ebenfalls zur Analyse der DNA-Sequenz und -Struktur herangezogen werden. Einige von ihnen zerteilen die DNA an kurzen Nucleotidsequenzen wie GAATTC oder sogar an bestimmten einzelnen Nucleotiden wie A, G, C oder T in Stücke. Andere schneiden die DNA praktisch an jeder beliebigen Stelle, außer dort, wo sich ein Antibiotikum oder Protein an das Molekül gebunden hat. Wieder andere schneiden die DNA nur an Stellen, wo sie einen entwundenen Einzelstrang anstelle einer Doppelhelix entdecken. Gemeinsam ist all diesen Methoden, dass die DNA-Fragmente durch *Gel-Elektrophorese* nach Größe aufgetrennt werden. Wir sollten also zunächst die Wanderung von DNA durch Gele erläutern, damit wir schildern können, wie enzymatische oder chemische Methoden zur Ermittlung der Struktur führen können.

Ein Gel ist nichts anderes als eine dreidimensionale Anordnung von winzigen, räumlich zufällig ausgerichteten Fasern, wie die Fasern einer Kokosmatte, auf der Sie sich die Schuhe abputzen, bevor Sie das Haus betreten. Die meisten Zwischenräume in einem Gel sind mit Wasser gefüllt. Wenn Sie beispielsweise als Nachtisch für den Kindergeburtstag „Götterspeise“ machen, kochen Sie einfach nur eine kleine Menge Gelatinepulver in einer großen Menge Wasser und lassen das Ganze abkühlen; das schließlich entstehende Gelee enthält dann höchstens 10 Prozent Gelatine und 90 Prozent Wasser. Es ist leicht nachzuvollziehen, dass ein typisches Gel für kleine Moleküle wie DNA oder Protein sehr durchlässig ist: Diese können das Gel leicht durchwandern, indem sie sich durch die mit Wasser gefüllten Zwischenräume zwischen den Gelfasern bewegen.

Einige kleine Moleküle können nur langsam durch ein Gel diffundieren, wenn sie ungeladen sind. DNA und Proteine aber tragen eine elektrische Ladung und können daher bei angelegtem elektrischen Feld schnell durch ein Gel wandern. Ein normales Gel, wie es bei der DNA-Analyse benutzt wird, kann zwischen zwei Glasplatten als dünne Platte auf eine ebene Fläche (meist etwa 20 x 20 cm groß) gegossen werden, wie in Abbildung 9.5 gezeigt. (In jüngster Zeit benutzt man sogar gelartige Polymere in engen Kapillarröhrchen.) Positiv und negativ geladene Elektroden können in geeigneter Salzlösung an die Enden platziert werden, um den erwünschten Spannungsgradienten zu erzeugen.

Wir brauchen uns allerdings hier nicht mit Einzelheiten der Gel-Elektrophorese aufzuhalten, etwa mit der Frage, wie man die richtige Geldichte auswählt oder die Wanderung der DNA durch ein Gel mathematisch beschreibt. Für unsere Belange sind nur zwei Dinge wirklich wichtig: Zum einen die Tatsache, dass kurze DNA-Moleküle schneller durch ein Gel wandern als längere, und zum anderen, dass jede Art von DNA-Molekül mit einer ganz bestimmten, größenabhängigen Geschwindigkeit das Gel durchquert.

Angenommen, wir haben ein reines Präparat linearer[1] DNA einer besimmten Länge und Sequenz. Wenn wir diese Probe in einen kleinen „Schacht" an einem Ende des Gels füllen und dann für einige Stunden eine Spannung anlegen, stellen wir fest, dass die DNA als dichte Bande in Richtung auf das andere Ende zuwandert, ohne dass eine signifikatne Verbreiterung oder Diffusion stattfindet. Es gibt zwei gängige Methoden, um die DNA in einem Gel zu lokalisieren. Die eine ist, das Gel mit einem Farbstoff wie Ethidiumbromid (siehe Kapitel 2) zu färben, der unter UV-Licht stark fluoresziert, wenn er zwischen zwei Basenpaaren gebunden ist. Die andere besteht darin, ein oder mehrere radioaktive Phosphoratome am 5'- oder 3'-Ende der DNA oder aber auf der ganzen Länge des Moleküls einzubauen. Die radioaktive Bande wird dann im Verlauf einiger Stunden einen normalen fotografischen Film schwärzen. Eine dritte und weniger geläufige Methoder zur Lokalisierung von DNA oder Protein in einem Gel ist es, das Gel mit Silber anzufärben: Sämtliche DNA oder Protein im Gel wird dann an das Silber binden und das Gel stellenweise braun färben.

Nehmen wir des Weiteren an, dass wir eben diese DNA-Probe mit einem Restriktionsenzym namens „EcoRI" versetzen, das überall dort schneidet, wo es die besondere Nucleotidsequenz GAATTC findet. Wenn es n Sequenzen dieser Art auf der ganzen Länge des Moleküls gibt, wird unser DNA-Präparat danach als Reihe von $n + 1$ unterschiedlichen Banden durch das Gel wandern, wie in Abbildung 9.6 schematisch dargestellt. Dieses Schema zeigt uns dann, wie viele GAATTC-Sequenzen in der DNA vorhanden sind, und verrät auch etwas über deren Lokalisation, denn die kleineren Fragmente werden weiter durch das Gel wandern als die größeren.

Zu guter Letzt wollen wir noch annehmen, dass wir dieselbe DNA-Probe mit einer chemischen Substanz behandeln, die beide Stränge ausschließlich bei einer A-Base schneidet. Lässt man die Produkte dieser chemischen Reaktion dann durch ein „denaturierendes" Gel (das Harnstoff in hoher Konzentration enthält, um die beiden Stränge zu trennen) laufen, erzeugen diese eine „Leiter" aus Einzelstrangfragmenten, welche die relative Position aller A-Basen in der DNA-Sequenz anzeigen, wie auf der linken Seite von Abbildung 9.7 gezeigt. Um die Basen G, C und T zu lokalisieren, kann man sich anderer chemischer Reaktionen bedienen, die für diese Basen spezifisch sind, und auch diese Fragmente durch ein Gel laufen lassen (Abbildung 9.7). Man kann bestimmen, welcher Strang der Doppelhelix in der Gel-Fotografie sichtbar wird, indem man an den einen oder den anderen Strang ein radioaktives Phosphoratom hängt; die Fragmente des „anderen" Stranges sind dann nicht radioaktiv und somit unsichtbar.

Eine andere, häufig angewandte Methode ist es, fluoreszierende Farbstoffe in vier unterschiedlichen Farben für die vier Sequenzierungsreaktionen von A, G, C und T zu verwenden. Dabei wird nur an das eine Ende des Moleküls sowie an endständige Basen, die durch unterschiedliche Farben zu unterscheiden sind, ein Farbstoff angehängt. Alle

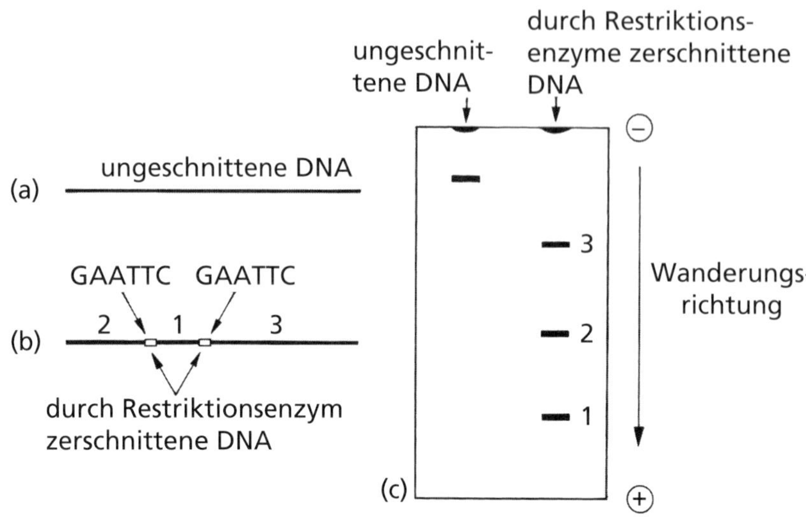

Abb. 9.6 Wanderung von DNA-Fragmenten durch ein Gel vor und nach dem Schneiden durch ein Restriktionsenzym.

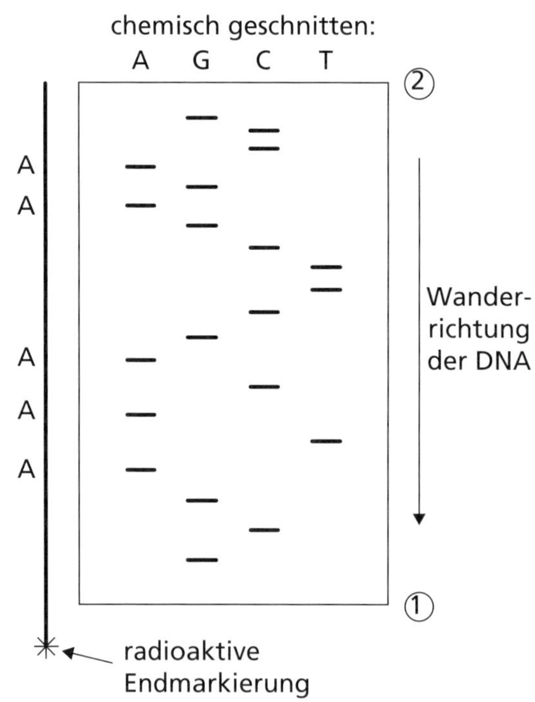

Abb. 9.7 Gel zur Sequenzbestimmung eines DNA-Moleküls, das auf der linken Seite teilweise gezeigt ist.

vier Reaktionstypen für jede Sequenz können dann in derselben Gelstrecke – oder in demselben, mit Gel gefüllten Kapillarröhrchen – durchgeführt werden, um effizienter zu arbeiten. Diese Vierfarben-Sequenzierungsmethode werden wir in Kapitel 10 noch eingehender beschreiben.

Moderne Sequenzierungsmethoden erlauben es, die komplette Sequenz von DNA-Molekülen einer Länge von bis zu 800 oder 1 000 Nucleotiden zu bestimmen, weil Einzelstränge mit 50 bis 800 Nucleotiden bei den meisten heute durchgeführten Sequenzanalysen mit leicht unterschiedlicher Geschwindigkeit durch das Gel oder ein mit Polymer gefülltes Kapillarröhrchen wandern. Stränge, die länger sind als 800 Nucleotide, wandern meist mit fast gleicher Geschwindigkeit durch das Gel, sodass sich die einzelnen Längen (etwa 800 gegenüber 799 oder 801) schlechter unterscheiden lassen. Um die komplette Sequenz einer sehr langen DNA – etwa aus einem Chromosom oder einem Virus – zu ermitteln, muss man sie in viele verschiedene Stücke mit einer Größe von 800 oder weniger Basenpaaren zerlegen und dann diese Stücke einzeln sequenzieren. Mit einer anderen gängigen Methode kann man mit dem Ablesen einer Sequenzreaktion an langen DNA-Stücken bei Intervallen von etwa 800 Basenpaaren oder weniger beginnen; in diesem Fall benutzt man ein Polymerase-Enzym dazu, zahlreiche DNA-Sequenzierungsstränge zusammenzubauen, die man dann in das Gel oder das Kapillarröhrchen gibt. Der zu sequenzierende Strang wird spezifisch durch Watson-Crick-Basenpaarung mit einer Reihe kleiner Oligonucleotide oder „Primer" erkannt.

Dies sind nicht die einzigen Möglichkeiten, um die Sequenz eines langen DNA-Moleküls zu ermitteln, aber sie sind für die anderen Methoden repräsentativ. Die hier beschriebenen Techniken sind inzwischen so zur Routine geworden, dass die Wissenschaft bereits die umfassende Sequenzierung ganzer Genome vieler verschiedener Tiere, Pflanzen und Mikroorganismen abgeschlossen hat – auch das bekannte Human Genome Project. Die medizinische und wissenschaftliche Bedeutung dieser Daten erläutern wir in Kapitel 10.

Die meisten der bisher beschriebenen Enzyme und chemischen Substanzen können die DNA je nach ihrer Basensequenz exakt an bestimmten Stellen schneiden. Bestimmte andere Enzyme und Substanzen, beispielsweise die DNase I, können die DNA an praktisch jeder Stelle schneiden und zeigen nur eine geringe Spezifität für die Basensequenz. Welchen Nutzen könnte eine solche unspezifische DNA-Schneideaktivität haben?

Angenommen, wir haben aus einem Tier oder einer Pflanze ein wichtiges Protein isoliert, das die Genaktivität beeinflusst, indem es an eine unbekannte DNA-Sequenz entlang eines Chromosoms bindet. Wie können wir herausfinden, wo es bevorzugt an die DNA bindet? Normalerweise wird das Protein so fest an die DNA binden, dass es die Schneideaktivität eines Enzyms wie der DNase I blockiert; wir können also gebundenes Protein lokalisieren, indem wir prüfen, wo die Schneideaktivität der DNase I in Gegenwart von Protein reduziert ist. Diese Technik bezeichnet man als „Footprinting", weil die Regionen mit reduzierter Schneidetätigkeit der DNase I aussehen wie „Fußspuren" des Proteins auf der DNA, wenn wir eine Gelfotografie betrachten.

Abbildung 9.8 zeigt ein Beispiel für ein solches Experiment. Hier versuchen wir zu erkennen, wo ein kleines Antibiotikum namens „Echinomycin" entlang der DNA bindet. Die Vorgehensweise ist im Einzelnen wie folgt: Wir kennzeichnen ein DNA-Molekül von 200 Basenpaaren in separaten Experimenten an je einem seiner 3'-Enden mit radioaktiven Phosphoratomen und geben dann jeder dieser Präparationen das Antibiotikum zu, warten einige Minuten, bis das Antibiotikum seine bevorzugten Bindungsstellen lokalisiert hat, und setzen dem Ganzen dann schließlich für eine bestimmte Zeitdauer DNase I zu, bis bei jedem Nucleotid ein Schneidevorgang erfolgt ist. Lässt man dann die DNA-

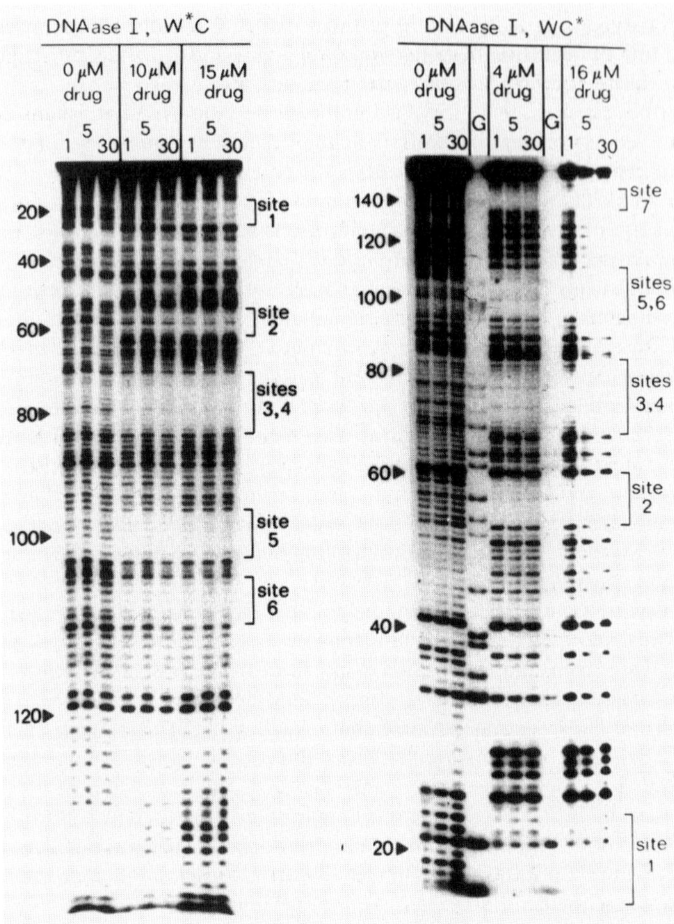

Abb. 9.8 „Footprinting" des Antibiotikums Echinomycin auf einem DNA-Molekül von 200 Basenpaaren Länge mithilfe der Gel-Elektrophorese. Die linken und rechten Seiten der Abbildung zeigen die Schneideaktivität der DNase I bei den beiden Strängen der Doppelhelix bei unterschiedlichen Antibiotikakonzentrationen. Mit freundlicher Genehmigung von Loretta Low und Michael Waring.

Proben aus beiden Experimenten durch ein Harnstoff enthaltendes Gel wandern, erhält man die in Abbildung 9.8 gezeigten Muster.

Die linken und rechten Seiten dieser Abbildung zeigen, mit welchen Ergebnissen die DNase I entlang beider Doppelhelixstränge geschnitten hat. Die ersten drei Gelstrecken in beiden Bildhälften zeigen, wie die DNase I freie DNA ohne Echinomycin schneidet. Die Banden liefern hier Hinweise darauf, dass bei jedem Nucleotid geschnitten wurde, doch zeigen diese Banden eine deutlich unterschiedliche Intensität. Offenbar schneidet die DNase I bevorzugt bei bestimmten Basensequenzen. Viele Studien haben ergeben, dass die DNase I auf der kleinen Furche der DNA bindet und nur dann gut schneidet, wenn diese die richtige Größe hat und wenn die zu schneidende Bindung relativ zum aktiven Zentrum des Enzyms richtig positioniert ist. Jede dieser strukturellen Eigenschaften ist von der Basensequenz der DNA abhängig, sodass wir selbst in Abwesenheit des Antibiotikums ein recht kompliziertes Schneidemuster erkennen.

Welche Wirkung die Zugabe des Antibiotikums auf die DNA hat, ist aus den übrigen sechs Gelstrecken in beiden Bildhälften zu erkennen: Jeweils mehrere Gelstrecken enthalten unterschiedliche Konzentrationen von Echinomycin. Die mit „G" bezeichneten Reihen sind Marker für Guanin. Es lässt sich gut erkennen, wo Echinomycin an die DNA gebunden hat; man muss nur nach kurzen Regionen innerhalb jeder Gelstrecke suchen, wo die Banden im Vergleich zu ihren Gegenstücken bei freier DNA relativ blass sind. Das Antibiotikum bindet fest an sieben verschiedenen Lokalisationen entlang der 200 Basenpaare langen DNA und blockiert an jeder seiner Bindungsstellen das Schneiden durch die DNase I über fünf oder sechs Bindungen. „Stelle 1" (*site 1*) befindet sich nahe des einen Endes des Moleküls, weit entfernt von der radioaktiven Endmarkierung, die auf der linken Seite der Abbildung benutzt wurde; dort wandert sie also langsam, nahe der Oberfläche des Gels. „Stelle 1" liegt aber nahe der radioaktiven Endmarkierung, die auf der rechten Seite der Abbildung benutzt wurde; dort wandert sie also schnell, am Grunde des Gels. Das Gegenteil trifft auf „Stelle 7" zu, die auf der linken Seite am Boden des Gels wandert, auf der rechten Seite aber nahe seiner Oberfläche. Bei einem Vergleich der Lokalisationen dieser Echinomycin-Bindungsstellen mit den bei diesem Experiment verwendeten Basensequenzen der DNA würden wir feststellen, dass in der Mitte jeder Bindungsstelle eine kurze CG-Sequenz liegt. Nach der Veröffentlichung dieses Experiments fand man mithilfe der Röntgendiffraktion heraus, dass Echinomycin in seinem kristallinen Komplex mit der DNA an die Basenpaarstufe CG bindet.

In der Nähe von „Stelle 2" auf der linken oder „Stelle 1" auf der rechten Seite der Abbildung ist zu sehen, dass mehrere jeweils an die echinomycinbindenden Stellen angrenzende Banden in Gegenwart des Antibiotikums intensiver sind als in seiner Abwesenheit. Offenbar sind dies AT-reiche Regionen mit starkem Propellertwist, in denen DNase I bei freier DNA nur unzulänglich schneidet. Bindet Echinomycin in der Nähe solcher DNA-Regionen, reduziert es den Propellertwist und führt dazu, dass die DNase I dort schneller schneidet. Andere Antibiotika wie Ethidiumbromid reduzieren wahrscheinlich ebenfalls den Propellertwist, sodass das Enzym schneller schneiden kann.

Footprinting-Untersuchungen wie die hier geschilderte können inzwischen sogar an Einzelkopie-DNA-Sequenzen innerhalb eines ganzen Chromosoms durchgeführt werden, um herauszufinden, wo bestimmte Proteine entlang der DNA in lebenden Zellen binden.

Als letztes Beispiel für brauchbare enzymatische Methoden wollen wir nun die Schneideaktivität des Enzyms „S1-Nuclease" betrachten. Dieses Enzym schneidet DNA nur dort, wo es einen entwundenen Einzelstrang anstelle einer Doppelhelix entdeckt. Abbildung 9.9a zeigt zwei bestimmte 20-Nucleotid-Stränge, die als „20-Watson" beziehungsweise „20-Crick" bezeichnet sind. Werden diese beiden Stränge in gleicher Menge miteinander vermischt, bilden sie eine 20 Basenpaare lange Doppelhelix mit Watson-Crick-Basenpaaren, wie dargestellt. Bleiben die beiden Stränge aber getrennt, kann sich jeder zurückfalten und eine „Haarnadelschleife" mit sechs Basenpaaren im Stamm und acht unverpaarten Basen in der Schleife bilden. Diese Haarnadelschleifen sind in Abbildung 9.9b schematisch dargestellt.

Wenn die 20-Basenpaar-Doppelhelix aus Abbildung 9.9a mit S1-Nuclease versetzt und anschließend durch ein denaturierendes Gel geschickt wird, erhält man das auf der rechten Seite von Abbildung 9.9c gezeigte Schneidemuster. In diesem Experiment hat das 3'-Ende von 20-Watson eine radioaktive Markierung, während der Strang 20-Crick

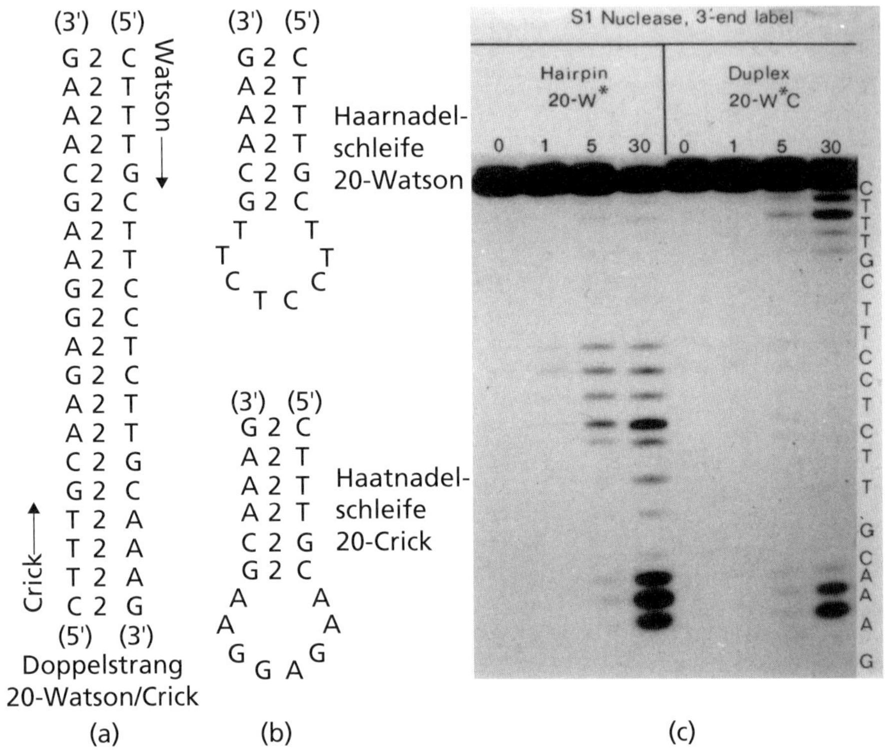

Abb. 9.9 Untersuchung von Haarnadelschleifen durch Schneiden mit einzelstrangspezifischer S1-Nuclease und anschließender Gel-Elektrophorese der entstandenen Fragmente.

unmarkiert und somit „unsichtbar“ bleibt. Offenbar kann die S1-Nuclease nur ganz am Ende einer Doppelhelix schneiden, wo die beiden DNA-Einzelstränge nicht ganz so fest miteinander verbunden sind. Versetzt man jedoch die Haarnadelschleife von 20-Watson (Abbildung 9.9b) mit S1-Nuclease, erhält man das links in Abbildung 9.9c dargestellte Muster. Wieder ist der unterste Teil der Doppelhelix an seinem „ausgefransten“ Ende abgeschnitten, aber zusätzlich dazu ist zu erkennen, dass der Strang im Bereich seiner Schleife mit den acht unverpaarten Basen vielfach geschnitten ist etwa auf der halben Gelstrecke. Dieses Ergebnis spricht klar dafür, dass die S1-Nuclease eher die Struktur der DNA als ihre Sequenz erkennt, denn dieselbe Sequenz TTCCTCTT wird nicht geschnitten, wenn sie (wie rechts) Teil einer Doppelhelix ist.

Insgesamt gesehen lässt sich die DNA mit einer ganzen Palette unterschiedlicher Enzyme und Chemikalien schneiden, um ihre Struktur zu untersuchen. Einige dieser Substanzen erkennen die Basensequenz, während sich andere an der Doppelhelixstruktur – oder ihrem Fehlen – orientieren. In all diesen Fällen besteht das normale Vorgehen darin, die so entstandenen DNA-Fragmente mithilfe der Gel-Elektrophorese zu trennen, wobei jede Doppelhelix und jeder Einzelstrang ihrer/seiner Größe entsprechend wandert.

Zum Schluss sei noch angemerkt, dass auch die Gele selbst offenbar dazu dienen können, etwas über die DNA-Struktur zu erfahren. Es ist nicht ganz zutreffend, dass DNA-Moleküle ihrer *Größe* entsprechend im Gel wandern; vielmehr wandern sie ihrer *Größe*,

Form und *elektrischen Ladung* entsprechend. Wird beispielsweise ein negativ geladenes DNA-Stück an ein positiv geladenes Protein gebunden, wird seine negative Ladung reduziert, und es wandert langsamer durch das Gel als freie DNA derselben Länge. Das ist leicht nachvollziehbar, aber wie soll ein DNA-Molekül seiner Form entsprechend durch das Gel wandern? Woher kennen die Gelfasern neben ihrer Kettenlänge oder Größe die Form der DNA? Die Antwort darauf ergibt sich ebenfalls recht einfach, sobald man die Bewegung der DNA durch ein Gel theoretisch verstanden hat. Wir werden dies hier kurz darstellen, verzichten dabei aber auf die schwierigen mathematischen Berechnungen, die eigentlich nötig sind, um die Bewegung der DNA durch Gele exakt zu erklären.

Eigentlich gibt es zwei Arten von Gel-Elektrophorese, die entweder ein *konstantes* oder ein *regelmäßig alternierendes* elektrisches Feld benutzen. Alle bisher beschriebenen Beispiele galten für die Methode mit dem kosntanten Feld. Dabei wird eine DNA-Probe an einem Ende des Gels nahe einer negativ geladenen Elektrode (siehe Abbildung 9.5) eingebracht, das dann durch das Gel über eine Strecke von 20 (oder manchmal 50) Zentimetern auf eine positiv geladene Elektrode zu wandert. Die Potenzialdifferenz zwischen beiden Elektroden beträgt meist 100 bis 1 000 Volt oder ist groß genug, um einen Strom von zehn bis 100 Milliampère für eine typische Salzlösung bei neutralem pH-Wert zu erzeugen. Träger des Stromes sind vor allem positiv und negativ geladene Ionen in der Salzlösung, wie Natrium (Na^+) und Chlorid (Cl^-), die sich im Gel ihrer Ladung entsprechend in entgegengesetzte Richtungen bewegen. Die DNA ist natürlich negativ geladen und bewegt sich daher in dieselbe Richtung wie die Chloridionen, also auf die positiv geladene Elektrode zu. Die Poren des Gels müssen stets mit Salzlösung gefüllt sein, weil sich die DNA in destilliertem Wasser überhaupt nicht bewegen würde; sie bliebe an Natriumionen gebunden, die in eine Richtung ziehen, während sie selbst in die andere Richtung gezogen wird. Bei einem Überschuss an Salz aber kann sich die DNA zur positiv geladenen Elektrode hin bewegen, indem sie auf ihrem Weg ständig die Natriumionen austauscht. (Die am häufigsten für Gele verwendeten Salzlösungen enthalten Ionen wie $Tris^+$ und $Borat^-$ oder $Acetat^-$, mit denen der pH-Wert stabiler bleibt als mit Na^+ und Cl^-.)

Wird dieses Experiment in einem mit einfacher Salzlösung gefüllten Gefäß ohne jedes Gel durchgeführt, bewegen sich alle DNA-Moleküle – ganz gleich welcher Größe oder Form – mit ungefähr derselben Geschwindigkeit auf die positiv geladene Elektrode zu. Ein einzelnes Nucleotid bewegt sich dann also genauso schnell wie eine mehrere Tausend Basenpaare lange Doppelhelix. Die Erklärung dafür ist, dass die größeren DNA-Moleküle auch mehr Phosphate enthalten und daher eine stärkere elektrische Ladung haben, die sie durch das elektrische Feld zieht; gleichzeitig sind sie aber bei ihrem Kontakt mit Wassermolekülen mehr Reibungswiderstand ausgesetzt, weil sie größer sind. Die beiden Effekte heben sich gegenseitig auf, sodass sich DNA in einer einfachen Salzlösung unabhängig von ihrer Größe bewegt.

Ein Gel soll den Reibungswiderstand für die größeren DNA-Moleküle vergrößern, damit diese langsamer wandern als die kleinen. Gele können aus Agarose- oder Polyacrylamidfasern hergestellt werden, bei 0,5 bis 20 Gramm festen Bestandteilen pro 100 Milliliter Flüssigkeit. Einzelne DNA-Nucleotide bewegen sich mit derselben Geschwindigkeit durch ein Gel wie in freier Lösung, aber große DNA-Moleküle werden proportional zu ihrer Größe durch Kontakte mit den Gelfasern zurückgehalten. Die Gel-Elektrophorese mit konstantem elektrischem Feld kann DNA-Moleküle bis zu 50 000 Basenpaaren Länge nach Größe trennen, und das bei einer Auflösung, die besser ist als ein Prozent der Größe der DNA. Zudem lassen sich auch sehr viele verschiedene Proteine mit ihrer Hilfe und bei ähnlich hoher Auflösung nach Größe trennen.

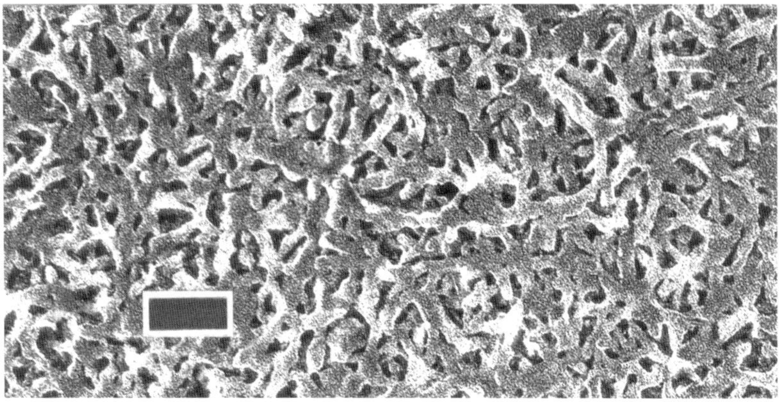

Abb. 9.10 Elektronenmikroskopische Aufnahme eines zweiprozentigen Agarosegels (insgesamt 1 mm x 0,5 mm); das kleine schwarze Rechteck entspricht einer Fläche von 1 000 x 500 Å. Die einzelnen Gelfasern haben einen Durchmesser von etwa 100 Å. Mit freundlicher Genehmigung von Sue Whytock und John Finch.

Es ist im Grunde nichts Geheimnisvolles daran, wie ein Gel funktioniert. Aber wie spürt das Gel die Größe und Form der DNA (oder eines Proteins) und wie hält es dann deren Bewegung entsprechend auf? Um diese Frage zu beantworten, müssen wir zunächst einmal ein Gel auf molekularer Ebene betrachten. Abbildung 9.10 zeigt ein typisches Agarosegel unter dem Elektronenmikroskop. Es enthält massenhaft Fasern mit einem Durchmesser von etwa 100 Å, die sich über- und unterkreuzen wie die Fasern einer Kokosfußmatte. Die wichtigste Eigenschaft eines Agarosegels ist die, dass seine Fasern *zufällig* im Raum angeordnet sind. Angenommen, wir könnten irgendwie ein Gel aus *regelmäßig* angeordneten Fasern oder Punkten herstellen, wie in Abbildung 9.11a schematisch dargestellt. Dann wären alle Durchgänge im Gel gleich groß, und wenn wir Geschwindigkeit und Molekülgröße gegeinander auftragen würden, fiele die Kurve dort, wo die Partikel (DNA oder Protein) zu groß für eine Passage werden, senkrecht ab. Aber wie schon gesagt, bestehen die tatsächlich verwendeten Gele aus Fasern, die zufällig im Raum angeordnet sind, so wie in Abbildung 9.11b gezeigt. Einige Durchgänge im Gel sind daher eng, andere weit, und die Wanderungsgeschwindigkeit der Partikel wird allmählich mit zunehmender Größe abnehmen. Wissenschaftler stellen das benutzte Gel meist so ein, dass die Größe des Moleküls, das sie isolieren wollen, etwa in der Mitte der sanft geschwungenen Kurve aus der Abbildung liegt.

Wie sucht sich die DNA ihren Weg durch eine Abfolge von zufällig bemessenen Zwischenräumen im Gel? Offensichtlich kann ihre Bewegung keinem geregelten Muster folgen, und so beschreibt man ihren Weg meist mithilfe statistischer Methoden. Es gibt mehrere Möglichkeiten, sich dies vorzustellen. Eine davon ist in Abbildung 9.12a dargestellt, wo sich eine „Scheibe“ von links nach rechts durch ein ebenes Feld mit zufällig verteilten Punkthindernissen bewegen muss. Im freien Raum kommt sie schnell voran, so wie DNA in freier Lösung, aber wo sie mit einem oder mehreren Punkten überlappt, bewegt sie sich nur langsam, möglicherweise nur mit fünf oder zehn Prozent der Geschwindigkeit von DNA in Lösung. Je größer die Scheibe, desto größer der Anteil ihres Weges, bei dem sie in Kontakt zu Punkthindernissen tritt; daher durchqueren große Scheiben das Hindernisfeld langsamer als kleine Scheiben.

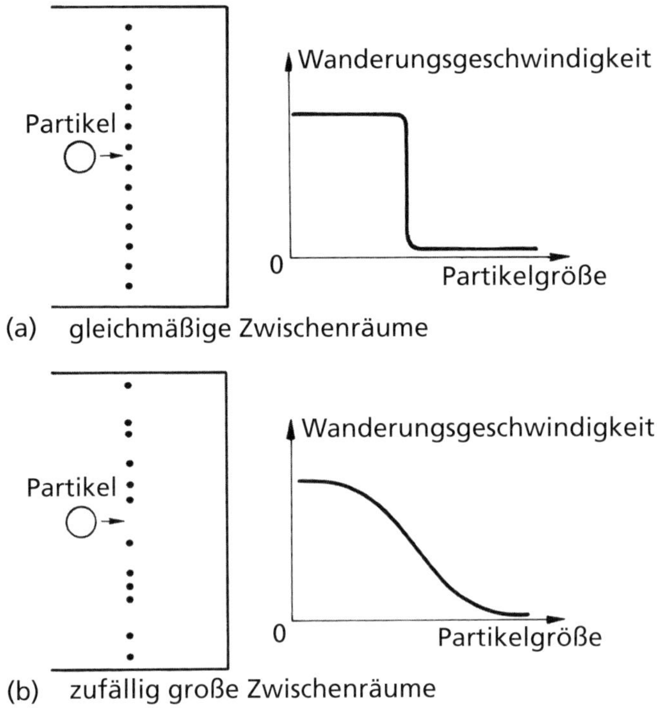

Abb. 9.11 Sortiereffekt eines Gels mit gleichmäßigen (a) und zufällig bemessenen (b) Zwischenräumen.

Eine andere Betrachtungsweise derselben Sache ist in Abbildung 9.12b dargestellt. Wir sehen dort Autos, die eine Straße entlangfahren, und zwar entweder einzeln oder in einer Karawane. Die Straße ist größtenteils glatt und erlaubt eine Geschwindigkeit von 100 Stundenkilometern, ob nun mit dem einzelnen Auto oder in der Karawane. Über einige Strecken ist die Straße jedoch uneben und erlaubt nur ein Fortkommen mit zehn Stundenkilometern. Ein einzelnes Auto wird auf dieser Straße eine Durchschnittsgeschwindigkeit von 92 Stundenkilometern haben, wenn die unebene Strecke nur ein Prozent der gesamten Straßenoberfläche einnimmt (bei Durchschittsgeschwindigkeit = Gesamtstrecke/Gesamtzeit). Die lange Karawane aber wird sich nur mit zehn Stundenkilometern fortbewegen, weil sie auf ihrer ganzen Länge immer irgendwo Kontakt mit einem unebenen Straßenstück hat. Beide Teile von Abbildung 9.12 beschreiben eine nicht einheitliche Bewegung, bei der die DNA ständig vorangeht und wieder stehen bleibt, während sie das Gel durchwandert. Sie kommt nicht stetig voran, aber ihre Geschwindigkeit ist einheitlich, wenn man sie über eine lange Zeitspanne mittelt – die ihrerseits im Vergleich mit der gesamten Versuchsdauer kurz ist.

Die Wahrscheinlichkeit, dass ein DNA-Molekül in Kontakt mit einer Gelfaser tritt, besteht – so die statistische Theorie – für mehrere hypothetische Fälle. Bei einem Gel aus langen Fasern wird die DNA entsprechend ihrer Oberfläche verlangsamt; bei einem Gel dagegen, dessen Hindernisse punktförmig sind – wie die Verbindungen zwischen Fasern –, wird sie entsprechend ihrem Volumen verlangsamt. Viele Forscher sind sich heute darüber einig, dass die DNA in einem Gel wahrscheinlich ihrem Volumen entsprechend

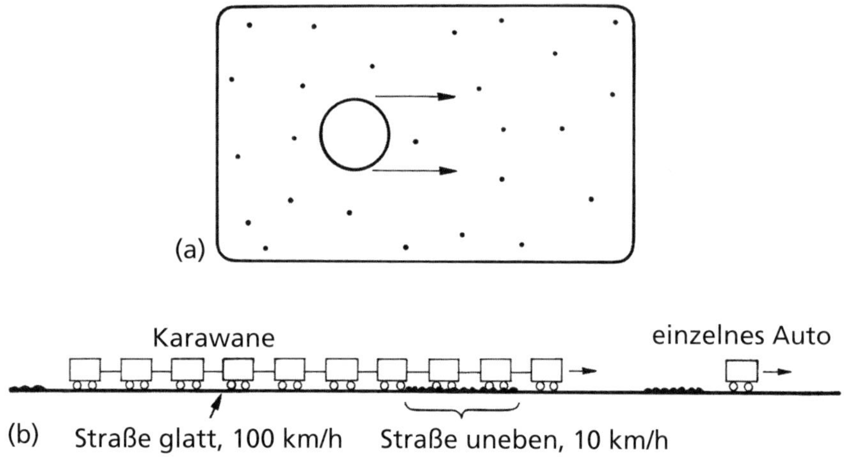

Abb. 9.12 Zwei Analogien für die Gel-Elektrophorese von DNA bei konstantem elektrischen Feld. a: eine Scheibe durchquert ein zweidimensionales „Gel" mit zufällig positionierten Punkt-Hindernissen; b: eine lange Karawane wird durch unebene Abschnitte der Straße mehr behindert als ein einzelnes Auto.

verlangsamt wird, so, als bestünde das Gel aus lauter punktförmigen und zufällig im Raum angeordneten Hindernissen; aber solche Feinheiten der Geltheorie sind bis heute nicht gesichert.

Viele Versuche belegen, dass sich *gekrümmte* DNA langsamer durch ein Gel bewegt als *lineare* DNA derselben Größe oder Länge. Nach unseren Erläuterungen in Kapitel 5 scheint es nahe liegend, dass gekrümmte DNA ein größeres Volumen einnimmt als lineare DNA derselben Größe, weil sie sich zu einer Spirale mit vielen Zwischenräumen aufkrümmen kann, in welche die Gelfasern nicht vordringen können. Nach sorgfältigen Messungen durch Gel-Elektrophorese kann man also das vergrößerte Volumen oder die größere Oberfläche gekrümmter DNA im Vergleich zu gerader DNA schätzen. Allerdings erfährt man nichts Genaues über strukturelle Parameter wie Roll, Slide und Twist (siehe Kapitel 3), weil das Gel solche Parameter nicht direkt registriert.

Andere Experimente zeigen, dass *überspiralisierte* DNA (Supercoils) mit einer von ihrer Verwindungszahl L abhängigen Geschwindigkeit durch das Gel wandert. Abbildung 6.7 zeigt einige Bilder von bakteriellen DNA-Supercoils. Zirkuläre DNA-Moleküle mit einer Verwindungszahl L nahe Null bewegen sich langsamer durch das Gel als Moleküle mit großer Verwindungszahl, weil die Form der DNA mit zunehmender Überspiralisierung immer kompakter wird. Genauer gesagt geht man davon aus, dass der Querschnittsdurchmesser eines verdrehten Supercoils abnimmt, wenn der L-Wert von Null abweicht. In Abbildung 6.5 hat beispielsweise der Ring a mit $L = 0$ einen größeren Querschnittsdurchmesser (oder eine größere „Dicke") als die Ringe c bis e mit $L = -3$. Bei einer Mischung aus überspiralisierten DNA-Molekülen identischer Größe, aber mit unterschiedlichen Verwindungszahlen L kann man die tatsächliche Verwindungszahl jedes dieser Moleküle bestimmen, indem man die gesamte Mischung durch ein Agarosegel schickt und dann die Zahl diskreter Banden von der niedrigsten mit $L = 0$ oben im Gel bis zu etwa $L = -10$ oder $L = -20$ nahe des unteren Endes zählt (siehe Aufgabe 9.6).

Generell kann die Gel-Elektrophorese, wie sie oben beschrieben ist, DNA-Moleküle unterschiedlicher Länge von bis zu 50 000 Basenpaaren trennen. Größere DNA-Moleküle sind ständig in Kontakt mit Gelfasern; sie sind wie eine sehr lange Karawane (Abbildung 9.12b), die dauernd durch unebene Abschnitte der Straße behindert wird. Alle DNA-Moleküle jenseits einer bestimmten Länge bewegen sich also mit derselben Geschwindigkeit, sodass eine Trennung durch Gel für sie nicht infrage kommt.

Um sehr große DNA-Moleküle nach ihrer Größe zu trennen, kann man die Gel-Elektrophorese in Gegenwart eines regelmäßig alternierenden elektrischen Feldes durchführen. Angenommen, die an ein Gel angelegte Spannung würde in regelmäßigen Intervallen umgekehrt: Welche Wirkung hätte das auf die Bewegung der DNA im Gel? So könnte beispielsweise die Spannung in einem Gel von links nach rechts zehn Sekunden lang +100 Volt betragen, dann für fünf Sekunden −100 Volt, dann wieder zehn Sekunden lang +100 Volt und so fort. Die DNA wird dann zunächst zehn Sekunden lang in die eine Richtung wandern, dann für fünf Sekunden in die andere, dann wieder zehn Sekunden lang in die erste Richtung. Was bedeutet das für ihre Gesamtbewegung? Wird sie nach 15 Sekunden schlichtweg $(10-5)/15 = 1/3$ so weit gekommen sein wie bei konstanten 100 Volt? Ist die DNA klein, beispielsweise kürzer als 1 000 Basenpaare, hat die periodische Umkehr der Spannung exakt diesen Effekt: Die DNA wandert 1/3 so weit wie sie es bei konstanter Spannung getan hätte. Ist aber die DNA sehr groß, sagen wir, zwischen 100 000 und Zehn Millionen Basenpaare lang, hat die periodische Umkehr des Feldes eine dramatische und unerwartete Wirkung: Die große DNA kann sich nicht so schnell im Gel „umdrehen" wie die kleine, wenn sich die Spannung umkehrt, und daher wandert die große DNA sehr viel langsamer als erwartet. Kurzum, große DNA wechselt ihre Richtung im Gel mit „Verspätung" und kommt dem entsprechend nicht so weit voran wie man erwarten könnte. Ohne diesen Effekt würden alle sehr großen DNA-Moleküle mit derselben Geschwindigkeit durch ein Gel wandern.

Carlos Bustamante, Bruno Zimm und andere haben mehrere Näherungsmodelle für das Verhalten großer DNA-Moleküle in Gelen mit alternierendem elektrischem Feld beschrieben. Ein möglicher Mechanismus für diese verspätete Reaktion ist in Abbildung 9.13 schematisch dargestellt. Währen der ersten zehn Sekunden bei +100 Volt wandert die DNA mit der erwarteten Geschwindigkeit von links nach rechts. Lichtmikroskopische Untersuchungen zeigen, dass die lange DNA die Form eines Spermiums hat; der Großteil ihrer Masse konzentriert sich in einem großen „Kopf", dem sich ein kleinerer „Schwanz" anschließt. Der große Kopf der DNA muss sich wie ein Eisbrecher seinen Weg durch die Gelfasern kämpfen, weil es – wenn überhaupt – kaum bestehende Zwischenräume im Gel gibt, die groß genug für ihn sind. Diese Art der Fortbewegung der DNA durch das Gel ist kaum von ihrer Größe abhängig. Wird die Spannung auf −100 Volt umgekehrt, muss sich die DNA umorganisieren und an ihrem anderen Ende einen neuen „Kopf" bilden. Für einen kurzen Zeitraum hängt die DNA in bewegungslosem Gleichgewicht in den Gelfasern, wie eine Krawatte am Wandhaken. Nach diesem kurzen Intervall, dieser kurzen „Verspätung", fällt die DNA aus ihrer instabilen Position und bildet wieder einen „Kopf", der in der umgekehrten Richtung vordringen kann. Die Zeit, welche die DNA braucht, um „vom Wandhaken zu fallen", ist stark von ihrer Größe abhängig. Dieselbe zeitliche Verzögerung tritt ein, wenn die Spannung wiederum auf +100 Volt geändert wird. Dieses interessante und überraschende Verhalten großer DNA-Moleküle in Gelen wurde von David Schwartz und Charles Cantor 1984 entdeckt. Damit lassen sich mit der Gel-Elektrophorese DNA-Moleküle mit Längen von bis zu fünf oder zehn Millionen Basenpaaren nach Größe trennen. Man kann also in einem Gel alle chromosomalen DNA-Moleküle eines einfachen Organismus, wie einer Hefe, trennen, bei

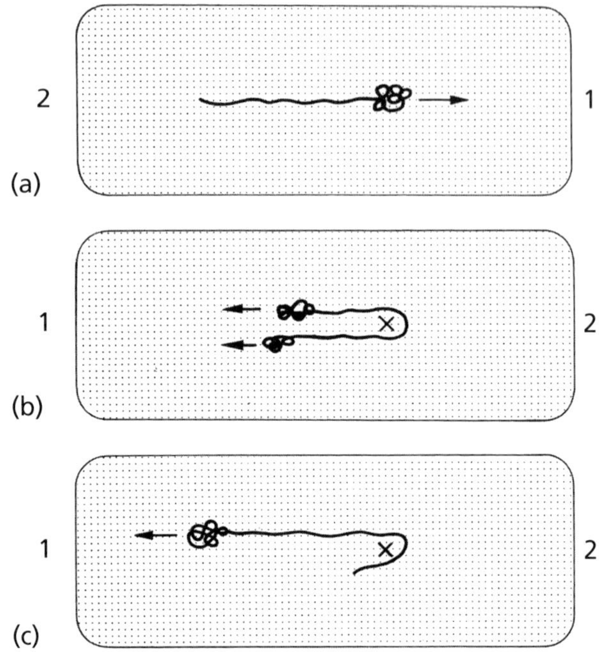

Abb. 9.13 Bewegung eines sehr langen DNA-Moleküls durch ein Gel bei angelegtem alternierendem elektrischen Feld. a: Vorwärtsbewegung, b: „Krawatte auf dem Wandhaken"-Situation (siehe Text), c: umgekehrte Bewegungsrichtung.

dem die Chromosomen nicht länger sind als zehn Millionen Basenpaare. Die chromosomalen DNA-Moleküle eines Menschen aber, die meist 50 bis 400 Millionen Basenpaare messen, lassen sich mit dieser Methode nicht trennen.

Entscheidend für die Trennung großer DNA-Moleküle in Gelen mit dieser Methode ist, dass sich die Zeitspannen für die Vorwärts- und Rückwärtsimpulse der Spannung in derselben Größenordnung bewegen wie die Zeit, die eine DNA beliebiger Länge braucht, um sich „umzudrehen". Einer ersten Schätzung zufolge nimmt die Zeit, die ein DNA-Molekül zum „Umdrehen" braucht, als 2/3-Potenz seiner Länge zu. Das ist eigentlich recht gut nachvollziehbar: Eine kurze Krawatte rutscht eben häufiger vom Haken als eine lange.

Es ist auch zu verstehen, warum DNA, die größer ist als fünf bis zehn Millionen Basenpaare, nicht nach Größe getrennt werden kann: Wenn eine Krawatte sehr lang ist, also beispielsweise vom Boden bis zur Decke reicht, dann ist die Zeit, die sie braucht, um durch zufällige Schwingung vom Haken zu fallen, nicht so sehr von ihrer Größe abhängig. Man kann die Trennung derartiger DNA in Gelen oft verbessern, indem man mit den angelegten Spannungen herumspielt oder die Spannung in einem geringeren Winkel als 180° (wie 120°) umkehrt; die grundlegende Schwierigkeit der Trennung von 50 bis 400 Millionen Basenpaare langer DNA aber bleibt bestehen. Wer auch immer dieses Problem löst, wird eine Heldin oder ein Held der Molekularbiologie sein, denn sie oder er wird erstmals die detaillierte Untersuchung und Manipulation menschlicher Chromosomen ermöglichen. Für die Lösung dieses Problems scheint es zwei mögliche Wege zu geben:

erstens, die Struktur des Geles derart zu verändern, dass es seine „Wandhaken"-Eigenschaften auch bei größeren DNA-Molekülen behält, oder zweitens, die Konturlänge der DNA einheitlich zu reduzieren, etwa indem man sie um Proteine wickelt, um sie relativ zur Gelstruktur kleiner erscheinen zu lassen. Dies wäre eine interessante, wenn auch sehr schwierige Aufgabe für einen begabten Studenten.

Bislang haben wir Methoden beschrieben, mit denen die Eigenschaften zahlreicher DNA-Moleküle in Lösung (oder in einem Gel oder Kristall) untersucht werden können. Alle so gemessenen Eigenschaften stellen daher einen Durchschnitt aus vielen unterschiedlichen Einzelwerten dar. Jeder oben beschriebene Ansatz für die Gel-Elektrophorese etwa enthält typischerweise 10^{12} DNA-Moleküle, die sich alle auf etwas anderen Wegen und mit etwas anderer Geschwindigkeit durch das Gel bewegen!

Wissenschaftler haben jedoch vor kurzem andere, neuartige Methoden entwickelt, mit denen heute die Manipulation und das Aufspüren einzelner DNA-Moleküle in Lösung unter nahezu physiologischen Bedingungen möglich ist. Mit diesen Einzelmolekül-Methoden kann man beispielsweise messen, wieviel Kraft lokal nötig ist, um zwei DNA-Stränge zu trennen, gedrehte DNA-Supercoils untersuchen oder die Kräfte messen, die es braucht, um DNA in die Hülle oder das „Capsid" eines Bakteriophagen zu verpacken.

Eine *Manipulation* einzelner DNA-Moleküle könnte mithilfe mikroskopisch kleiner Latextropfen und Mikropipetten erreicht werden. Dabei wird die DNA zunächst an einem Latextropfen befestigt, über ein „Klebeetikett" ganz an ihrem Ende, das sich dann an die Oberfläche des Tropfens heftet. Das *Aufspüren* kann mithilfe von Lichtmikroskopen und empfindlichen Videorecordern erfolgen, welche die kleinen Tropfen (aber nicht die DNA) aufzeichnen, sodass sich der Weg der DNA aus der Trennung der Tropfen ableiten lässt.

Inzwischen gibt es einige Methoden, um mit geringen Kräften auf die DNA einzuwirken. Die erste bestand darin, eine Doppelstrang-DNA an der Spitze einer winzigen Glasnadel (dem so genannten „Cantilever") zu befestigen, die dann als elastischer Zeiger (Ausleger) dient, wie in Abbildung 9.14a dargestellt. Die zur Trennung zweier DNA-Stränge benötigte Kraft lässt sich dann von der geringen elastischen Ablenkung der Glasnadel ableiten, die sich auf dem Bild nach rechts bewegt. Eine andere Methode ist es, doppelsträngige DNA an eine winzige magnetische Kugel zu heften, die durch einen drehbaren Magneten gesteuert wird, wie in Abbildung 9.14b gezeigt. In diesem Fall können sowohl Spannung als auch Drehmoment auf einzelne DNA-Moleküle ausgeübt werden, was eine Untersuchung des Supercoiling erlaubt.

Schließlich kann man die DNA auch an einem winzigen Tropfen eines Materials mit hohem Brechungsindex befestigen, beispielsweise Latex. Dieser Tropfen kann durch einen intensiven, durch eine Mikroskoplinse fokussierten Laser fixiert werden, die so genannte „Laserpinzette" (*optical tweezer*). Wirkt durch eine Spannung in der anhängenden DNA eine Kraft auf den Tropfen, wird dieser elastisch aus dem Fokus des Lasers gezogen, so als würde er dort durch eine imaginäre Feder gehalten. Abbildung 9.14c zeigt, wie man mithilfe dieser auf Licht basierenden Methode das Verpacken der DNA in die Hülle (Capsid) eines Bakteriophagen untersuchen kann.

Wissenschaftler haben diese verschwindend geringen Kräfte bereits hinreichend genau gemessen, um die Trennung beider Stränge in A-T- beziehungsweise G-C-reicher DNA zu unterscheiden und die an der Bindung von DNA an Protein beteiligten Kräfte zu untersuchen. Die Verbesserung dieser Techniken wird in der Zukunft gewiss noch viele andere ergiebige Anwendungen bei DNA und DNA-Protein-Interaktionen bringen.

Zum Schluss möchten wir noch eine weitere Technik beschreiben, mit der man in den letzten Jahren die Konformation einzelner, an Muscovit gebundener Moleküle er-

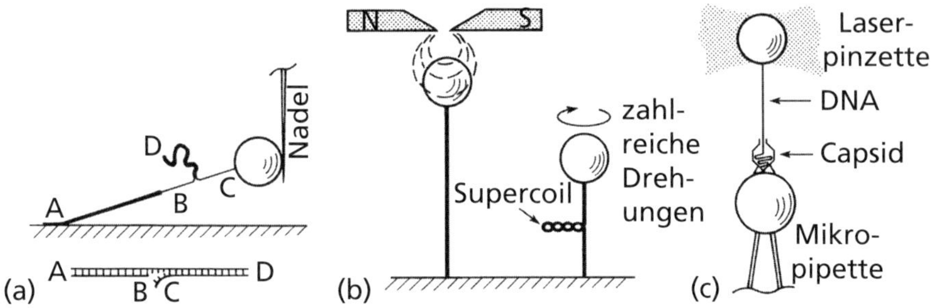

Abb. 9.14 a: Auftrennen eines einzelnen DNA-Moleküls. Doppelstrang-DNA mit einem Bruch in einem Strang (Zeichnung unten) wurde mit dem Ende A an einem Mikroskop-Objektträger, mit dem Ende C aber an einem kleinen Latextropfen befestigt, an den wiederum eine winzige Glasnadel geheftet wurde. Wird diese Nadel nach rechts bewegt, wird die DNA zwischen den Punkten B und C in zwei Einzelstränge aufgetrennt. Die dafür benötigte Kraft wird über den Ausschlag der Nadel gemessen. b: Mit einem magnetischen Kügelchen verbundene DNA lässt sich mithilfe eines rotierenden Magnetfeldes drehen und zum Aufwinden bringen, wenn die angelegte Spannung gering genug ist – meist ein Bruchteil von einem Piconewton (10^{-12} Newton). Links ist die entspannte DNA gezeigt, während sich auf der rechten Seite ein Stück DNA nach zahlreichen Drehungen zu einem Supercoil aufgewunden hat, so wie in Abb. 6.1c. Die Länge der DNA beträgt ungefähr 10'000 Basenpaare. c: Verpacken der DNA in ein Viruscapsid. Das Capsid ist an einem Kügelchen befestigt, das von einer Mikropipette festgehalten wird, und ein Ende der DNA ist an einem Kügelchen oder Tropfen befestigt, das/der von einer Laserpinzette gehalten wird. Der Aufbau lässt sich so gestalten, dass ein konstante Kraft ausgeübt wird; die Rate, mit der die DNA durch den winzigen Motor am Hals des Capsids gezogen wird, kann dann gemessen werden. Die Länge der viralen DNA beträgt etwa 20'000 Basenpaare.

forscht hat: die Atomic Force Microscopy (AFM, Rasterkraftmikroskopie). Im Prinzip wird dabei eine harte, scharfe Tastnadel über eine flache Probe in einem „Raster“ aus dicht nebeneinander verlaufenden parallelen Linien in der x-y-Ebene gezogen, und man misst die Höhe z, auf welche die Tastnadel angehoben werden muss, um über das Objekt zu kommen. Ein Computer kann dann aus den Messwerten für $z(x, y)$ eine farbcodierte Reliefkarte der Oberfläche errechnen. In der Praxis sitzt die scharfe Tastnadel – meist aus Silikonnitrit – am Ende eines fixierten, elastischen Auslegers, der etwa 50 µm lang ist, und die Probe wird darunter in drei Dimensionen von computergesteuerten Piezo-Stellelementen bewegt. Die Probe kann bis zu 0,5 x 0,5 mm messen; normalerweise aber werden weitaus kleinere Flächen gescannt.

AFM wurde ursprünglich benutzt, um die verschiedenen Adhäsionskräfte (*adhesive forces*) über den ebenen Oberflächen von Metallen oder Mineralkristallen zu untersuchen. Auf diese Weise erhielt man auch topographische Konturkarten der Oberflächen, welche die Muster einzelner Atome zeigten. Man prüfte die Oberflächenkräfte durch Messung (mit einer von mehreren möglichen Methoden) der winzigen Ablenkung der Spitze des kalibrierten Auslegers. Aber selbst wenn diese Kräfte in bestimmten Anwendungsfällen gar nicht von Interesse sind, braucht man dennoch die Ablenkung des Auslegers als Teil des Kontrolldurchgangs für die Bewegung der Probe in der z-Richtung.

Wenn man mithilfe der AFM etwa den räumlichen Verlauf eines an eine Muscovit-Oberfläche gebundenen DNA-Moleküls sichtbar machen will, muss man sich mit einigen Schwierigkeiten befassen, die bei „harten“ Proben nicht auftreten. So tendiert die sich bewegende Tastnadel dazu, die Probe abzulösen, wenn diese nicht durch umsichtiges Auftragen von Magnesium auf die Muscovit-Grundlage – wo es eine divalente „Brücke“ zwischen der negativ geladenen DNA und dem negativ geladenen Muscovit bildet – befestigt wurde. Und um Schäden an der „weichen“ Probe zu vermeiden, oszilliert die scharfe Tastnadel in der Senkrechten, während sie sich bewegt, sodass sie die Probe „abklopft“ wie ein Blinder mit dem Blindenstock. Auf diese Weise reduziert man die Lateralkräfte zwischen Tastnadel und Probe, da die Tastnadel jeweils nur kurz Kontakt mit der Probe hat.

Mit der AFM kann man bei weichen Proben wie Protein oder DNA eine Auflösung von bis zu 1 Å in der Vertikalen und 5 Å in der Horizontalen erreichen. In Kapitel 6 haben wir bereits beschrieben, wie das Aufwickeln von DNA um eine RNA-Polymerase mithilfe von AFM und biochemischen Methoden untersucht wurde.

Andere typische Anwendungen sind beispielsweise Untersuchungen der Persistenzlänge (ein Maß für elastische Flexursteifheit), bei denen man die beobachteten Profile hunderter von DNA-Proben statistisch auswertet, und Untersuchungen zur Arbeitsweise von Restriktionsenzymen, die DNA in Stücke zerlegen. Ein Vorteil der AFM liegt darin, dass sie bei feuchten und trockenen Proben gleichermaßen effektiv ist.

Anmerkung

1. Siehe Anhang 1.

Weiterführende Literatur

Brower-Toland, B. D.; Smith, C. L.; Yeh, R. C.; Lis, J. T.; Peterson, C. L.; Wang, M. D. *Mechanical disruption of individual nucleosomes reveals a reversible multistage release of DNA.* In: *Proceedings of the National Academy of Sciences,* USA 99 (2002) S. 1960–1965. Zum Einsatz von Laserpinzetten bei der Untersuchung der Auftrennung von Einzelmolekül-DNA aus Nucleosomen.

Berge, T.; Jenkins, N. S.; Hopkirk, R. B.; Waring, M. J.; Edwardson, J. M.; Henderson, R. M. *Structural perturbations in DNA caused by bis-intercalation of ditercalinium visualised by atomic force microscopy.* In: *Nucleic Acids Research* 30 (2002) S. 2980–2986. Zum Einsatz der AFM bei der Untersuchung von überspiralisierten DNA-Arzneimittel-Komplexen.

Bustamante, C.; Bryant, Z.; Smith, S. B. *Ten years of tension: single-molecule DNA mechanics.* In: *Nature* 421 (2003) S. 423–427. Überblick zur Anwendung von Einzelmolekül-Untersuchungsmethoden zur Erforschung der mechanischen Eigenschaften von DNA.

Calladine, C. R.; Collis, C. M.; Drew, H. R.; Mott, M. R. *A study of electrophoretic mobility of DNA in agarose and polyacrylamide gels.* In: *Journal of Molecular Biology* 221 (1991) S. 981–1005. Anwendung der Ideen von A. G. Ogston auf DNA-Wanderung in Gelen. Quelle für die Fotos aus Abbildung 5.5.

Diekmann, S.; Wang, J. C. *On the sequence determinants and flexibility of the kinetoplast DNA fragment with abnormal gel electrophoretic mobilities.* In: *Journal of Molecular Biology* 186 (1985) S. 1–11. Die Kinetoplasten-DNA krümmt sich von Natur aus in einer Ebene (also bei einer Windunszahl Wr = 0), wird sie aber durch Supercoiling verzerrt, weicht die Windungszahl wegen der DNA-Krümmung von etwa 1,3° pro Basenpaar von Null ab.

Drew, H. R. *Structural specificities of five commonly-used DNA nucleases.* In: *Journal of Molecular Biology* 176 (1984) S. 535–537. Quelle des S1-Nuclease-Gels, das in Abbildung 9.9 gezeigt ist.

Hagerman, P. J. *Sequence-dependence of the curvature of DNA: a test of the phasing hypothesis.* In: *Biochemistry* 24 (1985) S. 7033–7037. Erster Beweis dafür, dass die langsame Wanderung bestimmter DNA-Sequenzen im Gel auf ihre Krümmung zurückgeht, und die Folgerung daraus, dass diese Sequenzen in Form von Superhelices bestimmter Gestalt durch das Gel wandern.

James, T. L. (Hrsg.) *Nuclear magnetic resonance and nucleic acids.* In. *Methods in Enzymology* 261 (1995) S. 1–640. Umfassende Artikelserie, die den derzeitigen Fortschritt im Einsatz der Kernresonanzspekstroskopie (NMR) bei der Untersuchung von DNA und RNA beschreibt.

Keller, W. *Determination of the number of superhelical turns in simian virus 40 DNA by gel electrophoresis.* In: *Proceedings of the National Academy of Sciences,* USA 72 (1975) S. 4876–4880. Gel-Elektrophorese überspiralisierter DNA mit und ohne Ethidiumbromid, einem interkalierenden Farbstoff.

Kozulic, B. *Models of gel electrophoresis.* In: *Analytical Biochemistry* 231 (1995) S. 1–12. Exzellente, kenntnisreiche und kritische Übersicht zu verschiedenen Modellen der Wanderung von DNA in Gelen.

Leuba, S. H.; Karymov, M. A.; Tomschik, M.; Ramjit, R.; Smith, P.; Zlatanova, J. *Assembly of single chromatin fibers depends on the tension in the DNA molecule: magnetic tweezers study.* In: *Proceedings of the National Academy of Sciences,* USA 100 (2003) S. 495–500.

Low, C. M. L.; Drew, H. R.; Waring, M. J. *Sequence-specific binding of echinomycin to DNA: evidence for conformational changes affecting flanking sequences.* In: *Nucleic Acids Research* 12 (1984) S. 4865–4879. Quelle für die „Footprinting"-Fotos aus Abbildung 9.8.

Marini, J. C.; Levene, S. D.; Crothers, D. M.; Englund, P. T. *Bent helical structure in kinetoplast DNA.* In: *Proceedings of the National Academy of Sciences,* USA 79 (1982) S. 7664–7668. Erster Hinweis darauf, dass die langsame Wanderungsgeschwindigkeit bestimmter DNA-Sequenzen im Gel auf deren Krümmung zurückgeht.

Ogston, A. G. *The spaces in a uniform random suspension of fibers.* In: *Transactions of the Faraday Society* 54 (1958) S. 1754–1757. Klassische Arbeit zur Anwendung von Zufallsstatistik auf Phänomene der Gel-Elektrophorese, auf der fast alle späteren Studien basieren.

Rivetti, C; Guthold, M.; Bustamante, C. *Wrapping of DNA around the E. coli RNA polymerase open-promoter complex.* In: *EMBO Journal IS* (1999) 4464–4475. Einsatz der AFM zur Kartierung von Protein/DNA-Konformationen.

Rodbard, D.; Chrambach, A. *Estimation of molecular radius, free mobility and valence using polyacrylamide gel electrophoresis.* In: *Analytical Biochemistry* 40 (1971) S. 95–134. Anwendung von Ogstons Arbeit auf Gel-Elektrophorese von Proteinen.

Sayre, A. *Rosalind Franklin and DNA,* New York (W.W. Norton and Company) 1975. Geschichte der Entdeckung der Doppelhelixstruktur der DNA, erzählt aus der Sicht von Rosalind Franklin, welche die entscheidenden röntgenanalytischen Daten aus den DNA-Fäden gewann.

Smith, S. B.; Heller, C.; Bustamante, C. *Model and computer simulations of the motion of DNA molecules during pulsed-field gel electrophoresis.* In: *Biochemistry* 30 (1991) S. 5264–5274. Gute theoretische Studie über Gel-Elektrophorese mit alternierendem Feld.

Whytock, S. Finch, J. T. *Substructure of agarose gels as prepared for electrophoresis.* In: *Biopolymers* 31 (1991) S. 1025–1028. Quelle für Abbildung 9.10.

Zimm, B.H. Lumpkin, O. *Reptation of a polymer chain in an irregular matrix: diffusion and electrophoresis.* In: *Macromolecules* 26 (1993) S. 226–234. Theorie zur Wanderung von DNA durch Gele, die auch auf die Reibung zwischen der DNA und den Gelfasern eingeht.

Bibliographie

Avery, O. T.; MacLeod, C. M.; McCarty, M. *Induction of transformation by a desoxyribonucleic acid fraction isolated from Pneumococcus Type III.* In: *Journal of Experimental Medicine* 79 (1944) S. 137–158. Die klassische Arbeit, in der die DNA als Gensubstanz ins Spiel gebracht wird.

Bernal, J. D. *The Origin of Life,* London (Weidenfeld & Nicolson) 1967. Gute Darstellung der präbiotischen Evolution und Strukturen in der Biologie durch einen der Begründer dieser Wissenschaft.

Crawford, J. L.; Kolpak, F. J.; Wang, A. H.-J.; Quigley, G. J.; Boom, J. H. van; Marel, G. van der; Rich, A. *The tetramer d(CpGpCpG) crystallises as a left-handed double helix.* In: *Proceedings of the National Academy of Sciences,* USA 77 (1980) S. 4016–4020. Zur Sequenz CGCG in kristalliner Form bei niedrigem Salzgehalt.

Dekker, N. H.; Rybenkov, V. V.; Duguet, M.; Crisona, N. J.; Cozzarelli, N.; Bensimon, D.; Croquette, V. *The mechanism of type IA topoi-somerases.* In: *Proceedings of the National Academy of Sciences,* USA 99 (2002) S. 12126–12131. Zum Einsatz eines anhaftenden magnetischen Kügelchens, um eine Verwindung bei überspiralisierter DNA unter Spannung herbeizuführen. Quelle für Abbildung 9.14b.

Drew, H. R.; Takano, T; Tanaka, S.; Itakura, K.; Dickerson, R. E. *High-salt d(CpGpCpG), a left-handed Z' DNA double helix.* In: *Nature* 286 (1980) S. 567–573. Die Sequenz CGCG gibt es in einer Kristallform bei hohem Salzgehalt auch als linksgewundene Form.

Essevaz-Roulet, B.; Bockelmann, U.; Heslot, F. *Mechanical separation of the complementary strands of DNA.* In: *Proceedings of the National Academy of Sciences, USA* 94 (1997) S. 11935–11940. Einsatz einer flexiblen Glasnadel, um zu messen, wie viel Kraft benötigt wird, um die Stränge einer DNA-Doppelhalix voneinander zu trennen. Quelle für Abbildung 9.14a.

Franklin, R. E. Gosling, R. G. *Structure of sodium thymonucle-ate fibres: importance of water content.* In: *Ada Crystallographica* 6 (1953) S. 673–677. Erste Identifizierung der „B"- und „A"-Konformation von DNA in DNA-Fäden.

Fuller, W.; Wilkins, M. H. F.; Wilson, H. R.; Hamilton, L. D.; Arnott, S. *The molecular configuration of deoxyribonucleic acid: X-ray diffraction study of the 'A' form.* In: *Journal of Molecular Biology* 12 (1965) S. 60–80. Verfeinertes Modell der „A"-Form der DNA.

Itakura, K.; Riggs, A. D. *Chemical DNA synthesis and recombi-nant DNA studies.* In: *Science* 209 (1980) S. 1401–1405. Frühe wichtige Untersuchung der Fortschritte, die in der Biologie durch die chemische Synthese von DNA erzielt wurden.

Kozulic, B. *On the 'door-corridor' model of gel electrophoresis.* In: *Applied and Theoretical Electrophoresis* 4 (1994) S. 117–159. Verbessertes Zwei-Phasen-Modell für die Bewegung von Makromolekülen durch Gele, das auch eine Verformung des Gels durch ein wanderndes Molekül einschließt.

Langridge, R.; Marvin, D. A.; Seeds, W. E.; Wilson, H. R.; Hooper, C. W.; Wilkins, M. H. F.; Hamilton, L. D. *The molecular configuration of deoxyribonucleic acid: molecular models and their Fourier transforms.* In: *Journal of Molecular Biology* 2 (1960) S. 38–64. Verfeinerters Modell der „B"-Form der DNA.

Leslie, A. G. W.; Arnott, S.; Chandrasekaran, R.; Ratliff, R. L. *Polymorphism of DNA double helices.* In: *Journal of Molecular Biology* 143 (1980) S. 49–72. Zur großen Vielfalt der helikalen Formen „A, B, C, D und E" und ihrer Varianten, wie sie sich bei der Röntgendiffraktion von DNA-Fäden präsentiert.

Patel, D. J.; Pardi, A.; Itakura, K. *DNA conformation, dynamics and interactions in solution.* In: *Science* 216 (1982) S. 581–590. Überblick zu einigen der frühesten Arbeiten mit der Kernresonanzspektroskopie bei großen synthetischen DNA-Molekülen. Quelle für Teile von Abbildung 9.4.

Pohl, F. M. Jovin, T. M. *Salt-induced cooperative conformational change of a synthetic DNA: equilibrium and kinetic studies with poly (dG-dC).* In: *Journal of Molecular Biology* 67 (1972) S. 375–396. Zum Übergang von links- zu rechtsgewundener Form von DNA in Lösung.

Schwarz, D. C.; Cantor, C. R. *Separation of yeast chromosomal-sized DNAs by pulsed-field gradient gel electrophoresis.* In: *Cell* 37 (1984) S. 67–75. Entdeckung, dass alternierende elektrische Felder sehr lange DNA-Moleküle im Gel nach Größe trennen können.

Smith, D. E.; Tans, S. J.; Smith, S. B.; Grimes, S.;erson, D. L.; Bustamante, C. *The bacteriophage ϕ29 portal motor can package DNA against a large internal force.* In: *Nature* 413 (2001) S. 748–752. Studie zum Nachweis dafür, wie Laserpinzetten zur Messung der Kraft eingesetzt werden können, die es braucht, um DNA kompakt in das Capsid eines Bakteriophagen zu verpacken.

Viswamitra, M. A.; Kennard, O.; Jones, P. G.; Sheldrick, G. M.; Salisbury, S.; Falvello, L.; Shakked, Z. *DNA double-helical fragment at atomic resolution.* In: *Nature* 273 (1978) S. 687–688. Zur Kristallstruktur der Sequenz ATAT, die an der mittleren Basenpaarstufe TA „schmilzt".

Wang, A. H.-J.; Quigley, G. J.; Kolpak, F; Crawford, J. L.; Boom, J. H. van; Marel, G. van der; Rich, A. *Molecular structure of a left-handed double-helical DNA fragment at atomic resolution.* In: *Nature* 282 (1979) S. 680–686. Erste Bilder von linksgewundener DNA in einer Sequenz CGCGCG.

Wüthrich, K. *NMR in Structural Biology*, Singapore (World Scientific Publishing) 1995. Methoden zur Strukturanalyse biologischer Moleküle in Lösung.

Aufgaben

9.1 Welche der folgenden Atome würden in einer Elektronendichtekarte wie der aus Abbildung 9.3 die Röntgenstrahlen am stärksten streuen?

a Ordnen Sie die Atome absteigend nach ihrem Streuungsvermögen: Kohlenstoff, Phosphor, Sauerstoff, Wasserstoff, Stickstoff.

b Welcher Teil der Elektronendichtekarte aus Abbildung 9.3 wurde durch die stärkste Streuung von Röntgenstrahlen erzeugt? Benutzen Sie die Abbildungen 2.8b und 2.11a, um die Atome zu identifizieren.

c Warum sind die Wasserstoffatome in den Watson-Crick-Basenpaaren in Abbildung 9.3 nicht zu sehen?

9.2 Wie viele NMR-Peaks würden Sie, ausgehend von Abbildung 9.4, in der gezeigten Spektralregion bei –5°C für doppelhelikale DNA-Moleküle mit folgenden Einzelstrangsequenzen erwarten?

a (5')CGCAATTGCG(3')

b (5')AGCATGCATGCT(3')

c (5')AGCATGCGCG(3')

Konstruieren Sie jeweils erst die Doppelstrangversion des Moleküls und suchen Sie dann nach zweifachen Symmetrien, die bestimmte Peaks anderen äquivalent machen.

9.3 Angenommen, wir haben ein DNA-Molekül von 1000 Basenpaaren Länge, das drei Schnittstellen (GAATTC) für ein bestimmtes Restriktionsenzym enthält; diese Schnittstellen befinden sich 100, 350 beziehungsweise 550 Basenpaare von dem einen Ende des Moleküls entfernt.

a Wie viele Arten von DNA-Fragmenten entstehen nach einem vollständigen Verdau mit diesem Restriktionsenzym, und wie groß sind diese?

b Welches Fragment wird am schnellsten durch ein gewöhnliches Elektrophoresegel wandern, und welches am langsamsten?

9.4a Angenommen, Sie verfügen über die DNA eines Virus, die 100000 Basenpaare umfasst, und wollen deren komplette Nucleotidsequenz herausfinden. Bestimmen Sie ungefähr die kleinste Zahl von Fragmenten, die Sie mithilfe der aktuellen Gel-Elektrophoresetechnologie einzeln sequenzieren könnten, um dies zu erreichen. Zählen Sie dabei nicht die zahlreichen überlappenden Fragmente mit, die nötig wären, um die Einzelsequenzen aneinander zu reihen.

b Eine typische menschliche Zelle enthält 6×10^9 Basenpaare DNA, die sich auf 23 Chromosomenpaare verteilen. Welches ist die kleinste Zahl von Fragmenten, die Sie einzeln sequenzieren könnten, um die gigantische Aufgabe zu erfüllen, die komplette DNA einer menschlichen Zelle zu sequenzieren? Zählen Sie auch hier die überlappenden Fragmente nicht mit.

9.5 Abbildung 9.2a zeigt eine flache Scheibe, die über eine Fläche mit zufällig verteilten Punkthindernissen wandert. Größere Scheiben kommen mit mehr Hindernissen in Kontakt und wandern daher langsamer durch das Gel. Ähnliches gilt für die Wanderung der DNA in drei Dimensionen durch ein Gel. Als Faustregel geht man davon aus, dass flache Scheiben mit der größten Fläche in zwei Dimensionen und DNA-Zylinder mit dem größten Volumen in drei Dimensionen mit den meisten Gelfasern in Kontakt treten und daher am langsamsten vorankommen.

Man kann das Volumen des DNA-Zylinders für ein gerades DNA-Stück schätzen, indem man es als Zylinder mit einem Radius 10 Å und einer Länge von 3,3 Å pro Basenpaar konstruiert. Bei einem gekrümmten, überspiralisierten DNA-Stück aber muss man das Volumen eines es „umschreibenden" Zylinders betrachten, in den die Superhelix gerade hineinpasst.
Finden Sie das offensichtliche Volumen einer Superhelixwindung einer gekrümmten DNA mit der Wiederholungssequenz A_6N_4 bei folgenden Parametern für ihre Form: superhelikaler Radius r = 18.1 x 3,3 Å, Konturlänge N^* = 195,4 x 3,3 Å und Neigungswinkel $\alpha = -54{,}5°$ (siehe Tabelle 5.1). Finden Sie zunächst die Neigungshöhe p aus $N^*\sin\alpha$, wie in Abbildung 5.4 gezeigt, und bestätigen Sie, dass $2\pi r$ gleich $N^*\cos\alpha$ ist. Addieren Sie dann 10 Å zum superhelikalen Radius r, was dem halben Durchmesser der DNA selbst entspricht. Berechnen Sie schließlich das Volumen des umschreibenden Zylinders aus $\pi(r + 10)^2p$.
Geben Sie Ihr Ergebnis als Verhältnis zweier Volumina – für gekrümmte beziehungsweise gerade DNA derselben Länge N^* – an. Wiederholen Sie nun diese Rechnung für andere gekrümmte Sequenzen aus Tabelle 5.1, beispielsweise A_6N_2, A_6N_3, A_6N_5, A_6N_6 und A_6N_7. Welche dieser DNA-Sequenzen wird am langsamsten und welche am schnellsten durch ein Gel wandern?

9.6 Wie im Text erläutert, wandert geschlossene zirkuläre DNA mit ganz unterschiedlichen Geschwindigkeiten durch ein Gel. Das liegt daran, dass unterschiedliche Verwindungszahlen L verschiedene verwundene Formen entstehen lassen, wie sie etwa in den Abbildungen 6.4e und 6.5e für L = ±3 oder in den Abbildungen 6.4a und 6.5a für L = 0 gezeigt sind. Es zeigt sich nun, dass Proben mit einer offenen zirkulären Form (Wr = 0) am langsamsten durch ein Gel wandern, während Proben mit höheren (positiven oder auch negativen) Werten für Wr schneller wandern, da sie kompakter sind und daher den die Vorwärtsbewegung behindernden Gelfasern ein geringeres effektives Volumen präsentieren.
Dieses Verhaltensmuster macht es möglich, Proben mit L = 0 in einem Gel zu identifizieren; allerdings kann man Proben mit einem Wert von beispielsweise L = +3 nur schwer von solchen mit L = –3 unterscheiden, weil sie sich mit sehr ähnlicher Geschwindigkeit bewegen. Auch hohe L-Werte wie etwa +19 und +20 lassen sich nur schwer unterscheiden, weil derartige Moleküle sich in ihrer Form zu ähnlich sind, als dass sie mit signifikant unterschiedlichen Geschwindigkeiten wanderten.
Wissenschaftler umgehen diese Probleme, indem sie Ethidiumbromid oder einen anderen Farbstoff (wie Chloroquinphosphat) zugeben, sodass sich die DNA in jeder Probe entwindet und damit einen positiveren Wr-Wert annimmt, weil L gleich bleibt.
Angenommen, dass die Zugabe einer bestimmten Menge Ethidiumbromid bei allen Molekülen einer Probe einen Tw-Wert von –12 herbeiführt. Berechnen Sie nun die Werte für L und Wr für die am langsamsten wandernde Probe unter Proben mit L-Werten von 0 bis –20. Welche Probe wird am schnellsten wandern? (Benutzen Sie die Gleichung auf Seite 108 und gehen Sie davon aus, dass das langsamste Molekül stets einen Wr-Wert von 0 hat, während das schnellste Molekül einen maximalen Wr-Wert – positiv oder negativ – hat.)

10 Die Rolle der DNA bei Krankheiten, in der Diagnostik und der Medizin

In den vorangegangenen Kapiteln haben wir so einfach wie möglich erklärt, wie die DNA verschiedenen Aspekten ihrer dreidimensionalen Struktur entsprechend ihre biologischen Aufgaben erfüllt. Die lokale Watson-Crick-Basenpaarung (A mit T und G mit C) über die Doppelhelixstränge hinweg etwa macht es möglich, dass ein DNA-Molekül von Generation zu Generation als Kopie weitergegeben wird, und sorgt so bei allem Leben auf der Erde für den Mechanismus der Vererbung. Zudem haben wir wiederholt erfahren, dass die sequenzbedingten strukturellen Eigenschaften der DNA in manchen Fällen selbst biologisch genutzt werden. So definiert die bevorzugte Entwindungsstelle einer Doppelhelix bei TATA-Sequenzen viele (wenn auch nicht alle) Startstellen für die Herstellung von mehr DNA oder RNA während der Replikation oder Transkription. Und die bevorzugte Krümmung einer Doppelhelix, bei manchen Sequenzen (wie AAA/TTT) zur kleinen, bei anderen Sequenzen (wie GGC/GCC) zur großen Furche hin begünstigt das exakte Verpacken der DNA, während sie sich in Chromosomen um Histonproteine wickelt oder aber um Repressor- und Aktivatorproteine, welche die lokale Transkription steuern.

Es gibt immer noch sehr viel mehr über die DNA zu erfahren als das, was wir bisher erklärt haben. Doch leider wissen wir heute noch nicht alles darüber, wie die DNA biologisch arbeitet, insbesondere bei komplexen Organismen wie Menschen, Tieren oder Pflanzen. Wir können daher keine umfassende, allgemein gültige Erklärung der biologischen Funktionen der DNA liefern, sondern nur eine Momentaufnahme dessen, was derzeit auf diesem schnell wachsenden Gebiet bekannt ist. Wenn Sie 100 Jahre schlafen könnten wie Dornröschen, würden Sie vielleicht in einer Welt erwachen, in der man alles über die DNA und die Biologie weiß, und erkennen, dass man dieses Wissen auf eine Weise angewandt hat, die heute noch unvorstellbar ist.

An dieser Stelle werden wir einen genauen Überblick darüber liefern, was heute über die Rolle der DNA bei komplexen Organismen wie Mensch und Maus auf medizinischer Ebene bekannt ist – innerhalb der eben beschriebenen Wissensgrenzen. Dabei werden wir auf vier Forschungsgebiete eingehen:

a) Wichtige seit 1985 entwickelte Methoden wie Transgenetik, Polymerasekettenreaktion (PCR), Didesoxy-Vierfarb-Sequenzierung, Oligonucleotid-Mikroarrays und Polymerase-Extension zur Messung von Punktmutationen (SNP);
b) Fehler in der DNA-Struktur, die mit Krankheiten beim Menschen assoziiert sind, beispielsweise bestimmte Punktmutationen, Leseraster-Verschiebungsmutationen und Trinucleotidexpansionen;
c) eine „Imprinting" genannte Form der genetischen Vererbung, bei der die Aktivität eines Gens davon abhängt, ob Sie dieses von der Mutter oder vom Vater geerbt haben;

d) Versuche, krankheitsverursachende Fehler in der menschlichen DNA zu reparieren, indem man neue, korrekte Gene in voller Länge ergänzt oder neue DNA hinzufügt, die bereits existierende Gene reparieren kann: Diese Strategien nennt man auch „Gentherapie" beziehungsweise „Genkorrektur" (*gene correction*). Eine weitere Strategie zur Unterdrückung der Genexpression bedient sich kurzer doppelsträngiger RNA-Stücke; dergleichen Techniken werden in Anhang 3 beschrieben.

Bevor wir uns aber diesen so unterschiedlichen Themen zuwenden, müssen wir erklären, warum sich Wissenschaftler so hingebungsvoll der detaillierten Erforschung der DNA und ihrer assoziierten Gene bei komplexen Organismen widmen.

Viele Naturwissenschaftler und Ärzte sind zu Beginn des 21. Jahrhunderts zu dem Schluss gekommen, dass die traditionelle Medizin zur Behandlung bestimmter Krankheiten schlichtweg ungeeignet ist. Zu diesen traditionellen Methoden zählen chirurgische Eingriffe, bei denen der Arzt erkranktes Gewebe mit dem Skalpell entfernt und den entstehenden Defekt dann vernäht, bis die Natur die Wunde verheilen lässt – eine gefährliche und langwierige Prozedur; dazu zählt auch das Verschreiben bestimmter chemischer Arzneimittel, die eingenommen, inhaliert oder injiziert werden. Meist hofft der Arzt, dass sich ein solches Arzneimittel schnell im gesamten Körper ausbreitet und so sein spezifisches biologisches Ziel findet, häufig ein Enzym oder ein Signalprotein. Indem es dann fest an sein spezifisches Zielobjekt bindet, kann ein solches Arzneimittel die abweichende biologische Funktion des Enzyms oder Signalproteins hemmen und so die Krankheit heilen oder zumindest in ihrem Verlauf bremsen.

Wir wissen heute, dass chirurgische Maßnahmen zur Behandlung zumindest der meisten Krebsformen sowie von Virusinfektionen wie Hepatitis oder der HIV-Infektion (die AIDS verursacht) ungeeignet sind, weil sich die Krebszellen oder tödlichen Viren schnell im ganzen Körper verteilen können und dann de facto inoperabel werden. Zudem sieht eine Krebszelle auf molekularer Ebene oft aus wie eine ganz normale menschliche Zelle und bietet nur selten ein einzigartiges biologisches Ziel, das ein chemisches Arzneimittel spezifisch angreifen könnte. Diese schwierige Unterscheidung zwischen normalen und Krebs- oder virusinfizierten Zellen erschwert es auch, bestimmte Krankheiten durch Immunisierung zu behandeln – also durch Aktivierung der natürlichen Immunantwort des Körpers. Und die meisten Chemotherapeutika, die auf die DNA einwirken, haben starke und unerwünschte Nebenwirkungen auf gesunde Zellen.

Die jüngste Entwicklung vieler neuer und aufregender molekularbiologischer Techniken dagegen hat dazu geführt, dass Wissenschaftler und Ärzte neue Versuche durchführen können, die vielleicht in ganz neuen Formen der medizinischen Therapie resultieren werden – die etwa so bedeutsam sein werden wie die Entdeckung der Immunisierung um 1800 oder die Entdeckung des Penicillins 1930. Als ersten Teil (a) unserer Darstellung werden wir daher kurz einige der wichtigeren Techniken beschreiben, die seit 1985 entwickelt wurden und bis 2004 neue Formen der Medizin zwar noch nicht immer praktikabel, so doch möglich gemacht haben.

Zunächst einmal können Wissenschaftler oft die Funktion eines normalen Gens bestimmen (oder prüfen, ob ein mutiertes menschliches Gen defekt ist), indem sie die komplette DNA für ein solches Gen in einen Mäuseembryo injizieren, wie in Abbildung 10.1 gezeigt. Die injizierte DNA wird dann über einen „illegitime Rekombination" genannten Prozess in ein Mäusechromosom eingebaut; dieser Prozess ist im Grunde eine halb zufällige Verbindung von injizierter menschlicher DNA und bereits vorhandener Mäuse-DNA bei seltenen Chromosomenbrücken. Wo immer also die chromosomale DNA einer Maus unterbrochen wird, unregelmäßig und an zufälligen Stellen in einer Eizelle

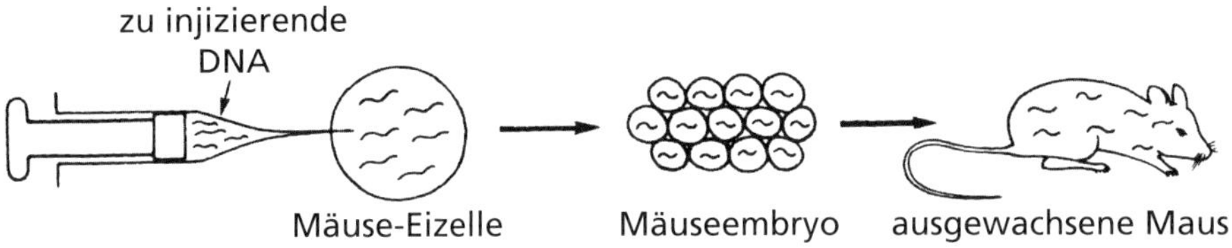

Abb. 10.1 Neue DNA lässt sich dauerhaft in Mäuse oder andere Tiere oder Pflanzen einbringen, sodass diese Organismen neue Gene erhalten oder aber die Funktion bereits vorhandener Gene beeinflusst wird.

wird sie durch verschiedene Enzyme repariert, zu denen meist auch eine „Ligase" gehört, ein Enzym, das die aufgebrochenen Enden wieder zusammenfügt. Jede injizierte menschliche DNA kann dann an diesem Flickwerk beteiligt werden, wenn beide Enden der menschlichen DNA durch ein Ligase-Reparaturenzym an die beiden offenen Enden der vorhandenen Mäuse-DNA geknüpft wird.

Wächst eine Maus mit dieser zusätzlichen menschlichen DNA heran, zeigt sie möglicherweise physiologische oder Verhaltensunterschiede zu einer normalen Maus. Manche genveränderten Mäuse werden beispielsweise ganz besonders fettleibig oder wachsen zu unnatürlicher Größe heran, weil ihre Gene leicht verändert wurden. Die zusätzliche menschliche DNA kann entweder neue Gene hinzufügen oder aber die Funktion vorhandener Gene beeinträchtigen.

Diese veränderten Tiere bezeichnet man meist als „transgene" oder „Knockout"-Mäuse, bei denen bestimmte Gene des normalen Chromosomensatzes der Maus ergänzt beziehungsweise deletiert sind. Häufig führen schon sehr geringe Veränderungen der Gesamt-DNA eines Organismus zu enormen Veränderungen seines physischen Erscheinungsbildes, Verhaltens oder seiner Intelligenz. Transgene Mäuse sind von Nutzen, wenn es darum geht, Tiermodelle für Krankheiten des Menschen zu schaffen, etwa für Prostatakrebs, Schilddrüsenunterfunktion, Fettleibigkeit, Lateralsklerose oder die Alzheimer-Krankheit. Solche genveränderten Mäuse können auch der Prüfung neuer Arzneimittel dienen, die vielleicht bestimmte Krankheiten des Menschen heilen könnten.

Ähnliche Transgenetik-Experimente werden derzeit weltweit in großem Umfang durchgeführt, um „verbesserte" Tiere oder Pflanzen zu erzeugen. So pflanzte man Schweinen verschiedene Gene ein, nicht nur, damit sie aus landwirtschaftlichen Gründen mehr oder schneller wuchsen, sondern (eigentlich unglaublich!) auch, um die Zelloberflächen ihrer inneren Organe so zu verändern, dass Schweineorgane nicht vom menschlichen Immunsystem abgestoßen werden, wenn sie operativ menschlichen Patienten transplantiert werden! Genetisch veränderte Schweineherzen wurden bereits erfolgreich an Affen getestet, ein Schritt, welcher der Verpflanzung in menschliche Organempfänger vorausgeht.

Auch das Klonen von Schweinen, Schafen und Rindern aus ausgereiften Geweben adulter Tiere (im Gegensatz zur normalen Reproduktion mit Ei- und Samenzellen) hat Fortschritte gemacht. Der Wissenschaftler überführt dabei unter mikroskopischer Kontrolle einfach durch Mikrosektion (oder das Zerreißen der Membranen durch ein elektrisches Feld, die so genannte „Elektroporation") einen Nucleus einer reifen Zelle in eine leere Eizelle und bemüht sich, während dieses Vorganges keines der reifen Chromosomen zu beschädigen.

Bei Pflanzen hat das Hinzufügen zusätzlicher DNA unter anderem Obst-. oder Gemüsepflanzen mit verbesserter Qualität erzeugt: Tomaten oder Erdbeeren, die langsamer als üblich reifen; Baumwolle mit verbesserter Resistenz gegen Insekten; Reis, der mehr Eisen als Nährstoff enthält; Erdbeeren mit extra viel Vitamin C als Antioxidans und sogar Karotten, die ein Masern-Protein enthalten, sodass auf diesem Wege möglicherweise Menschen preiswert gegen das Masernvirus „geimpft" werden könnten.

Andere neue Techniken ermöglichen es Wissenschaftlern, die Basensequenz praktisch jedes DNA- oder RNA-Moleküls zu amplifizieren und zu bestimmen, das man in einer Zelle finden kann, und das bereits bei verschwindend geringen Materialmengen (von etwa einem bis 100 Molekülen). Das bedeutet, dass sich so leicht neue Gene in voller Länge isolieren lassen, die von therapeutischem oder industriellem Interesse sind. Die Forscher können so aber auch schnell abweichende Veränderungen in der DNA- oder RNA-Sequenz aufspüren, um Krebs oder Erbkrankheiten zu diagnostizieren. Und schließlich lassen sich so auch geringfügige Infektionen mit Viren, Bakterien oder Mykoplasmen entdecken, weil solche Mikroorganismen ihre eigene, typische DNA in das zelluläre Gemisch einbringen, die bei einem gesunden Individuum fehlen würde. Die genetische Zusammensetzung von Mikroorganismen ließe sich ebenfalls analysieren, um ein Profil ihrer Arzneimittelresistenz zu erstellen, sodass Therapeutika wie Antibiotika in maßgeschneiderter Zusammensetzung verwendet werden könnten.

Diese neuen Amplifikations- und Sequenzierungsmethoden sind auch in der Gerichtsmedizin bei der Identifizierung von Personen von Nutzen. Bestimmte DNA-Abschnitte innerhalb unserer Chromosomen sind für bestimmte Individuen so spezifisch wie Fingerabdrücke. Diese hoch variablen Abschnitte der menschlichen DNA (die so genannte „Mikrosatelliten-DNA") – aus Spuren von Blut, Haar, Samenflüssigkeit oder Haut, die man am Tatort findet – können zur Identifizierung von Verdächtigen in Kriminalfällen herangezogen werden.

Wie exakt arbeiten diese neuen Amplifizierungsmethoden? Warum sind sie so empfindlich schon für geringe Mengen an Ausgangsmaterial und doch so leicht durchzuführen? In der Vergangenheit mussten Wissenschaftler, wenn sie die Basensequenz irgendeines kleinen DNA-Fragments bestimmen wollten, dieses Fragment zu einem zirkulären Carrier-Molekül oder „Plasmid" „klonen". Dann wurden das Plasmid und seine zusätzliche DNA etliche Male kopiert, und zwar durch DNA-Replikation innerhalb einer schnell wachsenden Bakterienzellkultur. Schließlich ergab eine große Zellkultur große Mengen des gewünschten Plasmids, aus dem sich die eingebaute zusätzliche DNA in ausreichender Menge gewinnen ließ, um dann mit chemischen oder enzymatischen Mitteln sequenziert zu werden (siehe Abbildung 10.2a).

Diese Carrier-Plasmid-Methode kommt heute immer noch zum Einsatz, wenn DNA-Mengen in einer Größenordnung von zig Mikrogramm oder sogar Milligramm benötigt werden. Allerdings war sie nie zuverlässig darin, geringe Mengen DNA in der Größenordnung zwischen einem und 100 Molekülen zu klonieren. Zudem war es immer eine recht zähe Angelegenheit, solche Carrier-Plasmide über Nacht in Bakterienzellen zu züchten und dann die kleinen eingefügten DNA-Fragmente zu extrahieren und zu reinigen, um sie dann mithilfe von Chemikalien oder Enzymen zu sequenzieren.

Der große Durchbruch bestand also darin, den gesamten Kopier- und Amplifikationsvorgang mit der DNA außerhalb der Zelle in einem Reagenzglas durchzuführen. Abbildung 10.2b zeigt eine schematische Darstellung der neuen, verbesserten Methode. An jedes einzelne DNA-Molekül in Lösung wird einfach ein hitzestabiles Polymeraseenzym angefügt (beispielsweise *Taq* aus dem Bakterium *Thermus aquaticus*, das in heißen Quellen siedelt), außerdem zwei kurze Stücke chemisch synthetisierter DNA, die als „Primer"

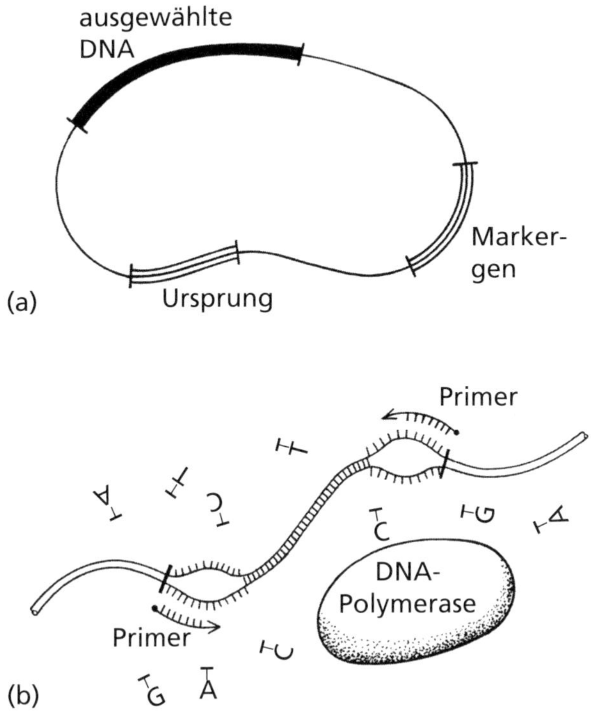

Abb. 10.2 a: Jedes beliebige kleine DNA-Stück lässt sich in ein Carrier-Plasmid einbauen, das man in großen Mengen erzeugen kann, wenn sich Bakterienzellen, die das Plasmid enthalten, teilen und ihre DNA wiederholt kopieren. Die meisten Plasmide enthalten einen „Replikationsursprung", der beim Kopieren der DNA durch Polymeraseenzyme hilft, und ein „Markergen", das eine Resistenz gegen ein Antibiotikum wie Ampicillin, Chloramphenicol, Kanamycin oder Tetracyclin gewährleistet. So ist sicher gestellt, dass alle Zellen das Plasmid enthalten, wenn man sie in einem mit Antibiotikum versetzten Medium züchtet. b: Jedes beliebige kleine DNA-Stück lässt sich auch außerhalb der Zelle im Reagenzglas in großen Mengen herstellen, indem man es wiederholt mit hitzestabilen DNA-Polymerasen kopiert – in der so genannten Polymerasekettenreaktion (PCR). Zwei kurze Abschnitte chemisch synthetisierter DNA mit bestimmter Basensequenz können als „Primer" ausgewählt werden, um der Polymerase zu zeigen, wo sie den Kopiervorgang entlang beider Stränge starten soll.

für die Polymerase wirken, und ein Überschuss an vier Nucleotid-*Tri*phosphaten A, T, C und G. Bisher war in diesem Buch nur von den Nucleotid-*Mono*phosphaten die Rede, aus denen sich ja eine komplette DNA-Kette zusammensetzt. Die Vorstufenmoleküle, welche die Polymerase Stück für Stück an eine wachsende Kette fügt, enthalten jedoch eigentlich *drei* Phosphatgruppen, von denen zwei während der Polymerisation abgetrennt werden.

Wenn man das DNA-Ausgangsmolekül auf 95°C erhitzt, um es in zwei Einzelstränge aufzutrennen, und dann auf 55°C herunterkühlt, binden die beiden kurzen Stücke der „Primer"-DNA spezifisch an je ein Ende des langen DNA-Ausgangsmoleküls oder „verschmelzen" mit diesen. Diese Primer bilden dann zwei spezifische Bindungsstellen für die Polymerase, wobei jeweils eine an einem der beiden Stränge hängt. Solche doppelsträngigen Komplexe aus kurzer Primer-DNA und langer Matrizen-DNA initiieren dann als folgenden Schritt die Synthese von weiterer Doppelstrang-DNA, wenn das Ganze in Gegenwart von

Taq-DNA-Polymerase und den vier Desoxynucleotiden A, T, C und G auf 72°C erwärmt wird. Diese Desoxynucleotide werden sich schnell als Sequenz an das 3'-Ende jedes Primers anfügen (Extension), bis das 5'-Ende jedes Stranges der Matrizen-DNA erreicht ist.

Unser hitzestabiles Polymeraseenzym wird daher eine neue, vollständige Doppelhelix aus jedem der beiden Einzelstränge machen, die nach dem Erhitzen in der ursprünglichen Probe vorlagen. Werden nun diese beiden doppelsträngigen Produkte der Polymerasereaktion auf 95°C erhitzt, auf 55°C heruntergekühlt und erneut auf 72°C erwärmt, ergeben sie insgesamt vier Einzelstränge, die wiederum als Matrizen für die weitere DNA-Synthese dienen können. Werden dann diese vier Produkte der zweiten Polymerasereaktion erhitzt, abgekühlt und erwärmt, ergeben sie acht Einzelstränge, die als Matrizen für noch mehr DNA dienen können, und so fort. Nach 20 Durchgängen mit Erhitzen, Abkühlen, Erwärmen und Polymeraseeinwirkung hat sich unser DNA-Ausgangsmolekül von einem einzigen auf annähernd 10 Millionen Kopien (also um den Faktor 2^{20}) vermehrt, seine Menge ist vom Picogramm-Bereich in den Mikrogramm-Bereich gewachsen.

Weil eine solche Amplifikation von DNA im Reagenzglas an eine physikalische Kettenreaktion erinnert, wird diese neue Methode „Polymerase-Kettenreaktion“ oder „PCR“ (*polymerase chain reaction*) genannt. Das Ganze erinnert an die alte Sage, nach der ein König sein Königreich verlor, weil er einem treuen Diener ein Reiskorn auf dem ersten Feld eines Schachbrettes, zwei auf dem zweiten, vier auf dem dritten und immer so weiter bis zum letzten, 64. Feld des Schachbrettes versprach. Beim 20. Feld musste der König seinem Diener schon über eine Million Körner geben, beim 40. über eine Million Millionen, oder genug, um mehrere große Schiffe damit zu beladen!

Die beiden Primer für jede PCR müssen sorgfältig ausgewählt werden, sodass beide eine kurze Basensequenz (meist 15 bis 30 Basen) enthalten, die über Watson-Crick-Basenpaarung spezifisch an zwei einzigartige Stellen der gesamten chromosomalen DNA eines beliebigen Organismus binden. Die Matrizenfragmente der DNA, die mit dieser Methode amplifiziert werden können, rangieren in der Länge zwischen mehreren hundert bis hin zu mehreren tausend Basenpaaren – oder sogar zigtausend, wenn man sich einer besonderen Methode bedient, nämlich der „langen PCR“.

Diese PCR-Methode wurde um 1985 entwickelt und ist bis heute am vielseitigsten; allerdings sind in jüngster Zeit einige nützliche Verbesserungen zur DNA-Amplifizierung im Reagenzglas entwickelt worden. Zwei davon bezeichnet man als SDA (*strand displacement amplification*) beziehungsweise MDA (*multiple displacement amplification*). Beide kommen ohne irgendwelches Erhitzen oder Abkühlen aus und können isotherm bei 55 °C beziehungsweise 30 °C durchgeführt werden, was unter bestimmten Umständen von Vorteil ist.

Im Anschluss an die Amplifikation bestimmter biologisch relevanter DNA-Moleküle auf Mengen im Mikrogramm-Bereich durch die PCR (oder die oben beschriebene Carrier-Plasmid-Methode) analysiert man traditionell deren Basensequenz mit chemischen oder enzymatischen Mitteln und stellt dann diese Basensequenz mithilfe eines Polyacrylamid-Harnstoff-Elektrophoresegels dar („liest sie“), wie in Kapitel 9 beschrieben. Die meisten Wissenschaftler wenden jedoch heute eine dritte Methodenklasse an: Sie schicken ihre amplifizierte DNA-Probe an ein kommerzielles Sequenzierungslabor, wo spezielle Geräte Hunderte oder sogar Tausende unterschiedlicher DNA-Fragmente über Nacht analysieren können.

Hinter dieser Prozedur steckt der Grundgedanke, für jede vom Nutzer gelieferte Probe eine große Zahl von DNA-Molekülen unterschiedlicher Längen zu erzeugen und diese dann durch Elektrophorese zu trennen, wie in Kapitel 9 erläutert. Nehmen wir zur Verdeutlichung einmal an, dass eine Probe von 500 Basenpaaren Länge zu sequenzieren ist. Der Plan ist dann, eine Reihe von Proben zu erzeugen, die alle am selben Ende beginnen und eines, zwei, drei ... bis 500 Basenpare lang sind. Jedes dieser Produkte muss mit A, T, C oder G enden („terminieren"), und wenn der Endbuchstabe sich in der „Gel-Leiter" entziffern lässt, kann die Sequenz im Prinzip abgelesen werden.

Wie aber kann man dafür sorgen, dass all diese verschiedenen Produkte bei all diesen unterschiedlichen Längen enden? Und wie kann man den Endbuchstaben identifizieren? Entscheidend ist hier der Blick auf das „Zucker-Phosphat-Rückgrat" der DNA, das wir aus Abbildung 2.8b kennen. Dort erkennen wir die chemische Struktur eines Stückchens „Rückgrat" mit Basen und Zuckerringen, die durch Phosphatgruppen verbunden sind. Das zweite Bild aus Abbildung 10.3a zeigt nun eine Base innerhalb derselben Art von Rückgrat, aber zwei Kohlenstoffatome des Zuckerringes sind mit 2' beziehungsweise 3' bezeichnet. Im ersten Bild sieht man einen entsprechenden Abschnitt aus einem RNA-Rückgrat, aber hier hängt am RNA-Zuckerring an Position 2' eine OH-Gruppe. Die DNA heißt genau deshalb *Desoxy*ribonucleinsäure, weil ihr dieses Sauerstoffatom fehlt, das ein Merkmal des RNA-Zuckerringes ist.

Werfen wir schließlich noch einen Blick auf das dritte Bild in Abbildung 10.3a. Dieses zeigt die besondere Didesoxy-Form des Zuckerringes: Er hat weder an Position 2' noch an Position 3' ein Sauerstoffatom. In diesem Fall ist die untere Phosphatgruppe nicht dargestellt, weil sie nun einmal nicht an den Ring binden kann, wenn an Position 3' ein Sauerstoffatom fehlt. Kurzum, die Zucker-Phosphat-Kette kann sich nicht fortsetzen, wenn eine Didesoxy-Base durch die Polymerase angefügt wurde.

Bei dieser Methode enthält also das Medium, in dem die Polymerase operiert, nicht nur die herkömmlichen C-, A-, T- und G-Desoxy-Nucleotide, wie bei der PCR, sondern außerdem noch einige dieser speziellen Didesoxy-Nucleotide aller vier Arten. Und wie bei der PCR braucht der Sequenzierungsprozess eine kurze „Primer"-DNA, damit die Polymerase mit dem Kopieren beginnt. Während sich also die Polymerase an einem bestimmten DNA-Molekül vorarbeitet, wird sie gelegentlich und nach dem Zufallsprinzip ein Didesoxy-Nucleotid anfügen, und genau an dieser Stelle wird die Kettenbildung abrupt abbrechen. Dies ist in Abbildung 10.3b schematisch dargestellt: Die Polymerase beendet ihre Tätigkeit, wenn zufällig ein Didesoxy-C angefügt wird, aber nicht, wenn an dessen Stelle ein normales Desoxy-C platziert wird. Bei einer großen Probe kann man davon ausgehen, dass dieses zufällige Ereignis – das Anfügen eines Didesoxy-Nucleotids – an jeder möglichen Stopp-Stelle zwischen 1 und 500 auftritt, sodass ein kompletter Satz von DNA-Fragmenten entsteht.

Nun stellt sich nur noch das Problem, die vier Arten von Didesoxy-Nucleotiden zu identifizieren. Das geschieht durch chemische Modifikation dieser Nucleotide mit fluoreszierenden Farbstoffen – meist Rhodamin- oder Fluorescein-Derivaten –, wie in Abbildung 10.3c gezeigt. Diese Farbstoffe werden über lange flexible Zwischenstücke bei A und G an Position 7, bei C und T an Position 5 gehängt, sodass diese großen und sperrigen Verbindungen die Polymerase nicht in ihrer Fähigkeit beeinträchtigen, jede Einheit an das Ende der terminierten Kette anzufügen (Abbildung 11.1 zeigt die Nummerierungskonvention der Positionen 7 und 5). Nachdem so eine Mischung neuer Ketten entstanden ist, trennt der DNA-Sequenzierungsapparat diese mithilfe der Kapillarelektrophorese nach ihrer Größe auf. Die Trennung von DNA-Ketten nach Größe in einer Kapillare, die ein gelartiges Polymer enthält, entspricht exakt der Auftrennung von DNA-Fragmenten nach Größe mit einem großen Polyacrylamid- oder Agarosegel; bei einer winzigen Kapillare aber kann man viel stärkere Spannungen

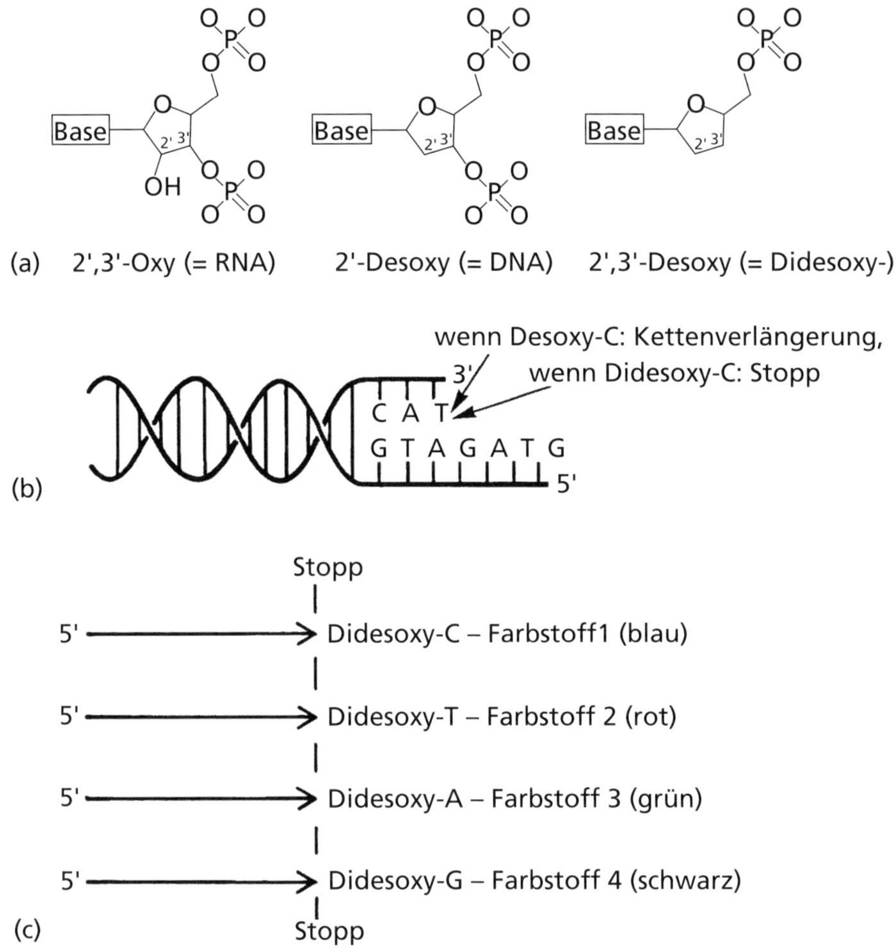

Abb. 10.3 Grundkonzepte der Didesoxy-Vierfarb-Sequenzierung. a: Vergleich der drei Nucleotidformen auf Atomebene. b: Vergleich der Kettenextension durch 2'-Desoxy-Cytosin beziehungsweise 2',3'-Didesoxy-Cytosin bei Einwirken der DNA-Polymerase; die Kette verlängert sich normalerweise, wenn 2'-Desoxy-C angefügt wird (und bildet ein Basenpaar mit der Guaninbase der Matrizen-DNA), aber sie endet (terminiert), wenn 2',3'-Didesoxy-C angefügt wird. c: an die unterschiedlichen Didesoxy-Nucleotide C, T, A und G lassen sich fluoreszierende Farbstoffe in vier verschiedenen Farben anhängen, sodass jedes spezifische Produkt des Kettenabbruchs bei der Kapillarelektrophorese nur eine Farbe zeigt.

anlegen (ohne dass sie sich zu stark erwärmt) und den Prozess so erheblich beschleunigen.

Zum Schluss prüft der Sequenzierungsapparat mit einer fluoreszierende Lichtquelle und einem Detektor die jeweilige „Farbe“, die mit der letzten Base jeder Kette assoziiert ist, während sie bei angelegtem elektrischem Feld durch das Kapillarröhrchen wandert.

Abbildung 10.4 zeigt einige typische Ergebnisse dieser DNA-Sequenzierungsmethode. Bild a zeigt die Partialsequenz eines durch PCR gewonnenen DNA-Fragments, das sich – von links nach rechts – TGGAA-GTCGT-TTGGC-TTGTG-GTGTA-ATTGG-G liest

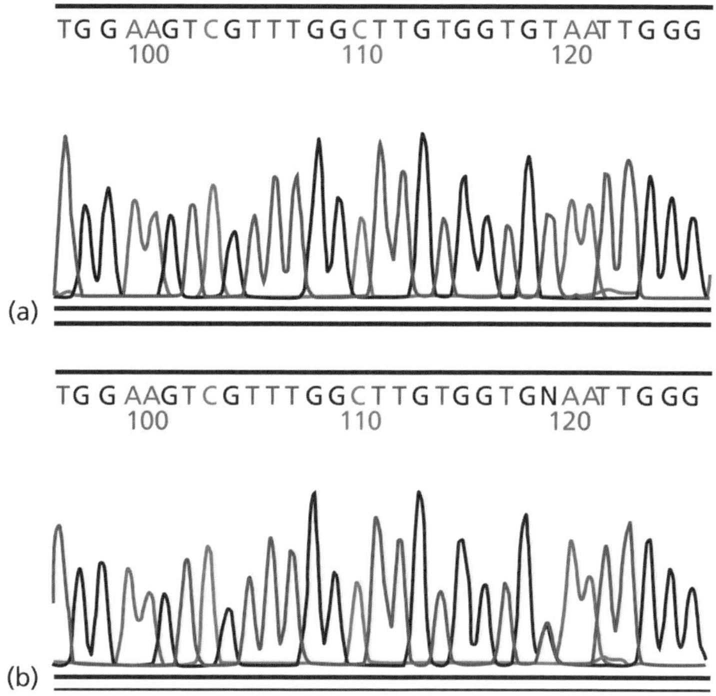

Abb. 10.4 Zwei Beispiele für die Didesoxy-Vierfarb-Sequenzierung unter Verwendung von PCR-Fragmenten, die aus der DNA zweier menschlicher Patienten amplifiziert wurden. Die in Bild a gezeigte Sequenz stammt von einer gesunden Person, die in Bild b gezeigte Sequenz dagegen von einem Patienten, der unter amyatrophischer Lateralsklerose (ALS) leidet, einer neurologischen Erkrankung. Eine mit „N" bezeichnete Punktmutation im rechten Teil von Bild b an Position 119 führt dazu, dass statt einer T-Base an beiden homologen Chromosomen an einem Chromosom T, am anderen aber G vorliegt, sodass die Aminosäure 148 im Enzym Superoxid-Dismutase nicht Valin, sondern Glycin ist; dies ist die Ursache des Leidens. Mit freundlicher Genehmigung von G. Nicholson.

C-Basen (Cytosin) sind blau, T-Basen (Thymin) rot, A-Basen (Adenin) grün und G-Basen (Guanin) schwarz dargestellt. Unter jeder Base zeigt eine Kurve an, mit welcher Stärke das jeweilige fluoreszierende Didesoxy-Signal registriert wurde, wenn ein bestimmtes DNA-Fragment unter dem Einfluss eines elektrischen Feldes durch die Kapillare wanderte.

Abbildung 10.4b zeigt ein ähnliches Ergebnis für ein durch PCR gewonnenen DNA-Fragmentes, das sich leicht von dem aus Bild a unterscheidet. Hier wurde die einzelne Position 119 auf der rechten Seite vom Computer als „N" gelesen, was soviel heißt wie „unsichere Base". Ein solches Ergebnis kann durchaus auf einen experimentellen Fehler zurückgehen. In diesem Fall aber wissen wir, dass das durch PCR gewonnene Fragment aus Bild b an Position 119 eine Mischung aus zwei unterschiedlichen Basen enthält, nämlich T (rot) und G (schwarz), bedingt durch eine genetische Mutation auf einem der beiden homologen Chromosomen des Patienten. Welch ein Segen für die Medizinwissenschaft, Einzelkopie- (also heterozygote) Mutationen der DNA aufspüren zu können, die möglicherweise Krankheiten verursachen – und das anhand einer kleinen Menge Blutes des Patienten binnen kurzer Zeit im Krankenhauslabor!

Die Vierfarb-Methode zur Bestimmung der Basensequenz ist sogar so effektiv und schnell, dass sie die vollständige Sequenzierung zahlreicher bakterieller, pflanzlicher und tierischer Genome ermöglichte – auch des menschlichen. Solche Daten liefern eine exzellente „Karte" des Genoms, welche die genetische oder medizinische Forschung erleichtert. Die meisten dieser schnell zunehmenden Resultate (in großen Einrichtungen bis zu 20 Millionen Basen pro Tag) sind im Internet unter der Adresse **www.ncbi.nlm.nih.gov** zugänglich. Wer hätte wohl 1960 gedacht, dass Wissenschaftler aus Medizin und Biologie einen Großteil ihrer Zeit damit verbringen würden, DNA-Sequenzen aus einem weltweiten Computernetzwerk zu beziehen? In der Zukunft werden diese umfangreichen Sequenzierungsdaten vielleicht für neue, klonierte Proteine als Arzneimittelbestandteile sorgen; derzeit haben sie sich bereits in der Diagnose zahlreicher Krankheiten bewährt.

Die Didesoxy-Vierfarb-Methode ist für Wissenschaftler heute die gängigste Methode, um DNA-Sequenzen zu analysieren, die sie durch PCR oder Carrier-Plasmid-Amplifikation erhalten haben. Dennoch sei ausdrücklich darauf verwiesen, dass sich derzeit eine vierte Methodenklasse in der Entwicklung befindet, die in der näheren Zukunft PCR und Vierfarb-Sequenzierung vielleicht sogar in gewissem Maße ersetzen wird. Viele Forscher haben daher verschiedene Formen von DNA-Mikroarrays oder „Biochips" entwickelt, die jede kurze DNA-Sequenz aufspüren können, die in einer gemischten Probe chromosomaler DNA vorliegt; dies erfolgt mittels Watson-Crick-Basenpaarung oder „Hybridisierung". Auf diese Weise kann auch der relative Anteil von bestimmten DNA- oder RNA-Molekülen in einer Probe bestimmt werden, die womöglich sogar alle unterschiedlichen DNA- und RNA-Moleküle enthält, die in einer lebenden Zelle vorkommen.

Abbildung 10.5a zeigt schematisch das Vorgehen der Wissenschaftler. Zunächst präparieren sie einen gläsernen Objektträger oder einen Nylonfilter, an den sie in regelmäßigen, mikroskopisch kleinen Abständen zahlreiche verschiedene DNA-Oligonucleotide unterschiedlicher Sequenz chemisch anheften. Die Oligomere sind meist etwa 25 Nucleotide lang. Dann fügen sie eine Probe zellulärer DNA oder RNA hinzu, die „geschmolzen" wurde, sodass sich ihre beiden Stränge auftrennen, und lassen die jeweiligen Einzelstränge spezifische Watson-Crick-Basenpaare mit allen passenden Oligonucleotiden auf dem Chip bilden. Die Zugabe der zellulären Probe erfolgt meist unter strikten Bedingungen, beispielsweise bei hoher Temperatur, und in Gegenwart maßvoller Mengen an Harnstoff oder Formamid, um Nicht-Watson-Crick-Basenpaare während des Bindungsschrittes auszumerzen. Wenn schließlich alle DNA- oder RNA-Proben zuvor enzymatisch oder chemisch mit einem fluoreszierenden Farbstoff (oder radioaktivem Atom) markiert wurden, dann ergibt jede aus einer Zelle gewonnene Probe ein reproduzierbares Muster aus fluoreszierenden (oder radioaktiven) Lichtsignalen auf dem Biochip, die unter dem Lichtmikroskop (oder mit einem *phosphorsceen*) aufgezeichnet werden können.

Oligonucleotid-Mikroarrays haben sich zu einem gewissen Grad beim Ermitteln von Basensequenzvariationen zwischen DNA unterschiedlicher Einzelproben (also des „Genotyps") bewährt; nützlicher allerdings sind sie für die Messung der relativen Mengen an messenger-RNA, die in jeder lebenden Zelle vorliegen (also der „Genexpression"). Forscher können nun also die relative Transkription von DNA in RNA für Tausende unterschiedlicher Gene in jeder komplexen Zusammenstellung biologischer Proben vergleichen, beispielsweise bevor und nachdem ein Patient ein bestimmtes Arzneimittel erhalten hat, oder bevor und nachdem bestimmte Zellen zu Krebszellen mutiert sind.

Eine fünfte neue Klasse von Techniken ermöglicht es den Wissenschaftlern, die medizinische Diagnostik zu beschleunigen, indem sie bei Patienten einfach nach bestimmten natürlich auftretenden genetischen Variationen suchen. Diese kleinen Punktmutationen oder „SNP" (*single nucleotide polymorphisms*) stehen manchmal in Zusammenhang mit

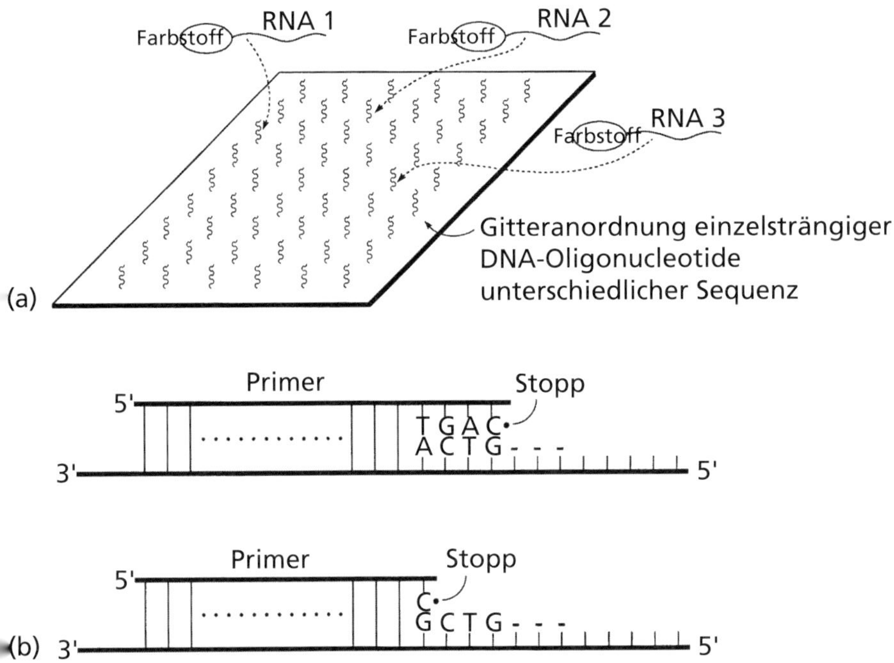

Abb. 10.5 a: Schematische Darstellung der Anordnung zahlreicher unterschiedlicher Einzelstrang-DNA-Oligonucleotide in mikroskopisch kleinen Abständen auf einer Oberfläche zu einem „Mikroarray" oder „Biochip", an den lange zelluläre DNA- oder RNA-Moleküle spezifisch binden können, die dann ihrerseits anhand anhängender Farbstoffe identifiziert werden können. Hier ist nur ein kleines Gitter dargestellt; normalerweise umfassen diese Arrays mehrere tausend Elemente. b: Hypothetisches Beispiel für die SNP-Bestimmung: Die DNA-Polymerase verlängert einen kurzen Primer an seinem 3'-Ende entlang einer Matrizen-DNA, deren Sequenz in den nächsten vier Basen entweder **A**CTG oder **G**CTG lautet. Werden der Reaktion die drei Desoxynucleotide T, G und A sowie ein Didesoxynucleotid C zugegeben, wird sich dieser kurze Primer um vier Basen verlängern, wenn die Sequenz **A**CTG lautet, bei einer Sequenz **G**CTG dagegen nur um eine Base. So lässt sich die SNP A/G entdecken, indem man die Gesamtlänge des Primers nach Abschluss der Polymerasereaktion misst.

Krankheiten des Menschen. Wenn aber eine solche Punktmutation durch das Sequenzieren mehrerer Varianten eines menschlichen Genoms ermittelt wurde, wie finden dann die Ärzte heraus, ob ihr Patient Träger eines solchen SNP ist, der die Krankheit möglicherweise verursacht?

Zunächst vervielfältigt man mithilfe der PCR bestimmte diskrete Abschnitte menschlicher DNA, die wahrscheinlich medizinisch von Interesse sind (meist 100 bis 1 000 Basenpaare lang). Anschließend kann man jedes dieser PCR-Produkte als Matrize für eine spezielle *Polymerase-Verlängerungsreaktion* (*polymerase extension reaction*) benutzen, die nur drei der normalen Desoxynucleotide A, T, C oder G umfasst sowie eines der speziellen Didesoxynucleotide, die eine Kette abbrechen lassen. Abbildung 10.5b zeigt beispielsweise, dass unserer durch PCR gewonnenen DNA ein spezifischer Primer von 20 Basen Länge (so ausgewählt, dass er in der Nähe der vermutlichen Punktmutation endet) zugegeben wurde; ein Polymerase-Enzym verlängert dann diesen Primer in unterschiedlichem Maße, je nachdem, ob es auf der Matrize kurz nach dem 3'-Ende des Primers eine

Base A oder eine Base G entdeckt. Wenn also die ersten Basen der Matrize jenseits des 3'-Endes des Primers **A**CTG lauten, wird die Polymerase ein Didesoxy-C hinzufügen, nachdem der Primer um vier Nucleotide verlängert wurde und dann insgesamt 24 Basen misst. Lauten aber die ersten Basen der Matrize **G**CTG, fügt die Polymerase ein Didesoxy-C hinzu, nachdem der Primer nur um ein Nucleotid zugenommen hat und dann insgesamt 21 Basen misst.

Durch die Auswahl des zu synthetisierenden Primers und des (neben den drei normalen Desoxynucleotiden) hinzuzufügenden Didesoxynucleotids lässt sich praktisch jeder SNP leicht identifizieren. Heute können sogar Hunderte, ja Tausende von Polymerase-Extensionsreaktionen schnell mithilfe der so genannten *Time-of-flight-Massenspektrometrie* („MALDI-TOF") analysiert werden, welche die Masse der DNA sehr präzise und genau messen kann. Dabei hängt die Zeit, die ein verlängerter Primer benötigt, um den Detektor zu erreichen, eng mit seiner Gesamtlänge zusammen, also etwa damit, ob er 24 oder 21 Nucleotide misst, wie in dem oben beschriebenen Beispiel. Für Wissenschaftler, die keinen Zugang zu einem solchen kostspieligen Massenspektrometer haben, bleibt die preiswertere Alternative, zwei Primer mit jeweils unterschiedlichen Basen am 3'-Ende und unterschiedlichen Farbstoffen am 5'-Ende zu benutzen; jeder SNP (beispielsweise **A**CTG oder **G**CTG) lässt sich dann durch eine normale Polymerase-Kettenreaktion amplifizieren und ergibt bei der Kapillar- oder Gel-Elektrophorese ein Produkt mit typischer Farbe.

Bislang hat man erstaunliche zwei bis drei Millionen Punktmutationen (SNP) im menschlichen Genom kartiert, und die Wissenschaft sucht nach Wegen, um diese reichhaltige, aber oft auch bedeutungslose Information zu nutzen. Die meisten SNP sind einfache Veränderungen von T zu C oder von A zu G (also von Pyrimidin zu Pyrimidin oder von Purin zu Purin), so genannte „Transitionen". Andere sind Veränderungen von T zu G oder A oder von C zu G oder A, diese bezeichnet man als „Transversionen". Viele – eigentlich die meisten – dieser Veränderungen sind wahrscheinlich harmlos, ihre Verbreitung spiegelt oft die genetische Variation zwischen unterschiedlichen Rassen oder unter Individuen einer Rasse wider. Die Forscher untersuchen auch Polymorphismen anderer Organismen, wie Taufliegen, um die natürlich auftretenden Variationen innerhalb von Populationen sich untereinander fortpflanzender Tiere zu untersuchen, wenn bestimmte Untergruppen einer Art sich aufgrund einer geographischen Trennung nicht mehr miteinander fortpflanzen können. So gewann man einige Erkenntnisse über den „Genfluss" und die Veränderung von Genen unter natürlichen Bedingungen.

Die meisten SNP beim Menschen sind wahrscheinlich harmlos, einige aber können selbst gefährlich sein, oder sie sind mit schädlichen Genen verknüpft. Wissenschaftler haben bestimmte Punktmutationen statistisch in Zusammenhang mit Krankheiten des Menschen gebracht, etwa Asthma, Lungenkrebs, Bluthochdruck, Diabetes, Lupus oder Migräne. Die Verbindung zwischen SNP und Krankheiten ist jedoch derzeit noch sehr umstritten, da sie nur auf dünnen statistischen Beweisen beruht. Zudem bleiben dabei Umweltfaktoren unberücksichtigt, die beeinflussen könnten, ob jemand erkrankt oder nicht.

Eine sechste neue Klasse von Methoden erlaubt es den Wissenschaftlern nun zu bestimmen, ob eine beliebige C-Base aus menschlicher chromosomaler DNA ein „normales" Cytosin ist oder eine chemisch modifizierte Form, das „Methylcytosin". Bei letzterem ist durch spezielle Methylase-Enzyme, die es in jeder Zelle gibt, an der Position 5 der Cytosinbase eine CH_3-Gruppe (Methylgruppe) angefügt, ganz so wie bei Thymin und Uracil (siehe Abbildung 2.13). Eine umfassende Darstellung der Cytosin-Methylierung werden wir in Kapitel 11 geben.

All diese neuen Technologien – Transgenetik, PCR, Vierfarb-Sequenzierung, Mikroarrays, SNP, Feststellung der Methylierung – ermöglichen den Wissenschaftlern schnelle Fortschritte beim Aufspüren der genetischen Ursachen zahlreicher Krankheiten. Diese bestehen meist aus winzigen, aber spezifischen Defekten in der menschlichen chromosomalen DNA. Im Zuge des zweiten allgemeinen Teils (b) unseres Überblicks wollen wir daher nun betrachten, wie die in Teil (a) beschriebenen Techniken in der modernen Medizin genutzt werden.

Im typischen Fall machen Wissenschaftler eine kleine Gruppe von Personen mit einem bestimmten genetisch bedingten Leiden aus und überprüfen dann deren DNA innerhalb wahrscheinlich für Protein codierender Regionen, um nach einer schädlichen Punktmutation oder geringen Längenänderung zu suchen. Die Forscher können auch eine große Region mit einem wahrscheinlichen genetischen Defekt unter dem Lichtmikroskop entdecken, indem sie sichtbare Abnormitäten bei menschlichen Interphasen-Chromosomen untersuchen. Die oben beschriebenen neuen molekularen Methoden bieten jedoch immer noch ein detaillierteres Bild von all jenen Krankheiten, die wir unter dem Lichtmikroskop erkennen können oder auch nicht.

Ist eine wahrscheinliche Mutation mithilfe von PCR, Klonierung und Sequenzierung gefunden, besteht der nächste Schritt oft im Einsatz schnell arbeitender Methoden zur DNA-Diagnostik, um zu bestimmen, welche weiteren Mitglieder der menschlichen Population Träger derselben Mutation sind. Die Untersuchung einer größeren Personenzahl mit unterschiedlichem ethnischem Hintergrund, die zufällig Träger eben dieser Punktmutation (SNP) ist, wird dann erweisen, wer klinisch gesund und wer krank erscheint. Manche Wissenschaftler werden zu guter Letzt noch transgene Mäuse erzeugen, denen ein fehlerhaftes menschliches Gen eingepflanzt wurde, oder sie erzeugen eine ähnlich schädliche Mutation bei normalen Mäusen. Werden solche geringfügigen genetischen Veränderungen bei der Maus zu Krankheitssymptomen führen, die denen des Menschen ähnlich sind? Transgene Mäuse können auch eingesetzt werden, um mögliche Therapeutika gegen genetisch bedingte Leiden zu testen, bevor man klinische Tests an Menschen durchführt.

Die meisten so gefundenen genetischen Defekte sind, wie man inzwischen weiß, Fehler innerhalb der codierenden Region eines essenziellen Proteins, die dessen Funktion beeinträchtigen. Manchmal lässt schon eine einzige Base aus der DNA des Patienten, die durch Punktmutation beispielsweise von A zu G oder von C zu T verändert wurde, das mutierte Gen an einer Position der Proteinkette für eine andere Aminosäure (oder für „Stopp") codieren. In anderen Fällen werden eine oder mehrere Basen hinzugefügt oder deletiert, sodass die mutierte DNA durch eine „Leseraster-Verschiebungsmutation" (siehe Kapitel 1) für ein vollkommen anderes Protein codiert.

Durch Versuch und Irrtum haben Wissenschaftler bereits einige Mutationen menschlicher DNA mit vielerlei Krankheiten in Zusammenhang gebracht, beispielsweise cystischer Fibrose, Brustkrebs oder neurologischen Leiden. So ist es heute möglich vorauszusagen, ob eine junge Frau ein hohes Brustkrebsrisiko haben wird, oder ob ein junger Mann ein hohes Prostatatkrebsrisiko hat, einfach indem man ihre DNA untersucht. Diese Entdeckungen haben unter Ärzten eine große Debatte zur Ethik der medizinischen Diagnostik ausgelöst – und bei Lebensversicherern großes Interesse an der DNA geweckt.

Das Fortschrittstempo ist rasant: Im Jahre 2003 konnten allein von den wenigen Forschern, die sich in Sidney mit der Materie beschäftigten, bereits über 200 verschiedene genetische oder Infektionskrankheiten mithilfe von PCR und Sequenzierung diagnostiziert werden. So findet man Tests für das Laurell-Eriksson-Syndrom, Autoimmunsyndrom, fünf verschiedene Krebsformen, die Charcot-Marie-Krankheit, Windpocken,

Cystische Fibrose, Virusencephalitis, das Martin-Bell-Syndrom, die Friedreich-Ataxie, Hämophilie, Hepatitis und das Herpes-simplex-Virus. Zu den Geweben, aus denen DNA für solche Tests extrahiert werden kann, zählen unter anderem Blut, Amnionflüssigkeit, Rückenmarksflüssigkeit, Mundhöhlen- und Nasenabstriche sowie Schleim (siehe das Handbook of DNA Testing unter **www.cs.nsw.gov.au/csls**).

Welche Fülle an DNA-Technologien, die sich in den nur 20 Jahren seit Entwicklung der PCR aufgetan hat! Und dabei haben wir die zahlreichen in Tiermedizin (etwa bei Hunden, Schafen oder Pferden), Gerichtsmedizin (beispielsweise bei Vergewaltigung oder Mord) oder bei archäologischen Studien (etwa prähistorischen Menschen) verwendeten PCR-Tests nicht einmal berücksichtigt.

Die Abbildungen 10.4 und 10.6 zeigen zwei Beispiele für genetische Defekte beim Menschen. Die automatisch erstellten Vierfarb-Sequenzierungsprotokolle aus Abbildung 10.4 beruhen auf DNA-Proben von Patienten, die tatsächlich unter neurologischen Krankheiten leiden. An früherer Stelle haben wir Abbildung 10.4 betrachtet, um die Ergebnisse der DNA-Sequenzierung allgemein vorzustellen; versuchen wir nun, diese Ergebnisse in ihrem vollem medizinischen Kontext zu verstehen.

Die in Abbildung 10.4a gezeigte ermittelte Sequenz zeigt DNA einer gesunden Person, die Sequenz aus Abbildung 10.4b dagegen DNA eines neurologisch erkrankten Patienten mit amyotropischer Lateralsklerose (ALS). Die Veränderung einer einzigen Base an Position 119 in Bild b entspricht einer heterozygoten oder Einzelkopie-Punktmutation (was bedeutet, dass die beiden Kopien desselben Gens nicht in allen Zellen identisch sind) von T (Thymin), das man normalerweise in beiden Chromosomen eines Individuums findet, zu T in einem und G (Guanin) im anderen Chromosom des Patienten. Weil sich diese Punktmutation in einer wichtigen, für Protein codierenden Region der chromosomalen DNA befindet, nämlich in einem Teil des Gens für die Superoxid-Dismutase 1 (SOD1), verändert sie eine entscheidende Aminosäure an Position 148 dieses Proteins von Valin (GTA) zu Glycin (GGA). Der Patient bildet beide Proteinversionen (je eine pro Chromosom), die mutierte und die normale. Das mutierte Protein beeinträchtigt die Biochemie der menschlichen Nervenfunktion; die genauen Mechanismen sind jedoch noch nicht ermittelt.

Andere Punktmutationen innerhalb von SOD1 führen ebenfalls zu neurologischen Erkrankungen, die meist Muskelschwund bewirken, der zur Lähmung und manchmal zum Tode führt. Um mehr über ALS und verwandte Krankheiten zu erfahren, sei hier auf einen exzellenten allgemeinen Überblick zum Thema verwiesen, der im Internet unter der Adresse **www.ncbi.nlm.nih.gov** (unter dem Punkt „OMIM“ für „Online Mendelian Inheritance in Man“) zu finden ist. Wenn Sie diese Seite öffnen und Nummer 105400 wählen, erfahren Sie vieles über ALS und ihre genetischen Ursachen, die Geschichte der Krankheit und ihr Vorkommen bei bestimmten ethnischen Gruppen. Die OMIM-Website ist eine verlässliche Quelle für Ärzte, die Patienten mit genetisch bedingten Krankheiten behandeln und die PCR und/oder Sequenzierung nutzen, um Erbkrankheiten zu diagnostizieren.

Das in Abbildung 10.6 gezeigte Elektrophoresegel nun offenbart detaillierte Informationen über ein anderes neurologisches Leiden, die Machado-Joseph-Krankheit oder spinocerebellare Ataxie Typ 3, die in der OMIM-Datenbank unter der Nummer 109150 ebenfalls beschrieben wird. Diese spezifische genetische Krankheit entsteht, weil während der Frühentwicklung ein kleiner Teil menschlicher DNA größer wird oder „expandiert“, und zwar mit einer Wiederholungssequenz CAG-CAG-CAG-CAG im Gen für ein „Ataxin 3“ genanntes Protein. Bei normalen Individuen hat das $(CAG)_n$-Triplett eine Länge von $n = 10$ bis $n = 40$, bei Betroffenen liegt diese aber zwischen

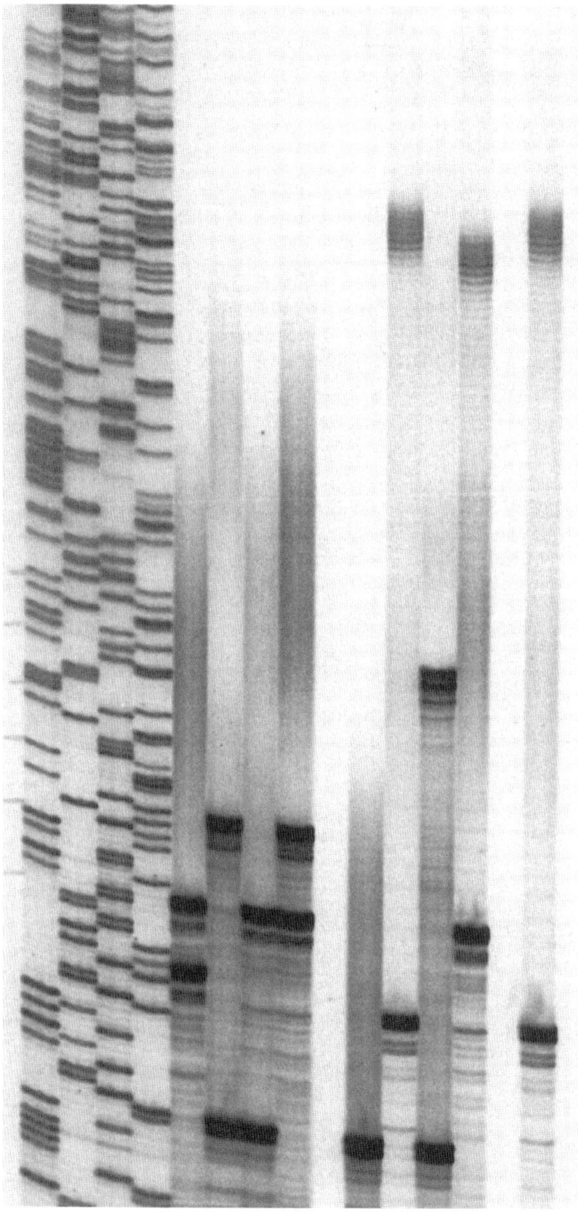

Abb. 10.6 Elektrophoresegel, das umfangreiche Expansionen des Tripletts $(CAG)_n$ innerhalb genomischer DNA zeigt. Die DNA stammt von menschlichen Patienten, die alle unter neurologischen Krankheiten leiden; nur drei von ihnen aber leiden unter der spinocerebellären Ataxie vom Typ 3. In jedem Fall wurde ein Teil der codierenden Region für das Protein „Ataxin 3" mithilfe von PCR-Primern gemessen, die mit Basensequenzen auf beiden Seiten „verschmelzen". Drei der Patienten zeigen lange $(CAG)_n$-Widerholungssequenzen, die langsam durch das Gel wandern (oben rechts). Die verbleibenden Reihen zeigen ein normales Längenspektrum von $(CAG)_n$-Wiederholungssequenzen. Alle Patienten zeigen PCR-Produkte von zwei homologen Genen unterschiedlicher Länge, oder von je einem pro Chromosom.

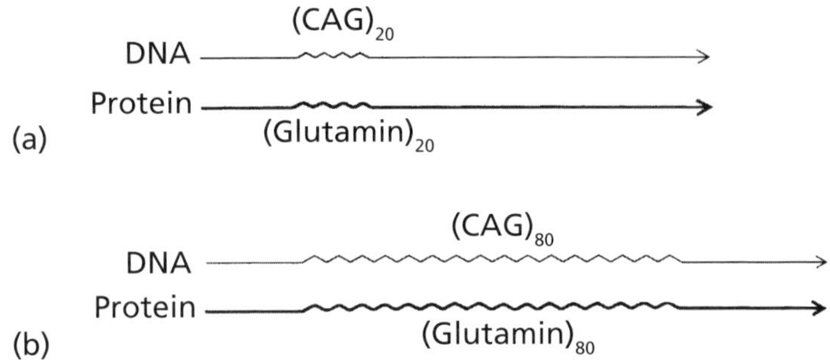

Abb. 10.7 a: Eine kurze $(CAG)_n$-Wiederholungssequenz von $n = 20$ bei gesunden Individuen codiert für ein Protein mit 20 aufeinander folgenden Glutamin-Aminosäuren. b: Eine expandierte $(CAG)_n$-Wiederholungssequenz von $n = 80$ dagegen codiert bei erkrankten Personen für ein größeres Protein mit 80 aufeinander folgenden Glutamin-Aminosäuren. Offenbar ist es dieses lange Polyglutamin, das – durch noch unbekannte Mechanismen – neuronale Schädigungen hervorruft.

$n = 60$ und $n = 80$. Eine so dramatische Expansion codierender DNA auf chromosomaler Ebene führt dazu, dass betroffene Personen ein überdurchschnittliche großes Protein bilden, das 60 bis 80 aufeinander folgende Glutamin-Aminosäuren enthält. Dieses mutierte Protein bewirkt dann indirekt – etwa durch Beeinträchtigung der Mitochondrienfunktion – Gleichgewichtsstörungen und Muskelabbau an Händen, Füßen oder im Gesicht.

Bei genauer Betrachtung von Abbildung 10.6 erkennt man eine Reihe von durch PCR gewonnenen Produkten, welche die Gesamtlänge jener CAG-Wiederholungssequenz wiedergeben, wobei DNA-Proben verschiedener Individuen benutzt wurden. Alle PCR-Produkte sind mit radioaktiven Phosphoratomen markiert, sodass sie in einem Polyacrylamidgel leicht zu entdecken sind. Die vier Reihen an der linken Seite zeigen DNA-Sequenzierungsreaktionen für G, A, T oder C, die mit der Didesoxymethode – allerdings in einem Gel und nicht in einer Kapillare – gewonnen wurden: Sie dienen als Markierungen für DNA-Längen im Gel. Die neun rechten Reihen zeigen PCR-Produkte des Ataxin-Gens von tatsächlichen Patienten. Von diesen neun Proben zeigen sechs kurze CAG-Wiederholungssequenzen von $n = 10$ bis 40, die typisch für gesunde Personen sind, drei dagegen zeigen verlängerte CAG-Wiederholungssequenzen von $n = 60$ bis 80, die für betroffene Individuen typisch sind.

Die biochemischen Effekte der Triplett-Expansion sind in Abbildung 10.7 schematisch dargestellt. Zu erkennen ist, dass ein normales CAG-Triplett von $n = 20$ ein Ataxin-Protein mit 20 aufeinander folgenden Glutamin-Aminosäuren ergibt; ein verlängertes CAG-Triplett von $n = 80$ dagegen ergibt ein größeres Protein mit 80 aufeinander folgenden Glutamin-Aminosäuren.

Wie viele andere genetisch bedingte Krankheiten mögen auf eine solche Triplettexpansion zurückgehen statt auf eine einfache Punkt- oder Leseraster-Verschiebungsmutation? Bislang wurden über ein Dutzend unterschiedliche Krankheiten des Menschen, meist neurodegerenative Erkrankungen, mit der Expansion von Triplett-Wiederholungssequenzen in Verbindung gebracht, ebenso wie drei brüchige oder „fragile“ Stellen innerhalb menschlicher Chromosomen. So geht die Chorea Huntington auf die Expansion eines Tripletts $(CAG)_n$ in einem anderen Protein zurück, während die Ursache für die myotone Dystrophie die Expansion eines $(CTG)_n$-Tripletts ist. Das Martin-Bell

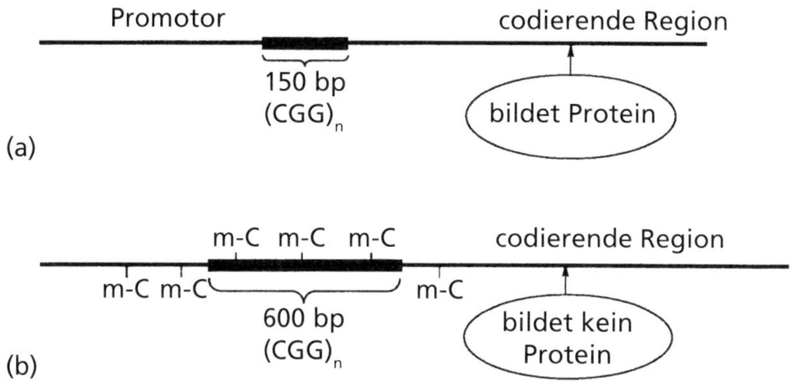

Abb. 10.8 a: Wenn das *FMR1*-Gen eine $(CGG)_n$-Wiederholungssequenz von weniger als 150 Basenpaaren Länge enthält, arbeitet die DNA bei der RNA- und Proteinbildung weiterhin normal. b: Enthält das *FMR1*-Gen aber eine $(CGG)_n$-Wiederholungssequenz, die länger ist als 600 Basenpaare, bewirkt diese auf noch unbekannte Weise die Methylierung der nahe gelegenen Promotor-DNA (also die Umwandlung von Cytosin in Methylcytosin) durch zelluläre Methylasen; so kann das Gen RNA oder Protein nicht mehr in normalen Mengen erzeugen.

Syndrom ist durch die Expansion eines $(CGG)_n$-Tripletts bedingt, und die Friedreich-Ataxie durch die Expansion eines Tripletts $(GAA)_n$ (auf eine Größe bis zu $n = 1000$ Basenpaare).

Insgesamt steht die große Mehrheit der in den letzten 20 Jahren entdeckten genetisch bedingten Krankheiten in Zusammenhang mit Punkt- oder Leseraster-Verschiebungs-Mutationen oder aber Triplettexpansionen innerhalb eines Teiles chromosmaler DNA des Menschen, der für Protein codiert. Allerdings gibt es auch Ausnahmen von dieser Regel. Wie wir wissen, gehen die spinocerebellare Ataxie und Chorea Huntington beide auf die Expansion eines CAG-Tripletts innerhalb der codierenden Region für ein bestimmtes Protein zurück. Die myotone Dystrophie und das Martin-Bell-Syndrom dagegen gehen auf die Expansion von CTG- beziehungsweise CGG-Tripletts in *nicht codierenden* DNA-Regionen zurück, die zwar messenger-RNA bilden, aber nicht in Proteine translatiert werden.

Wie kann die Triplettexpansion in einer transkribierten, aber *nicht codierenden* Sequenz die menschliche Gesundheit beeinflussen? Die Triplettexpansion von $(CGG)_n$, die das Martin-Bell-Syndrom (das mit geistiger Retardation einhergeht) verursacht, ist auf dem X-Chromosom lokalisiert und macht dieses brüchig oder „fragil“. Seinen Genlocus hat man daher als „*FMR1*“ („*Fragile-X Mental Retardation 1*“) bezeichnet. Das *FMR1*-Gen codiert für ein Protein, das für die Gehirnfunktion gebraucht wird (genauer: für die regulierte Translation von messenger-RNA in Nervenzellen); das von *FMR1* codierte Protein aber bleibt bei normalen und betroffenen Individuen gleich. Stattdessen wird die Produktion dieses Proteins beim Martin-Bell-Syndrom ganz eingestellt. Wie kommt es dazu?

Nahe dem 5'-Ende von *FMR1*, wo die DNA bereits mit der Bildung von messenger-RNA begonnen hat, aber noch nicht für Protein codiert, befindet sich bei einem gesunden Individuum eine Basensequenz $(CGG)_n$, die sich mit $n = 6$ bis $n = 50$ wiederholt, wie in Abbildung 10.8a schematisch dargestellt. Bei geistig retardierten Individuen dagegen dehnt sich dieses $(CGG)_n$-Triplett auf etwa 600 Basenpaare aus, wie Abbildung 10.8b zeigt. Bei diesen Betroffenen behindert also die lange Wiederholungssequenz von 600 Basenpaaren irgendwie die Bildung des FMR1-Proteins.

Gibt es irgendwelche Hinweise darauf, wie es zu dieser Beeinträchtigung kommt? Meist ist zu beobachten, dass das expandierte CGG-Triplett von FMR1 durch zelluläre Methylase-Enzyme modifiziert wird, die bestimmte Cytosin-Basen innerhalb dieser speziellen kleinen DNA-Region in 5-Methylcytosin umwandeln (siehe Kapitel 11). Da 5-Methylcytosin die Bindung bestimmter Proteine (Transkriptionsfaktoren) an die Promotor-DNA verhindern kann, welche die Transkription von DNA in RNA ermöglichen, bietet dies eine mögliche Erklärung dafür, wie eine expandierte CGG-Wiederholungssequenz die Bildung des FMR1-Proteins blockieren kann: indem sie die Synthese von messenger-RNA verhindert.

Inzwischen hat man, wenn auch nur indirekt, bestimmte Krebsformen mit der Expansion von *Di*nucleotid-Wiederholungssequenzen wie TATATA..., CACACA... oder CGCGCG... in Verbindung gebracht. Diese und andere stark repetitive Sequenzen (etwa Tripletts – wie oben beschrieben – oder Tetramere) kann man an vielen Stellen des menschlichen Genoms finden. In den meisten Fällen jedoch codieren diese nicht für Protein, und nur selten verursachen sie Krankheiten, von den paar oben genannten Tripletts einmal abgesehen. Die Längenvariation bei nicht essenziellen Wiederholungssequenzen oder „Mikrosatelliten" hat sich allerdings bei der Genotypisierung (dem „Fingerprinting") von Individuen jeglicher Spezies als nützlich erwiesen. Heute benutzt man sie unter anderem zur Identifizierung von Personen in der polizeilichen Forensik (wie bereits erwähnt), beim Abstammungsnachweis von Tieren, bei der Diagnose von Enddarmkrebs aus dem Stuhl oder von Leberkrebs aus dem Blut sowie zum Ausschließen von genetischen Defekten beim Embryo, wenn sich Paare für die In-vitro-Fertilisation entscheiden.

Die große Vielfalt der Längen bei repetitiver Mikrosatelliten-DNA des Menschen und auch bei pathogenen Triplett-Wiederholungssequenzen wirft die Frage nach den molekularen Mechanismen solcher Expansionen auf. Warum nehmen bestimmte Trinucleotide, wenn sie immer wieder wiederholt werden, während der menschlichen Frühentwicklung zahlenmäßig zu, sodass sie Krankheiten verursachen? Und warum variieren die Mikrosatelliten in allen Chromosomen in der Länge, und das meist in nicht codierenden Regionen?

Die meisten Forscher gehen davon aus, dass sich bestimmte DNA-Moleküle mit stark repetitiver Sequenz während des DNA-Kopiervorganges, der Replikation, zu Haarnadelschleifen „ausstülpen" können, die dann ihrerseits möglicherweise eine Expansion auf molekularer Ebene induzieren. Wie Abbildung 10.9a zeigt, kopiert die DNA-Polymerase meist beide Stränge eines vorliegenden DNA-Moleküls, sodass zwei neue Helices entstehen. Fast alle Polymerasen arbeiten bei der Bildung neuer Stränge spezifisch in 5'→3'-Richtung. Die untere Polymerase aus Bild a kann so den unteren Strang kontinuierlich von rechts nach links kopieren, während die obere Polymerase den oberen Strang nur diskontinuierlich in kleinen Stücken zu je etwa 300 Basenpaaren kopieren kann. Diese kleinen Stücke – die so genannten „Okazaki-Fragmente" – werden dann später durch eine Ligase zusammengefügt. Nach dem Zusammenfügen wandert jede Doppelhelix in eine neu gebildete Zelle, entweder eine normale Körperzelle oder eine Geschlechtszelle (Eizelle oder Spermatozoon).

Wenn nun die DNA, die gerade kopiert wird, eine lange Wiederholungssequenz $(CTG)_n$ im neuen oder im alten Strang enthält, kann diese besondere Sequenz eine Haarnadelschleife bilden, wie in den Abbildungen 10.9b und c gezeigt. Bildet sich eine CTG-Haarnadelschleife in dem neu entstandenen Strang, dann werden manche CAG-Triplett

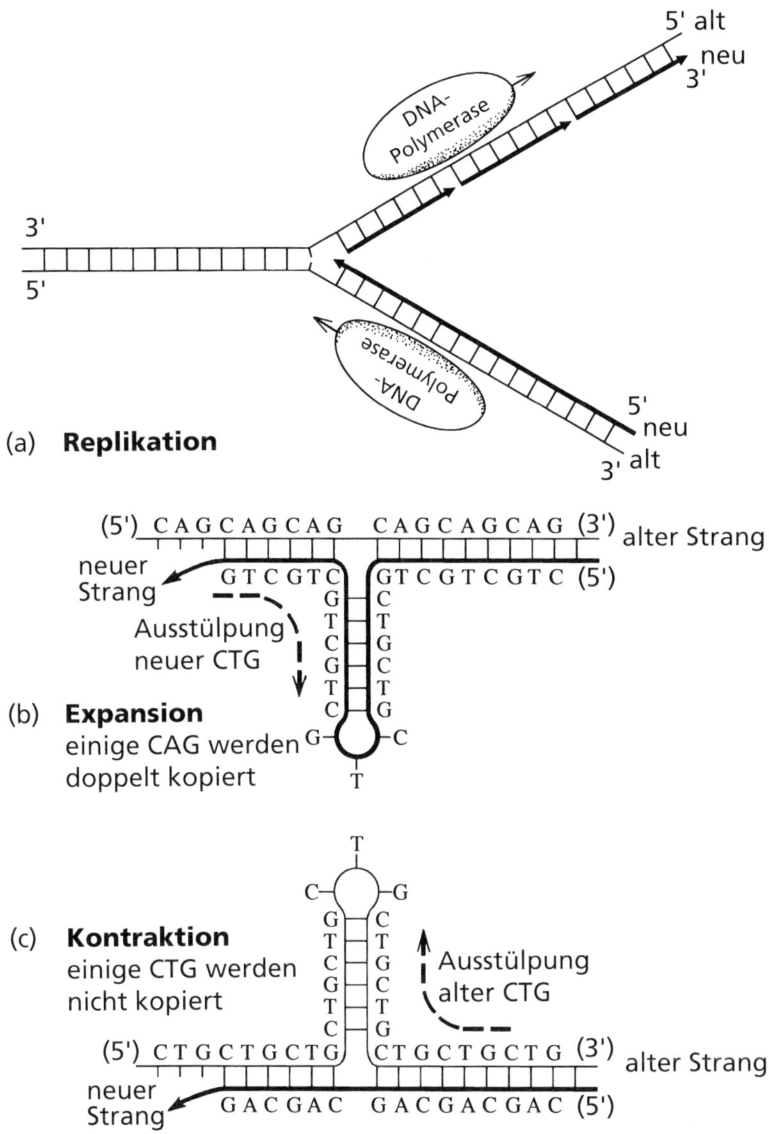

Abb. 10.9 a: Bei der normalen Replikation kann eine DNA-Polymerase neue Stränge in 5'→3'-Richtung bilden; daher kann sie einen Strang kontinuierlich kopieren, den anderen aber nur in kleinen Stücken zu je etwa 300 Basenpaaren, die anschließend durch eine Ligase zusammengefügt werden. b: DNA mit Wiederholungssequenzen $(CAG)_n$ kann während der Replikation expandieren, wenn sich der neue CTG-Strang ausstülpt, sodass einige CAG-Tripletts doppelt kopiert werden. c: DNA mit $(CTG)_n$-Wiederholungssequenzen kann sich während der Replikation verkürzen (kontrahieren), wenn einige CTG-Tripletts des alten Stranges eine Haarnadelschleife bilden, sodass nicht alle CTG.Tripletts kopiert werden.

vielleicht doppelt kopiert (Abbildung 10.9b), und die DNA verlängert sich. Entsteht die Haarnadelschleife aber in dem alten Strang, werden einige CTG-Tripletts vielleicht nicht kopiert, weil die Polymerase sie überspringt, wie in Abbildung 10.9c gezeigt; die DNA wird dann kürzer. Solche möglichen Expansionen oder Kontraktionen treten offenbar besonders oft bei einer zellulären DNA-Polymerase vom Typ beta (im Gegensatz zum alpha-Typ) auf, die bei stabilen Haarnadelschleifen, deren Länge für ein solches „Ausstülpen" ausreicht, innehält.

Dieser allgemeine Mechanismus der DNA-Expansion oder -Kontraktion, in dessen Zuge es während der Replikation zur Ausstülpung einer Doppelhelix mit anschließender Bildung von Haarnadelschleifen kommt, ist durch vielerlei Nachweise belegt. So expandieren $(GTC)_n$-Sequenzen bei Bakterien während der Replikation, während andere DNA-Sequenzen, die beim Menschen keine Expansion zeigen, dies auch nicht bei Bakterien tun. DNA-Haarnadelschleifen, wie sie die sechs beim Menschen pathogenen Tripletts – CGG, CCG, CTG, CAG, GAA und TTC – bilden, sind vielleicht stabiler als solche aus den anderen 58 DNA-Triplettsequenzen. Die sechs genannten Triplett verdanken ihre Stabilität allesamt nicht der Watson-Crick-Basenpaarung. Die $(CTG)_5$-Haarnadelschleifen aus den Abbildungen 10.9b und c etwa enthalten durchaus auch T-T-Basenpaare, so genannte „Wobble-Basenpaare" (wie auch G-T-Paare) sowie Hoogsteen-C-G-Basenpaare (siehe Abbildungen 2.12 und 2.13). Eine stabile Haarnadelschleife aus $(TTC)_3$ enthält T-T-, C-T- oder C-C-Paare, eine $(GAA)_3$-Schleife G-G-, G-A- oder A-A-Paare. Das Ganze wirkt, als würde die DNA verrückt spielen, und doch lassen die verfügbaren Belege darauf schließen, dass diese Paarungen – zumindest vorübergehend während der Replikation – existieren!

Insgesamt wissen wir inzwischen viel über Punktmutationen und Triplettexpansionen, über die Struktur und Dynamik der DNA in den Chromosomen. Kommen wir nun zum dritten allgemeinen Teil (c) unseres Überblicks, der sich mit der nicht-mendelschen Vererbung von Genen durch einen noch nicht in allen Einzelheiten verstandenen Mechanismus namens „Imprinting" (Prägung) befasst. Gregor Mendel fand durch seine jahrelangen Studien an Pflanzen im Jahre 1860 heraus, dass seine Versuchsexemplare von ihren beiden Eltern nach scheinbar zufälligen Prinzipien zwei leicht unterschiedliche Gene von jeder Art erben konnten. Wie wir heute wissen, liegt der Grund dafür darin, dass wir bei jedem homologen Chromosomenpaar zwei geringfügig unterschiedliche Chromosomen erben, die leichte Variationen in ihrer DNA-Sequenz zeigen. Einige so vererbte Gene scheinen die anderen zu „dominieren", während andere passiv oder „rezessiv" sind und ihre entsprechenden physischen Merkmale (den „Phänotyp") nur dann zeigen, wenn kein dominantes Gen vorliegt.

Dennoch sollte es nach den Mendelschen Regeln keinen Unterschied machen, ob man ein Gen von der Mutter oder vom Vater erbt. Ein dominantes Gen der Mutter wird – jedenfalls nach den genetischen Regeln vom Stand des frühen 20. Jahrhunderts – genauso wirken wie ein dominantes Gen vom Vater.

Doch wie man schon lange weiß, treffen diese „Regeln" bestenfalls teilweise zu. Bei manchen Genen spielt es eine große Rolle, ob man sie von der Mutter oder vom Vater geerbt hat. Kreuzt man beispielsweise ein Pferd mit einem Esel, erhält man ganz unterschiedliche Nachkommen, je nachdem, ob der Vater ein Hengst war und die Mutter eine Eselin oder umgekehrt. Beim Menschen expandiert die CGG-Wiederholungssequenz von FMR1 nur dann (und bewirkt eine geistige Retardation), wenn sie von der Mutter über eine Eizelle weitergegeben wurde, und nicht, wenn man sie über das väterliche Spermium erbt. Eine solche nicht-mendelsche Vererbung nennt man „Imprinting", weil eines der beiden Elternteile den Aktivitäten bestimmter Gene eine imaginäre „Prägung" gibt, wenn es diese Gene über die Geschlechtszellen an seine Kinder weitergibt. So kann ein „geprägtes“ Gen immer aktiv sein, wenn man es über das väterliche Spermium geerbt hat, und inaktiv, wenn es aus der mütterlichen Eizelle stammt, oder umgekehrt.

Bislang hat man bei Maus und Mensch etwa 60 geprägte Gene gefunden, und für die Zukunft ist die Entdeckung weiterer 200 zu erwarten. Einige dieser geprägten Gene sind Verursacher genetisch bedingter Krankheiten, meist Dysfunktionen von Signalprozessen über große Distanzen (so genannten „endokrinen“ Signalen), wenn der natürliche Imprinting-Mechanismus versagt, wie beispielsweise beim Prader-Willi-, Angelman-, Silver-Russell- und beim Beckwith-Wiedemann-Syndrom. Bei näherer genetischer oder biochemischer Untersuchung dieser Krankheiten zeigt sich, dass sie allesamt offenbar nur von einem Elternteil vererbt wurden und nicht gleichermaßen von beiden.

Über den möglichen molekularen Mechanismus, der hinter dem Imprinting steht, weiß man noch nicht viel, doch scheint er im Zusammenhang zu stehen mit: (a) Unterschieden in der Cytosin-Methylierung zwischen aktiven und inaktiven Genen (siehe Kapitel 11), (b) Unterschieden in der Histonprotein-Methylierung oder -Acetylierung zwischen aktiven und inaktiven Genen (siehe Kapitel 7) und (c) der Synthese bestimmter nicht codierender RNA-Moleküle, die sich an spezifische Chromosomenregionen im Nucleus heften. Diese langen, nicht codierenden RNA-Transkripte unterdrücken dann Gene oder „schalten sie ab“, wo immer sie sich anheften, und in gewissem Umfang auch beiderseits dieser Stellen. Kurzum, man findet geprägte Gene meist in großen Gruppen entlang eines Chromosoms: Wird ein Gen geprägt, ist es wahrscheinlich, dass dies auch seinen Nachbarn widerfährt.

Abbildung 10.10 zeigt eine allgemeine „Arbeitshypothese“, die vielleicht von Nutzen ist, wenn man über die Daten aus geprägten Gensystemen nachdenkt. In Bild a sehen wir, dass bestimmte Regionen der menschlichen DNA Basensequenzen enthalten können, die „direkte Wiederholungssequenzen“ bilden, also immer wieder dieselbe Sequenz von 50 bis 200 Basenpaaren – über fünf bis 20 Kopien in Tandemanordnung wiederholt – zeigen. Bild b zeigt, dass direkt repetitive DNA-Regionen sich während der DNA-Replikation zu großen, gestaffelten Schleifen „ausstülpen“ können, genau so wie bestimmte Triplettsequenzen in Dreierschritten (wie in Abbildung 10.9 gezeigt). In Bild c erkennen wir, dass RNA, wenn sie zufällig von diesen direkt repetitiven DNA-Regionen transkribiert wird, durchaus über Watson-Crick-Basenpaarung an die großen gestaffelten Schleifen binden kann.

Abbildung 10.10d schließlich zeigt, dass die Bindung von RNA an DNA innerhalb solcher direkter Wiederholungssequenzen eine DNA-modifizierende Aktivität zellulärer Methylasen bewirken kann, die aus Cytosinbasen (C) 5-Methylcytosin (m-C) machen. Bislang ist unbekannt, wie es zu Schritt d kommt, aber so lauten nun einmal die typischerweise erhaltenen Daten. Vielleicht entwickelte sich vor langer Zeit eine methylabhängige Genrepressionsaktivität als Schutz vor RNA-Viren, von denen manche Säugetier- oder Pflanzenzellen durch Einkopieren ihres Genoms in ein Wirtschromosom zu infizieren versuchen. Wenn eine solche Insertion erfolgreich war, wollte dann die Wirtszelle, dass jene fremden Gene aktiv bleiben? An dieser Stelle sei darauf hingewiesen, dass volle 45 Prozent der menschlichen DNA aus urzeitlichen (heute inaktiven) infektiösen Elementen besteht, ob nun auf RNA- oder auf DNA-Basis. Wir brauchen also wirklich ein solches Schutzsystem!

In jedem Zellkern werden zahlreiche unterschiedliche RNA-Moleküle der in Abbildung 10.10c gezeigten Art von DNA transkribiert, verlassen aber nie den Nucleus, um Protein zu bilden – im Gegensatz zu der ribosomalen und Transfer-RNA, die beide aus dem Nucleus geschleust werden. Jene RNA-Moleküle wandern stattdessen im Zellkern

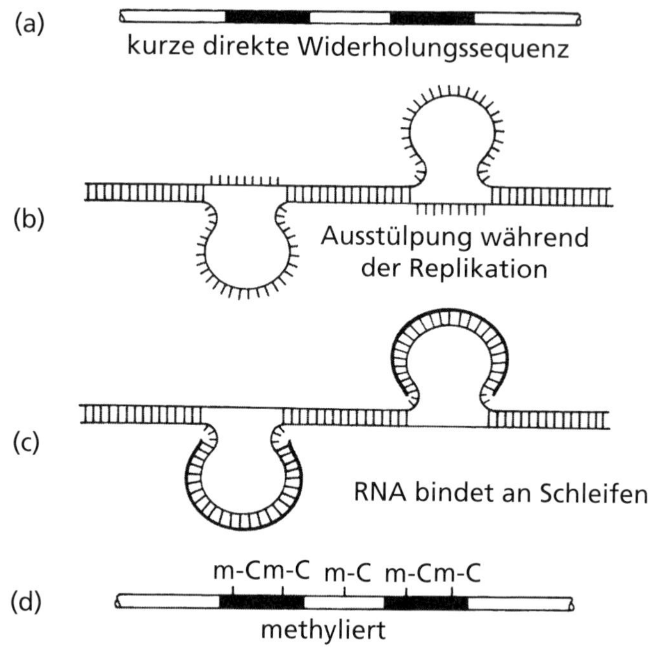

Abb. 10.10 Eine „Arbeitshypothese" zur kombinierten Bedeutung von direkten DNA-Wiederholungssequenzen, nicht codierender RNA und Cytosin-Methylierung beim genomischen Imprinting. a: bestimmte Regionen chromsomaler DNA können hinsichtlich ihrer Basensequenz in direkter Weise hoch repetitiv sein. b: Einige dieser Regionen können sich während der DNA-Replikation „ausstülpen" und große gestaffelte Schleifen bilden (vgl. die Tripletts in Abb. 10.9). c: Wird solche direkt repetitive DNA in RNA transkribiert, können die so entstandenen RNA-Moleküle über Watson-Crick-Basenpaarung an jene großen gestaffelten Schleifen binden. d: die Bindung von RNA an direkte DNA-Wiederholungssequenzen scheint auf bislang unbekannte Weise die Cytosin-Methylierung anzuregen, die bekanntermaßen Gene während des Imprinting stilllegt.

an anderen Orten und binden an DNA- oder RNA-Moleküle, die sie dort vorfinden; so führen sie zu regulatorischen Funktionen wie dem Imprinting. Wie sich zeigt, kann das Phänomen des Imprinting entscheidend davon abhängen, welche Arten von RNA eine Zelle in sich einschließt. Derzeit haben erst einige Studien damit begonnen, die ungeheuer komplizierten Vorgänge der genetischen Vererbung durch diesen neu entdeckten Mechanismus aufzudecken, den Mendel niemals hätte vorausahnen können.

Über Imprinting auf RNA-Basis ist nicht viel bekannt; in einem Falle aber scheint der Mechanismus klar zu sein. Das am besten beschriebene Beispiel für ein RNA-Molekül, welches das Abschalten benachbarter Gene bewirkt, ist *Xist* (für „*X inactivation specific transcript*"). Dieses lange RNA-Molekül wird bei Menschen und anderen Säugetieren als Einzelstrang von 18 000 Basen Länge vom weiblichen X-Chromosom gebildet, codiert aber nicht für Protein. Stattdessen bindet *Xist*-RNA in der näheren Umgebung ihrer eigenen DNA-Matrize und inaktiviert auf irgendeine Weise zahlreiche Gene auf dem X-Chromosom durch induzierte Cytosin-Methylierung. Da sie – auf bisher noch unbekannte Weise – über große Strecken repressiv wirkt, büßt am Ende das gesamte X-Chromosom seine Genaktivität ein.

Die DNA- oder RNA-Sequenz innerhalb von *Xist* enthält zahlreiche direkt repetitive Regionen von 50 bis 200 Basenpaaren Länge. Diese Regionen bezeichnet man (in 5'→3'-Richtung) mit „A", „B", „C" und „D"; die „C"-Region enthält ganze 14 direkte Wiederholungssequenzen zu je 110 bis 120 Basen Länge. Manche Experimente legen nahe, dass die „C"-Region der *Xist*-RNA deren Bindung an die DNA des X-Chromosoms vermittelt. Stülpt sich die direkt repetitive DNA vielleicht dort zu gestaffelten Schleifen aus, wie in den Abbildungen 10.10b und c gezeigt, und fördert so die Bindung von *Xist*-RNA? Leider hat bisher noch niemand einen strukturellen Mechanismus für die spezifische Bindung von *Xist*-RNA an DNA in lebenden Zellen ermittelt. Die Region „A" nahe dem 5'-Ende von *Xist* scheint für das Abschalten der Gene und vielleicht die Cytosin-Methylierung von Bedeutung zu sein, nachdem *Xist* mithilfe von „C" oder anderen Sequenzen gebunden hat.

Hier kurz etwas einfache Genetik: Für eine normale Entwicklung ist es notwendig, dass weibliche Wesen die gesamte Genaktivität eines ihrer X-Chromosomen verlieren aufgrund des Grundrissverhältnisses zwischen Geschlechtschromosomen und Autosomen, da das andere X-Chromosom weiterhin normal funktionieren wird. Das einzige X-Chromosom von männlichen Wesen bleibt komplett aktiv, und da das einzelne aktive X-Chromosom bei Frauen und weiblichen Säugetieren Proteine in derselben relativen Menge produziert wie bei Männern und männlichen Säugetieren, kann die zelluläre Biochemie bei beiden ungefähr gleich bleiben. Diese angleichende Wirkung auf die Proteinsynthese nennt man „Dosiskompensation" (*dosage compensation*); sie erklärt, warum sich „Trisomien" – also der Erhalt von drei statt zwei Kopien eines Nicht-Geschlechtschromosoms (Autosoms)– oft schädlich auswirken.

Durch eine Laune der Natur scheint jede einzelne Zelle zufällig auszuwählen, welches ihrer beiden X-Chromosomen durch die *Xist*-RNA abgeschaltet wird. Jedes ausgewachsene weibliche Wesen kann darum ein „Mosaik" aus zweierlei Zellarten aufweisen, je nachdem, welches X-Chromosom aktiv bleibt. So geht die scheckige Fellfärbung einer schildpattfarbenen Katze auf diesen Effekt zurück; die Haare der Katze können unterschiedliche Farben haben, je nachdem, für welches X-Chromosom sie sich jeweils entschieden haben.

Bei einem anderen Beispiel für RNA-induziertes Imprinting steuert ein langes repetitives RNA-Molekül namens „*Air*", wie man nachgewiesen hat, das Abschalten von Genen auf einem Nicht-Geschlechtschromosom oder „Autosom". Zudem vermutet man, dass das Protein „Eed" (für *embryonic ectoderm development*, „embryonale Ektodermentwicklung") den abgeschalteten Zustand aufrechterhält. Vermutlich erfolgen Veränderungen in der DNA-Methylierung durch das Zusammenwirken von zwei Methylase-Enzymen, „DNMT3L" und „Dnmt3a" (siehe Kapitel 11). Und schließlich kann die Zugabe des Transkriptionsaktivators „VP16" zu einem reprimierten Gen die Wirkung des Imprintings aufheben und dazu führen, dass es wieder normal arbeitet. Welch ein Durcheinander! Kann es gegenwärtig ein deskriptiveres Wissenschaftsgebiet geben als die Erforschung des genomischen Imprinting?

Wenden wir uns zum Schluss dem vierten allgemeinen Teil (d) unseres Überblicks, der sich mit den Versuchen der Wissenschaft befasst, Fehler in der menschlichen DNA zu korrigieren – durch Zugabe zusätzlicher funktionaler DNA in menschliche Zellen oder durch die Reparatur einer unerwünschten Mutation innerhalb bereits vorliegender DNA. Diese Bemühungen fasst man generell unter dem Begriff „Gentherapie" beziehungsweise „Genkorrektur" zusammen.

Wie Abbildung 10.11 zeigt, lässt sich zusätzliche doppelsträngige DNA in menschliche Zellen einbringen, indem man sie entweder in speziellen Viren oder in Fett-DNA-Komplexen, so genannten Liposomen, verpackt. Man kann auch eine uner-

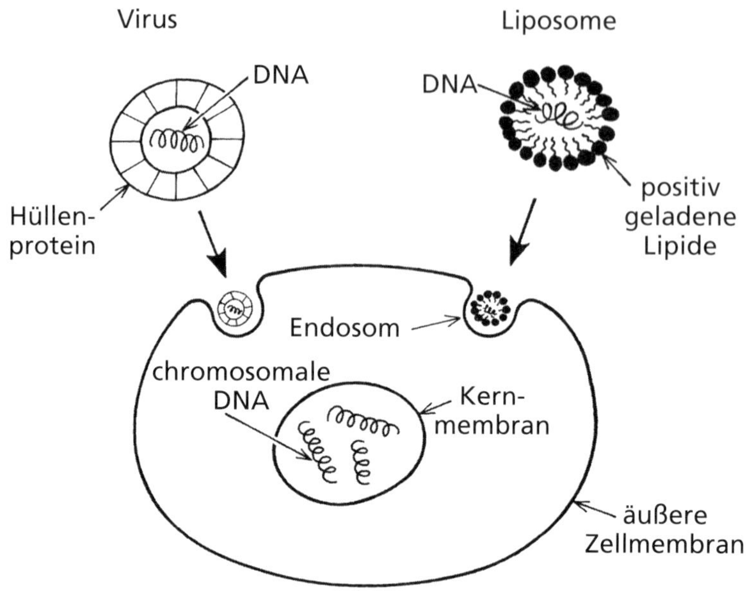

Abb. 10.11 Bei der „Gentherapie" kann zusätzliche DNA in die Zelle eingebracht werden, die man zuvor in Viren oder Liposomen verpackt hat.

wünschte Mutation in bestehender DNA reparieren, indem man einen kurzen Einzelstrang (meist 30 bis 500 Basen lang) mit der korrekten DNA-Sequenz hinzufügt, der durch Enzyme wie „recA" oder „RAD51", die DNA-Stränge miteinander mischen oder „rekombinieren", in eine fehlerhafte Chromsomenregion hineinkopiert werden kann. Diese Rekombinationsenzyme dienen der Zelle normalerweise während der Zellteilung zur Reparatur von Defekten auf einem Chromosom, wobei sie sich der Sequenzinformation auf dem anderen homologen Chromosom bedient; Wissenschaftler können die Enzyme aber so „überlisten", dass sie auch allgemeine Mutationen korrigieren.

Die mittels Viren oder Liposomen hinzugegebene Doppelstrang-DNA enthält oft ein funktionales Gen, um für ein notwendiges Protein zu sorgen, das der Person aufgrund einer genetisch bedingten Krankheit fehlt. In anderen Fällen enthält diese zusätzliche DNA vielleicht die nötige Information, um „Antisense"- oder „*silencing*"-RNA zu bilden, die an die – für ein fehlerhaftes Protein codierende – „Sense"- oder messenger-RNA bindet, um deren Matrizenfunktion in den Ribosomen zu blockieren. Alternativ dazu können kurze DNA-Einzelstrangsegmente eine Punkt- oder Leseraster-Verschiebungsmutation einbringen, durch welche die DNA einer Person schlichtweg wieder der menschlichen Normalform gleichgemacht wird.

Leider funktioniert keine dieser viel versprechenden Methoden augenblicklich richtig, und zwar aus mehreren Gründen. Erstens wirkt die Ergänzung oder Korrektur von Genen sehr viel effizienter bei DNA in Zellkulturen als bei der DNA im gesamten Körper eines lebenden Tieres. Daher muss man vielleicht Knochenmark oder embryonale Stammzellen eines Spenders gewinnen, um derartige Therapien wirksam durchzuführen. Zweitens kann die zusätzliche Doppelstrang-DNA Krebs verursachen oder andere unerwünschte Wirkungen haben, wenn sie sich an vielen zufälligen Stellen im Chromsom platziert. Drittens scheinen kurze DNA-Einzelstrangsegmente, die einen bestehenden Defekt reparieren, viel sicherer zu sein als lange doppelsträngige DNA-Stücke, die ein ganzes neues Gen ergänzen; allerdings ist die Reparatur einer Punkt- oder Leseraster-Verschiebungsmutation durch kurze DNA-Einzelstränge derzeit so ineffektiv, dass kaum eine therapeutische Wirkung erzielt wird.

Dennoch möchten wir einige der Standardverfahren vorstellen, mit denen man bisher DNA in Zellen oder in den Körper von Patienten eingeschleust hat. Die Liposomenmethode ist das gängigste Verfahren: Dabei gibt man zu einem langen Stück doppelsträngiger DNA (oder auch zu kurzen DNA-Einzelsträngen) bestimmte chemische Substanzen – „Lipide“ –, die an einem Ende wasserunlösliches Fett und am anderen eine positiv geladene NH-Gruppe enthalten. Diese Substanzen, die es in den unterschiedlichsten Variationen gibt, umgeben ein therapeutisches DNA-Molekül schnell mit einer schützenden Fetthülle (siehe Abbildung 10.11).

Andere Methoden für das Einbringen von DNA in Zellen oder die Körper von Menschen, Tieren und Pflanzen sind unter anderem: Injektion in festes Gewebe; Elektroporation (also das Aufbrechen von Membranen durch elektrische Felder); „*gene run*“ (also „schnelle“ Partikel, die in Gewebe eindringen können); Aufbrechen durch Ultraschall; positiv geladene Polymere und positiv geladene Peptide.

Die oben beschriebenen Fett-DNA-Komplexe oder „Liposomen“ können nach ihrer Bildung die äußere Membran der meisten Zellen leicht durchdringen. Unser langes DNA-Molekül wird also – in ein Liposom gehüllt – meist mithilfe eines „Endosoms“ in eine Zelle gelangen, bei dem sich ein kleines Stück der äußeren Membran zu einer Blase einstülpt, wie in Abbildung 10.11 gezeigt. Doch damit fängt der Ärger an. Weil eine typische Zelle keine Fremd-DNA in sich aufnehmen will, hat sie verschiedene Abwehrmechanismen entwickelt, um jede eindringende DNA abzubauen. Fast augenblicklich beginnt die Zelle damit, starke Säuren und verschiedene Protein und DNA zersetzende Enzyme in diese Endosomblase zu pumpen, um die darin befindlichen Moleküle zu depolymerisieren! Die von unserem Liposom transportierte DNA hat kaum Chancen, dem zu entrinnen, und wird daher zum größten Teil abgebaut, bevor sie den Hauptteil oder das „Cytoplasma“ der Zelle überhaupt erreicht. Bestimmte Viren haben dagegen clevere Mechanismen entwickelt, um aus dem Endosom zu entkommen, etwa durch Bildung eines langen „Proteintunnels“, durch den die DNA passieren kann.

Wenn nun eine kleine Menge DNA aus dem Endosom entkommt und in die Zellflüssigkeit, das Cytoplasma, dringt, muss diese zusätzliche DNA immer noch zahlreiche kleine, enge Passagen durch die Kernmembran in den Zellkern überwinden, bevor sie mit der Bildung von messenger-RNA beginnen kann, die sie zur Proteinsynthese befähigt. Und auch hier haben Viren ausgeklügelte Strategien entwickelt, um ihre DNA in einen Zellkern einzuschleusen: sozusagen indem sie die DNA an bestimmte virale Proteine knüpfen, die über den spezifischen Erkennungscode verfügen, der für die Passage hinein und hinaus benötigt wird. Derzeit aber dringt nur etwa eines von einer Million DNA-Molekülen, die über ein Liposom in die Zelle gelangen, schließlich auch in den Nucleus vor und bildet das gewünschte Protein.

Selbst wenn es uns gelingt, unsere zusätzliche DNA mithilfe eines Liposoms oder auch eines Menschenvirus (wie eines Adenovirus oder eines adenoassoziierten Virus) in den Zellkern einzuschleusen, gibt es bislang noch keine zufrieden stellende Methode, um solche zusätzliche DNA permanent und an spezifischen Lokalisationen innerhalb der DNA normaler Chromosomen zuzuführen. Die bisher beste Methode bedient sich des Replikations- oder *rep*-Proteins eines adenoassoziierten Virus (AAV), um zusätzliche DNA mithilfe einer bestimmten Basensequenz in eine spezifische Region auf dem menschlichen Chromosom 19 einzubauen.

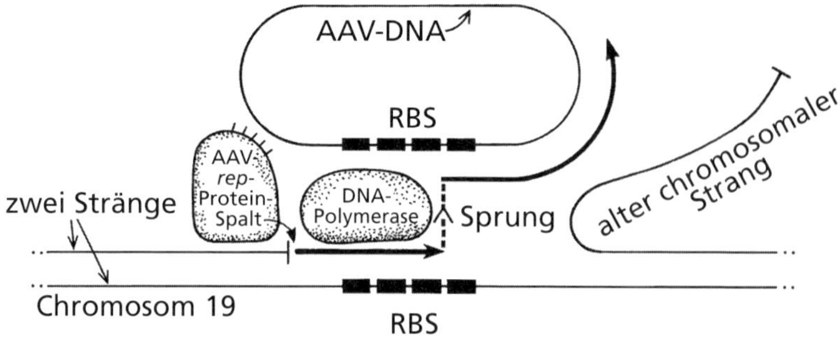

Abb. 10.12 Allgemeiner Mechanismus des Einbaus neuer Gene mithilfe eines adenoassoziierten Virus (AAV), hier spezifisch in einer Region des menschlichen Chromosoms 19. Zunächst wird in der DNA von Chromosom 19 durch das *rep*-Protein des AAV an einer spezifischen Stelle ein Einzelstrangbruch erzeugt; gleichzeitig zieht das Protein das AAV und Chromosom 19 räumlich dicht zusammen. Anschließend kopiert eine zelluläre DNA-Polymerase von diesem Spalt aus nach rechts fortschreitend, bis sie eine bestimmte Wiederholungssequenz, die *rep-binding-site* (RBS) erreicht, meist $(GCTC)_4$. Wenn die Polymerase an dieser RBS innegehalten hat, kann sie leicht von einer Matrize zur anderen springen, sodass sie mit dem Kopiervorgang von einer anderen RBS aus fortfährt, die auf dem benachbarten AAV liegt. Später kehrt die Polymerase zum menschlichen Chromosom zurück.

Der allgemeine Mechanismus der Insertion durch AAV ist recht interessant und ist in Abbildung 10.12 schematisch dargestellt. Wir erkennen, dass das *rep*-Protein des AAV einen spezifischen Bruch in einen Strang der menschlichen DNA erzeugt, und zwar exakt an einer bestimmten Position auf Chromosom 19, wie links im Bild gezeigt. Von diesem Einzelstrangbruch aus wird durch eine DNA-Polymerase dann eine neue Kopie der DNA hergestellt (dicker Pfeil), während der alte Strang verworfen wird (wie in der rechten Bildhälfte gezeigt). Die DNA-Polymerase verlangsamt sich dann oder hält inne, sobald sie eine bestimmte repetitive Sequenz erreicht, die *rep*-Bindungsstelle (RBS, „*rep-binding-site*"). Das *rep*-Protein erzeugt nicht nur den „Spalt", sondern zieht gleichzeitig auch die virale Einzelstrang-DNA in die unmittelbare Nähe dieser Stelle im Chromosom. Sie verweilt dort, weil eine erhöhte Chance besteht, dass die Polymerase auf die benachbarte virale DNA springt und mit der Verlängerung der neuen DNA-Kette (zweiter dicker Pfeil) von der viralen RBS aus fortfährt, bis sie etwas später zur chromosomalen DNA zurückkehrt.

Das Springen der DNA-Polymerase zwischen zwei Strängen, initiiert durch einen spezifischen *rep*-Einzelstrangbruch und begünstigt durch die repetitive Sequenz RBS, führt also insgesamt dazu, dass neue AAV-Gene spezifisch an einer Position im gesamten menschlichen Genom eingebaut werden. Andere DNA-integrierende Viren (wie Lentiviren und Retroviren) haben sich da für medizinische Zwecke weit weniger bewährt. So haben sie bei klinischen Studien mit Stammzellen Krebs verursacht, indem sie ihre DNA an vielen nicht spezifischen Stellen im Chromosom des Patienten platzierten. Weitere Forschungen auf diesem aktiven Gebiet werden letztlich zeigen, welches DNA-Übertragungssystem das beste ist.

Erinnern wir uns, dass Wissenschaftler Fremd-DNA in Mäuse oder Fliegeneier verbringen können, indem sie diese einfach mit einer feinen Nadel direkt in den Zellkern injizieren, ohne dass irgendeine Zellmembran zu überwinden wäre. Diese einfache Technik wird jedoch bei der Gentherapie nicht funktionieren, weil der Arzt die zusätzliche DNA in Millionen von Zellen – in Zellkultur oder im Körper des Patienten – einbringen muss, wenn ausreichend therapeutisches Protein gebildet werden soll. Zudem muss diese zusätzliche DNA dann als aktives Gen erhalten werden, das viele Jahre lang Protein bildet und nicht durch Mutation verloren geht oder durch Imprinting oder Cytosin-Methylierung unterdrückt wird.

Aus diesen Gründen ist es unter Wissenschaftlern heute noch sehr umstritten, ob das Hinzufügen oder die Korrektur von Genen wirklich funktionieren wird. Das hat sie allerdings nicht davon abgehalten, es zu versuchen! Im Verlauf des nächsten Jahrzehnts dürfen wir mit zahlreichen Entdeckungen rechnen, die das Gebiet entscheidend voranbringen werden.

Weiterführende Literatur

Transgene Mäuse, Tiere und Pflanzen

Jimenez-Bermudez, S.; Redondo-Nevado, J.; Munoz-Blanco, J.; Caballer, J.L. et al. *Manipulation of strawberry fruit softening by antisense expression of a pectate lyase gene.* In: *Plant Physiology* 128 (2002) S. 751–759. Zum genetischen Design von Erdbeeren, die langsamer reifen als normale.

Marquet-Blouin, E.; Bouche, F. B.; Steinmetz, A.; Muller, C. P. *Neutralizing immunogenicity of transgenic carrot-derived measles virus hemagglutinin.* In: *Plant Molecular Biology* 51 (2003) S. 459–469. Genetische Modifizierung von Karotten, sodass diese zu Impfzwecken ein Masern-Protein enthalten.

Murray-Kolb, L. E.; Takaiwa, P.; Goto, E; Yoshihara, T. et al. *Transgenic rice is a source of iron for iron-depleted rats.* In: *Journal of Nutrition* 132 (2002) S. 957–960. Genetische Modifizierung von Reis, sodass dieser aus Gründen des Nährwerts mehr Eisen enthält.

Nicoll, J. A.; Wilkinson, D.; Holmes, C; Steart, P.; Markham, H.; Weller, R. O. *Neuropathology of human Alzheimer disease after immunization with amyloid-beta peptide.* In: *Nature Medicine* 9 (2003) S. 448–452. Überprüfung einer Therapie der Alzheimer-Krankheit bei transgenen Mäusen und Menschen.

Qaim, M.; Zilberman, D. *Yield effects of genetically modified crops in developing countries.* In: *Science* 299 (2003) S. 900–902. Baumwolle mit Schädlingsresistenz durch genetische Modifikation trägt selbst zu ihrer Ausbreitung bei.

Walker, S. C.; Shin, T.; Zaunbrecher, G. M.; Romano, J. E. et al. *Cloning Stem Cells* 4 (2002) S. 105–112. Technische Prozeduren für das reproduktive Klonen adulter Schweine aus Zellen ausgereifter Gewebe.

DNA-Amplifikationstechniken

Christian, A. T.; Garcia, H. E.; Tucker, J. D. *PCR in situ followed by microdissection allows whole chromosome painting probes to be made from single microdissected chromosomes.* In: *Mammalian Genome* 10 (1999) S. 628–631. Einsatz von Semi-Random-PCR, um in Spuren vorhandene DNA aus Einzelkopien eines Chromosoms zu amplifizieren.

Corsaro, D.; Valassina, M.; Venditti, D.; Venard, V.; Le Faou, A.; Valensin, P. E. *Multiplex PCR for rapid and differential diagnosis of Mycoplasma pneumoniae and Chlamydia pneumoniae in respiratory infections.* In: *Diagnosis in Microbiology and Infectious Disease* 35 (1999) S. 105–108. Einsatz der PCR zum Aufspüren infektiöser Organismen als Ursache von Asthma.

Dean, F. B.; Hosono, S.; Fang, L.; Wu, X. et al. *Comprehensive human genome amplification using multiple displacement amplification.* In: *Proceedings of the National Academy of Sciences,* USA 99 (2002) S. 5261–2566. Über die isotherme Methode MDA zur Amplifizierung von DNA, die über Nacht bei 30°C erfolgen kann.

Gold, B.; Bergeron, J.; Lachtermacher-Triunfol, M.; Dean, M. *Human duplex sex determination PCR.* In: *Biotechniques* 31 (2001) S. 28–35. Zum Einsatz der PCR bei der Unterscheidung von männlichen und weiblichen DNA-Proben anhand der X- oder Y-Chromosomen.

Koetz, K.; Bryl, E.; Spickschen, K.; O'Fallon, M.; Goronzy, J. J.; Weyand, C. M. *T-cell homeostasis in patients with rheumatoid arthritis.* In: *Proceedings of the National Academy of Sciences, USA* 97 (2000) S. 9203–9208. Zum Einsatz der PCR bei der Überwachung der Fehlfunktion des Immunsystems bei rheumatoider Arthritis.

Nuovo, G. J. In situ strand displacement amplification: an improved technique for the detection of low-copy nucleic acids. In: *Diagnostic Molecular Pathology* 9 (2000) S. 195–202. Winzige Mengen an DNA lassen sich bei 55°C mit einer isothermen Methode namens SDA amplifizieren.

Techniken der DNA-Sequenzierung und DNA-Arrays

Cantor, C. R.; Smith, C. L. *Genomics: the science and technology behind the human genome project*, New York (John Wiley and Sons) 1999. Zusammenfassung der Methoden, die man zur Sequenzanalyse ganzer Genome einsetzt.

Elkin, C. J.; Richardson, P. M.; Fourcade, H. M.; Hammon, N. M. et al. *High-throughput plasmid purification for capillary sequencing*. In: *Genome Research* 11 (2001) S. 1269–1274. Methoden zur Sequenzierung von 18 Millionen DNA-Basen täglich in einer Einrichtung in den USA.

Gupta, V.; Cherkassky, A.; Chatis, P.; Joseph, R. et al. *Directly labeled mRNA produces highly precise and unbiased differential gene expression data*. In: *Nucleic Acids Research* 31 (2003) e13. messenger-RNA zur Anwendung bei Mikroarrays lässt sich entweder mit Enzymen oder mit chemischen Substanzen markieren.

Petricoin, E. F.; Hackett, J. L.; Lesko, L. J.; Puri, R. K. et al. *Medical applications of microarray technologies: a regulatory science perspective*. In: *Nature Genetics Supplement* 32 (2002) S. 474–479. Überblick zur Technik der DNA-Mikroarrays.

Rosenblum, B. B.; Lee, L. G.; Spurgeon, S. L.; Khan, S. H. et al. *New dye-labeled terminators for improved DNA sequencing patterns*. In: *Nucleic Acids Research* 25 (1997) 4500–4504. Synthese und Prüfung von Didesoxynucleotiden, an die zum Zwecke der Sequenzierung fluoreszierende Farbstoffe angehängt wurden.

Punktmutationen (SNP)

Jordan, B.; Charest, A.; Dowd, J. F.; Blumenstiel, J. P. et al. *Genome complexity reduction for SNP genotyping analysis*. In: *Proceedings of the National Academy of Sciences*, USA 99 (2002) S. 2942–2947. Zum Einsatz der Semi-Random-PCR zur Analyse von Punktmutationen (SNP).

McClay, J. L.; Sugden, K.; Koch, H. G.; Higuchi, S.; Craig, I. W. *High-throughout SNP genotyping by fluorescent competitive allele-specific polymerase chain reaction*. In: *Analytical Biochemistry* 301 (2002) S. 200–206. Kostengünstige Analyse von SNP mithilfe zweier PCR-Primer von unterschiedlicher Sequenz und Farbe.

Pusch, W.; Wurmbach, J. H.; Thiele, H.; Kostrzewa, M. *MALDI-TOF mass spectrometry-based SNP genotyping*. In: *Pharmacogenomics* 3 (2002) S. 537–548. Zusammenfassung zur Time-of-flight-Massenspektroskopie und ihrem Einsatz beim Aufspüren von DNA-Punktmutationen.

Shastry, B. S. *SNP alleles in human disease and evolution*. In: *Journal of Human Genetics* 47 (2002) S. 561–566. Überblick zu den neuesten Fortschritten auf dem Gebiet der SNP und ihre Auswirkungen für die medizinische Diagnose.

Shi, M. M. *Technologies for individual genotyping: detection of genetic polymorphisms in drug targets and disease genes*. In. *American Journal of Pharmacogenomics* 2 (2002) S. 197–205. Zu den neuesten Techniken, die zur Feststellung geringer genetischer Variationen bei menschlichen Patienten eingesetzt werden.

Triplettexpansionen und Mikrosatelliten

Chang, Y. C.; Ho, C. L.; Chen, H. H.; Chang, T. T. et al. *Molecular diagnosis of primary liver cancer by microsatellite DNA analysis in the serum*. In: *British Journal of Cancer* 87 (2002) S. 1449–1453. Überprüfung von mehr als 100 unterschiedlichen Mikrosatelliten, um Leberkrebs anhand von Tumor-DNA in Blut zu diagnostizieren.

Girardet, A.; Hamamah, S.; Anahory, T.; Dechaud, H. et al. *First preimplantation genetic diagnosis of hereditary retinoblastoma using informative microsatellite markers*. In: *Molecular and Human Reproduction* 9 (2003) S. 111–116. Zum möglichen Einsatz von Mikrosatelliten, um Krankheiten auszuschließen, wenn sich Paare zur In-vitro-Fertilisation entschließen.

Heidenfelder, B. L.; Makhov, A. M.; Topal, M. D. *Hairpin formation in Friedreich's ataxia triplet repeat expansion*. In: *Journal of Biological Chemistry* 278 (2003) S. 2425–2431. Auch GAA- und TTC-Wiederholungssequenzen bilden stabile Haarnadelschleifen, vermutlich durch nicht-klassische G-A- oder T-C-Basenpaare.

Jin, P.; Warren, S. T. *New insights into fragile-X syndrome: from molecules to neurobehaviors.* In: *Trends in Biochemical Science* 28 (2003) S. 152–158. Allgemeine Übersicht zum Martin-Bell-Syndrom (*fragile-X syndrome*) und seiner Biochemie.

Sinden, R. R.; Potaman, V. N.; Oussatcheva, E. A.; Pearson, C. E. et al. *Triplet repeat DNA structures and human genetic disease: dynamic mutations from dynamic DNA.* In: *Journal of Bioscience* 27 (supplement) (2002) S. 53–65. Überblick zur Triplettexpansion unter dem Gesichtspunkt der strukturellen Dynamik der DNA.

Sutherland, G. R.; Baker, E. *The clinical significance of fragile sites on human chromosomes.* In: *Clinical Genetics* 58 (2000) S. 157–161. Klinische Übersicht zum Martin-Bell-Syndrom und zu anderen Syndromen mit brüchigen Chromosomen.

DNA-Imprinting und regulatorische RNA

Beletskii, A.; Hong, Y.-K., Pehrson, J.; Egholm, M.; Strauss, W. M. *PNA interference mapping demonstrates functional domains in the noncoding RNA Xist.* In: *Proceedings of the National Academy of Sciences,* USA 98 (2001) S. 9215–9220. Die repetitive „C"-Region von *Xist*-RNA vermittelt deren Bindung an das X-Chromosom.

Jouvenot, Y; Ginjala, V.; Zhang, L.; Liu, P. Q. et al. *Targeted regulation of imprinted genes by synthetic zinc-finger transcription factors.* In: *Gene Therapy* 10 (2003) S. 513–22. Ein Zinkfingerprotein kann einen Transkriptionsaktivator transportieren, um Gene in Zellkulturen abzuschalten und so die Unterdrückung durch Imprinting aufzuheben.

Lee, J. T. *Molecular links between X-inactivation and autosomal imprinting.* In: *Current Biology* 13 (2003) S. 242–254. Neueste molekulare und genetische Daten zum Imprinting bei Geschlechtschromosomen und Autosomen.

Mattick, J. S. *Non-coding RNAs: the architects of eukaryotic complexity.* In: *EMBO Reports* 2 (2001) S. 986–991. Überblick zu nicht codierenden RNA-Molekülen und ihren möglichen biologischen Funktionen.

Polychronakos, C.; Kukuvitis, A. *Parental genomic imprinting in endocrinopathies.* In: *European Journal of Endocrinology* 147 (2002) S. 561–569. Zusammenfassung genetisch bedingter Krankheiten des Menschen, die auf fehlerhaftes Imprinting zurückgehen.

Rougeulle, C.; Heard, E. *Antisense RNA in imprinting: spreading silence through Air.* In: *Trends in Genetics* 18 (2002) S. 434–437. Ein langes, nicht codierendes RNA-Molekül namens *Air* steuert das Imprinting einer Gengruppe auf einem Autosom.

Szittya, G.; Silhavy, D.; Molnar, A.; Havelda, Z. et al. *Low temperature inhibits RNA silencing-mediated defence by the control of si-RNA generation.* In. EMBO *Journal* 22 (2003) S. 633–640. Kleine interferierende RNA-Moleküle von 21 bis 26 Basen Länge können Pflanzen vor Virusinfektionen schützen.

Virale und nicht virale Gentherapie

Hirata, R. K.; Russell, D. W. *Design and packaging of adeno-associated virus gene-targeting vectors.* In: *Journal of Virology* 74 (2000) S. 4612–4620. Genkorrektur mit Häufigkeiten von einem Prozent bei Zellen in Zellkulturen unter Einsatz eines AAV zur Einschleusung von Einzelstrang-DNA in den Zellkern.

Hirata, R.; Chamberlain, J.; Dong, R.; Russell, D. W. *Targeted transgene insertion into human chromosomes by adeno-associated viral vectors.* In: *Nature Biotechnology* 20 (2002) S. 735–738. Genergänzung mit Häufigkeiten von einem Prozent bei Zellen in Zellkulturen unter Einsatz eines AAV zur Einschleusung von Einzeltrang-DNA in den Zellkern.

Liu, L.; Rice, M. C.; Kmiec, E. B. *In vivo gene repair of point and frameshift mutations directed by chimeric RNA/DNA oligonucleotides and modified single-stranded nucleotides.* In: *Nucleic Acids Research* 29 (2001) S. 4238–4250. Zum Einsatz von elektroporierten Oligonucleotiden bei der Reparatur verschiedener genetischer Mutationen bei der Hefe.

Niidome, T.; Huang, L. *Gene therapy progress and prospects: nonviral vectors.* In: *Gene Therapy* 9 (2002) S. 1647–1652. Physikalische oder chemische Methoden, mit denen sich möglicherweise neue DNA in menschliche Zellen oder den Körper von Patienten einbringen lässt.

Recchia, A.; Parks, R. J.; Lamartina, S.; Toniatti, C. et al. *Site-specific integration by a hybrid adenovirus/adeno-associated virus vector.* In: *Proceedings of the National Academy of Sciences, USA* 96 (1999) S. 2615–2620. Zwei Adenoviren, von denen eines Träger eines AAV ist und das andere *Rep78*-Protein exprimiert, können an einer spezifischen Position des menschlichen Chromosoms 19 ein neues Gen einfügen.

Shayakhmetov, D. M.; Carlson, C. A.; Stecher, H.; Li, Q.; *Stamatoyannopoulos, G.; Lieber, A. A high-capacity hybrid adenovirus/adeno-associated virus for stable transduction of human hematopoietic cells.* In: *Journal of Virology* 76 (2002) S. 1135–1143. Ein gemischter Adenovirus-/AAV-Vektor kann ein zusätzliches großes Globin-Gen permanent in Zellen einbauen.

Thorpe, P.; Stevenson, B. J.; Porteous, D. J. *Optimising gene repair strategies in cell culture.* In: *Gene Therapy* 9 (2002) S. 700–702. Zum Einsatz von lipofizierter Einzelstrang-DNA zur Reparatur einer Punktmutation bei Zellen in Zellkultur.

Internetadressen

Eine Einführung zum Thema Polymorphismen sowie Datenbanken für Punktmutationen (SNP) bietet
http://www-hto.usc.edu/~cbmp/2001/SNP

11 Cytosin-Methylierung und Epigenetik der DNA

In Kapitel 10 haben wir verschiedene Aspekte der „normalen Genetik“ und ihrer Beziehung zur modernen Medizin dargestellt. Normale Genetik findet statt, wenn sich zwei Basen aus den Strängen einer Doppelhelix verpaaren, etwa A mit T oder G mit C bei der Watson-Crick-Basenpaarung. Wie wir ebenfalls erwähnten, können eben diese DNA-Basen durch zelluläre Enzyme, die „Methylasen“, reversibel zu unterschiedlichen chemischen Formen verändert werden. Wenn wir nun die DNA-Methylierung in unsere Liste überraschender in der Biologie beobachteter Phänomene aufnehmen, betreten wir ein anderes Reich der Wissenschaft, die so genannte „Epi-genetik“, wobei „epi“ hier soviel bedeutet wie „außerhalb von“ oder „zusätzlich zu“.

Die Epigenetik beschreibt also eine unerwartete Erweiterung der klassischen Genetik des 20. Jahrhunderts, nach der Information nicht nur in der Primärsequenz der DNA, also den „Buchstaben“ A, T, C oder G steckt, sondern auch in geringen chemischen Veränderungen dieser Primärsequenz, etwa wenn an einen Basenring eine Kohlenwasserstoffgruppe angehängt ist. Bei allen Tieren und Pflanzen der Erde ist die Cytosin-Methylierung offenbar der Schlüssel, um die Wirkung der meisten epigenetischen Effekte nachzuvollziehen, beispielsweise das geschlechtszellenspezifische „Imprinting“ bei der genetischen Vererbung von einer Generation zur nächsten, das seltene Vorkommen von CG-Dinucleotiden in allen Genomen vom Tieren und Pflanzen, oder aber ein raffinierter Schutzmechanismus, mit dem Tiere und Pflanzen auf das unerwünschte Eindringen von Fremd-DNA reagieren können. Bevor wir uns aber mit diesen komplizierten Themen befassen, müssen wir die Grundbegriffe der DNA-Methylierung und ihre noch junge Geschichte erklären.

Die Abbildungen 11.1a und b zeigen die gängigsten Formen methylierter DNA. Cytosin kann reversibel modifiziert werden, indem an den Kohlenstoff in Position 5 eine Methylgruppe (CH_3) angehängt wird; bei Adenin kann dies bei dem Stickstoff an Position 6 erfolgen. Andere Modifikationen, wie 5-Hydroxymethylcytosin (plus CH_2-OH) oder 8-Hydroxyguanin (plus OH) findet man nur bei Bakteriophagen oder bei oxidativ geschädigter DNA.

Diese methylierten Basen findet man meist in bestimmten Sequenzen der DNA und nicht an jeder beliebigen Stelle. Wie beispielsweise in Abbildung 11.1c gezeigt, stößt man auf 5-Methylcytosin bei tierischer DNA hauptsächlich im Dinucleotid CG oder bei pflanzlicher DNA vor allem in den beiden kurzen Sequenzen CG oder CNG, wobei N eine beliebige Base bedeutet. (Das CG-Dinucleotid wird in der Literatur oft als „CpG“ bezeichnet, wobei p für die Phosphatgruppe steht, siehe Kapitel 1.) Dabei methyliert ein spezielles Enzym nahe gelegene Cytosinbasen in beiden Strängen. Bei anderen Sequenzen (also CC, CA oder CT) ist die Cytosin-Methylierung nur in Ausnahmefällen zu beobachten, etwa wenn man in Fliegenembryonen oder in embryonalen Stammzellen von Säugetieren geringe Mengen von Methyl-CA oder Methyl-CT findet. Wie Abbildung 11.1b zeigt, kann auch Adenin methyliert werden. Auf N6-Methyladenin stößt

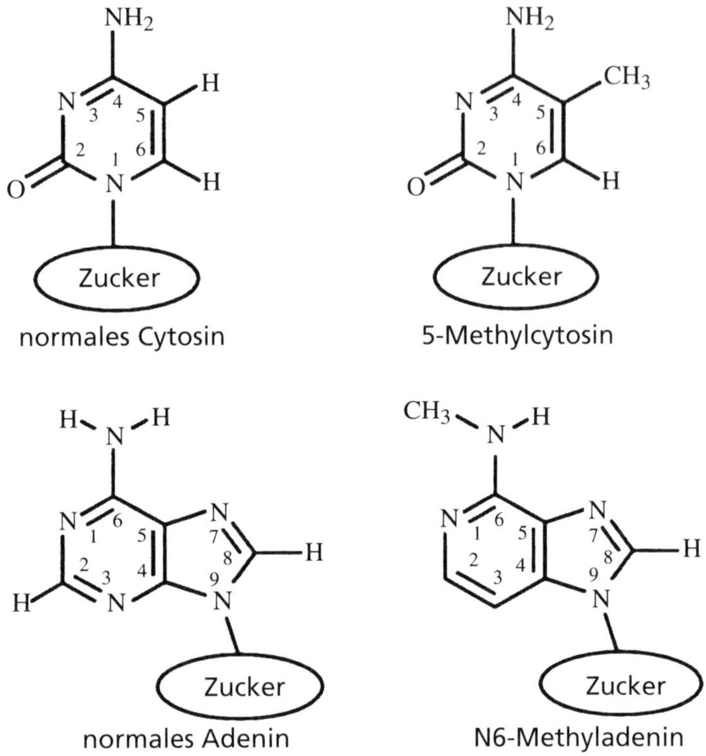

(a)

(b)

	die meisten Tiere	Würmer, Fliegen	Pflanzen	Bakterien
5-Methyl-cytosin	CG	–	CG, CNG	CC $\frac{A}{T}$ GG und andere
N6-Methyl-adenin	–	–	–	GATC und andere

(c) wichtige Stellen der DNA-Methylierung

Abb. 11.1 Zwei gängige Formen methylierter DNA-Basen. Bild a zeigt die Struktur von normalem Cytosin und 5-Methylcytosin, Bild b die von normalem Adenin und N6-Methyladenin; letzteres findet man bei *E. coli* und anderen Bakterien bei den Sequenzen *dam* Gm-ATC, *M. Eco R*I Gam-ATTC oder *M. Taq* I TCGm-A. Die Tabelle in Bild c gibt eine vereinfachte Zusammenfassung der wichtigen Stellen der DNA-Methylierung bei verschiedenen repräsentativen Organismen.

man meist bei zahlreichen Bakterien, darunter *E. coli*, in dem Tetranucleotid GATC, aber auch an anderen, untergeordneten Lokalisationen. Es spielt für die bakterielle Biochemie eine wichtige Rolle, aber wir wollen an dieser Stelle nicht näher auf die Adenin-Methylierung eingehen. Und schließlich verfügen bestimmte Bakterien und Viren häufig über spezielle Enzyme, die 5-Methylcytosin exakt an bestimmten Stellen einfügen, wie etwa den Sequenzen CCAGG oder CCTGG bei der *dcm*-Methylase von *E. coli*; diese Enzyme findet man jedoch nicht bei Tieren oder Pflanzen.

Allerdings sind es nicht nur die DNA-Basen, die chemisch modifiziert werden können; auch einige der Aminosäuren in Proteinen können reversibel modifziert werden, und zwar durch „Protein-Acetylasen“ oder „Protein-Methylasen“. Solche Modifikationen bestehen meist in der Veränderung von normalem Lysin zu N-Acetyllysin (plus $CO\text{-}CH_3$), zu Dimethyl- oder Trimethyllysin (plus zwei oder drei Methylgruppen) irgendwo innerhalb der zahlreichen Histonproteine des eukaryotischen Chromatins. Diese Histonproteinc wickeln lange DNA-Stücke um sich und bilden so kompakte, ballförmige Strukturen, die Nucleosomen (siehe Kapitel 7). Eine Veränderung der chemischen Struktur der Aminosäure Lysin innerhalb der Histone könnte daher beeinflussen, wie eng die DNA um diese Proteine gewickelt wird; vielleicht beeinflusst sie auch die gesamte Chromatinstruktur, besonders die Lokalisation der Chromosomen, und somit auch die Aktivität spezifischer Gene. Wir werden später auf dieses Thema zurückkommen, wenn wir auf DNA-Methylasen und ihre Wechselwirkung mit Enzymen eingehen, die Histone modifizieren.

Die Biologen wissen seit fast 50 Jahren von der Existenz von 5-Methylcytosin in der DNA, aber solch geringfügige Variationen innerhalb der DNA wurden nicht als signifikant angesehen. Ein Grund dafür, die potenzielle Bedeutung der DNA-Methylierung außer Acht zu lassen, bestand darin, dass einfache Organismen wie Würmer, Fliegen oder Hefen wenig oder gar kein 5-Methylcytosin enthalten. Dennoch essen solche Organismen, bewegen sich, pflanzen sich fort und gedeihen. Was für einen Wurm gut genug ist, muss auch für den Menschen gut genug sein!

Wie unangemessen eine so einfache Sichtweise war, stellte sich erst 1975 heraus, als die beiden Forscher Art Riggs und Robin Holliday unabhänig voneinander die Vermutung äußerten, dass 5-Methylcytosin in der normalen Biologie von Menschen und anderen Säugetieren eine wichtige Rolle spielen könnte. Riggs schlug vor, dass 5-Methylcytosin für die Inaktivierung eines X-Chromosoms in der frühen Embryonalentwicklung von Bedeutung sein könne – in dieser Phase bleibt nur ein X-Chromosom aktiv, während das andere unterdrückt wird, wie in Kapitel 10 beschrieben. Holliday vermutete, dass sich 5-Methylcytosin als bedeutsam für die Regulierung der Genexpression während der Entwicklung eines komplexen Organismus erweisen werde.

Damals interessierte sich kaum jemand für das Gebiet, was besonders im Kontrast zu dem in jüngster Zeit explosionsartig gewachsenen Interesse am Thema deutlich wird. So besuchte Riggs in den späten 1970-er Jahren jeden Mittwoch zum Mittagessen das Labor eines unserer Autoren (H. R. D.), und an einem dieser Tage kam es zu folgendem Dialog: »Soll ich über eine DNA-Kristallstruktur mit 5-Methylcytosin arbeiten?« fragte der junge Student. »Dafür wird sich kaum jemand interessieren, also könnte es Ihrer Karriere schaden. Aber ich fände es interessant!« (Art Riggs, 1978.)

Tatsächlich war die Forschung zum Thema Cytosin-Methylierung vor 1990 nicht gerade ergiebig, weil sie auf wenige einfache Techniken beschränkt war. Meist verdaute man komplette genomische DNA mit einem von zwei bakteriellen Enzymen, *Hpa* II oder *Msp* I. Das Enzym *Hpa* II schneidet nur nicht methylierte CCGG-Sequenzen, während *Msp* I nicht methylierte und methylierte CCGG-Sequenzen gleichermaßen schneidet (siehe Abbildung 11.2a und dazugehörige Legende). Dann brachte man die Produkte eines solchen Verdaus in ein Agarosegel, wo sie nach Größe getrennt wurden. Anschließend überführte man alle DNA-Fragmente aus dem Gel auf einen Nylonfilter, wo sie durch Hybridisierung mit bestimmen „radioaktiven Sonden“ – hergestellt aus kleinen Genomabschnitten – sichtbar gemacht wurden. (Diese DNA-Filterhybridisierung nennt

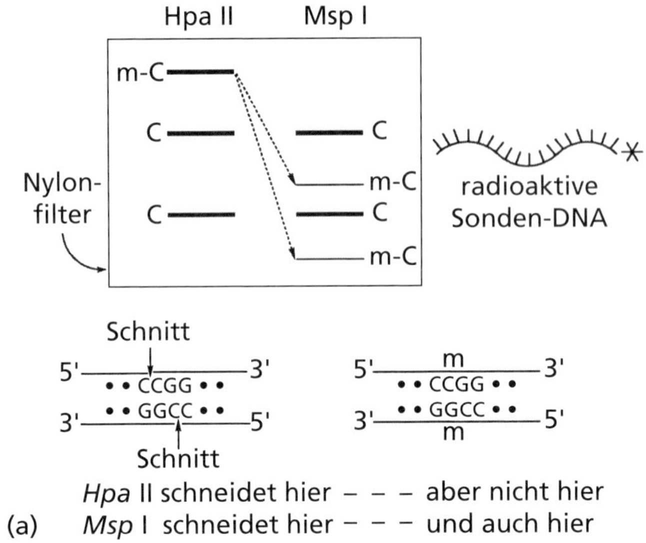

Abb. 11.2 Drei gängige Versuchsprotokolle zur Untersuchung methylierter DNA, wie man sie in den 1980-er Jahren durchführte. Bild a zeigt ein idealisiertes Agarosegel, mit dem man zweierlei Proben genomischer DNA nach Größe auftrennt; eine davon wurde zuvor mit *Hpa* II verdaut, die andere mit *Msp* I. Nach dem Durchlauf wird die DNA vom Gel auf einen Nylonfilter übertragen und dieser mit radioaktiver DNA spezifischer Sequenz versetzt, die an die wenigen auf dem Filter befindlichen DNA-Fragmente mit komplementärer Sequenz bindet. In diesem Beispiel hat die radioaktive Sonde drei Fragmente erfasst; zu erkennen ist, dass eine große Bande „m-C" auf der linken Seite in zwei kleine Banden „m-C" auf der rechten aufgespalten wird, weil *Hpa* II eine methylierte Sequenz Cm-CGG nicht schneiden kann, *Msp* I dagegen schon – wie im unteren Teil des Diagramms gezeigt. Bild b zeigt ein gleichartiges Experiment, bei dem das Gel jedoch mit Ethidiumbromid angefärbt und nicht mit einer spezifischen Sonde hybridisiert wurde. Die genomische DNA enthält zahlreiche CCGG-Sequenzen, die größtenteils methyliert sind; ein geringer Teil ist nicht methyliert. Das *Msp* I-Enzym schneidet sie allesamt, ohne zu unterscheiden, und zerlegt die DNA in ein Kontinuum von Fragmentgrößen von lang (oben im Gel) bis kurz (unten im Gel). Das *Hpa* II-Enzym dagegen schneidet nur die nicht methylierten CCGG-Sequenzen. Die Probe auf der linken Seite wird daher nicht annähernd in so viele Teile zerlegt wie die auf der rechten; die verschwommene Reihe von Banden unten links deutet jedoch darauf hin, dass einige DNA-Fragmente kurz sind, ein Hinweis darauf, dass sich nicht methylierte Schnittstellen von *Hpa* II zu „CG-Inseln" zusammendrängen. Das untere Diagramm zeigt die ungefähre Gesamtverteilung von CG-Basenpaarstufen in den beiden Teilen des Genoms. Bild c zeigt die Behandlung menschlicher Zellen mit der Substanz 5-Azacytosin, die Cytosin-Methylasen hemmt und so zum Verlust von 5-Methylcytosin im gesamten Genom führt; durch Untersuchung der aus solchen Zellen mit *Hpa* II oder *Msp* I extrahierten DNA sowie der aus solchen Zellen auf der Suche nach messenger-RNA extrahierten RNA können Wissenschaftler ermitteln, ob die Demethylierung ein bestimmtes Gen möglicherweise aktiviert.

man „Southern Blot", nach ihrem Erfinder Ed Southern.) Bei der anschließenden Untersuchung der entstandenen radioaktiven Banden konnten die Wissenschaftler bestimmen, welche Basen in der Nähe eines bestimmten Gens wohl normales Cytosin enthielten und welche 5-Methylcytosin.

Bei einer anderen Variante dieser Technik konnte man genomische DNA-Proben verschiedener Organismen mit *Hpa* II oder *Msp* I verdauen und dann, wie oben beschrieben, auf ein Agarosegel auftragen. Im Anschluss ließen sich die zahlreichen unterschiedlichen

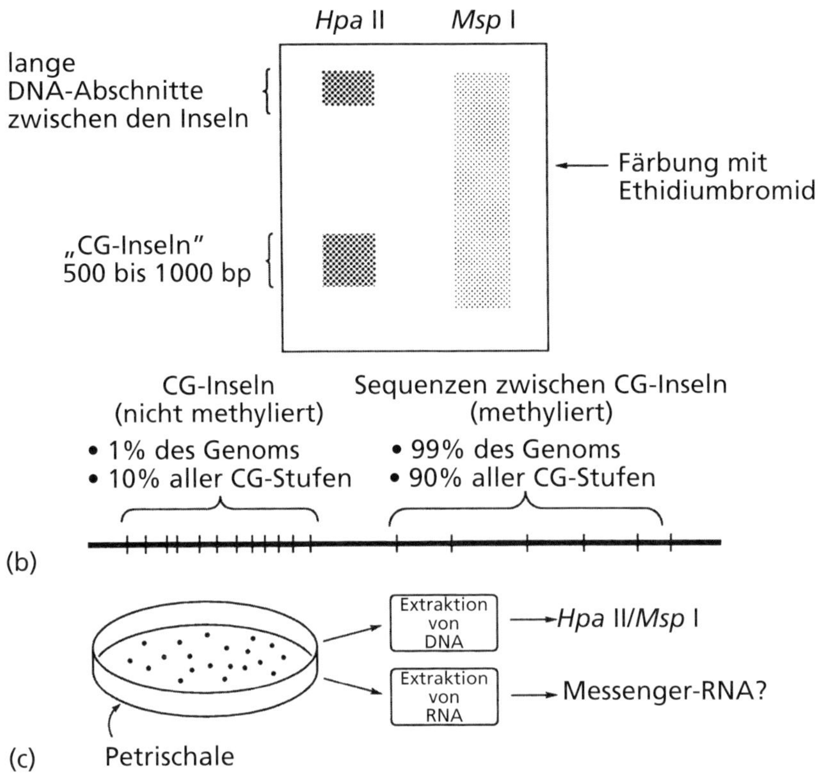

DNA-Fragmente insgesamt durch Anfärben mit Ethidiumbromid untersuchen statt mithilfe einer sequenzspezifischen Sonde. Ein unerwarteter Befund aus diesen Untersuchungen war, dass ein kleiner Teil (ein Prozent) der DNA von Wirbeltieren oder Tieren offenbar zahlreiche nicht methylierte CG-Sequenzen in geballter Form aufweist, und zwar in kurzen Regionen von 500 bis 1 000 Basenpaaren Länge (siehe Abbildung 11.2b). Diese kurzen Regionen nannte man daraufhin „CG-Inseln"; man entdeckte sie wegen ihrer Empfindlichkeit gegenüber dem Enzym *Hpa* II, das nur nicht methylierte CCGG-Sequenzen schneidet. Die verbleibenden 99 Prozent der genomischen DNA wiesen methylierte CG-Sequenzen auf; daher konnte man bei der Gelelektrophorese von mit *Hpa* II verdauter DNA einen augenfälligen Kontrast entecken: einerseits die kurzen Stücke, die aus dem Schneiden *innerhalb* der CG-Inseln entstanden waren, andererseits die langen, nicht geschnittenen Stücke der DNA *zwischen* den Inseln. Auffällig war auch der Unterschied zwischen dem hohen Gehalt an CG-Dinucleotiden der „Insel"-DNA – zehnmal mehr als bei zufälliger Verteilung zu erwarten – und dem geringen Gehalt an CG-Dinucleotiden in der sonstigen genomischen DNA. Diesen Kontrast werden wir später erklären.

Wir wissen heute, dass die DNA im Bereich aller CG-Inseln oft eine Promotorsequenz für ein nahe gelegenes Gen enthält und meist durch Proteine, welche die Transkription erleichtern, vor der Methylierung geschützt wird; das war jedoch damals nicht bekannt. All dies zeigt, dass die Cytosin-Methylierung durchaus die Aktivität eines Gens beeinflussen kann – das mit Krebs und anderen Krankheiten in Zusammenhang stehen kann, wie wir später noch erfahren werden.

Eine dritte Untersuchungstechnik jener Zeit bestand darin, Zellen in Zellkultur mit der Substanz „5-Azacytosin“ zu behandeln, um die Methylgruppen aus vielen unterschiedlichen Cytosinbasen im gesamten Genom zu *entfernen* (siehe Abbildung 11.2c). Anschließend konnten die Wissenschaftler die gesamte DNA aus jenen Zellen extrahieren und sie mit *Hpa* II/*Msp* I verdauen, um zu prüfen, ob ein bestimmtes Gen seine Methylgruppen eingebüßt hat. Man konnte auch die gesamte RNA extrahieren und prüfen, ob ein bestimmtes Gen mit der Bildung von messenger-RNA begonnen hatte. Die Substanz 5-Azacytosin ist analog zum Cytosin, doch an Position 5 befindet sich bei ihr anstelle des Kohlenstoffatoms ein Stickstoffatom. 5-Azacytosin wirkt daher stark hemmend auf die meisten zellulären Enzyme, die eben an dieser Position 5 Methylgruppen an das Cytosin hängen. Wenn man nun Säugetier- oder Pflanzenzellen mit 5-Azacytosin behandelt, werden tatsächlich bestimmte Gene demethyliert und bilden vermehrt messenger-RNA. In einigen Fällen führte also die Demethylierung der DNA nachweislich zu verstärkter Genaktivität.

Die Forschungen zur DNA-Methylierung traten in den Jahren 1980 bis 1990 scheinbar auf der Stelle, weil es an neuen Techniken mangelte. So finden sich im Tagungsband 47 vom *Cold Spring Harbor Symposium* von 1982 endlose Reihen von *Hpa* II/*Msp* I-Verdaus neben zahllosen Experimenten mit 5-Azacytosin! Seit 1990 erlebte das Gebiet der DNA-Methylierung jedoch einen Aufschwung – dank zahlreicher neuer Techniken, von denen wir einige im Folgenden beschreiben werden. Zudem hat man die neuen Methoden zur Methylierung mit Innovationen der normalen Genetik kombiniert, wie PCR, Vierfarb-Sequenzierung oder Mikroarrays (siehe Kapitel 10). So ergaben sich zahlreiche neue Ansätze, um etwas über die Cytosin-Methylierung und ihre biologische Bedeutung zu erfahren.

Der wichtigste Durchbruch erfolgte im Jahre 1992, als Marianne Frommer, Geoff Grigg und Douglas Millar (sowie später Susan Clark) eine einfache chemische Methode entwickelten, um zu bestimmen, ob eine bestimmte C-Base der gesamten genomischen DNA als normales Cytosin oder als 5-Methylcytosin vorliegt. Sie behandelten ihre Genomprobe zunächst mit der reaktiven chemischen Substanz Natriumbisulfit ($NaHSO_3$, die Substanz dient auch zur Reinigung von Swimmingpools). Setzt man es einzelsträngiger DNA zu, so fügt Natriumbisulfit eine Sulfitgruppe (SO_3) an die Position 6 des Cytosin (siehe Abbildung 11.3a). Die Substanz reagiert jedoch nicht mit Methylcytosin, weil die nahe gelegene Methylgruppe ein sterisches Hindernis darstellt (siehe Abbildung 11.3b). Anschließend setzten sie ihre modifizierte Probe einem hohen pH-Wert aus, sodass alle mit einer Sulfitgruppe versehenen Cytosinbasen zu Uracil (U) wurden, das seinerseits Thymin (T) sehr ähnlich ist (siehe Abbildungen 11.3a und 2.13). Schließlich amplifizierten sie einen kleinen Teil ihrer umgewandelten Probe durch PCR mit zwei spezifischen Primern und analysierten seine Basensequenz mithilfe der Didesoxy-Methode (siehe Kapitel 10). Sie entdeckten, dass alle methylierten Cytosinbasen weiterhin als C gelesen wurden, während alle nicht methylierten Cytosinbasen durch das Bisulfit in U umgewandelt wurden, das in der PCR und bei Sequenzierungsreaktionen als T gelesen wird.

Die Bisulfit-Methode hat sich seitdem als äußerst wertvoll für die Analyse des 5-Methylcytosingehalts klinischer DNA-Proben erwiesen, mit der man ermitteln will, ob jemand an einer bestimmten Krankheit leidet oder nicht. So verlieren oder erhalten bestimmte Gene eine spezielle Reihe von Methylgruppen, wenn eine Zelle zur Krebszelle wird; das erfolgt so zuverlässig, dass man diesen kleinen molekularen Marker als Diagnostikum verwenden kann. Gewiss werden wir bald über neue, nicht invasive Tests für viele häufige Krebsformen (beispielsweise Prostata-, Enddarm- oder Brustkrebs) verfügen, die auf der Bisulfit-PCR-Analyse nur geringfügig methylierter Tumor-DNA aus Blut oder

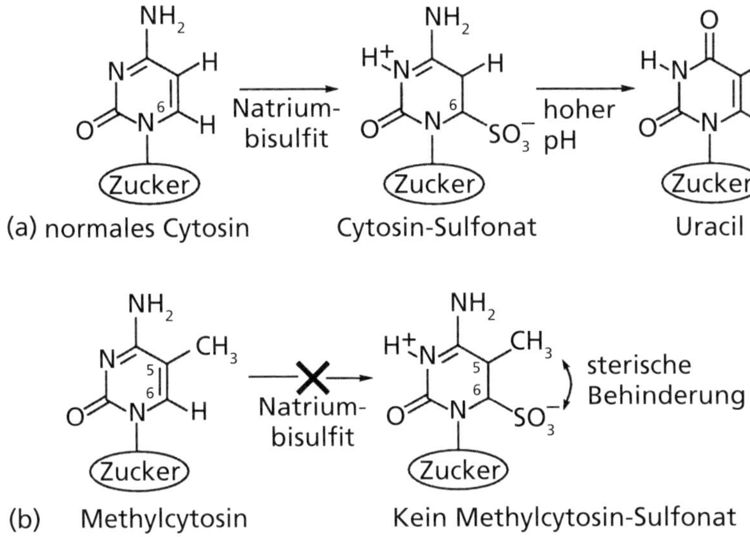

Abb. 11.3 Zusammenfassung der Bisulfit-Methode, die sich bei der Unterscheidung von normalem Cytosin und 5-Methylcytosin als äußerst nützlich erwiesen hat. Bild a zeigt, wie normales Cytosin mit Natriumbisulfit ($NaHSO_3$) reagiert, sodass ein Sulfonat (SO_3) an die Position 6 des Ringes gehängt wird; setzt man es dann einem hohen pH-Wert aus, verwandelt es sich in Uracil. In Bild b ist dargestellt, dass 5-Methylcytosin nicht mit Natriumbisulfit reagieren wird, weil die große Methylgruppe an Position 5 die Position 6 des Ringes sterisch behindert.

Stuhl beruhen. Solche Tests auf DNA-Basis könnten letztlich die Entnahme von Bioptaten (operativ oder mit der Nadel) ersetzen, die nicht nur schmerzhaft ist, sondern auch die Gefahr einer Verbreitung von Krebszellen über das Lymphsystem birgt, wenn die Nadel den Tumor verletzt.

Unter Wissenschaftlern kursiert inzwischen sogar die Idee eines „Epigenom-Projekts“, bei dem die Cytosin-Methylierung in vielerlei menschlichen Geweben oder klinischen Proben durch umfassende Vierfarb-Sequenzierung normaler und mit Bisulfit behandelter DNA untersucht würde. Einige diskutieren sogar ein „Methyl-SNP“-Projekt, bei dem man anhand von Millionen Veränderungen von Cytosin zu Methylcytosin (Punktmutationen oder *single nucleotide polymorphisms*, SNP) langfristige Vorhersagen zu menschlichen Krankheiten treffen würde.

Neben der chemischen Bisulfit-Methode zum Aufspüren und Lokalisieren von Methylcytosin in einem komplexen Genom entdeckte man auch weitere bakterielle Enzyme, die beim Schneiden der DNA empfindlich auf deren Gehalt an 5-Methylcytosin reagieren. Wie wir ja wissen, wird die Schneideaktivität von *Hpa* II, nicht aber diejenige von *Msp* I durch die CG-Methylierung bei CCGG-Tetrameren blockiert (Abbildung 11.2a). Inzwischen wissen wir außerdem, dass die Aktivität des Enzyms *Sma* I, aber nicht diejenige von *Xma* I durch CG-Methylierung bei CCCGGG-Hexameren blockiert wird. *Hha* I, *Xho* I und *Not* I dagegen werden allesamt durch CG-Methylierung an ihren jeweiligen Tetramer-, Hexamer- oder Oktamer-Schnittstellen GCGC, CTCGAG beziehungsweise GCGGCCGC blockiert. Dies sind nur einige Beispiele aus den Hunderten von unterschiedlichen bakteriellen „Restriktionsenzymen“, die wir inzwischen kennen. Viele von ihnen sind gegenüber der Cytosin-Methylierung innerhalb einer bestimmten Sequenz empfindlich und können genutzt werden, um bei DNA unterschiedlichster Sequenzen nach 5-Methylcytosin zu suchen.

Neben dieser großen Zahl von „Schneide"-Enzymen hat man auch eine Vielzahl bakterieller Enzyme entdeckt, die man als „Methylasen" bezeichnet; sie fügen bei vielen spezifischen DNA-Sequenzen Methylgruppen (CH_3) an die Cytosinbasen an. Wir bezeichnen methyliertes Cytosin hier als m-C. Durch Analyse verschiedener Bakterienstämme etwa haben Wissenschaftler folgende Methylasen entdeckt: *M. Sss* I, die alle CG-Dinucleotide zu m-CG macht, *M. Hpa* II, die CCGG zu Cm-CGG methyliert, *M. Msp* I, die aus CCGG m-CCGG macht, und *M- Hha* I, die GCGC zu Gm-CGC methyliert. In allen Fällen erfolgt die Methylierung in beiden Strängen.

Und schließlich haben wir über die verschiedenen Enzyme, die in menschlichen, tierischen oder pflanzlichen Zellen Methylgruppen an Cytosinbasen hängen, eine Menge gelernt. Die am häufigsten vertretene Methylase nennt man bei Tieren Dnmt1, bei Pflanzen MET1 (siehe Abbildung 11.4a). Sie wandelt DNA, die nur in einem Strang methyliert ist, in eine in beiden Strängen vollständig methylierte DNA um. Wie aber kommt es dazu, dass DNA manchmal nur in einem Strang methyliert ist?

Nach der Replikation sind alle durch die Polymerase zu der Matrize ergänzten Basen normale C, A, T und G ohne jede Modifikation (siehe Abbildung 10.2b). Demzufolge wird der neue Strang – auch wenn der Matrizenstrang methyliert ist – nicht methyliert sein. Solche DNA bezeichnet man als „halb methyliert" oder „hemi-methyliert". Der Replikationsvorgang erzeugt also zwei halb methylierte „Tochter"-DNA-Doppelstränge aus der komplett methylierten „Eltern"-DNA. Die Aufgabe von Dnmt1 (oder MET1) besteht darin, die ursprüngliche Verteilung von Methylgruppen, wie sie vor der Replikation bestand, wiederherzustellen oder zu „bewahren".

Ein anderes häufiges Enzym, das ausschließlich bei Pflanzen vorkommt, nennt man CMT3 bei der Pflanze *Arabidopsis thaliana* (Ackerschmalwand) und ZMET2 beim Mais. Sie überführt halb methylierte CNG-Sequenzen in komplett methylierte; „N" bedeutet hier „beliebige Base". All diese Enzyme bezeichnet man als „Maintenance-Methylasen", weil sie dazu dienen, eine vorher bestehende Anordnung von Methylgruppen in der DNA zu „bewahren" (englisch *to maintain*), aber nicht *de novo* ein neues Schema beginnen können. Maintenance-Methylasen findet man häufig in der Nähe von Replikationsgabeln in sich teilenden Zellen. Dort weist der alte DNA-Strang das althergebrachte Muster von Methylgruppen auf, der neue Strang jedoch nicht – zumindest so lange, bis eine Maintenance-Methylase beginnt, ihn zu bearbeiten!

Eine andere allgemeine Klasse von Enzymen bezeichnet man als De-novo-Methylasen, weil sie ein neues Verteilungsmuster von Methylgruppen in DNA schaffen, wo vorher keines war – beispielsweise in der frühen Embryonalentwicklung. Wie in Abbildung 11.4b gezeigt, enthalten Fliegenembryonen eine De-novo-Methylase namens Dnmt2, die CA oder CT, aber nicht CG methyliert, bei Menschen aber kaum aktiv ist. Säugetierembryonen und embryonale Stammzellen enthalten zwei wichtige De-novo-Methylasen, Dnmt3a und Dnmt3b. Beide machen aus nicht methylierten CG-Sequenzen komplett methylierte und methylieren in geringem Umfang auch CA und CT. Ein verwandtes Protein, Dnmt3L, zeigt zwar selbst keine Aktivität, hilft aber Dnmat3a dabei, eine Methlierungs-„Prägung" (Imprinting) bei pronuclearer weiblicher DNA (also dem DNA-Beitrag einer Eizelle vor Bildung des Nucleus) vorzunehmen, wie in Abbildung 11.4c gezeigt.

Schließlich scheint es bei Pflanzen noch eine spezielle De-novo-Methylase zu geben, die an *alle* Cytosinbasen eine Methylgruppe anfügt, und zwar innerhalb einer kleinen Region der Bindung zwischen RNA und DNA, wie in Abbildung 11.4d dargestellt. Diese Methylase wird irgendwie durch ein kurzes, 25 bis 50 Nucleotide langes RNA-Stück

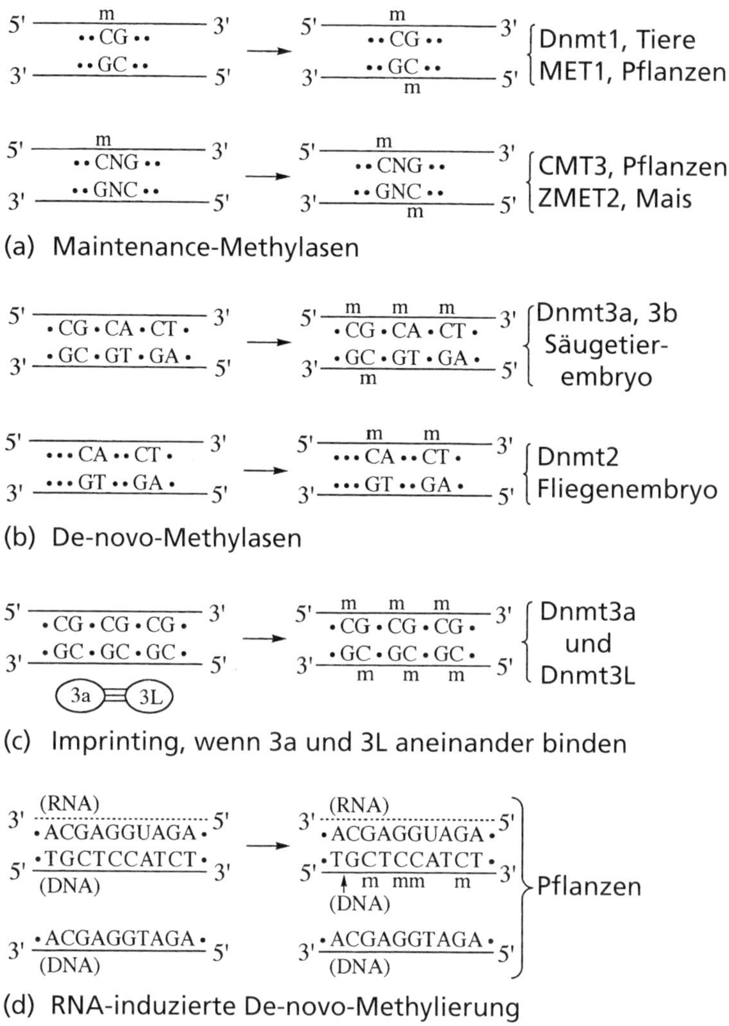

Abb. 11.4 Überblick zu den Enzymen, die bei Pflanzen und Tieren Methylgruppen an die Base Cytosin anfügen. Bild a zeigt die „Maintenance-Methylasen", die dort eine zweite Methylgruppe ergänzen, wo sich am gegenüber liegenden Strang bereits eine befindet, aber nicht zwei Methylgruppen *de novo* hinzufügen; sie heißen Dnmt1 bei Tieren und MET1 bei Pflanzen für die Sequenz CG oder CMT3 bei Pflanzen und ZMET2 speziell beim Mais für die Sequenz CNG, wobei „N" für eine beliebige Base steht. Bild b zeigt die „De-novo-Methylasen", die zwei neue Methylgruppen an eine beliebige nicht methylierte Stelle anfügen, sie heißen Dnmt2 bei Fliegenembryonen für die Sequenzen CA oder CT, Dnmt3a oder 3b bei Säugetierembryonen für die Sequenzen CG, CA oder CT, nach ihrer Häufigkeit angeordnet (links häufig, rechts selten). Bild c zeigt ein „Imprinting-Protein", Dnmt3L, das keine eigene Methylaseaktivität zeigt, sondern der De-novo-Methylase Dnmt3a unter bestimmten Umständen dabei hilft, Gene bei Säugetierembryonen zu methylieren. In Bild d bindet eine kurze, einzelsträngige RNA-Region an einen komplementären Strang doppelhelikaler DNA und ersetzt so den anderen DNA-Strang (hier unterhalb des RNA-DNA-Hybrids gezeigt); dies ist ein Signal für die Methylase, jedes Cytosin des gebundenen DNA-Stranges zu methylieren.

gesteuert, das an spezifische DNA-Sequenzen innerhalb eines pflanzlichen Chromosoms bindet; aus welchen Aminosäuren sie besteht, ist jedoch bisher noch unbekannt. Dennoch hat die Existenz einer solchen RNA-gesteuerten De-novo-Aktivität die Wissenschaftler in die Lage versetzt, die DNA-Methylierungsschemata bei Pflanzen durch Zugabe kurzer, nicht zellulärer RNA-Stücke direkt zu manipulieren; bei Tieren gelang dies nocht nicht, da sie offenbar über andere Enzyme verfügen.

Im Prinzip könnten diese Methylasen *alle* CG-Basenpaarstufen im Genom methylieren; tatsächlich aber geschieht dies nur mit einem Teil der CG-Stufen. Woher mögen die Enzyme, ob nun Maintenance- oder De-novo-Methylasen, wissen, an welchen Stellen im gesamten Genom sie Methylgruppen anfügen sollen? Wir wissen heute, dass diese Methylasen durch andere Proteine, die dort bereits gebunden haben, an bestimmte Genomregionen gelockt oder „rekrutiert" werden. Wie in Abbildung 11.5a gezeigt, bindet beispielsweise das Säugetierprotein „Methyl-CG-2" oder MeCP2 bevorzugt an methylierte CG-DNA jeglicher Art und bindet auch an die Maintenance-Methylase Dnmt1 (oder das Imprinting-Protein Dnmt3L); so wird die Methylierungsaktivität dort angesiedelt, wo sie am nötigsten gebraucht wird.

Säugetier- oder Pflanzenzellen enthalten auch zahlreiche Enzyme, welche die Histonproteine des Chromatins modifizieren können. Jüngste Forschungen ergaben, dass solche Histone modifizierenden Enzyme DNA-Methylasen bei bestimmten Genen ansiedeln können. Das häufigste zelluläre Enzym, das beim Lysin eine Acetylgruppe entfernt etwa, die Histon-Deacetylase, bindet gut an die Cytosin-Methylasen Dnmt1, Dnmt3a, 3b und 3L, wie in Abbildung 11.5b gezeigt. Solche Assoziationen zwischen Proteinen dienen dazu, Deacetylierung und Cytosin-Methylierung miteinander zu verknüpfen, also zwei redundante Faktoren, die beide eine Genrepression bewirken können. Es gibt auch „Histon-Methylasen", die an Lysin (etwa die Lysin-Aminosäuren der Positionen 4 oder 9 beim Histon H3) Methylgruppen anfügen, besonders innerhalb repetitiver Sequenzen menschlicher DNA (von denen einige Namen tragen, wie „Alu", „SINE" oder „LINE"). Diese Histon-Methylasen binden auch an die Methylasen Dnmt1 oder Dnmt3a und unterdrücken in ähnlicher Weise die Genaktivität, wie Abbildung 11.5c zeigt.

Wird die Histon-Deacetylase durch ein kleines Molekül wie Natriumbutyrat, Valproat oder Trichostatin A gehemmt, tritt die Aktivität anderer Enzyme, der „Histon-Acetylasen" (die Lysin Acetylgruppen *hinzufügen*) in den Vordergrund. Dann finden sich in lebenden Zellen stark acetylierte Histonproteine, die umgehend Gene aktivieren, so wie in Abbildung 11.5d gezeigt. Solche Histon-Acetylasen können im Prinzip an (hypothetische) Cytosin-Demethylasen binden, die Methylgruppen aus nahe gelegenen CG-Sequenzen entfernen.

So viel zu den Enzymen, welche die DNA-Methylierung oder die Histon-Acetylierung/-Methylierung steuern: eine offenbar komplizierte Angelegenheit! Wie steht es aber mit der Auswirkung solcher epigenetischer Veränderungen auf die biologische Aktivität? Grob gesehen kennt man heute fünf Arten biologischer Aktivitäten bei höheren Tieren oder Pflanzen, die durch die DNA-Methylierung reguliert werden: 1. die Bildung spezifischer Gewebe im Embryo (beispielsweise De-novo-Methylierung durch Dnmt3a oder Dnmt3b), 2. das Imprinting von Genen in einer gerade befruchteten Eizelle (siehe Kapitel 10), 3. die Transkriptionsrepression eines kompletten Chromosoms (etwa eines der beiden weiblichen X-Chromsomen bei Säugetieren), 4. die Transkriptionsrepression sehr ausgesuchter Gene (beispielsweise durch Blockieren der Bindung eines Transkriptionsfaktors an einen Promotor, oder durch „Rekrutieren" von MeCP2), und 5. das Unterdrücken des Eindringens von Fremd-DNA.

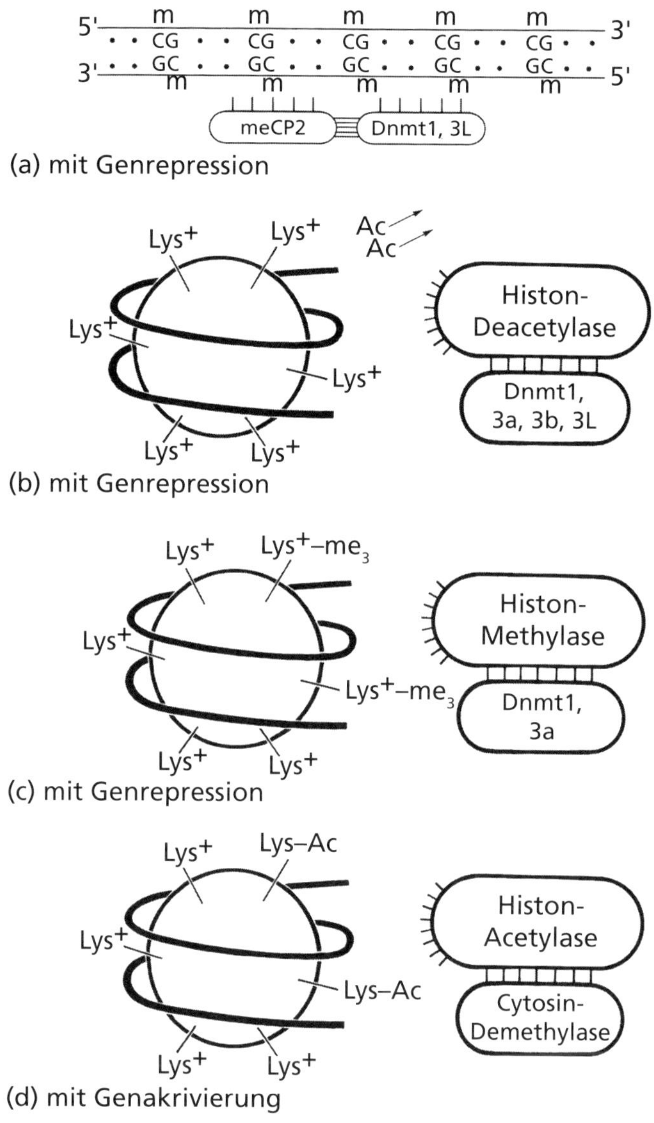

Abb. 11.5 Zusammenfassung der Protein-Protein-Kontakte zwischen DNA-Methylasen und anderen zellulären Enzymen. Bild a zeigt, dass das größere Methylcytosin bindende Protein „Methyl-CG-2" (MeCP2) sowohl an die Methylase Dnmt1 als auch an Dnmt3L bindet und dabei die Methylierung mit Maintenance- oder Imprinting-Aktivitäten verknüpft. In Bild b sehen wir, dass die größere Histon-Deacetylase, die Acetylgruppen aus der Aminosäure Lysin in Histonproteinen entfernt, an Dnmt1, 3a, 3b und 3L bindet und damit die Histon-Deacetylierung mit allen Formen der Cytosin-Methylierung verknüpft. Bild c zeigt, dass die Histon-Methylase (die Methylgruppen an das Lysin 9 des Histons H3 anfügt) sowohl an Dnmt1 als auch an Dnmt3a bindet und so die Histonmethylierung mit Maintenance oder Imprinting verknüpft. Bild d schließlich stellt die Frage, ob die Histon-Acetylase (die Acetylgruppen an Lysin-Aminosäuren anfügt) möglicherweise an eine nicht gereinigte Cytosin-Demethylase bindet. Die Phänomene a, b und c gehen mit einer Genrepression einher, d dagegen mit aktiven Genen.

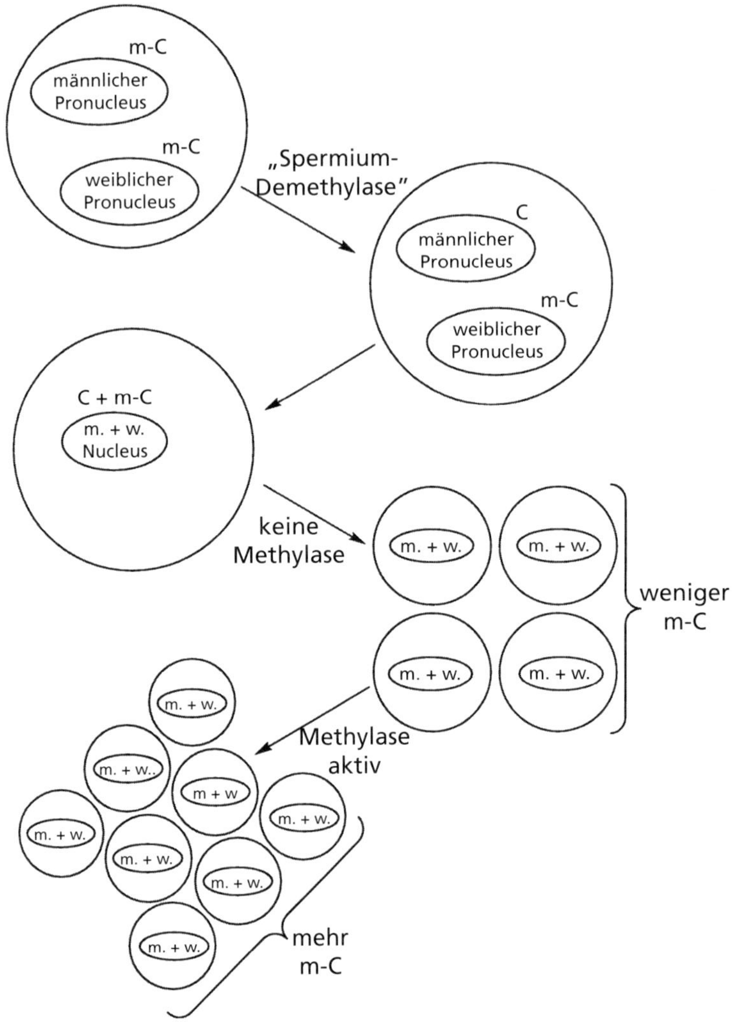

Abb. 11.6 Übersicht der Veränderungen in der Cytosin-Methylierung der DNA, die bei Säugetierembryonen im Frühstadium beobachtet wurden. Die befruchtete Eizelle (oben links) enthält ursprünglich Chromosomen aus dem Spermatozoon und der Eizelle, also männlicher wie weiblicher Herkunft, die beide stark methyliert sind. Dann wird eine „Spermium-Demethylase" aktiv und hebt binnen vier bis sechs Stunden die Cytosin-Methylierung bei den Chromosomen männlicher Herkunft größtenteils auf, nicht aber bei denen weiblicher Herkunft (oben rechts). Anschließend verschmelzen die beiden halben Chromosomensätze zu homologen Paaren (Mitte links); die neu entstandene Zelle macht dann ein begrenztes Wachstum und wenige Zellteilungen durch, ohne dass irgendwelche Methylasen aktiv sind. So werden auch Chromosomen weiblichen Ursprungs passiv durch „Verdünnung" demethyliert, wenn Methylcytosin während der DNA-Replikation durch normales Cytosin ersetzt wird (Mitte rechts). Schließlich erfolgt in einem späten Entwicklungsstadium die Expression der Cytosin-Methylasen Dnmt1o (einer Variante von Dnmt1 beim Embryo), Dnmt3a und Dnmt3b: So werden verschiedene Genomstellen auf Chromosomen männlicher wie weiblicher Herkunft einer De-novo-Methylierung unterzogen, was offenbar für die Bildung der richtigen Körpergewebe unerlässlich ist.

Wie Abbildung 11.6 zeigt, wird der männliche Beitrag zum Genom des Embryos (der männliche Vorkern oder „Pronucleus") durch unbekannte Enzyme (die wir hier „Spermium-Demethylasen" nennen wollen) unmittelbar nach der Befruchtung aktiv demethyliert, noch bevor sich der männliche und der weibliche Pronucleus zu homologen Chromosomenpaaren verbinden. Alle DNA-Moleküle männlicher wie weiblicher Herkunft werden anschließend durch „Verdünnung" des Elternstranges durch eine Reihe von Zellteilungen passiv demethyliert, und zwar über eine kurze Zeitspanne, in der keine Methylase-Enzyme vorhanden sind. Schließlich setzt etwa mit dem Vierzellstadium die Expression der De-novo-Methylasen Dnmt3a und Dnmt3b sowie der Maintenance-Methylase Dnmt1o (einer Variante von Dnmt1) ein, und die gesamte DNA beider Genome erhält allmählich wieder Methylgruppen; dabei nimmt sie bestimmte Methylierungsmuster an, die möglicherweise zur Festlegung bestimmter Gewebearten beitragen.

„Geprägte" (Imprinting-) Regionen in Genomen männlicher wie weiblicher Herkunft (siehe Kapitel 10) sind eine Ausnahme zu diesem allgemeinen Bild, weil in manchen Fällen nur Gene männlichen Ursprungs aktiv bleiben und in anderen Fällen nur solche weiblichen Ursprungs. Eine andere Ausnahme ist nur bei weiblichen Embryonen zu beobachten, bei denen eines der beiden homologen X-Chromosomen abschaltet und transkriptionell inaktiv oder „stumm" wird. Offenbar entscheidet der Zufall darüber, welches X-Chromosom abgeschaltet wird, und es scheint, dass sich das Abschalten – wenn die „Entscheidung" gefallen ist – kooperativ über eines (und nur eines) der beiden Chromosomen verbreiten muss. Auf eine Weise, der man noch nicht recht auf die Spur gekommen ist, bewirkt die *Xist*-RNA die DNA-Methylierung bei einer Kopie des X-Chromosoms, aber nicht bei der anderen.

Wenn Nutztiere wie Schweine, Schafe oder Rinder mithilfe der „Kerntransplantation" (*nuclear transfer*) geklont werden, überführt man die kombinierten männlichen und weiblichen DNA-Beiträge des Kerns einer ausgereiften Zelle in Gänze in eine kernlose Schweine-, Schaf- oder Rindereizelle. Oft läuft dann der streng organisierte Prozess von Demethylierung und anschließender Remethylierung (siehe Abbildung 11.6) nicht richtig ab, sodass sich die Mehrzahl der kerntransplantierten Zellen nicht entwickelt. Offensichtlich wird in solchen Fällen der männliche Pronucleus nicht spezifisch *im Gegensatz* zum weiblichen demethyliert, und die zeitlich exakt festgelegte Expression von Cytosin-Methylasen im Vier- bis Achtzellstadium des Embryos erfolgt oft nicht korrekt.

Ähnlich tief greifende Auswirkungen auf die frühe Entwicklung hat es, wenn man transgene Mäuse so manipuliert, dass die Dnmt1-Methylase größtenteils inaktiv ist. Solche Mäuse kommen als Kümmerlinge zur Welt, sind Träger chromosomaler Abnormitäten und leiden schon im Alter von sechs Monaten unter aggressiven Krebsformen.

Bei adulten Tieren oder Pflanzen findet man vielerlei Veränderungen in den Schemata der DNA-Methylierung. Diese Veränderungen sind einerseits Zeichen einer normalen, zeitabhängigen Alterung des Organismus, andererseits aber auch einer abnormen Veränderung normaler Zellen zu Krebszellen. Allerdings weiß man noch nicht, ob Veränderungen der Cytosin-Methylierung beim Krebs primäre Ereignisse sind oder sekundär anderen Phänomenen folgen, die Gene abschalten, etwa einer Histon-Deacetylierung. Wie auch immer, solche Veränderungen in der DNA-Methylierung erscheinen zuverlässig genug, um zu medizinischen Zwecken Krebs zu diagnostizieren, ohne dass eine chirurgische Bioptatentnahme nötig wäre (das jedenfalls belegen aktuelle klinische Studien).

Wie präzise mögen Veränderungen in der DNA-Methylierung und dem Altern oder Krebs bei Säugetieren auf unterster biochemischer Ebene korreliert sein? Altern und die Entstehung von Krebs haben größtenteils etwas mit der unzureichenden enzymatischen

Reparatur von Mutationen zu tun, bei denen aus einem C-G-Basenpaar ein T-G-Basenpaar geworden ist; diese Mutationen treten in methylierter DNA natürlicherweise und häufig auf. Wie schon erwähnt, wissen wir recht genau, dass tierische oder pflanzliche Genome, die in ihren CG-Basenpaarstufen meist Methylcytosin enthalten, eine geringere Zahl dieser Stufen aufweisen; diese liegt bei nur 10 Prozent, wogegen GC, CC oder GG jeweils mit einer Häufigkeit von 20 Prozent auftreten. Warum diese deutliche Unterzahl? Der Grund dafür ist einfach, dass Cytosinbasen (C) ihre Basenringe konstant bei geringer Rate „desaminieren" und so zur RNA-Base Uracil werden, wie in Abbildung 11.7 gezeigt. Diese Desaminierung macht aus CG-Stufen UG, aus GC GU und aus CC-Stufen CU, und das etwa einmal in der Minute irgendwo in einem großen Genom! Die meisten Zellen enthalten jedoch ein Reparaturenzym, die so genannte „Uracil-Glycosylase", die U-Basen herausschneidet, wo immer sie diese findet; anschließend ergänzt eine Reparatur-Polymerase die verbliebene G-Base des Paares wieder mit einer C-Base, um den Schaden zu beheben (siehe Abbildung 11.7c).

Ist aber die ursprüngliche Base zufällig Methylcytosin und nicht Cytosin, entsteht durch die Desaminierung die normale Base Thymin (T) und nicht die abnorme Base Uracil (U), wie Abbildung 11.7b zeigt. (Dieser Vorgang hat dasselbe Resultat wie das in Abbildung 11.3a gezeigte, aber ohne die Vermittung von Natriumbisulfit.) Die Desaminierung macht also aus einer m-CG-Stufe eine normale TG-Stufe, welche die Uracil-Glycosylase nicht reparieren kann. Es gibt ein weiteres Reparaturenzym namens „Thymin-Glycosylase", welches die Fehlpaarung von TG auf einem Strang mit CG (wobei sich G mit T verpaart) auf dem anderen erkennt, das T herausschneidet und es mithilfe einer Reparatur-Polymerase (siehe Abbildung 11.7d) durch ein C ersetzt. Doch die Thymin-Glycosylase ist bei der Behebung von Schäden weit weniger effektiv als die Uracil-Glycosylase. Eine einzelne m-CG-Stufe wird daher bei Säugetieren mit einer Halbwertszeit von 1000 bis 10000 Jahren zu TG zerfallen, wenn nicht gerade dieses spezielle m-CG essenziell für die Funktion der Zelle ist. Insgesamt summieren sich all diese Prozesse zu einer langfristigen Schadwirkung von CG-Stufen innerhalb des Säugergenoms, während die Häufigkeit der Zerfallsprodukte TG und CA oft zunimmt.

Vergleicht man menschliche DNA aus adulten Geweben mit embryonaler menschlicher DNA, stößt man oft auf zahlreiche Mutationen von CG-Stufen zu TG-Stufen, die mit dem Lebensalter, Autoimmunkrankheiten oder Krebs korreliert sind. Die meisten Mutationen bei Enddarmkrebs oder Hirntumoren beispielsweise sind natürliche Desaminierungen der oben beschriebenen Art. Andere Mutationen können durch um-

Abb. 11.7 Zwei chemische Zerfallsprozesse, gefolgt von enzymatischer Reparatur, beeinflussen die Zusammensetzung der Basenpaarstufen tierischer und pflanzlicher Genome. Bild a zeigt, wie Cytosin durch Desaminierung mit geringer, aber kontinuierlicher Rate zu Uracil zerfällt. Bild b zeigt den ähnlichen Vorgang des langsamen, aber kontinuierlichen Zerfalls von 5-Methylcytosin zu Thymin. In Bild c erkennt man, dass die Veränderung einer Basenpaarstufe von CG zu UG durch ein Reparaturenzym namens „Uracil-Glycosylase" behoben werden kann, das abweichende Uracilbasen (die normalerweise in der DNA nicht vorkommen) sucht und komplett herausschneidet. Eine Reparatur-Polymerase ersetzt dann die fehlende Base. Basenpaarstufen-Veränderungen in Gestalt von m-CG zu TG aber (Bild d) lassen sich nicht so wirksam beheben, weil Thymin eine normale DNA-Base ist. Ein anderes Reparaturenzym, die „Thymin-Glycosylase", entfernt bestimmte Veränderungen von m-CG zu TG, weil sie die Fehlpaarung TG zwischen der mutierten TG-Sequenz und ihrem CG-Gegenstück auf dem anderen Strang erkennt; darin ist sie allerdings nicht sehr effektiv, sodass sich Veränderungen von m-CG zu TG trotz Reparatur allmählich akkumulieren. Insgesamt läuft all dies auf eine Verringerung der CG-Sequenzen in tierischen und pflanzlichen Genome hinaus, wo immer Cytosinbasen typischerweise methyliert werden.

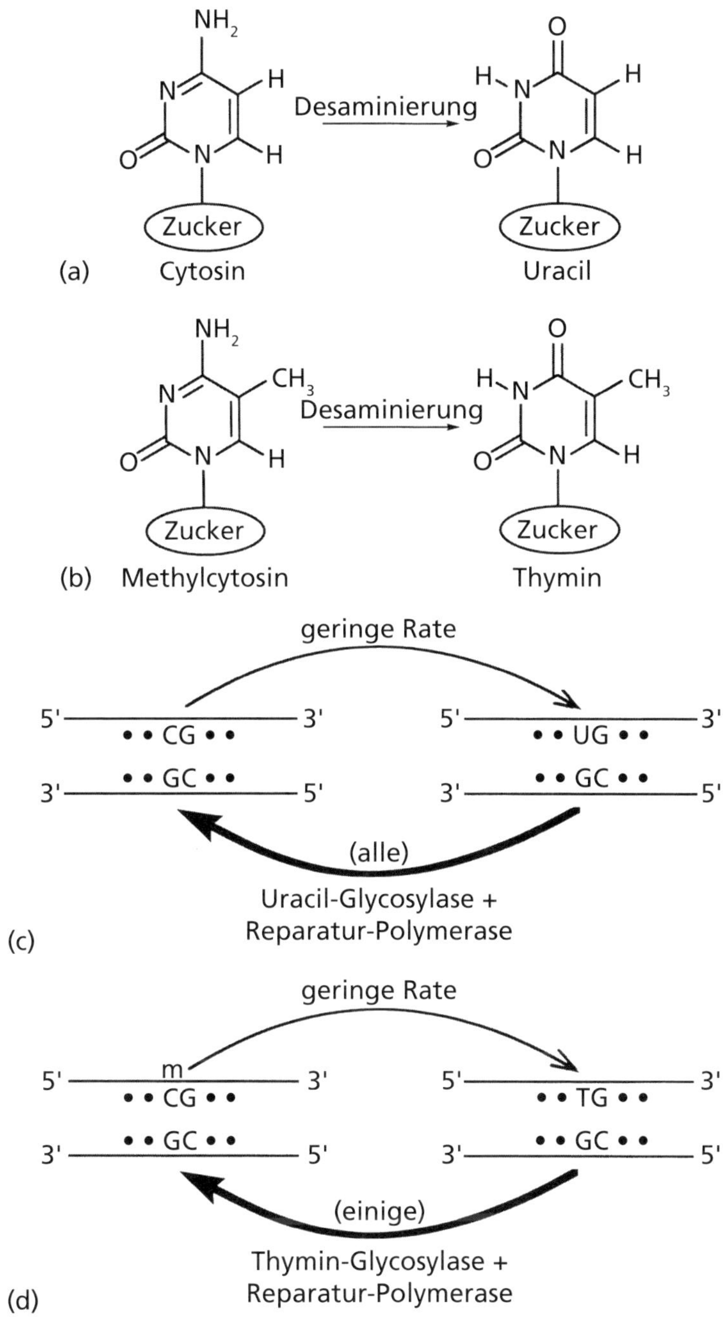

NH_2
Desaminierung
Zucker
(a) Cytosin
Uracil
NH_2
CH_3
Desaminierung
Zucker
(b) Methylcytosin
Thymin
geringe Rate
5' • • CG • • 3'
3' • • GC • • 5'
5' • • UG • • 3'
3' • • GC • • 5'
(alle)
Uracil-Glycosylase +
Reparatur-Polymerase
(c)
geringe Rate
m
5' • • CG • • 3'
3' • • GC • • 5'
5' • • TG • • 3'
3' • • GC • • 5'
(einige)
Thymin-Glycosylase +
Reparatur-Polymerase
(d)

weltbedingte Schädigungen, wie Sonnenlicht oder Karzinogene, entstehen. Jedenfalls ist es wahrscheinlich, dass wir schon bald über diagnostische Tests für Enddarmkrebs, Alterung oder Unfruchtbarkeit verfügen werden, die auf der Analyse spezifischer CG-zu-TG-Stufen-Mutationen basieren; diese Mutationen häufen sich natürlicherweise, während wir älter werden, aber bei verschiedenen Personen mit unterschiedlicher Rate. Wenn etwa die normalerweise nicht methylierten CG-Stufen innerhalb einer „CG-Insel" fälschlicherweise methyliert werden, hat dies meist sehr ernste Folgen; so könnte es ein essenzielles Gen für ein Tumor-Suppressorprotein abschalten und damit direkt Krebs verursachen.

Urplötzlich hat diese Darstellung eine unangenehme Wendung genommen, weil die Cytosin-Methylierung uns offenbar alt und krank macht, ohne dass eine Heilung möglich wäre! Warum soll sich ein solch gefährliches System entwickelt haben? Wenn Fliege oder Wurm ohne die Cytosin-Methylierung auskommen, warum dann nicht auch wir? Nun, bei genauerem Hinsehen wird deutlich, dass das biochemische System der DNA-Methylierung in Kombination mit einem Zerfall von Methylcytosin zu Thymin tatsächlich eine exzellente Abwehr gegen eindringende Fremd-DNA darstellt, die während unserer langen Evolutionsgeschichte wahrscheinlich unerlässlich war.

In die menschliche Spezies (oder ihre Urahnen) drangen im Verlauf der letzten 50 Millionen Jahre beispielsweise etwa 10 000-mal fremde DNA-Elemente ein, so genannte „mariner-Transposons" (englisch *mariner*, „Seefahrer"), die in spezialisierten einzelligen Mikroorganismen, den Trypanosomen, ansässig sind; diese leben wiederum in Insekten wie der Tsetsefliege. Beißt eine infizierte Tsetsefliege einen Menschen, gelangen einige ihrer Trypanosomen in dessen Blutbahn, wo sie sich vermehren und Krankheiten wie Schlafkrankheit oder Chagas-Krankheit verursachen können. Einmal im Blut, können Trypanosomen auch Geschlechtszellen (meist die Spermatozoen) mit ihrer mobilen DNA (oder Fliegen-DNA) infizieren und so mariner-Transposons in die menschliche Keimbahn und also auch in nachfolgende Generationen einbringen!

Wie mögen sich unsere Vorfahren gegen solche urzeitlichen DNA-Invasionen verteidigt haben, die heute erstaunliche 45 Prozent des menschlichen Genoms stellen? Ihre Verteidigung bestand hauptsächlich in einem Methylierungs-Abwehrsystem, das folgendermaßen arbeitet: Da die eindringenden DNA-Elemente meist noch einen hohen Gehalt an CG-Dinucleotiden haben, weil sie Mikroorganismen entstammen, die nicht über die Cytosin-Methylierung verfügen, konnten die Zellen unserer Vorfahren praktisch sofort an alle ungeschützten CG-Dinucleotide innerhalb der Fremd-DNA Methylgruppen anfügen, wie in den Abbildungen 11.8a und b gezeigt. So ließen diese Zellen jegliche Fremdgene verstummen, die vielleicht für den Einbau oder das „Springen" fremder DNA innerhalb eines Chromosoms oder aber für die Bildung einer RNA-Kopie zwecks Vermehrung der Fremd-DNA verantwortlich waren.

Durch dieses System werden auch die meisten CG-Sequenzen im menschlichen Chromosom methyliert und damit inaktiv. Das menschliche Genom ist jedoch so konstruiert, dass es eine Vielzahl so genannter „CG-Inseln" enthält, wo CG-Sequenzen durch eng gebundene Proteine, welche die Transkription erleichtern, vor der Methylierung geschützt sind. Dieser Schutz erstreckt sich fast über die gesamten Inseln, sodass sie aktive Gene spezifizieren können, wenn nötig (siehe Abbildung 11.8b).

Nachdem also eine eingedrungene DNA durch CG-Methylierung abgeschaltet wurde, beginnen ihre codierenden Regionen allmählich zu zerfallen, weil die methylierten CG-Stufen kontinuierlich zu TG desaminiert werden, ohne dass eine Reparatur erfolgt (Abildung 11.8c). Die meisten Fremdgene werden daher über wenige Generationen mutiert und inaktiviert. Man kann sogar Fremdgene innerhalb des menschlichen Genoms

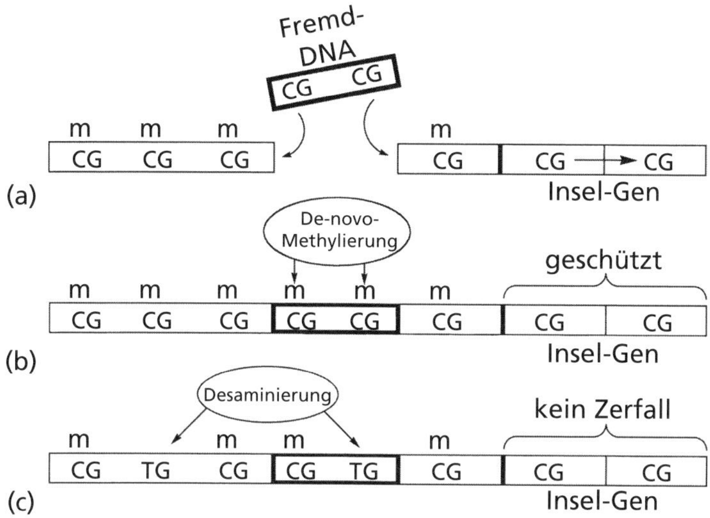

Abb. 11.8 Die Cytosin-Methylierung dient als Abwehrsystem gegen eindringende Fremd-DNA, etwa gegen Transposons oder Retrotransposons. Wie Bild a zeigt, enthält die Fremd-DNA meist nicht methylierte CG-Sequenzen, besonders wenn sie aus einfachen Tieren wie Würmern oder Fliegen stammt. Auf der rechten Seite sind eine „CG-Insel" und ihr assoziiertes Gen erkennbar, die typischerweise nicht methyliert bleiben. Bild b zeigt, dass De-novo-Methylasen wie Dnmt3a oder 3b rasch Methylgruppen an die Fremd-DNA anfügen, während eine möglicherweise benachbarte CG-Insel durch gebundene Proteine vor der Methylierung geschützt bleibt. In Bild c schließlich ist zu erkennen, dass alle methylierten CG-Stufen – im tierischen Genom wie in der Fremd-DNA – langsam, aber kontinuierlich zu TG desaminiert werden; in einer nahe gelegenen, nicht methylierten CG-Insel dagegen geschieht dies nicht. Fremdgene werden also umgehend, aber reversibel durch zelluläre Methylasen abgeschaltet; ein allmähliches, aber permanentes Abschalten erfolgt dann durch Mutation von m-CG zu TG in ihren codierenden Regionen.

untersuchen und anhand der Zerfallsrate von CG- zu TG-Stufen den ungefähren Zeitpunkt ihres Eindringens schätzen, so wie man sich in der Physik an der radioaktiven Halbwertszeit orientiert.

Erstaunlicherweise lösen DNA-Oligonucleotide, die man für medizinische Zwecke an Menschen getestet hat (siehe Anhang 3), manchmal eine Immunantwort im menschlichen Blut aus, wenn sie zufällig eine oder mehrere nicht methylierte CG-Basenpaarstufen enthalten. Offenbar ist der menschliche Körper so konstruiert, dass er mehrere „Verteidigungslinien" gegen eindringende Mikroorganismen-DNA hat: einerseits die Immunantwort im gesamten Körper und andererseits die Methylierungsreaktion innerhalb einzelner Zellen.

Insgesamt wissen wir nun, wie die Cytosin-Methylierung in der DNA biochemisch bei Menschen und Pflanzen funktioniert – über eine Vielfalt von Enzymen und über spezifische Interaktionen zwischen Proteinen auf Ebene des Chromosoms. Wir sind außerdem auf ihre große Bedeutung für biologische oder medizinische Phänomene wie Embryonalentwicklung, Altern oder Krebs eingegangen. Wie aber mögen spezifische Muster der DNA-Methylierung im embryonalen Frühstadium zustande kommen? Und wie lassen sich solche Muster wohl kontrolliert so verändern, dass sie bei adulten Individuen Alterung oder Krebsenetwicklung bremsen?

Wie die Muster der DNA-Methylierung bei Embryonen im Frühstadium festgelegt wird, weiß bislang niemand genau; wir können nur über die Möglichkeiten spekulieren. Wir wissen, dass der männliche Pronucleus (Vorkern) gleich nach der Befruchtung fast all sein methyliertes Cytosin verliert (außer in Imprinting-Regionen); der weibliche Vorkern büßt (außer in Imprinting-Regionen) einen Teil seines Methylcytosins durch eine begrenzte Zahl von Zellteilungen ein, bevor erstmals eine Methylase aktiv wird. Nachdem aber die De-novo-Enzyme Dnmt3a und Dnmt3b exprimiert sind, werden sie irgendwie so gesteuert, dass sie im gesamten Genom des heranwachsenden Embryos mit hoher Spezifität neue Methylgruppen einfügen; so entstehen unterschiedliche Gewebe. Nicht alle alten Methylgruppen aus dem ursprünglichen Spermatozoon oder der Eizelle gehen verloren, besonders nicht solche in Imprinting-Regionen und auf Chromosomen weiblicher Herkunft. Vielleicht bilden diese Vorgängermuster die Initiationsstellen für die weitere De-novo-Methylierung?

Andere epigenetische Faktoren, etwa die Histon-Acetylierung oder -Methylierung, könnten eine solche De-novo-DNA-Methylierung in bestimmte Genomregionen lenken und von anderen fernhalten. Einen Beitrag könnten auch kleine RNA-Moleküle leisten, die bei Tieren und Pflanzen als „Wegweiser“ für die De-novo-Cytosin-Methylierung dienen. Wir wissen, dass kleine RNA-Fragmente die 2'-Ribose-Methylierung ribosomaler RNA und auch den Abbau von messenger-RNA durch Nucleasen steuern können (siehe Anhang 3). Lange repetitive RNA-Moleküle wie *Xist* oder *Air* könnten zudem die De-novo-Cytosin-Methylierung im gesamten Genom induzieren, ebenso im X-Chromosom und in Imprinting-Stellen.

Am Ende bleibt noch die Frage, wie man spezifische Methylierungsmuster für medizinische Zwecke verändern könnte, etwa um das Altern aufzuhalten oder Krebs abzuwenden. Die demethylierende Substanz 5-Azacytosin ist zu toxisch, um sie Menschen zu verabreichen; allerdings zeigt auch die verträglichere Substanz Valproat eine gewisse Aktivität dieser Art. Die Gesamtaktivität der Methylasen lässt sich durch den Einsatz von „Antisense“-Oligomeren reduzieren, welche die messenger-RNA für Dnmt1 abbauen; mithilfe von Oligomeren, die 5-Methylcytosin enthalten, könnte man möglicherweise bei bestimmten Genen Methylgruppen anfügen. Einige Forscher haben Antisense-Oligomere benutzt, um RNA-Moleküle wie *Xist* abzubauen, welche das Methylierungs-Imprinting steuern und in lebenden Zellen eigene Antisense-Moleküle („*Tsix*“) zeigen. Diese Arbeiten sind zwar sehr viel versprechend, scheinen aber von einer klinischen Anwendung noch weit entfernt zu sein.

Zum Schluss noch eine Bemerkung: Wenn Sie als Student am Ende dieses Kapitels angelangt sind und auch die anderen Kapitel dieses Buches gelesen haben, so haben Sie vieles über die Struktur der DNA und ihre biologische Funktion gelernt. Die Wissenschaftler früherer Zeiten waren nicht weniger klug als die heutigen, aber ihnen fehlten die Technologien, um gute Experimente durchzuführen. Zudem nahmen sie die Welt in jedem Zeitalter anders wahr: Viele ihrer traditionellen Vorstellungen haben sich inzwischen als falsch erwiesen! Wenn Sie also über eine eigene Zukunft in als Wissenschaftler nachdenken, seien Sie stets darauf bedacht, offen für Neues zu sein. Und denken Sie daran, was Aldous Huxley im Jahre 1960 über die wissenschaftliche Forschung geschrieben hat: »Was wir wahrnehmen, hängt davon ab, durch welches konzeptionelle Sieb es gefiltert wurde.«

Weiterführende Literatur und Bibliographie

Frühe Hypothesen und neuere Übersichten

Holliday, R.; Pugh, J. E. *DNA modification mechanisms and gene activity during development.* In: *Science* 187 (1975) S. 226–232. Früher Artikel, der auf die mögliche Bedeutung der Cytosin-Methylierung für die Genaktivität hinweist.

Jaenisch, R.; Bird, A. *Epigenetic regulation of gene expression: how the genome integrates intrinsic and environmental signals.* In: *Nature Genetics Supplement* 33 (2003) S. 245–254. Zusammenfassung der zahlreichen Faktoren und/oder Proteine, welche die Muster der Cytosin-Methylierung beeinflussen.

Millar, D. S.; Holliday, R.; Grigg, G. W. *Five not four: history and significance of the fifth base.* In: *The Epigenome: Molecular Hide and Seek*, S. Beck; A. Olek (Hrsg.) New York (Wiley Academic Press) 2003. Historische Übersicht zu 5-Methylcytosin und seiner Rolle in der Biologie.

Riggs, A. D. *X inactivation, differentiation and DNA methylation.* In: *Cytogenetics and Cellular Genetics* 14 (1975) S. 9–25. Früher Artikel, der auf die Bedeutung der Cytosin-Methylierung für die Inaktivierung des X-Chromosoms hinweist.

Turner, B. M. *Chromatin and Gene Regulation: Molecular Mechanisms in Epigenetic*, Oxford (Blackwell Science) 2001. Überblick zum Chromatin im Zusammenhang zu epigenetischen Phänomenen wie der DNA- oder Histon-Methylierung.

Chemische oder enzymatische Methoden zur Analyse der Methylierung

Fraga, M. F.; Esteller, M. *DNA methylation: a profile of methods and applications.* In: *Biotechniques* 33 (2002) S. 632–649. Übersicht zu den Methoden, die zur Analyse der Cytosin-Methylierung an bestimmten Stellen der chromosomalen DNA eingesetzt werden.

Gonzalgo, M. L.; Jones, P. A. *Quantitative methylation analysis using methylation-sensitive single-nucleotide primer extension.* In: *Methods* 27 (2002) S. 128–133. Durch Verlängerung eines kurzen Primers durch eine DNA-Polymerase bei mit Bisulfit behandelter DNA lässt sich bestimmen, ob sich an einer Position 5-Methylcytosin oder normales Cytosin befindet.

Grigg, G.; Clark, S. *Sequencing 5-methyl-cytosine residues in genomic DNA.* In: *Bioessays* 16 (1994) S. 431–436. Erfindung der Bisulfit-Methode, um zu bestimmen, ob eine Base Cytosin oder 5-Methylcytosin ist.

Li, J.; Protopopov, A.; Wang, E; Senchenko, V. et al. *Not I subtraction and Not I-specific microarrays to detect copy number and methylation changes in whole genomes.* In: *Proceedings of the National Academy of Sciences,* USA 99 (2002) S. 10724–10729. Enzymatische Methode zur Charakterisierung normaler Zellen im Vergleich zu Krebszellen, basierend auf der Empfindlichkeit von *Not1* (GCGGCCGC) für eine Methylierung von CG-Stufen.

Millar, D. S.; Warnecke, P. M.; Melki, J. R.; Clark, S. J. *Methylation sequencing from limiting DNA: embryonic, fixed and microdissected cells.* In: *Methods* 27 (2002) S. 108–113. Vorgehensweisen für die Bisulfit-Analyse der Cytosin-Methylierung bei kleinen Mengen DNA.

Cytosin-Methylierung in kompletten Genomen

Amoreira, C.; Hindermann, W.; Grunau, C. *An improved version of the DNA methylation database.* In: *Nucleic Acids Research* 31 (2003) S. 75–77. Internet-Zusammenstellung aller Daten zur Cytosin-Methylierung unter *http://www.methdb.net.*

Bird, A. P. *CpG-rich islands and the function of DNA methylation.* In: *Nature* 321 (1986) S. 209–213. Ein kleiner Prozentsatz menschlicher DNA besteht aus kleinen, CG-reichen Regionen, so genannten „Inseln", die meist nicht methyliert bleiben und möglicherweise die regulatorische Sequenz für ein benachbartes Gen enthalten.

Ramsahoye, B. H.; Biniszkiewicz, D.; Lyko, E; Clark, V. et al. *Non-CpG methylation is prevalent in embryonic stem cells and may be mediated by DNA methyltransferase Dnmt3a.* In: *Proceedings of the National Academy of Sciences,* USA 97 (2000) S. 5237–5242. Nicht-CG-Sequenzen der DNA können in embryonalen Stammzellen 5-Methylcytosin enthalten, wo Dnmt3a gelegentlich Methylgruppen bei CA- und CT-Sequenzen ergänzt.

Tomso, D. J.; Bell, D. A. *Sequence content at human SNPs: over-representation of the CG dinucleotide at polymorphic sites, but suppression of variation in CpG islands*. In: *Journal of Molecular Biology* 327 (2003) S. 303–308. CG-Dinucleotide sind an allgemein methylierten Stellen polymorpher als andere, bedingt durch chemische Instabilität ohne Reparatur aufgrund von Desaminierung; in „CG-Inseln" jedoch sind sie weniger polymorph, weil Cytosin dort nicht methyliert wird.

Cytosin-Methylierung bei Krebs, Embryonalentwicklung und Klonen

Cezar, G. G.; Bartolomei, M. S.; Forsberg, E. J.; First, N. L. et al. *Genome-wide epigenetic alterations in cloned bovine fetuses*. In: *Biology of Reproduction* 68 (2003) S. 1009–1014. Durch Kerntransplantation erzeugte Rinderembryonen zeigen eine geringere Cytosin-Methylierung, was zur Abstoßung der Frucht führt.

Clark, S. J.; Melki, J. M. *DNA methylation and gene silencing in cancer: which is the guilty party*? In: *Oncogene* 21 (2002) S. 5380–5387. Das Abschalten von Genen vor der Cytosin-Methylierung könnte die Ursache für menschliche Krebserkrankungen sein.

Gaudet, F; Hodgson, J. G.; Eden, A.; Jackson-Grusby, L. et al. *Induction of tumors in mice by genomic hypomethylation*. In: *Science* 300 (2003) S. 489–492. Transgene Mäuse mit geringen, aber nicht letalen Mengen an Dnmt1 zeigen schon früh chromosomale Veränderungen und Krebs.

Hardeland, U.; Bentele, M.; Lettieri, T.; Steinancher, R. et al. *Thymine DNA glycosylase*. In: *Progress in Nucleic Acid Research and Molecular Biology* 68 (2001) S. 235–253. Die Thymin-Glycosylase repariert Mutationen (m-CG zu TG), ebenso wie die Uracil-Glycosylase (CG zu UG).

Pfeifer, G. P.; Denissenko, M. F. *Formation and repair of DNA lesions in the p53 gene: relation to cancer mutations*? In: *Environmental and Molecular Mutagenesis* 31 (1998) S. 197–205. Einige Krebs verursachende Mutationen sind biochemisch (m-CG zu TG), andere durch Umweltfaktoren (Sonnenlicht, Karzinogene) bedingt.

Santos, F; Hendrich, B.; Reik, W.; Dean, W. *Dynamic reprogram-ming of DNA methylation in the early mouse embryo*. In: *Developmental Biology* 241 (2002) S. 172–182. Der Verlust der Methylierung bei der männlichen Vorkern-DNA erfolgt innerhalb von sechs Stunden nach der Befruchtung, vielleicht, weil die Demthylase spermienspezifisch ist; die weibliche Vorkern-DNA dagegen bleibt zunächst methyliert und büßt ihre Methylierung dann passiv im Zuge der Zellteilung ein; die Methylasen Dnmt1, Dnmt3a und Dnmt3b schließlich werden in einem späteren Stadium aktiv.

Pharmazeutische Strategien, die sich der Cytosin-Methylierung bedienen

Goffin, J.; Eisenhauer, E. *DNA methyltransferase inhibitors -state of the art*. In: *Annals of Oncology* 13 (2002) S. 1699–1716. 5-Azacytidin und 5-Azadesoxycytidin, die Methylasen hemmen, sowie ein Antisense-Oligonucleotid, das an die messenger-RNA für Dnmt1 bindet, werden auf Anti-Krebs-Wirkung getestet.

Holliday, R.; Ho, T. *DNA methylation and epigenetic inheritance*. In: *Methods* 27 (2002) S. 179–183. Bestimmte Gene können mithilfe von 5-Azacytidin (einem Methylasehemmer) aktiviert oder durch 5-Methylcytosin-Triphosphat (wenn dieses während der Replikation eingebaut wird) abgeschaltet werden.

Krieg, A. M. *Mechanisms and applications of immune stimulatory CpG oligonucleotides*. In: *Biochimica et Biophysica Acta* 1489 (1999) S. 107–116. Bestimmte DNA-Oligonucleotide rufen beim Menschen eine Immunantwort hervor, wenn sie nicht methylierte CG-Sequenzen enthalten, die mikrobieller DNA ähneln.

Yao, X.; Hu, J. F.; Daniels, M.; Shiran, H. et al. *A methylated oligo-nucleotide inhibits IGF2 expression and enhances survival in a model of hepatocellular carcinoma*. In: *Journal of Clinical Investigation* 111 (2003) S. 265–273. Ein DNA-Oligonucleotid, das 5-Methylcytosin enthält, kann an bestimmten DNA-Stellen in der Zelle eine veränderte Methylierung hervorrufen.

Enzyme oder Proteine, welche die Cytosin-Methylierung regulieren

Cervoni, N.; Szyf, M. *Demethylase activity is directed by histone acetylation.* In: *Journal of Biological Chemistry* 276 (2001) S. 40778–40787. Verstärkte Acetylierung von Histonen führt zur aktiven Demethylierung benachbarter DNA; das dafür verantwortliche Enzym ist allerdings noch unbekannt.

Chedin, P.; Lieber, M. R.; Hsieh, C.-L. *The DNA methyltransferase-like protein Dnmt3L stimulates de novo methylation by Dnmt3a.* In: *Proceedings of the National Academy of Sciences,* USA 99 (2002) S. 16916–16921. Das Protein Dnmt3L, verantwortlich für das Methylierungs-„Imprinting" im weiblichen Genom, stimuliert die De-novo-Cytosin-Methylierung durch Dnmt3a, aber nicht durch Dnmt3b.

Fuks, F.; Hurd, P. J.; Wolf, D.; Nan, X. et al. *The methyl-CpG-binding protein MeCP2 links DNA methylation to histone methylation.* In: *Journal of Biological Chemistry* 278 (2003) S. 4035–4040. Das Säugetierprotein MeCP2, das spezifisch an CG-methylierte DNA bindet, bindet auch spezifisch (vielleicht über Dnmt1) an Histon-Deacetylasen und Histon-Methylasen.

Huang, N.; Banavali, N. K.; MacKerell, A. D. Jr. *Protein-facilitated base-flipping in DNA by cytosine-5-methyl-transferase.* In: *Proceedings of the National Academy of Sciences, USA* 100 (2003) S. 68–73. Eine Cytosinbase kann aus einer Doppelhelix springen und durch die bakterielle Methylase M.*Hha* I (die der menschlichen Dnmt2 ähnelt) methyliert werden.

Kimura, H.; Shiota, K. *Methyl-CG-binding protein MeCP2 is a target for the maintenance DNA methyltransferase Dnmt1.* In: *Journal of Biological Chemistry* 278 (2003) S. 4806-12. Das Säugetierprotein MeCP2, das spezifisch an CG-methylierte DNA bindet, bindet auch spezifisch an Dnmt1.

DNA-Methylierung bei Pflanzen, Pilzen, Fliegen und Bakterien

Aufsatz, W.; Mette, M. F.; Winden, J. van der; Matzke, A. J.; Matzke, M. *RNA-directed DNA methylation in Arabidopsis.* In: *Proceedings of the National Academy of Sciences,* USA 99 (2002) S. 16499–16506. Kurze doppelsträngige RNA von 21 bis 24 Nucleotiden Länge kann bei Pflanzen messenger-RNA im Cytoplasma abbauen, oder eine De-novo-Methylierung der DNA im Nucleus induzieren: Jede Cytosin-Base in RNA und DNA wird durch ein unbekanntes Enzym methyliert.

Hamilton, A.; Voinnet, O.; Chappell, L.; Baulcombe, D. *Two classes of short interfering RNA in RNA silencing.* In: *EMBO Journal* 21 (2002) S. 4671–4679. Kurze RNA von 21 Nucleotiden Länge steuert den Abbau von messenger-RNA im Cytoplasma, während kurze RNA von 25 Nucleotiden Länge die Cytosin-Methylierung der DNA im Nucleus steuert.

Kato, M.; Miura, A.; Bender, J.; Jacobsen, S. E. et al. Role of CG and non-CG methylation in immobilization of transposons in Arabidopsis. In: *Current Biology* 13 (2003) S.421–426. Zwei Maintenance-Methylasen (MET1 für CG oder CMT3 für CNG) unterdrücken das „Springen" von DNA-Transposons bei der Pflanze *Arabidopsis thaliana* (Ackerschmalwand).

Tamaru, H.; Selker, E. U. *Synthesis of signals for de novo DNA methylation in Neurospora crassa. In: Molecular and Cellular Biology* 23 (2003) S. 2379–2394. Wiederholungssequenzen aus leicht entwundenen Sequenzen $(TAAA)_n$ oder $(TTAA)_n$ induzieren bei einem Brotschimmel eine De-novo-Methylierung bei benachbarten CG-Sequenzen.

Tamaru, H.; Zhang, X.; McMillen, D.; Singh, P. B. et al. *Trimethylated lysine 9 of histone H3 is a mark for DNA methylation in Neurospora crassa.* In: *Nature Genetics* 34 (2003) S. 75–79. Das Anfügen von Methylgruppen an Lysin 9 vom Histon H3 geht mit einer Chromatin-Kondensation (Hefen, Fliegen) oder Cytosin-Methylierung (Schimmel, Säugetiere, Pflanzen) einher.

Urig, S.; Gowher, H.; Hermann, A.; Beck, C. et al. *The Escherichia coli dam DNA methyltransferase modifies DNA in a highly processive reaction.* In: *Journal of Molecular Biology* 319 (2002) S. 1085–1096. Die bakterielle N6-Adenin-Methylase steuert Replikation, Genexpression und Reparatur von Fehlpaarungen durch Modifikation einer Sequenz GATC.

Nachwort

Unser Buch ist nicht besonders umfangreich, aber die Erforschung der DNA ist eindeutig ein großes, wahrscheinlich sogar ein sehr großes Thema. In elf Kapiteln sind wir auf die unserer Ansicht nach wichtigsten und am besten erforschten Aspekte der DNA-Forschung eingegangen. Auf einige Kapitel zu anderen, weniger gut erforschten Gebieten aber haben wir verzichtet; mögliche Themen wären beispielsweise (a) die chemische Theorie der Basenstapelung bei an Antibiotika oder Proteine gebundener DNA, (b) die „Rekombination" des DNA-Moleküls durch unterschiedliche Enzyme, die seine beiden Stränge vertauschen und dann neu verbinden, (c) der mögliche Einsatz von DNA bei der Konstruktion winziger molekularer Apparate oder neuartiger Computergeräte, so genannter „Nanotechnologie", und (d) die Auswirkung der Genomsequenzierung auf unser Bild von der molekularen Evolution und die offenkundigen historischen Verbindungen zwischen vielen verschiedenen Lebensformen der Erde.

Die chemische Theorie der Basenstapelung (a) bei freier DNA wird in Anhang 2 kurz dargestellt, wobei wir insbesondere auf die jüngste Forschung von Chris Hunter eingehen. Wahrscheinlich wissen wir über andere Aspekte der chemischen Theorie der DNA schon bald mehr, besonders im Hinblick auf ihre spezifischen Wechselwirkungen mit Proteinen, da derzeit fast jede Woche neue röntgenanalytisch ermittelte Protein-DNA-Strukturen veröffentlicht werden.

Was die Rekombination (b) betrifft, möchten wir betonen, dass die Anordnung von Basenpaaren über lange Strecken entlang eines chromosomalen DNA-Moleküls nicht immer starr festgelegt ist; sie kann sich durch verschiedene enzymatische Vorgänge leicht verändern, während die Zelle wächst und sich teilt. Solche *rekombinatorischen* Veränderungen können sogar noch vor der Befruchtung einer Eizelle durch ein Spermatozoon erfolgen, wenn sich bei der Bildung der Geschlechtszellenvorläufer homologe Chromosomenpaare zusammenfinden. Eine Rekombination vom Typus „V-D-J" spielt außerdem eine wichtige Rolle bei der Erzeugung immunologischer Vielfalt bei adulten menschlichen Zellen, dank derer dann T-Zellen oder Antikörper Fremdpartikel erkennen können. (Auch Veränderungen in der Basensequenz von CG zu TG können, wie in Kapitel 11 erwähnt, zu solcher Diversität beitragen.) Nicht zuletzt erfolgt die Rekombination bei reifen Zellen häufig im Zuge des allgemeinen DNA-Reparaturmechanismus, bei dem ein ernsthaft beschädigter Basenabschnitt auf einem Chromosom herausgeschnitten werden und durch intakte Basen von einem benachbarten homologen Chromosom ersetzt werden kann.

Bezüglich der Nanotechnologie (c) versuchen einige Wissenschaftler und Techniker (etwa der Visionär Ned Seeman) derzeit, die spezifischen Basenpaarungseigenschaftern der DNA zu nutzen, um elektronische, mechanische oder informationsverarbeitende Elemente in sehr kleiner, sich fast auf Atomebene bewegender Größenordnung anzuordnen. Bei der Herstellung winziger rotierender Elemente gab es bereits einige Fortschritte, indem man DNA in Form spezifischer und steuerbarer „Drehgelenke" konstruierte.

Allerdings stehen der Konstruktion wirklicher, nützlicher Apparaturen aus derart hoch flexiblen Bausteinen noch grundlegende Hindernisse im Weg.

Was die Evolutionsbiologie (d) betrifft, scheinen jüngste Entwicklungen in der Sequenzierung kompletter DNA-Genome gewaltige Informationsmassen über Hunderte unterschiedlicher Spezies erbracht zu haben. Diese Informationen lassen sich im Prinzip nutzen, um historische Beziehungen zahlreicher verschiedener Spezies zueinander abzuleiten – unter der Voraussetzung, dass Gene nur von den Eltern zu den Kindern weitergegeben werden; wir nehmen also an, dass kaum Gene „horizontal" *zwischen* den Arten ausgetauscht wurden. Die DNA-Sequenzierung kann auch Details der geringen genetischen Variation innerhalb der Arten offenbaren, wie die in Kapitel 11 erwähnten Polymorphismen beim Menschen. Mithilfe dieser Daten lassen sich historische Ereignisse der jüngeren Vergangenheit untersuchen, etwa die Besiedlung verschiedener Kontinente durch den Menschen oder der rätselhafte „Flaschenhals" der Populationsgrößen, der auftrat, als sich der *Homo sapiens* vor etwa 100 000 bis 200 000 Jahren entwickelte.

Ganz gleich, ob wir nun die chemische Grundlage der DNA-Struktur betrachten, die Rekombination, Nanotechnologie oder die molekulare Evolution – es gibt ein hervorstechendes Kennzeichen, in dem sich ein gut erforschtes Wissenschaftsgebiet von einem noch nicht so gut erforschten unterscheidet. Bei einem gut erforschten Wissenschaftsgebiet hat man eine recht genaue Vorstellung von den Beziehungen der Dinge untereinander und davon, wie sie im Vergleich zueinander strukturiert sind. Oft erklärt eine einzige Theorie Hunderte von experimentellen Befunden. Bei einem weniger gut erforschten Gebiet dagegen gibt es viele „Effekte" und „Faktoren" und lange Wörter, die man sich nur schlecht merken kann, aber nur wenige davon werden theoretisch zueinander in Beziehung gesetzt. Ein guter Rat für junge Studenten: Man erkennt diejenigen, die sich mit einem solchen Gebiet mit vielen Unbekannten beschäftigen, oft daran, dass sie sich weigern zu sagen, „Ich weiß es nicht!".

Unser Ziel sollte es daher sein, das, was wir wissen, von dem zu unterscheiden, was wir nicht wissen, und nicht so zu tun, als seien kluge Wörter ein Ersatz für strukturelles Wissen. Diesen wichtigen Gedanken hat vor langer Zeit schon John Locke formuliert, als er 1690 seinen *Versuch über den menschlichen Verstand* kommentierte:

> Wir müssen einfach annehmen, dass Engel jeglicher Art ein ungleich größeres Wissen haben als wir, und möglicherweise neiden wir ihnen diese Überlegenheit manchmal oder hadern damit, dass wir ihnen darin nicht ähnlicher sind. Wer über ihr so viel größeres Wissen nachdenkt, wird wohl kaum glauben, dass es auf einem *Spiel mit Worten* beruht, sondern vielmehr im Nachdenken über die Dinge und in einer tatsächlichen Wahrnehmung derselben; einer Wahrnehmung ihres Seins und ihrer Beziehungen zueinander. Nun, wenn dies so ist, dann sollten wir uns meiner Meinung nach darum bemühen, ihnen in dieser Eigenschaft so nahe wie möglich zu kommen, und dies haben wir durchaus selbst in der Hand.

Weiterführende Literatur

Theorie der Protein-DNA-Beziehung

Oobatake, M.; Kono, H.; Wang, Y.; Sarai, A. (2003) Anatomy of specific interactions between lambda represser and operator DNA. *Proteins* 53, S. 33–43. Eine Computeranalyse kann entscheidende Eigenschaften des Lambda-Repressor-Operator-DNA-Komplexes enthüllen, der für die spezifische Erkennung verantwortlich ist.

Parry, D.; Moon, S. A.; Liu, H. H.; Heslop, P.; Connolly, B. A. (2003) DNA recognition by the *Eco RV* restriction endonuclease using base analogues. *Journal of Molecular Biology* 331, S. 1005–1016. Durch chemische Veränderungen der Basenpaare innerhalb der *Eco-RV*-Erkennungsstelle GATATC wird deren Spezifität geprüft.

Tateno, M.; Yamasaki, K.; Amano, N.; Kakinuma, J. et al. (1997) DNA recognition by beta-sheets. *Biopolymers* 44, S. 335–359. Untersuchungen der allgemeinen interatomaren Kontakte, wenn Protein-Beta-Faltblätter zur DNA-Erkennung dienen.

Rekombination

Chen, L.; Huang, S.; Lee, L.; Davalos, A. et al. *WRN, the protein deficient in Werner syndrome, plays a critical structural role in optimizing DNA repair.* In: *Aging and the Cell* 2 (2003) S. 191–199. Ein Defekt der Rekombinations-Reparaturenzyme beim Menschen kann das so genannte Werner-Syndrom auslösen, das mit Krebsentstehung und vorzeitiger Alterung einhergeht.

Mucha, M.; Krol, J.; Goc, A.; Filipski, J. *Mapping candidate hotspots of meiotic recombination in segments of human DNA cloned into yeast.* In: *Molecular and Genetic Genomics* 270 (2003) S. 165–172. Die rekombinatorisch aktivsten Sequenzen beim Menschen können identifiziert werden, indem man sie durch Klonierung als „CG-Inseln" (Kapitel 11) und repetitive „Minisatelliten" (Kapitel 10) in Hefen überführt.

Seidman, M. M.; Glazer, P. M. *The potential for gene repair via triple helix formation.* In: *Journal of Clinical Investigation* 112 (2003) S. 487–494. DNA-Oligonucleotide, die einen dritten Strang bilden, können als potenzielle medizinische Therapeutika eine neue Rekombination und Reparatur induzieren.

Nanotechnologie

Okamoto, A.; Tanaka, K.; Saito, I. *Rational design of a DNA wire possessing an extremely high transport ability.* In: *Journal of the American Chemical Society* 125 (2003) S. 5066–5071. Der Einbau der modifizierten Base „Benzodeazaadenin" ermöglicht einen verbesserten „Lochtransport" durch eine DNA-Helix.

Sussman, H.E. *Nanodevices hold promise for gene therapy.* In: *Drug Discovery Today* 8 (2003) S. 564–565. Neue Entwicklungen der Nanotechnologie, die bei der DNA-Genmedizin zum Einsatz kommen könnten.

Zhu, L.; Lukeman, P. S.; Canary, J. W.; Seeman, N. C. *Nylon/ DNA: single-stranded DNA with a covalently stitched nylon lining.* In: *Journal of the American Chemical Society* 125 (2003) S. 10178–10179. Über einen neuen Komplex aus DNA und einem Nylon-Polymer, der bei der Entwicklung molekularer Apparaturen nützlich sein könnte.

Molekulare Evolution

Anzai, T.; Shiina, T.; Kimura, N.; Yanagida, K. et al. *Comparative sequencing of human and chimpanzee MHC class regions unveils insertions/deletions as the major path to genomic divergence.* In: *Proceedings of the National Academy of Sciences, USA* 100 (2003) S. 7708–7713. Detaillierter Vergleich von Menschen- und Schimpansen-DNA in einer wichtigen Genomregion.

Cooper, G. M.; Brudno, M.; Green, E. D.; Batzoglou, S. et al. *Quantitative estimates of sequence divergence for comparative analyses of mammalian genomes.* In: *Genome Research* 13 (2003) S. 813–820. Nutzung von DNA-Sequenzierungsdaten zur Untersuchung des möglichen Verlaufs der Säugetierevolution.

Thomas, J. W.; Touchman, J. W.; Blakesley, R. W.; Bouffard, G. G. et al. *Comparative analyses of multi-species sequences from target genomic regions.* In: *Nature* 424 (2003) S. 788–793. Untersuchung der molekularen Evolution durch DNA-Sequenzierung bei verschiedenen Wirbeltieren.

Anhang 1: Anmerkungen zur Herkunft bestimmter technischer Begriffe

Alle im Folgenden aufgeführten Begriffe wurden im Text eingeführt und erläutert. Hier soll vor allem die etymologische Herleitung der Wörter dargestellt werden.

Archaea (oder Archaebakterien): Mikroorganismen, die normalen Bakterien ähneln, aber molekular anders organisiert sind. Griechisch *archaios* = uralt, ehemalig.

Bacteria (Einzahl Bacterium): Latinisierte Verkleinerungsform des griechischen Wortes *baktron* = Stab.

Chromosom: Filamentöse Struktur im Zellkern, die nach Behandlung mit chemischen Farbstoffen unter dem Lichtmikroskop gefärbt erscheint. Griechisch *chroma* = Farbe, *soma* = Körper.

Enzym: Organischer Katalysator, meist ein Protein. Aus dem griechischen Wort *zymosis* = Gärung, mit dem der Fermentationsvorgang beschrieben wird.

Eukaryot: Organismus, in dessen Zellen die DNA in einem Zellkern (Nucleus) enthalten ist. Vom griechischen *eu* = wohl, gut, und *karyon* = Nuss, Kern.

Gen: Vom griechischen *genesis* = Ursprung, Erzeugung. Vergleiche Generator, Generation, Genesis.

Homolog: Entsprechend. Vom griechischen *homoios* = gleichartig, ähnlich und *logos* = Wort.

Interphase: Aus zwei Wörtern zusammengesetzt, nämlich griechisch *phasis* = Erscheinung und lateinisch *inter* = zwischen; beschreibt das Bild in der Mitte des Zellzyklus.

Linear: Wie ein Linie, also mit zwei Enden und ohne Verzweigungen. Nicht zwangsläufig gerade oder in einer Ebene verlaufend (vergleiche zirkulär).

Metaphase: Aus zwei griechischen Wörtern zusammengesetzt, nämlich *phasis* = Erscheinung und *meta* = hinterher; beschreibt das Bild gegen Ende des Zellzyklus.

Nucleus: Lateinisch für „Nusskern, Kern"; bezeichnet den zentralen Kern der Zelle. Der Begriff wurde 1831 von dem Botaniker Robert Brown geprägt.

Oligomer: Kurze Ausführung (griechisch *oligos* = gering, wenig) eines langkettigen Moleküls.

Polymorph: Vielgestaltig. Aus den griechischen Wörtern *poly* = viel, zahlreich und *morphe* = Gestalt.

Prokaryot: Organismus (Bakterium oder Archaebakterium), bei dem die Zelle keinen Zellkern besitzt. Griechisch *pro* = vor der Zeit, früh, als käme der Zellkern später hinzu.

Protein: Vom griechischen *proteion* = erster Rang. Erstmals von Mulder auf die große Gruppe von Verbindungen angewandt; dabei folgte er einem Vorschlag, den der große Chemiker Berzelius 1838 gemacht hatte.

Topoisomerase: Vom griechischen *topos* = Ort, Stelle und *isos* = gleich, ähnlich. Die Endung -ase weist sie als Enzym aus. Ein Enzym, das die Verwindungszahl L der DNA verändert und so unterschiedliche DNA-Formen angleicht.

Torus: Ein Ring, ähnlich dem Nasenring eines Bullen. Vom griechischen *tauros* = Stier.

Translation: vom lateinischen *trans* = hinüber und *latus* = getragen (Partizip von *ferre* = tragen). Bezeichnet also die Bewegung eines Körpers ohne Rotation und die Decodierung von mRNA in ein Protein.

Zelle: Erstmals von Robert Hooke 1665 für die von ihm unter dem Mikroskop erblickten eckigen Hohlraumstrukturen im Kork verwendeter Begriff. Die Struktur ähnelte den Zellen einer Honigwabe, eines Klosters oder eines Gefängnisses.

Zirkulär: Wie ein Kreis im Sinne von nicht endlich, aber nicht unbedingt in einer Ebene liegend (vergleiche linear).

Anhang 2: Die chemische Theorie zu Interaktionen bei der Basenstapelung in der DNA

In Kapitel 2 haben wir erklärt, wie die Wasser abstoßenden, hydrophoben Basen eine DNA-„Leiter" in eine verdrehte doppelhelikale Form zwingen können; wir nannten dies einen Einfluss erster Ordnung auf die Struktur der DNA. In Kapitel 3 erklärten wir dann mit derselben hydrophoben Eigenschaft den „Propellertwist", den man bei Watson-Crick-Basenpaaren für gewöhnlich vorfindet; diesen beschrieben wir als schwächeren Einfluss „zweiter Ordnung". Der Propellertwist macht die Basenstapelung viel komplizierter, als sie es bei planen Basenpaaren wäre; gleichzeitig erklärt er einige Aspekte des Konformationsverhaltens doppelhelikaler DNA. In Kapitel 3 erwähnten wir auch, welchen Beitrag die elektrischen Partialladungen innerhalb der Basenpaare zur Basenstapelung leisten, um einige der strukturellen Einflüsse zweiter Ordnung genauer zu erklären. Und wir kündigten an, dass wir in Anhang 2 näher darauf eingehen würden.

Wir wollen also an dieser Stelle mehr über die elektrischen Partialladungen der organischen DNA-Basen sagen, welche das Überlappen oder die Stapelung benachbarter Basenpaare beeinflussen; und wir werden einige Beobachtungen hinsichtlich der Basenstapelung beschreiben, die sich nur durch die Partialladungen erklären lassen. Außerdem stellen wir kurz einige neuere Beobachtungen zur Kristallstruktur der DNA vor, die zeigen, dass der Propellertwist bei der Stapelungsanordung entscheidend mitwirkt.

Im Verlauf der letzten zehn Jahre hat Chris Hunter eine neue detaillierte Theorie zur spezifischen Stapelung der DNA-Basenpaare entwickelt, die verschiedene Formen chemischer Energie, auch schwache Wechselwirkungen zwischen Partialladungen innerhalb der Basenpaare, berücksichtigt. Zuvor hatte er mit gewissem Erfolg eben diese Theorie benutzt, um das Stapelungsverhalten großer, flacher Moleküle – so genannter Porphyrine – zu beschreiben, die im Körper unterschiedliche Aufgaben erfüllen (so transportieren sie Elektronen in den Mitochondrien oder Sauerstoff im Blut). Dieselbe Theorie hat sich auch bei der Erforschung der DNA sehr bewährt.

Hunter unterscheidet drei allgemeine Formen von elektrischen Kräften, welche die Interaktionen zwischen Molekülen wie Porphyrinen oder zwischen den Basenpaaren der DNA steuern. Die erste Kraft haben wir bereits beschrieben, nämlich die Tendenz der Basenpaare, sich so weit überlappend wie möglich zu stapeln, um den Kontakt mit Wasser zu vermeiden. Was liegt diesem Effekt auf Molekülebene zugrunde? Wie Abbildung A1 schematisch zeigt, neigen Wassermoleküle in Lösung stark dazu, sich mit anderen Wassermolekülen über Wasserstoff-Sauerstoff- oder H···O-Bindungen zu verbinden, die elektrischer Natur sind. Normalerweise hat ein Wassermolekül dabei stets vier Partnermoleküle: zwei, die ihre Wasserstoffatome in Kontakt mit seinem Sauerstoffmolekül bringen, und zwei, die ihre Sauerstoffmoleküle in Kontakt mit seinen Wasserstoffmolekülen bringen. Dieses komplizierte und in ständigem Wandel befindliche Netzwerk aus H-Bindungen (Wasserstoffbrückenbindungen) zwischen Wassermolekülen ist für die „Klebrigkeit" von Wasser verantwortlich, also etwa seine Neigung, Tropfen zu bilden, wenn es langsam aus einem Hahn fällt. Geraten aber diese Wassermoleküle in Kontakt

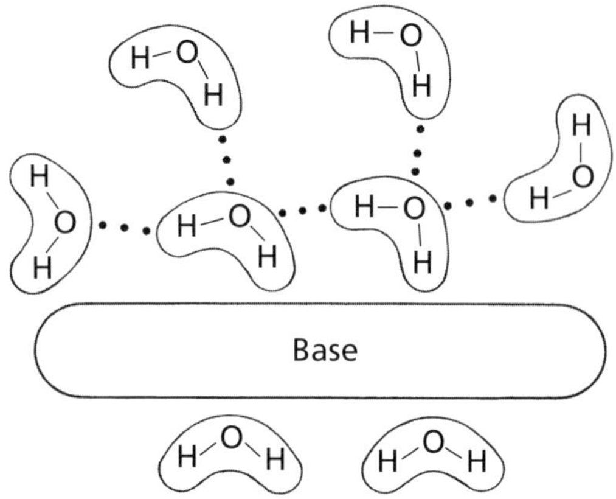

Abb. A1 Schematische Darstellung, die zeigt, wie H···O-Bindungen zwischen Wassermolekülen durch eine hydrophobe Base unterbrochen werden. Der Verlust dieser H-Bindungen (Wasserstoffbrückenbindungen) lässt sich minimieren, wenn zwei Basenpaare direkt aufeinander gestapelt werden, wie in Abb. 2.4 und 2.5.

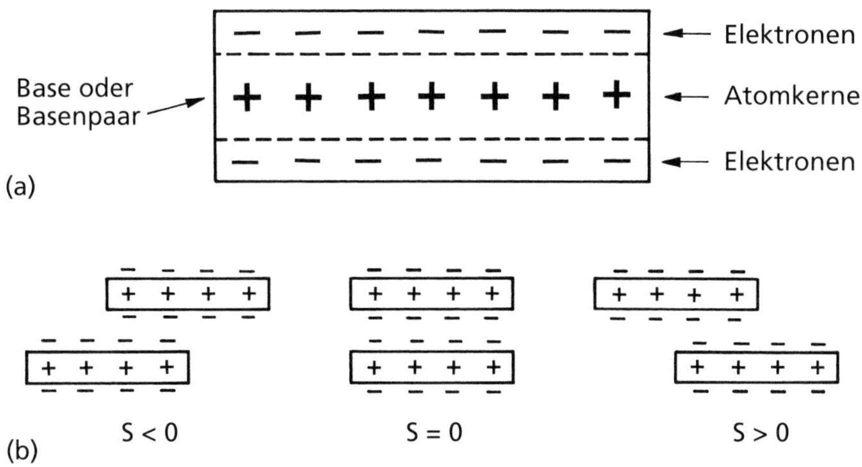

Abb. A2 a: Verteilung elektrischer Ladungen bei einer Base oder einem Basenpaar. b: Positiver oder negativer Slide bei einer Basenpaarstufe reduziert die Abstoßung zwischen negativen Ladungen und erzeugt eine gewisse Anziehung zwischen positiven und negativen Ladungen aus unterschiedlichen Basenpaaren.

mit einer öligen, wasserunlöslichen DNA-Base, gehen viele H···O-Bindungen verloren, wie in der Abbildung gezeigt. Die optimale Anordnung von Basenpaaren in Wasser sieht also so aus, wie wir es bereits in den Abbildungen 2.4 und 2.5 gezeigt haben: Die Basen stapeln sich mit größtmöglicher Überlappung übereinander, um das Wasser fernzuhalten. In einer Lösung aus Wasser und Ethanol (beispielsweise einem kräftigen Whiskey) oder bei DNA-Fäden mit geringem Wasseranteil wird diese Wasser-Ausschlusskraft recht schwach, und die Basenpaare müssen sich nicht mehr ganz so fest übereinander stapeln.

Eine zweite zwischen Basenpaaren wirkende Kraft entsteht, weil die Ober- und Unterseiten jeder Base (oder jedes Basenpaares) leicht negativ geladen sind. Wie in Abbildung A2a gezeigt, liegen die negativ geladenen Elektronen, die das „aromatische" System der Bindung zwischen den Atomen einer Base ausmachen, größtenteils ober- und unterhalb des Hauptteils des Ringes. Die positiv geladenen Kerne der verschiedenen Atome, die zusammen eine Base bilden (wie Kohlenstoff, Stickstoff und Sauerstoff) dagegen befinden sich eher nahe dem Zentrum des Ringes, wenn man diesen von der Seite betrachtet wie in Abbildung A2a. Die Gesamtverteilung der elektrischen Ladung bei allen Basen ähnelt also ein wenig einem „Sandwich", bei dem die Elektronen das Brot und die Atomkerne der Käse sind.

Wenn nun zwei Basen (oder Basenpaare) mit ihren Ober- und Unterflächen miteinander in Kontakt treten, müssen sie einander wegen der gleichartigen negativen Ladungen in gewissem Maße abstoßen. Das mittlere Bild von Abbildung A2b zeigt eine idealisierte, vertikale Basenstapelung bei einem Slide-Wert von $S = 0$. Oben erwähnten wir, dass eine solche vertikale Stapelung günstig ist, weil sie Wasser ausschließt; jetzt aber erkennen wir, dass sie unter dem Gesichtspunkt der zweiten wirkenden Kraft äußerst ungünstig ist, denn diese Kraft besteht in einer starken Abstoßung gleichartig negativ geladener Basenpaare bei einer senkrecht aufgestapelten Geometrie. Ohne das umgebende Wasser würden sich die beiden Basenpaare abstoßen wie die Nordpole zweier Magneten. Generell werden die Basenpaare der DNA sich nach rechts oder links gegeneinander verschieben, um dieser Abstoßung auszuweichen, denn die Flexibilität der Zucker-Phosphat-Ketten ist in dieser Richtung am größten. Die Basenpaare können also, wie in Abbildung A2b gezeigt, mit negativem (linkes Bild) oder positivem Slide-Wert (rechtes Bild) gegeneinander verschoben liegen. In beiden Fällen wird die Abstoßung der gleichartigen negativen Ladungen durch den größeren Abstand zwischen den Paaren verringert; zudem kann zwischen den positiv geladenen Atomkernen des einen Basenpaares und den negativ geladenen Elektronen des anderen auch eine gewisse Anziehung entstehen.

Der „Sandwich"-Effekt läuft also dem „hydrophoben" Effekt genau entgegen, was die Stapelung benachbarter Basenpaare aufeinander betrifft. Welche dieser beiden Kräfte ist stärker? Das hängt ganz entscheidend von der Wassermenge ab, welche die Basen umgibt. Unter stark wässrigen Bedingungen gewinnt der hydrophobe Effekt die Oberhand, unter trockenen Bedingungen der „Sandwich"-Effekt.

All dies erklärt recht einfach das strukturelle Verhalten doppelhelikaler fädiger DNA. Ursprünglich, in den 1950-er Jahren, konnte man keine DNA-Kristalle züchten, weil die Wissenschaftler DNA noch nicht chemisch synthetisieren konnten. Die meisten Forscher mussten daher chromosomale DNA aus natürlichen Quellen wie Kalbsthymus oder Lachssperma isolieren und diese dann zu langen Fäden ausdehnen, um ihre Struktur mithilfe der Röntgendiffraktion untersuchen zu können (siehe Kapitel 9). Waren diese Fäden feucht, zeigten die Röntgenfotografien eine „B"-Konformation mit zehn Basen pro Helixwindung und einer vertikalen Stapelung der Basen bei $S = 0$. Waren die Fäden aber trocken, beobachtete man entweder eine „A"-Konformation mit elf Basenpaaren pro Windung oder eine „C"-Konformation mit 9,0–9,3 Basenpaaren je Windung. Bei der A-Konformation stapelten sich die Baenpaare versetzt übereinander, mit einem negativen Slide-Wert von $S = -1{,}5$ Å; bei der C-Konformation dagegen stapelten sie sich versetzt mit einem positiven Slide-Wert von $S = +1{,}0$ Å. Erinnern wir uns daran, dass sich Slide S und Twist T immer im „Tandem" verändern, so wie in Abbildung 3.13 beschrieben.

In Fäden lassen sich nicht alle möglichen Formen doppelhelikaler DNA beobachten, weil das Verpacken langer, dünner DNA-Moleküle zu faserigen Bündeln deren helikale Wiederholung oft auf ganzzahlige Werte wie zehn oder elf Basenpaare pro Windung beschränkt. Aus der Beobachtung solcher Strukturen kann man sich aber ihr Verhalten folgendermaßen herleiten: Ist die Faser nass, herrschen also die hydrophoben Kräfte vor, erfolgt die Basenstapelung mit geringem Slide von nahezu $S = 0$, und es entsteht die „B"-Konformation; ist die Faser aber trocken, sind die hydrophoben Kräfte schwächer, und der „Sandwich-Effekt" wirkt sich stärker aus. Die Basenstapelung erfolgt dann mit negativem – dabei entsteht die „A"-Konformation – oder positivem – die „C"-Konformation entsteht – Slide. Außerdem ist bei Fasern unter relativ trockenen Bedingungen auch eine linksgewundene „Z"-Konformation zu beobachten, die wir in Kapitel 2 kurz erwähnt haben; bei dieser „Z"-Helix liegen die Basen versetzt zueinander, wie es die Theorie erwarten lässt.

Schließlich gibt es, so Hunter, noch eine dritte wichtige elektrische Kraft zwischen Basenpaaren, die von der Identität und Position der einzelnen Atome in den vier unterschiedlichen Basenringen abhängig ist. Bestimmte Atome, vor allem Wasserstoffatome, die als NH oder NH_2 an Stickstoff oder als CH an Kohlenstoff gebunden sind, können in ihrer unmittelbaren Umgebung eine positive Partialladung erzeugen; andere Atome wie Sauerstoff (O) oder Stickstoff (N) dagegen können eine negative Partialladung erzeugen. So können die elektrischen Wechselwirkungen der einzelnen Atome in den Ringen eine „Feinabstimmung" der Basenstapelung bewirken; diese richtet sich stark nach der Sequenz oder Anordnung der Basen bei jeder Basenpaarstufe.

Daraus folgt, dass sich die Basen nicht so frei gegeneinander verschieben können, wie man vielleicht annehmen möchte, wenn man von einem Modell ausgeht, bei dem die Basenoberflächen eigenschaftslos sind (wie wir es bisher bei unseren Modell mit der Darstellung der Basenpaare als einfache Quader getan haben). Vielmehr werden bestimmte Positionen bevorzugt eingenommen – Positionen, bei denen ein positiv geladenes Atom der einen Base direkt über oder unter einem negativ geladenen Atom einer anderen Base liegt und bei denen Atome mit „gleichen" Ladungen nicht direkt über- oder untereinander liegen. Kurzum, die bevorzugten Positionen werden attraktive Nachbarschaften von Atomen maximieren und abstoßende minimieren. Dieser so genannte „Partialladungseffekt" ist in der Chemie wohlbekannt; er kann bei der relativen Anordnung großer, flacher Moleküle zueinander großen Einfluss entfalten.

Einige Partialladungen für Atome in DNA-Basenpaaren sind Hunters Berechnungen folgend in Abbildung A3 schematisch dargestellt. Sie entsprechen ungefähr dem, was man bei negativen Sauerstoff- und Stickstoffatomen und positiven Wasserstoffatomen erwarten würde, aber die Computerberechnungen der Partialladungen sind viel genauer als jeder Wert, den man ihnen durch chemische Ableitung zuschreiben könnte. Zur Vereinfachung sind die einzelnen Atome nicht benannt; um die Atome an den unterschiedlichen Positionen in den Ringen zu identifizieren, kann man die Abbildung mit den Abbildungen 2.11a und b vergleichen.

Bei dieser Abbildung fällt besonders die dichte Häufung negativer Ladungen entlang der zur großen Furche hin gewandten Seite des Guaninringes auf, der unten links gezeigt ist. Zwei negativ geladene Atome, ein Sauerstoff und ein Stickstoff, liegen hier räumlich dicht beieinander und erzeugen zusammen eine konzentrierte negative Ladung, die größer ist als jede Ladung eines einzelnen Atoms in den G-C- oder A-T-Basenpaaren. Auf der zur großen Furche hin gewandten Seite des Cytosinringes erkennen wir außerdem eine Konzentration positiver Ladungen. Welche Auswirkungen haben die stark geladenen Guanin- und Cytosinringe auf die dreidimensionale Struktur der DNA?

Erstens wird es zwei Guaninringen, die sich bei einer GG/CC-Basenpaarstufe übereinander stapeln, schwer fallen, sich mit einem Slide von $S = 0$ senkrecht übereinander anzuordnen, weil sich die negativ geladenen Regionen stark abstoßen. Sie werden sich da-

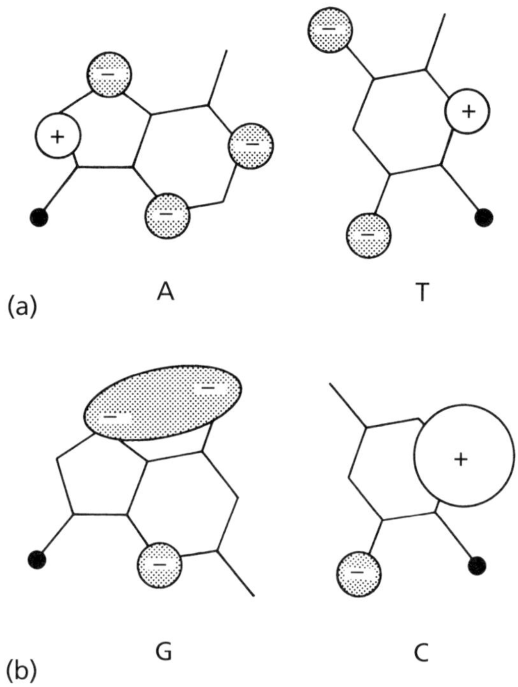

Abb. A3 Regionen mit Partialladungen bei A-T- und G-C-Basenpaaren. Die Basenpaare haben dieselbe relative Ausrichtung wie in den Abbildungen 2.11a und b, wo die Atome H, C, N und O benannt sind.

her eher versetzt zueinander anordnen, bei einem geringen Slide von $S = -1$ bis -2 Å oder aber bei hohem Slide von $S = +1$ Å, um die Abstoßung zwischen den gleichartigen Ladungen zu minimieren. Und tatsächlich haben wir genau das in Abbildung 3.12c gesehen; dort zeigte die GG/CC-Stufe einen nicht besetzten mittleren Bereich bei $S = -1$ bis 0 Å. Zweitens wird ein G-C-Basenpaar, wenn es mit einem gleichartigen Paar eine GC/GC- oder CG/CG-Stufe bildet, bestimmte Stapelungsgeometrien anderen vorziehen, weil die starken negativen und positiven Ladungen der Guanin-und Cytosinringe miteinander in Wechselwirkung treten, wie Abbildung A3 zeigt.

Im Gegensatz zu den G-C-Basenpaaren weisen die A-T-Basenpaare keine starken konzentrierten Partialladungen auf. Die eben für Basenpaarstufen aus zwei G-C-Basenpaaren beschriebenen ausgeprägten Präferenzen bei der Stapelung sollten also weniger deutlich auftreten, wenn in der Basenpaarstufe ein A-T-Paar vertreten ist, beispielsweise bei AC/GT.

Mustafa El Hassan hat alle Arten von Dinucleotidstufen in zahlreichen kristallinen DNA-Oligomeren sorgfältig und detailliert untersucht. Abbildung A4 zeigt ein von ihm erstelltes Diagramm, in dem Roll R und Slide S gegeneinander aufgetragen sind, genauso wie in den drei Beispielen aus Abbildung 3.12; allerdings sind hier die bevorzugten Regionen für neun der zehn Arten von Stufensequenzen dargestellt, für die es viele eindeutige Daten gibt. Die Partialladungen dürften bei Basenpaarstufen aus zwei G-C-Paaren eine eindeutige Rolle spielen, so wie oben beschrieben. Tatsächlich ergab sich sogar für alle

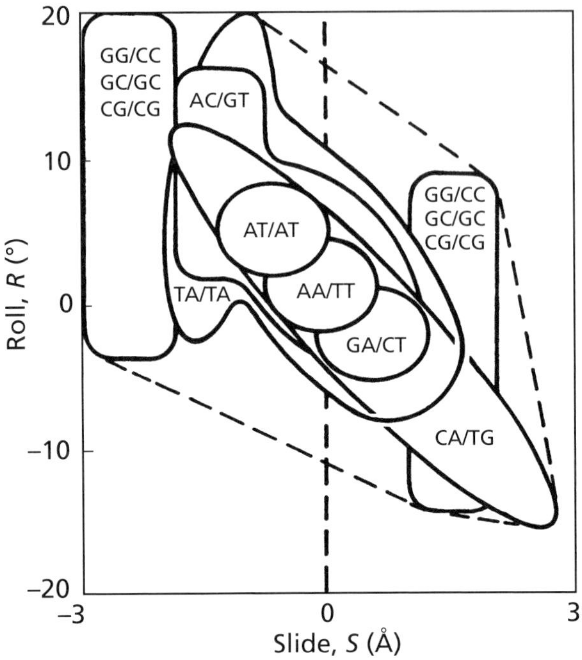

Abb. A4 Schematische Darstellung, bei der für neun Typen von Basenpaarstufen aus kristallinen DNA-Oligomeren die beobachteten Roll-Werte (*R*) gegen die Slide-Werte (*S*) aufgetragen wurden. (Die Daten für drei spezielle Stufentypen sind in Abbildung 3.12 detaillierter dargestellt.) Aus El Hassan; Calladine, in: *Endeavour* 20 (1996) S. 61–67, verändert.

Stufen dieser Art (GG/CC, GC/GC und CG/CG), dass ihre bevorzugte Konformation in einer von zwei separaten Roll/Slide-Regionen liegt, wie bei genauerer Betrachtung von Abbildung A4 zu erkennen ist.

Abbildung 3.12a zeigt auch ein Beispiel für eine Basenpaarstufe, AA/TT, die „starr" ist in dem Sinne, dass sich sowohl Roll *R* als auch Slide *S* nur in einem engen Spielraum bewegen können. Abbildung A4 zeigt, dass sich die Basenpaarstufen AT/AT und GA/TC ebenso verhalten, aber etwas andere Konformationen einnehmen.

Die oben beschriebenen Partialladungen erklären uns also einige der beobachteten Eigenschaften, die in den Abbildungen 3.12 und A4 dargestellt sind; sie erlauben uns aber keine Vorhersagen über die tatsächliche Konformation von Dinucleotidstufen, wenn wir uns nicht irgendwie mit den durch die Zucker-Phosphat-„Rückgrate" auferlegten Einschränkungen vertraut machen. Die einfache Vorstellung einer „starren" Rückgratverbindung, wie sie Abbildung 3.13 zeigt, ist schon eine erste Simulation dieser Einschränkungen. Aber sie ist zu stark vereinfacht, um viele der in Abbildung A4 dargestellten Details vorherzusagen, weil das Zucker-Phosphat-Rückgrat (wie in Kapitel 2 und Abbildung 2.8 erläutert) eine recht komplizierte Verbindung darstellt, denn einige Bindungen zwischen den Atomen können ein wenig rotieren.

Hunter und seine Kollegen haben jedoch eine einfache und erfolgreiche Methode entwickelt, um das Verhalten des Zucker-Phosphat-Rückgrates zu erklären. Zunächst einmal benutzen sie Slide und „Shift" (Verschiebung) als wichtigste Arbeitsvariablen bei einer Dinucleotidstufe. Der „Shift“ entspricht einem von Eulers sechs Freiheitsgraden, den ein starrer Block relativ zu einem anderen hat: Gemeint ist eine Translation in einer Ebene, wie beim *Slide*, aber gemessen entlang der Vorder-Rückseitenachse, die in Abbildung 3.7 dargestellt ist. Im allgemeinen variiert der Shift nicht so stark wie der Slide, und seine Schwankungen können in vielen Fällen – wie ja auch im größten Teil dieses Buches – außer Acht gelassen werden. Allerdings ist er wichtig, wenn man die Konformation von Basenpaarstufen berechnen will. Hunters Idee besteht darin, der einfachen Rückgrat-Verbindung eine empirisch hergeleitete Funktion von Slide- und Shift-Energie zuzuschreiben; koppelt man diese dann mit Berechnungen zur chemischen Energie, lassen sich die Konformationen einzelner Dinucleotidstufen beliebiger Zusammensetzung recht gut vorhersagen.

Dieselben Wissenschaftler haben unlängst eine weitere wichtige Eigenschaft der Basenpaarstufen-Konformation erforscht, die wir bisher noch nicht erwähnt haben. Dabei geht es um die „Kommunikation“ benachbarter Stufen hinsichtlich der Konformation. Eine detaillierte Untersuchung von *Tri-* und *Tetra*nucleotid-Fragmenten aus El Hassans Datenbank zeigt, dass sowohl Slide als auch Shift von Stufe zu Stufe eng korreliert sind, während alle weitere Variablen der Konformation nur von der Zusammensetzung der fraglichen Basenpaarstufe abhängen. So verändert sich beispielsweise der Slide-Wert, der insgesamt einen Spielraum von etwa 6 Å hat (siehe Abbildung A4), von einer Stufe zur anderen kaum um mehr als 1 Å. Der Shift-Wert dagegen scheint anti-korreliert zu sein, in dem Sinne, dass seine Werte entlang des Moleküls im allgemeinen zwischen hoch und niedrig abwechseln.

Jede derartige Kommunikation von Konformationseigenschaften zwischen benachbarten Basenpaarstufen muss über die Rückgrate erfolgen, soviel steht fest. Wahrscheinlich findet sie über den einzelnen Zuckerring statt, den sich zwei benachbarte Rückgratsegmente teilen. Indem sie außerdem dem Rückgrat wiederum halb empirisch ermittelte Energiewirkungen zuschreiben, die sich nach der *Differenz* des Slide-Wertes von Stufe zu Stufe (um Abweichungen zu erschweren) und desgleichen nach der *Summe* der Shift-Werte richten, sind Hunter und seine Kollegen in der Lage, durch ökonomische Berechnungen eine Reihe von beobachteten, kontextabhängigen Eigenschaften von DNA-Oligomeren vorherzusagen. So sind G-C-reiche Regionen oft bistabil und schwanken zwischen „A“- und „B“- oder „C“-Konformationen (mit großem beziehungsweise geringem Slide) – eine Eigenschaft, die man in Abbildung A4 tatsächlich qualitativ erkennen kann, wenn man sich daran erinnert, dass der Slide von Stufe zu Stufe nur geringfügig variiert. Durch diese Arbeit wurde auch die Bedeutung von AA-Basenpaarstufen geklärt, die in ihrer Umgebung die „A“-Konformation verhindern. Und nicht zuletzt haben diese neuesten Berechnungen zu ermutigenden Schätzungen zur sequenzabhängigen Flexur- und Torsionssteifheit der DNA geführt.

Erinnern wir uns an dieser Stelle, dass wir in Kapitel 3 der relativ einzigartigen Konformation von AA/TT-Stufen ein „Einrasten“, einen stabilisierenden Effekt zugeschrieben haben, der auf den starken Propeller-Twist in beiden A-T-Basenpaaren zurückgeht (vergleiche Abbildung 3.6). Genauere Daten von DNA-Kristallen zeigen, dass es tatsächlich eine starke, empirisch belegte Korrelation der durchschnittlichen Propeller-Twists beider Basenpaare einer beliebigen Stufe miteinander gibt, ebenso wie mit der zulässigen Bandbreite von Slide-Werten. Alle drei Stufen aus Abbildung A4, die den geringsten Spielraum von Slide-Werten zeigen, bevorzugen also einen starken Propeller-Twist, während die Basenpaarstufen mit dem größten Spielraum von Slide-Werten, vor allem CA/TG, meist den geringsten Propeller-Twist aufweisen. Man kann sich ein einfaches physikalisches Modell bauen, wie in Aufgabe 3.5 vorgeschlagen, und daran demonstrieren, dass ein geringer Propeller-Twist den Slide kaum einschränkt.

Die in Abbildung A4 dargestellten Daten stammen allesamt aus Röntgendiffraktionsstudien „freier" DNA-Oligomere, die meist mit 40 bis 60 Prozent Wasser in Kristallform gebracht werden. Die unterschiedlichen Konformationsspielräume einzelner Basenpaarstufen könnten daher in einigen Fällen durch moderate, aber doch nicht zu ignorierende intermolekulare Kräfte induziert sein, die entstehen, wenn die Oligomere verformt und zu den regelmäßig angeordneten „Kristallgittern" zusammengefügt werden.

Bei DNA. die stark um Proteine gekrümmt ist, beobachtet man bei Röntgenanalysen jedoch weit größere Unterschiede von Roll, Slide und Twist. So zeigen AA/TT-Stufen (die in Abbildung A4 „starr" erscheinen) in der Sequenz TATATAAA einen großen Roll- und einen geringen Twist-Wert, wenn diese Sequenz an das Protein TBP (Kapitel 4) gebunden ist. Bestimmte CA/TG-Stufen wiederum, die an das Histonoktamer (Abbildung 7.2) gebunden sind, zeigen einen größeren Konformationsspielraum als man ihn aus Abbildung A4 ableiten würde.

Insgesamt werden die Wechselwirkungen bei der Stapelung von DNA-Basenpaaren durch drei Arten elektrischer Kräfte beeinflusst: 1. das Maximieren des Überlappens der Basen, um deren Kontakt mit Wasser zu vermeiden, 2. das Reduzieren des Überlappens der Basen, um die Abstoßung negativ geladener Oberflächen zu vermeiden, und 3. das Maximieren der Anziehung und das Minimieren der Abstoßung zwischen Partialladungen einzelner Atome in den Ringen der Basenpaare. All diese Effekte sind natürlich verschiedenen geringfügigen Einschränkungen durch die Zucker-Phosphat-Ketten der DNA und den Propeller-Twist der Basenpaare unterworfen; daher sind die Basenpaare nicht immer in der Lage, ihre sonst optimale lokale Konfiguration einzunehmen.

Natürlich existieren noch zahlreiche andere Einschränkungen, die zusammen Einfluss auf die lokale Konformation der Basenpaarstufen nehmen und so zu starken Krümmungen der Helix führen können. Dazu zählt die erzwungene Krümmung, die gering sein kann, wie bei der Bindung des 434-Repressors, oder stark, wie bei der Bindung von TBP; dabei kann es auch zu Interaktionen zwischen den Zucker-Phosphat-Ketten und dem Protein kommen. Dazu zählt aber auch das tiefe Vordringen von interkalierenden („sich dazwischenschiebenden") Substanzen (Ethidiumbromid) oder hydrophoben Aminosäuren aus anliegenden Proteinen in den Zwischenraum zwischen benachbarten Basenpaaren, das eine Krümmung und deutliche lokale Verzerrungen der Geometrie zur Folge haben kann.

Wir meinen, dass mehr Kenntnisse über all diese Wirkungen für das Verständnis der biologischen Aktivitäten der DNA von großem Nutzen sind; ihre umfassende Darstellung würde aber den Rahmen unseres Buches sprengen.

Weiterführende Literatur

El Hassan, M. A.; Calladine, C. R. *The assessment of the geometry of dinucleotide steps in double-helical DNA: a new local calculation scheme.* In: *Journal of Molecular Biology* 251 (1995) S. 648–664. Zur exakten Berechnung von Roll, Slide und Twist für jede beliebige Basenpaarstufe mit einer Methode, die sich nicht an einer Helix-Gesamtachse orientiert.

El Hassan, M. A.; Calladine, C. R. *Propeller-twisting of base-pairs and the conformational mobility of dinucleotide steps in DNA.* In: *Journal of Molecular Biology* 259 (1996) S. 95–103. Der Propeller-Twist von Basenpaaren scheint deren Fähigkeit zu beeinflussen, sich entlang ihrer Längsachse zu verschieben (Slide).

El Hassan, M. A.; Calladine, C. R. *Two distinct modes of protein-induced bending in DNA.* In: *Journal of Molecular Biology* 282 (1998) S. 331–343. Bei starker Krümmung durch Proteine bewegen sich DNA-Dinucleotidstufen außerhalb der in Abbildung A4 aufgeführten Konformations-Spielräume.

Gardiner, E. J.; Hunter, C. A.; Packer, M. J.; Willett, P. *Sequence-dependent DNA structure: a database of octamer structural parameters.* In: *Journal of Molecular Biology* 332 (2003) S. 1025–1035. Systematische Berechnung von Oligomeren mit sieben Basenpaarstufen mit einer klaren Beschreibung ihres kontextabhängigen Verhaltens – auch der Bistabilität.

Hunter, C. A. *Sequence-dependent DNA structure: the role of base stacking interactions.* In: *Journal of Molecular Biology* 230 (1993) S. 1025–1054. Klare Darstellung der chemischen Theorie, die den Präferenzen bei der DNA-Basenstapelung zugrunde liegt, und einige Berechnungen dieser Effekte.

Matsumoto, A.; Olson, W. K. *Sequence-dependent motions of DNA: a normal mode analysis at the base-pair level.* In: *Biophysical Journal* 83 (2002) S. 22–41. Exakte Berechnungen der sequenzabhängigen Struktur von DNA in Lösung anhand der bevorzugten Werte für Roll, Slide und Twist, die bei Kristallen beobachtet wurden.

Packer, M. J.; Dauncey, M. P.; Hunter, C. A. *Sequence-dependent DNA structure: dinucleotide conformational maps.* In: *Journal of Molecular Biology* 295 (2000) S. 71–83. Theoretische Analyse der bei der Basenstapelung wirkenden Energien anhand von Roll, Slide und Twist auf Dinucleotid-Ebene; Vorhersage der Starrheit für AA/TT, aber der Flexibilität für CG oder CA/TG oder TA entsprechend den beobachteten Präferenzen der Dinucleotidsequenzen.

Richmond, T. J.; Davey, C. A. *The structure of DNA in the nucle-osome core.* In: *Nature* 423 (2003) S. 145–150. Details zu Roll, Slide und Twist und dergleichen bei um Proteine gekrümmter DNA, die noch extremere Konformationen von CA/TG-Stufen aufweist als in Abbildung A4 dargestellt.

Suzuki, M.; Amano, N.; Kakinuma, J.; Tateno, M. *Use of a 3-D structure database for understanding sequence-dependent conforma-tional aspects of DNA.* In: *Journal of Molecular Biology* 274 (1997) S. 421–435. Sorgfältige Analyse der Kristallstruktur freier DNA hinsichtlich Roll, Slide und Twist bei einzelnen Basenpaarstufen.

Wang, L.; Hingerty, B. E.; Srinivasan, A. R.; Olson, W. K.; Broyde, S. *Accurate representation of B-DNA double helical structure with implicit solvent and counterions.* In: *Biophysical Journal* 83 (2002) S. 382–406. Entwicklung verfeinerter Energie-Parameter zur Berechnung sequenzabhängiger Strukturen von DNA in Lösung, inklusive Wasser und Kationen.

Anhang 3: Wie sich die Genexpression mithilfe von Antisense-Oligonucleotiden, Ribozymen oder small interfering RNA modifizieren lässt

In Kapitel 10 haben wir geschildert, wie speziell konstruierte DNA- oder RNA-Moleküle bei der „Gentherapie" eingesetzt werden können, um die falsche Expression bestimmter Gene bei erkrankten Tieren oder Pflanzen zu korrigieren. An dieser Stelle nun wollen wir drei aktuelle Methoden vorstellen, die mithilfe von DNA oder RNA die Genexpression hemmen. Da wäre zunächst der „Antisense"-Ansatz, bei dem kleine RNA- (oder DNA-) Oligonucleotide so konstruiert werden, dass sie 20 bis 30 spezifische Basenpaare mit einem kleinen Teil einer langen messenger-RNA ausbilden und so deren Translation in Protein durch mehrere mögliche Mechanismen blockieren. Auch beim „Ribozym"-Ansatz konstruiert man kleine RNA-Oligonucleotide so, dass sie spezifische Basenpaare mit einer langen messenger-RNA ausbilden; außerdem tragen diese aber auch noch eine katalytisch aktive Domäne für die RNA-Spaltung. Diese schneidet die „Botschaft" durch, sodass das Protein nicht in voller Länge gebildet werden kann (dasselbe gilt für „DNAzyme", die aus DNA und nicht aus RNA bestehen). Beim „small-interfering-RNA"-Ansatz schließlich erzeugt man wiederum kleine RNA-Oligonucleotide, die spezifische Basenpaare mit einer langen messenger-RNA ausbilden, doch lenken diese einen zellulären Ribonuclease-Komplex zur messenger-RNA, der die „Botschaft" zerschneidet, sodass sie nicht in Protein translatiert werden kann.

Da viele dieser Methoden mit RNA arbeiten, sollten wir zunächst einmal einige ihrer relevanten strukturellen Eigenschaften beschreiben. Wie schon in Abbildung 10.3 gezeigt, besteht der einzige chemische Unterschied zwischen RNA- und DNA-Rückgraten in einer OH-Gruppe am Kohlenstoff 2' im Zuckerring. Die DNA bildet meist eine Doppelhelix aus, und auch die RNA kann eine doppelhelikale Struktur bilden, die der „A"-Konformation der DNA ähnelt (siehe Kapitel 2). Während aber die DNA unter natürlichen Bedingungen fast immer als kontinuierliche Doppelhelix aus Watson-Crick-Basenpaaren vorliegt, ist zelluläre RNA meist einzelsträngig. Dennoch kann sie Basenpaare zwischen unterschiedlichen Abschnitten desselben Einzelstranges ausbilden. Die RNA faltet sich daher oft zu komplizierten Strukturen, wie diejenige des Transfer-RNA-Moleküls, das in Abbildung 2.14 schematisch dargestellt ist. Ein anderes Beispiel ist die ausgefeilte Fältelung der RNA innerhalb der großen Komplexe aus ribosomaler RNA (bei Tieren 28S, 18S und 5,8S genannt). Wie schon in Kapitel 1 erwähnt (siehe Abbildung 1.12) übersetzt dieser molekulare Apparat die durch Basentripletts in der messenger-RNA codierte Information in eine lineare Sequenz von Aminosäuren in einer Polypeptidkette.

Antisense-Therapeutika

Erklären wir zunächst einmal, was mit dem Begriff „Antisense" gemeint ist. Bei doppelsträngiger DNA ist die codierende Region für ein beliebiges Gen in dem „Sense"-Strang enthalten, während sich ihr Gegenstück im komplementären „Antisense"-Strang befindet; beide sind über Basenpaare verbunden. Wenn also messenger-RNA von einer RNA-Polymerase aus einer DNA gebildet wird, entspricht die neu gebildete RNA einem „Sense"-Strang, während die DNA-Matrize, die von der Polymerase „gelesen" wurde, einem „Antisense"-Strang entspricht. Wie könnte demnach ein kurzes Stück Antisense-RNA oder -DNA, das wahrscheinlich an lange messenger-RNA bindet, nachdem es den Nucleus verlassen hat und in das Cytoplasma vorgedrungen ist, den Vorgang der Expression dieser messenger-RNA zu Protein beeinträchtigen?

Zunächst liegt die Vermutung nahe, dass eine sterische Behinderung durch ein kurzes Antisense-Molekül verhindern könnte, dass eine lange messenger-RNA am Ribosom – der Stätte der Proteinbildung – korrekt „gelesen" wird, wie in Abbildung A5a auf der rechten Seite gezeigt. Diese Annahme trifft für einige Fälle zu; ein ebenso wichtiger Einfluss aber scheint in der Aktivität des zellulären Enzyms „RNase H" (Ribonuclease H) zu bestehen, die RNA-DNA-Hybride schneidet. Normalerweise besteht ihre Aufgabe darin, kleine RNA-Stücke in RNA-DNA-Hybriden abzubauen, die als Primer für die Replikation der DNA während des Zellwachstums dienen. Bindet aber kurze Antisense-DNA an eine lange messenger-RNA, entsteht ebenfalls ein RNA-DNA-Hybrid, das durch die Nuclease RNase H abgebaut werden kann, wie links in Abbildung A5a gezeigt.

Jede „Antisense"-Nucleinsäure droht schnell durch zelluläre Enzyme abgebaut zu werden, die Nucleinsäuren schneiden, die so genannten „Nucleasen". Um das gesamte Antisense-Molekül vor der Aktivität der Nucleasen zu schützen, sind einige Modifikationen nötig. Ein von Chemikern praktizierter Ansatz besteht darin, ein Sauerstoffatom der Phosphatgruppe durch ein nucleaseresistentes Schwefelatom zu ersetzen (dabei entsteht ein „Phosphoro-Thioat", siehe Abbildung A5b Mitte). Die Antisense-RNA lässt sich auch durch Anhängen einer CH_3-Gruppe an das 2'-OH des Zuckers schützen (Abbildung A5b links). Mithilfe dieser und anderer schützender Modifikationen können sorgfältig konstruierte Antisense-Oligomere oft starken Einfluss auf die spezifischen Genaktivitäten in lebenden Zellen ausüben. Inzwischen werden einige Antisense-Moleküle sogar in klinischen Studien auf ihre Anwendbarkeit bei Krankheiten wie viralen Infektionen oder Krebs geprüft.

Um eine noch größere Resistenz gegen Nucleasen zu erreichen, haben Peter Neilsen und seine Kollegen durch chemische Synthese eine stabile Oligonucleotidform entwickelt, die anstelle der Zucker und Phosphate bei natürlich vorkommender RNA oder DNA *Peptid*verbindungen zwischen benachbarten Basen aufweist. Diese „Peptid-Nucleinsäure" oder „PNA" ist im rechten Bild von Abbildung A5b dargestellt. Da ihr Rückgrat elektrostatisch neutral ist, bildet PNA oft PNA-DNA- oder PNA-RNA-Hybride, die unter salzarmen Bedingungen stabiler sind als natürliche DNA oder RNA, deren Phosphat-Rückgrate viele einander abstoßende negative Ladungen enthalten. Die PNA hat inzwischen große Bedeutung für die Diagnostik, bei der unterschiedliche DNA- oder RNA-Moleküle mit Mikroarrays (siehe Abbildung 10.5) aufgespürt werden und eine große chemische Stabilität gefordert ist. Allerdings ist auch die PNA noch nicht das von vielen zuvor erhoffte Allheilmittel für die Steuerung der Genexpression in Zellen, weil das PNA-RNA-Hybrid nicht durch die RNase H geschnitten wird und auch, weil eine einfache sterische Behinderung durch die PNA meist nicht dafür ausreicht, dass diese die Expression einer messenger-RNA zu Protein am Ribosom verhindert. Das Ribosom

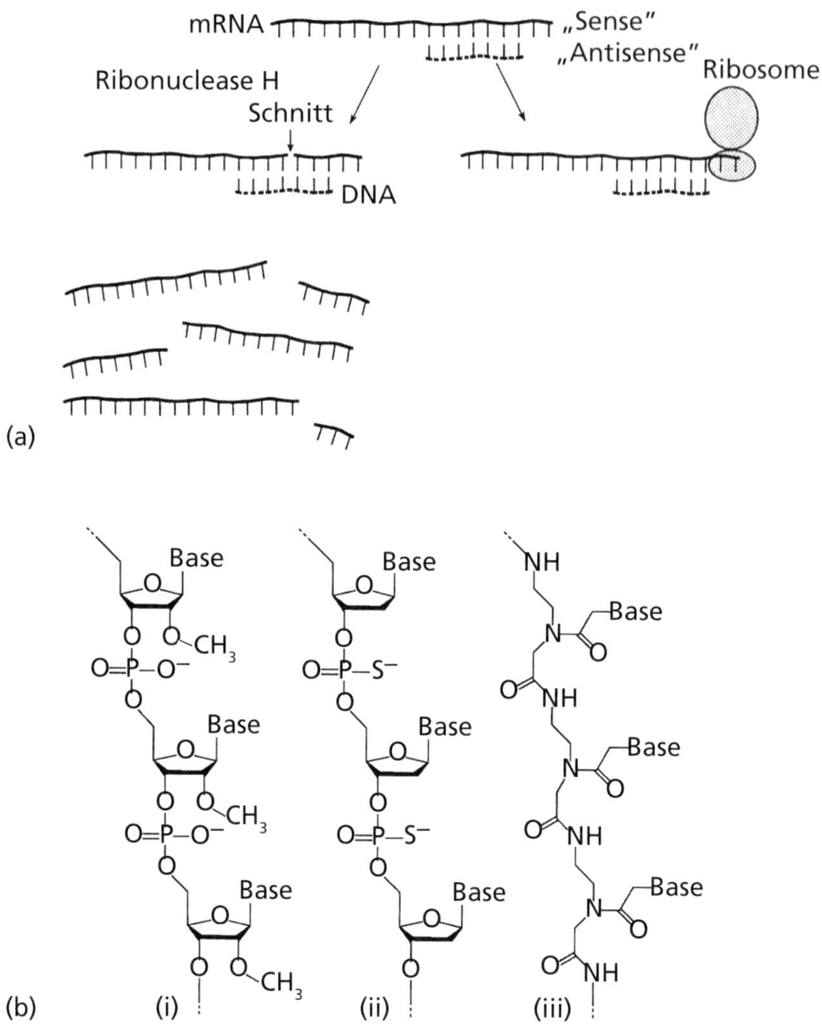

Abb. A5 a: zwei gängige Mechanismen, mit deren Hilfe Antisense-DNA die Genexpression einschränken kann: die sterische Behinderung der Translation am Ribosom (rechts) oder die Zerstörung des Transkripts durch RNase H. b: typische Oligonucleotide, wie sie beim Antisense-Ansatz Verwendung finden. Bei dem RNA-Molekül links wird an die 2'-OH-Gruppe des Zuckers eine CH_3-Gruppe angehängt, um das Molekül vor dem Abbau zu schützen. Bei dem DNA-Molekül in der Mitte wurde ein Sauerstoffatom der Phosphatgruppe durch ein Schwefelatom ersetzt, sodass ein gegen Nucleasen resistentes Phosphoro-Thioat ensteht. Das rechte Bild zeigt, dass die Nucleinsäure geschützt werden kann, indem man das Zucker-Phosphat-Rückgrat komplett durch N-(2-Aminoethyl)-Glycin-Verbindungsstücke ersetzt, die Peptiden ähnlich sind. Es gibt noch viele weitere, hier nicht gezeigte stabilisierende Modifikationen, die beim Antisense-Ansatz genutzt werden.

ist ein sehr starkes Kraftwerk für die Proteinherstellung, das selbst in Anwesenheit von Antisense-DNA oder -PNA oft eine RNA-„Botschaft" komplett lesen kann.

PNA und andere Antisense-Nucleinsäuren sind auch viel versprechende Kandidaten für die Korrektur gelegentlich auftretender Fehler, die bei der routinemäßigen Verarbeitung der messenger-RNA auftreten. Normalerweise werden bestimmte Abschnitte der RNA, die nicht für Protein codieren (die so genannten „Introns"), herausgeschnitten („Spleißen" oder „*splicing*"), bevor die Translation zu Protein einsetzt. Bei bestimmten mutationsbedingten Krankheiten aber erfolgt das Spleißen einer bestimmten messenger-RNA nur unvollständig, oder es erfolgt an anderen Stellen. Dieses RNA-Spleißen an der falschen Stelle hat man in Zellen bereits mithilfe von Antisense-Oligonucleotiden verhindert, die komplementär zu der falschen Spleißstelle sind. Außerdem gelang das Wiedereinführen des korrekten Spleißens bei Zellen, die eine normale Spleißstelle eingebüßt hatten, durch Bindung an eine Antisense-PNA, die ein kleines Peptid an die Spleißstelle bindet, was den Spleißvorgang aktiviert.

RNA-Ribozyme und DNAzyme

Als man die Ribozyme in den 1980-er Jahren entdeckte, stellte man überrascht fest, dass bestimmte RNA-Moleküle sowohl sich selbst als auch andere RNA-Moleküle spalten können. Später fand man heraus, dass diese „Ribozyme" nicht nur schneiden, sondern auch andere chemische Reaktionen katalysieren können. Die Röntgenanalyse der Ribosom-Kristallstruktur verrät uns einiges über das katalytische Potenzial der RNA, weil offenbar das aktive Zentrum, wo die Peptideinheiten verknüpft werden, größtenteils oder ganz aus RNA besteht und die RNA selbst die Polymerisation von Peptideinheiten katalysieren kann. Man könnte also das Ribosom selbst als Ribozym betrachten – noch dazu als ein sehr altes. Die Doppelrolle der RNA als Katalysator und Informationsträger hat viele vermuten lassen, dass die RNA der erste organische Katalysator war, als das Leben auf der Erde entstand.

Bestimmte Pflanzen- und Tierviren enthalten RNA-Moleküle, die sich selbst spalten können. Ein Beispielt für ein solches natürlich auftretendes, sich selbst spaltendes Molekül ist das „Hammerkopfribozym" (*hammerhead ribozyme*), das man aus kleinen Pflanzenviren (so genannten „Viroiden") isolieren kann (siehe Abbildung A6a). Verschiedene Röntgenanalysen belegen, dass das Hammerkopfribozym eine komplexe dreidimensionale Faltung aufweist. Der chemische Mechanismus der RNA-gesteuerten Spaltung schreitet wahrscheinlich durch den Angriff eines Phosphatatoms auf die 2'-OH-Gruppe des Zuckers voran, wie in Abbildung A6b gezeigt.

Ausgehend von den strukturellen Informationen der natürlich vorkommenden Ribozyme haben Wissenschaftler künstliche Ribozyme konstruiert, die spezifische messenger-RNA in Zellen erkennen und schneiden. Eines dieser Moleküle etwa benutzt ein Fragment des Hammerkopfribozyms, das – wie Antisense-RNA – einen kurzen Abschnitt der Ziel-messenger-RNA durch komplementäre Basenpaarung erkennt, so wie in Abbildung A6a. Messenger-RNA und Ribozymfragment falten sich gemeinsam zu einem aktiven Ribozym, das dann die messenger-RNA schneidet. So hat man beispielsweise ein Hammerkopfribozym konstruiert, das die messenger-RNA schneidet, die für ein bei Brustkrebs falsch exprimiertes regulatorisches Protein codiert. Überführt man es in Brustkrebszellen in Zellkultur, stellt das Ribozym wieder eine normale Lebensdauer der Zellen (wie bei Nicht-Krebszellen) her. Andere Ribozyme wurden eingesetzt, um die messenger-RNA von HIV und dem Hepatitis-C-Virus anzugreifen und zu zerstören, sodass diese Viren in der Zelle nicht mehr wachsen können.

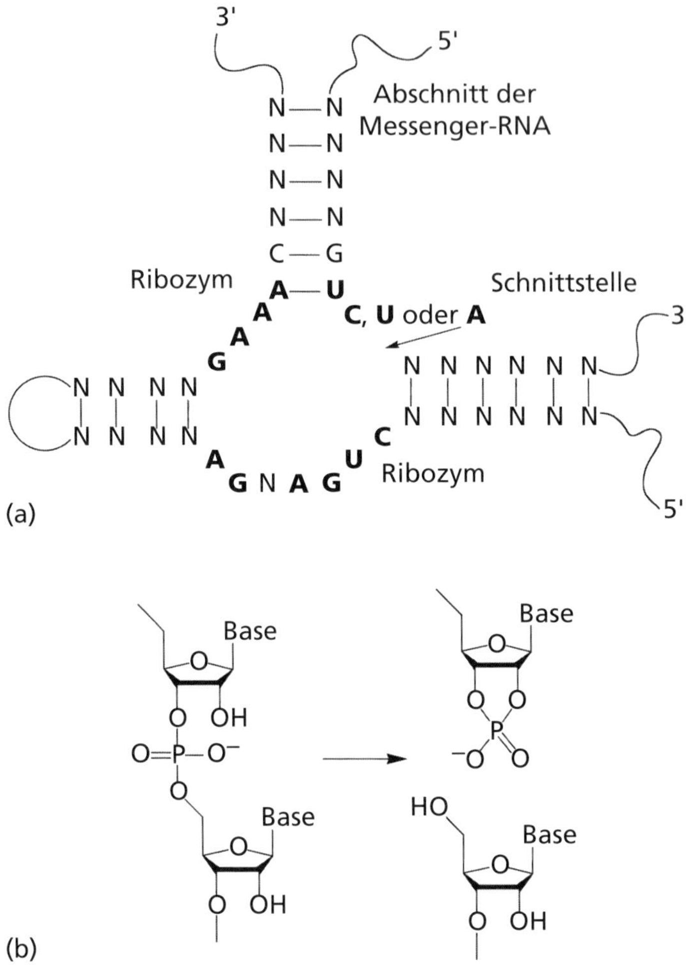

Abb. A6 a: Schematische Darstellung eines schneidenden RNA-Enzyms, basierend auf dem natürlich vorkommenden RNA-„Hammerkopfribozym" eines Pflanzen-Viroids. Ein RNA-Molekül kann von diesem Ribozym durch komplementäre Basenpaarung (durch die Linien zwischen den Basen angedeutet) erkannt und dann an einer spezifischen Stelle geschnitten werden. Die spezifischen, zur Aufrechterhaltung der für die Katalyse nötigen Struktur erforderlichen Reste sind fett gedruckt, alle anderen Basen sind mit „N" bezeichnet. Die zu schneidende RNA faltet sich gemeinsam mit einem Ribozymfragment, um die Schneideaktivität auszulösen. b: Chemische Veränderungen aufgrund der Spaltung durch das Ribozym. Die OH-Gruppe an der 2'-Position des Zuckers wird von der Hammerkopfstruktur so positioniert, dass sie das Phosphatatom angreift. So wird die Verbindung zwischen den benachbarten Basen aufgebrochen; zurück bleiben ein zyklisches 2',3'-Produkt bei der Base mit der reaktiven 2'-OH-Gruppe und eine OH-Gruppe beim anderen Fragment.

Wenn man RNA einsetzt, um bestimmte messenger-RNA zu zerstören, hat das den Vorteil, dass diese das katalytische Potenzial des Moleküls und die Spezifität durch die komplementäre Basenpaarung in sich vereint. Obwohl das RNA-Ribozym eine recht komplizierte dreidimensionale Struktur hat, verfügt man doch inzwischen über Methoden, um nützliche Ribozyme durch Zufallsselektion zu isolieren, ohne dabei ihre Struktur kennen zu müssen.

Eine Schwierigkeit des Ribozym-Ansatzes besteht darin, dass kurze RNA-Moleküle sehr leicht durch Nucleasen abgebaut werden, die es in jeder Zelle gibt. Um das zu vermeiden, haben einige Wissenschaftler Ribozyme auf DNA-Basis entwickelt, so genannte „DNAzyme“, die ähnliche RNA-Spaltungsreaktionen katalysieren können. Wie bereits erwähnt, benutzen RNA-Ribozyme die 2'-OH-Gruppe, um ein Zucker-Phosphat-Rückgrat zu attackieren und zu spalten; diese 2'-OH-Gruppe fehlt aber bei der DNA (siehe Abbildung 10.3a). Die reaktive OH-Gruppe wird daher von der Ziel-RNA selbst gestellt, während die DNA dabei hilft, diese für die Spaltungsreaktion räumlich auszurichten. Inzwischen gibt es DNAzyme, die andere Prozesse katalysieren, etwa den Einbau von Metallen in Häm-Ringe. Die meisten DNAzyme brauchen Cofaktoren wie Metalle oder Aminosäuren, die bei der Katalyse assistieren und möglicherweise die katalytische Gruppe stellen.

siRNA

In den Zellen von Pflanzen und Tieren können bestimmte doppelsträngige RNA-Moleküle die Translation spezifischer Gene kontrolliert unterdrücken. Dabei lässt ein im Laufe der Evolution konservierter Prozess jede spezifische messenger-RNA „verstummen“, die dieselbe Sequenz enthält wie die kurze doppelsträngige RNA. Zuerst schneidet eine (beispielsweise bei Pflanzen, Fliegen und Würmern) „Dicer“ genannte Ribonuclease lange doppelhelikale RNA in zahlreiche kurze Stücke von je 21 bis 23 Basenpaaren Länge mit um zwei Basen „überstehenden“ 3'-Enden. Diese bezeichnet man als „small interfering RNA“ oder kurz siRNA. Diese kleinen Fragmente binden dann an einen großen Ribonucleasekomplex namens „RISC“ (kurz für „*RNA induced silencing complex*“), der durch die siRNA „angeleitet“ wird, jede messenger-RNA zu zerstören, die eine identische Sequenz enthält (siehe Abbildung A7).

Small interfering RNA kann bei Würmern und Pflanzen auch über eine durch Polymerase katalysierte Amplifikation wirken, bei der eine RNA-gesteuerte Polymerase das RNA-Startsegment als Primer benutzt, um entlang entfernter Segmente desselben messenger-RNA-Moleküls mehr si-RNA zu produzieren. So können auch wenige RNA-Moleküle in der Zelle amplifiziert werden und somit eine starke Wirkung auf die Genexpression entfalten.

Warum aber soll überhaupt eine Zelle ein System des RNA-Abbaus mit so verheerenden möglichen Folgen entwickelt haben? Die siRNA-Maschinerie entstand vielleicht ursprünglich als Abwehrmechanismus gegen RNA-Viren, die während der RNA-zu-RNA-Replikation vorübergehend eine doppelsträngige Form einnehmen können. Im späteren Verlauf der Evolution beteiligte sie sich vielleicht an der Regulierung der DNA-Methylierung (siehe Kapitel 11), und heute ist sie offensichtlich sehr wirksam darin, die Genexpression in Zellen durch spezifischen Abbau bestimmter messenger-RNA zu unterdrücken.

Um das si-RNA-System zu aktivieren, muss man zunächst ein langes., doppelsträngiges RNA-Molekül in eine Zelle einschleusen, von dem ein Strang komplementär zu der ausgewählten messenger-RNA ist (bei Zellen, die Dicer enthalten); oder man schleust

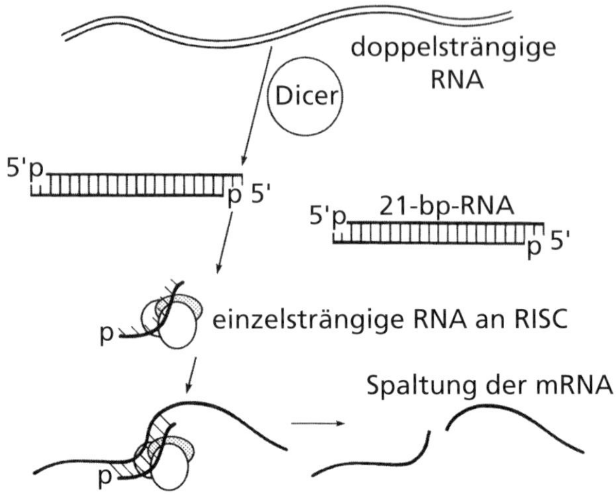

Abb. A7 Wahrscheinlicher Wirkungsmechanismus der small interfering RNA (siRNA). Der doppelsträngige Komplex aus kurzer siRNA und langer messenger-RNA kann effektiv durch einen zellulären Ribonucleasekomplex namens „RISC" gspalten werden.

kurze, 21 bis 23 Basenpaare lange RNA-Doppelstränge mit „überstehenden" 3'-Enden ein (bei Zellen ohne Dicer).

Bislang besteht ein wichtiges Anwendungsgebiet für siRNA darin, die Nutzung von Genen bei der tierischen Zellentwicklung zu erforschen, beispielsweise bei dem Nematoden *Caenorhabditis elegans*; hier hat man bereits große Fortschritte gemacht. Wissenschaftler fanden eine einfache Methode, um zahlreiche spezifische Gene dieses Wurmes abzuschalten, indem sie ihn mit bestimmten Bakterien fütterten; diese bilden eine RNA, welche die gewünschte messenger-RNA des Wurmes angreift. Zumindest beim Nematoden funktioniert also die Gen-Inaktivierung durch siRNA gut. Wahrscheinlich werden Antisense-, Ribozym- und small interfering RNA schon bald auch bei transgenen Tieren, vielleicht sogar in der modernen Medizin – zum Abschalten fehlerhafter Einzelkopie-Gene beim Menschen – Bedeutung erlangen.

Weiterführende Literatur und Bibliographie

Antisense-Oligomere

Braasch, D. A.; Corey, D. R. *Novel antisense and peptide nucleic acid strategies for controlling gene expression.* In: *Biochemistry* 41 (2002) S. 4504–4510. Überblick chemisch synthetisierter Antisense-Oligomere, die derzeit verfügbar sind, und ihrer die Genexpression einschränkenden Wirkmechanismen sowie Zusammenfassung aktueller klinischer Studien.

Sazani, P.; Gemignani, R; Kang, S.-H.; Maier, M.. A. et al. *Systemically delivered antisense oligomers upregulate gene expression in mouse tissues.* In: *Nature Biotechnology* 20 (2002) S. 1228–1233. Kationische PNA-Lysin- oder 2'-O-Methoxyethylphosphorothioat-Antisense-Oligomere nehmen wirksam Einfluss auf das Spleißen von messenger-RNA bei Mäusen.

Peptid-Nucleinsäure

Borgatti, M.; Lampronti, I.; Romanelli, A.; Pedone, C. et al. *Transcription-factor decoy molecules based on a PNA-DNA chimera mimicking Sp1 sites.* In: *Journal of Biological Chemistry* 278 (2003) S. 7500–7509. Doppelhelikale Mischungen aus DNA und PNA können an Transkriptionsfaktoren wie Sp1 binden und deren In-vivo-Aktivitäten verändern.

Cartegni, L.; Kramer, A. R. *Correction of disease-associaed exon skipping by synthetic exon-specific activators.* In: *Nature Structural Biology* 10 (2003) S. 120–125. Kovalente Kopplung von PNA an einen Spleiß-Aktivator kann das Spleißen wieder anregen.

Dias, N.; Senamaud-Beaufort, C.; le Forestier, E.; Auvin, C. et al. *RNA hairpin invasion and ribosome elongation arrest by mixed-base PNA oligomer.* In: *Journal of Molecular Biology* 320 (2002) S. 489–501. Bestimmte PNA-Moleküle, die Tripelhelices bilden, können die Translation von messenger-RNA am Ribosom blockieren.

Eriksson, M.; Nielsen, P.; Good, L. *Cell permeabilization and uptake of antisense peptide-PNA into Escherichia coli.* In: *Journal of Biological Chemistry* 277 (2002) S. 7144–7147. Die kovalente Kopplung von PNA und einem membranpermeablen Peptid ermöglicht es diesen, in eine Bakterienzelle einzudringen.

Kaushik, N.; Basu, A.; Pandey, V. N. *Inhibition of HIV-1 replication by anti-trans-activation responsive polyamide nucleotide analog.* In: *Antiviral Research* 56 (2002) S. 13–27. Bestimmte PNA-Moleküle können in der Zellkultur die HIV-Replikation blockieren.

Ribozyme oder DNAzyme und Ribosomen

Doudna, J. A.; Cech, T. R. *The chemical repertoire of natural ribozymes.* In: *Nature* 418 (2002) S. 222–228. Überblick zu sich selbst schneidenden RNA-Strukturen und ihren möglichen Funktionen.

Feldman, A. R.; Sen, D. (2001) *A new and efficient DNA enzyme for the sequence-specific cleavage of RNA.* In: *Journal of Molecular Biology* 313, S. 283–294. Zur Nutzung von DNAzymen und Ribosomen.

Guerrier-Takada, C.; Gardiner, K.; Marsh, T.; Pace, N.; Altman, S. *The RNA moiety of ribonuclease P is the catalytic subunit of the enzyme.* In: *Cell* 35 (1983) S. 849–857. Diese Arbeit und die Studie von Kruger et al. zeigten erstmals, dass die RNA selbst eine katalytische Funktion haben kann.

Haseloff, J.; Gerlach, W. L. *Simple RNA enzymes with new and highly specific endoribonuclease activities.* In: *Nature* 334 (1988) S. 585–591. Entdeckung des Hammerkopfribozyms in einem Pflanzenviroid, benutzt zum Schneiden einer messenger-RNA.

Nissen, P.; Hansen, J.; Ban, N.; Moore, P. B.; Steitz, T. A. *The structural basis of ribosome activity in peptide bond synthesis.* In: *Science* 289 (2000) S. 920–930. Zur Kristallstruktur der großen Ribosom-Untereinheit und zur Hypothese, dass die Bildung der Peptidbindungen durch die RNA selbst katalysiert wird.

Santoro, S. W.; Joyce, G. F. *A general-purpose RNA-cleaving DNA enzyme.* In: *Proceedings of the National Academy of Sciences, USA* 94 (1997) S. 4262–4266. Konstruktion eines allgemeinen und effizienten DNA-Enzyms, dass im Reagenzglas genomische RNA von HIV-1 schneiden kann.

Scott, W. G.; Finch, J. T.; Klug, A. *The crystal structure of an all-RNA hammerhead ribozyme - a proposed mechanism for RNA catalytic cleavage.* In: *Cell* 81 (1995) S. 991–1002.

Sullenger, B. A.; Gilboa, E. *Emerging clinical applications of RNA*. In: *Nature* 418 (2002) S. 252–258. Zum Einsatz von Ribozymen zu klinischen Zwecken, etwa der Behandlung von HIV-Infektionen.

Takagi, Y.; Suyama, E.; Kawasaki, H.; Miyagishi, M.; Taira, K. *Group II introns and mRNA splicing*. In: *Biochemical Society Transactions* 30 (2002) S. 1 145–1 149. Zur Selektion varianter Ribozyme aus randomisierten „Bibliotheken".

siRNA

Elbashir, S. M.; Lendeckel, W.; Tuschl, T. *RNA interference is mediated by 21- and 22-nucleotide RNAs*. In: *Genes and Development* 15 (2001) S. 188–200. Wie synthetische siRNA-Moleküle den RNA-Interferenzprozess in der Zelle aktivieren.

Gupta, B. P.; Wang, M.; Sternberg, P. W. *The C. elegans LIM homeobox gene lin-11 specifies multiple cell fates during vulval development*. In: *Development* 130 (2003) S, 2589–2601. Beispiel für die Nutzung der RNAi zur Untersuchung spezifischer Ereignisse in der Entwicklung des Nematoden.

Hannon G. J. *RNA interference*. In: *Nature* 418 (2002) S. 244–251. Exzellente Zusammenfassung RNA-vermittelter Gen-Deaktivierung bei Pflanzen, Würmern, Fliegen und menschlichen Zellen und ihrer kurzfristigen therapeutischen Anwendung.

Hsu, A. L.; Murphy, C. T.; Kenyon, C. *Regulation of aging and age-related disease by DAF-16 and heat shock factor*. In: *Science* 300 (2003) S. 1 142–1 145. Untersuchung spezifischer Gene, die – oft unter Benutzung von siRNA – das Altern bei einem Wurm beeinflussen.

Miller, V. M.; Xia, H.; Marrs, G. L.; Gouvion, C. M. et al. *Allele-specific silencing of dominant disease genes*. In: *Proceedings of the National Academy of Sciences, USA* 100 (2003) S. 7 195–7 200. Ein mutiertes Protein, das beim Menschen die neurologische Krankheit spinocerebelläre Ataxie Typ 3 auslöst, kann mithilfe von siRNA zerstört werden, die nur die von einem der beiden Chromosomen gebildete messenger-RNA angreift.

Miyagishi, M.; Hayashi, M.; Taira, K. *Comparison of the suppressive effects of antisense oligonucleotides and si-RNAs directed against the same targets in mammalian cells*. In: *Antisense and Nucleic Acid Drug Development* 13 (2003) S. 1–7. siRNA ist pro molekularer Kopie 100-mal effizienter als Antisense und weitaus effizienter als ein Ribozym darin, die Genexpression in einem Modellsystem einzuschränken.

Reinhart, B. J.; Bartel, D. P. *Small RNAs correspond to centromere heterochromatic repeats*. In: *Science* 297 (2002) S. 1831. „Verstummen" von Centromer-Chromatin bei der Hefe durch kleine RNA-Moleküle, die durch die Centromer-Wiederholungssequenzen gebildet wurden. Beschrieben werden auch mögliche Verbindungen zwischen dem Methylierungszustand und der RNA-Interferenz, was zeigt, dass der RNA-Interferenzmechanismus zu epigenetischen Effekten beitragen kann, wie sie in Kapitel 11 beschrieben sind.

Tang, G.; Reinhart, B. J.; Bartel, D. P.; Zamore, P. D. *A biochemical framework for RNA silencing in plants*. In: *Genes and Development* 17 (2003) S. 49–63. si-RNA bewirkt bei Pflanzen ebenso wie bei Würmern und Säugetieren ein Abschalten von Genen.

Tuschl, T. *Expanding small RNA interference*. In: *Nature Biotechnology* 20 (2002) S. 446–448. Methoden für die Expression von siRNA aus Polymerase-III-Promotoren in vivo.

Yokota, T.; Sakamoto, N.; Enomoto, N.; Tanabe, Y.; Miyagishi, M.; Maekawa, S.; Yi, L.; Kurosaki, M.; Taira, K.; Watanabe, M.; Mizusawa, H. *Inhibition of intracellular hepatitis C virus replication by synthetic and vector-derived small interfering RNAs*. In: *EMBO Reports* 4 (2003) S. 602–608. Demonstriert die Möglichkeit des Einsatzes der RNA-Interferenz, um die virale Replikation zu hemmen.

Lösungen zu ausgewählten Aufgaben

Beachten Sie, dass die meisten numerischen Werte in genaueren Zahlen angegeben sind, als die Aufgabe es fordert; so können Sie Ihre Berechnungen besser überprüfen.

1.1 **a** Gesamtlänge der DNA/Durchmesser der Zelle = 200 000.
b Gesamtvolumen der DNA/Volumen der Zelle = 0,01.
c Durchmesser einer typischen kompakten DNA-Kugel = 6 400 Å = 0,64 μm.

1.2 **a** Ala, Lys, Gln, Leu, Ile, Gln, Gly.
b Pro, Ser, Asn, Ser, Phe, Lys.
c Gln, Ala, Thr, His, Ser, Arg.

1.3 **a** Ala, Lys, Gln, Arg, His, Ser, Arg.
b Ala, Lys, Gln, Ser, Phe, Lys.

1.4 **a** Met, Ser, His, Gly, Thr, (Stopp).
b Met, Val, Ile, Arg, Asn, Ser, (Stopp).

2.1 **a** 29°, 12,4 bp/Windung.
b 9,0 bp/Windung.
c 9,9 bp/Windung.

2.2 **a** 330 Å, 10,0 Windungen.
b 363 Å, 9,3 Windungen.
c 495 Å, 6,4 Windungen.

2.5 **a** 2.
b 21, 3.

3.1 Rechtsgewunden oder im Uhrzeigersinn.

3.6 „A“: 4,7 Å, 22°, 2,5 Å.
„B“: 0 Å, 0°, 3,3 Å.
„C“: –2,2 Å, –9°, 3,1 Å.

4.2 **b** Es gibt 3 AT-reiche und 2 GC-reiche Regionen.
c Es gibt 8 Pyrimidin-Purin-Stufen.
d GGCCC ist die stärkste Region und TATATA die schwächste.

4.3 Alle Basen außer GCGC und CCGG an den beiden Enden können eine Kreuzform um die zentrale Schleife CTAG bilden.

4.4 **a** 18, 10,8 m, 1,72 m.
b 0,58 rad/m, 1,72 m.

4.5 **a** 30°, 0°, **b** 15°, −15°, **c** 9,3°, 0°, **d** 6°, −6°.

4.6 **a** 26,2°, **b** −26,2°, **c** 26,2°, **d** 30°, **e** 30°.

4.7 Mit Adenin.

5.1 **a** −45°, 14 bp, −90 bp, 127 bp.
b 45°, 14 bp, 90 bp, 127 bp.
c 6°, 28 bp, 18 bp, 179 bp.
d 84°, 3 bp, 178 bp, 179 bp.
Helix **d** hat den kleinsten Durchmesser, Helix **c** den größten. Helix **a** ist linksgewunden, die Helices **b**, **c**, **d** rechtsgewunden.

5.2 **a** „A“: 30,7°, +11,2°.
„B“: 36,0°, 0,0°.
„C“: 39,4°, −7,0°.
b 34,0°.

5.3 **b** Erste Summe = 24,9°, zweite Summe = 8,1°, k = 26,2°, Phase = 72°, maximaler Roll R bei Basenpaarstufe 2.

5.4 **a** 0,86°/bp, Stufe 6.
b −1,7/bp.
c 45 Å, 189 bp.

5.5 **a** 1,07°/bp, Stufe 7.
b −1,5°/bp.
c 60 Å, 195 bp.

5.6 **a** 1,05°/bp, Stufe 7,5.
b 1,7°(bp.
c 50 Å, 180 bp.
A_4N_6 und A_6N_4 sind linksgewunden, A_6N_5 rechtsgewunden.

6.1 **a** Ungefähr einmal.
b Ungefähr einmal, je nach verwendeter Schnur.

6.4 **a** 2 Windungen, linksgewunden.
b +1 Windung, sodass +1 −2 = −1. Um die Überspiralisierung oder Knäuelung der DNA bei der Zellteilung zu reduzieren.

6.5 Tw = 0, −0,50, −0,87, −1,00 Windungen.
Wr = −1,00, −0,50, −0,13, 0 Windungen.

7.1 **a** 214 ± 13, 429 ± 15, 644 ± 20, 855 ± 21.
b 214,5 Basenpaare.

7.2 **a** DNA beansprucht 53% des Gesamtvolumens.
b 76 bp/Ring.

7.3 **a** **a** 291 Å. **b** 87 Å. **c** 100 Å.
b **a** 300 Å. **b** 100 Å. **c** 50 Å.

7.4 **a** Nein.
b Nein, sie würden sich problemlos verbinden.

7.5 Nucleosom, 300-Å-Faden, Ringe, Metaphasen-Spiralisierung.

9.1 **a** Phosphor, Sauerstoff, Stickstoff, Kohlenstoff, Wasserstoff.
b Das Phosphat PO_4 in der Mitte unten, links.
c Weil Wasserstoff Röntgenstrahlen so geringfügig streut (36-mal weniger als Kohlenstoff).

9.2 **a** 5. **b** 6. **c** 10.

9.3 **a** Vier Arten von Fragmenten, in den Größen 100, 200, 250 und 450 bp.
b 100 ist am schnellsten, 450 am langsamsten.

9.4 **a** 125, **b** 7,5 x 10^6, also 7,5 Millionen.

9.5 Bei A_6N_4: Pitch p = 526 Å, Volumen des umschreibenden Zylinders = 8,01 x 10^6 Å^3, und Verhältnis des Volumens von gekrümmter zu gerader DNA = 39,6. Bei den anderen Sequenzen aus Tabelle 5.1 sind die Volumenverhältnisse A_6N_2 = 1,4, A_6N_3 = 2,7, A_6N_5 = 29,5, A_6N_6 = 3,7 und A_6N_7 = 1,9. Daher wandern A_6N_4 und A_6N_5 am langsamsten durch ein Gel, während die Geschwindigkeit der anderen Sequenzen sich kaum von der linearer DNA unterscheidet.

9.6 Wr = 0 beim niedrigsten, und da Tw = −12 ist L = −12 beim langsamsten (Achtung: innerhalb des vorgegebenen Spielraumes). Das schnellste hat den am stärksten von Null abweichenden Wr-Wert, und da Tw = −12, liegt der Wr-Wert zwischen +12 und −8 bei L = 0 bis −20. Daher ist Wr = +12, L = 0 am schnellsten.

Farbteil

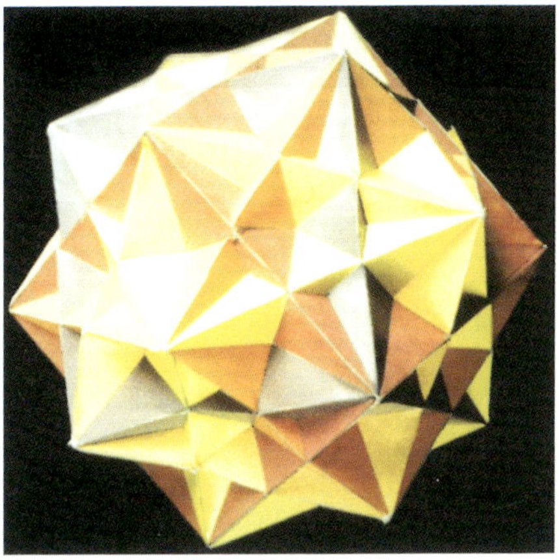

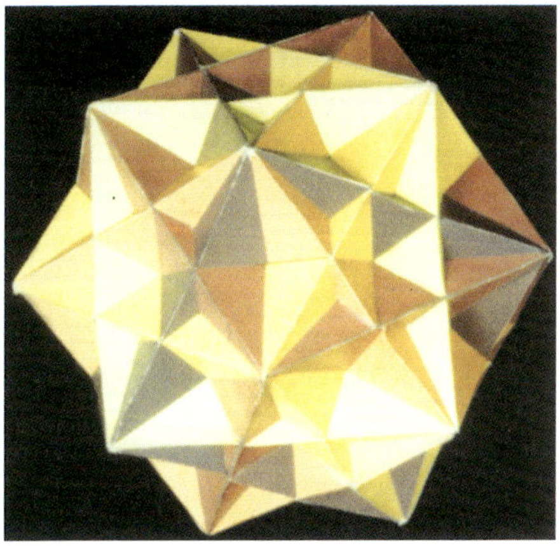

Abb. 2.1 Ein seltsames Objekt in zwei verschiedenen Ansichten. Aus einem Bastelbuch von E. Jenkins und M. Bear, Diss (Tarquin Publications) 1985.

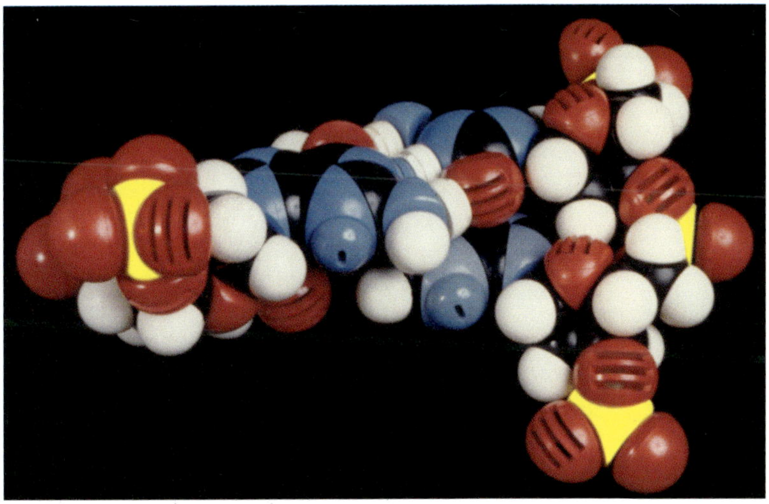

Abb. 2.8 a: Dreidimensionales Modell zweier aufeinander gestapelter Basenpaare mit anhängenden Zucker-Phosphat-Ketten

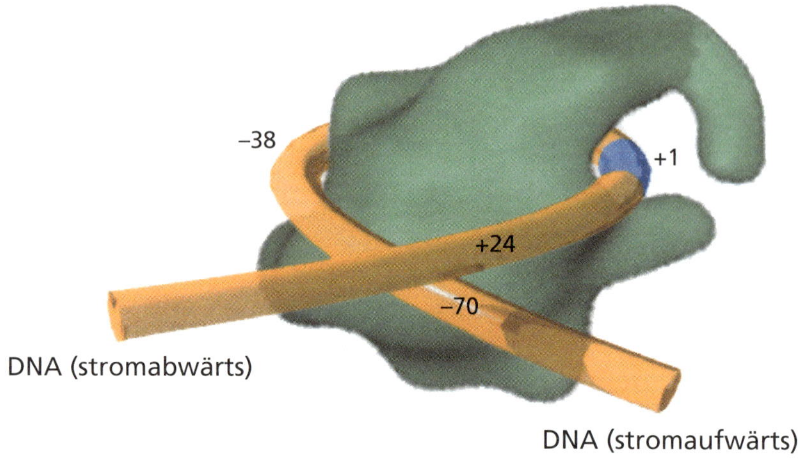

Abb. 6.10 Modell für den räumlichen Verlauf von Promotor-DNA um eine RNA-Polymerase von *E. coli*, ermittelt durch Atomic Force Microscopy (AFM) und biochemische Methoden. Die DNA krümmt sich um etwa 300° zu einem negativen (also linksgewundenen) Supercoil; der Startpunkt der Transkription ist blau markiert. Mit freundlicher Genehmigung von Claudio Rivetti.

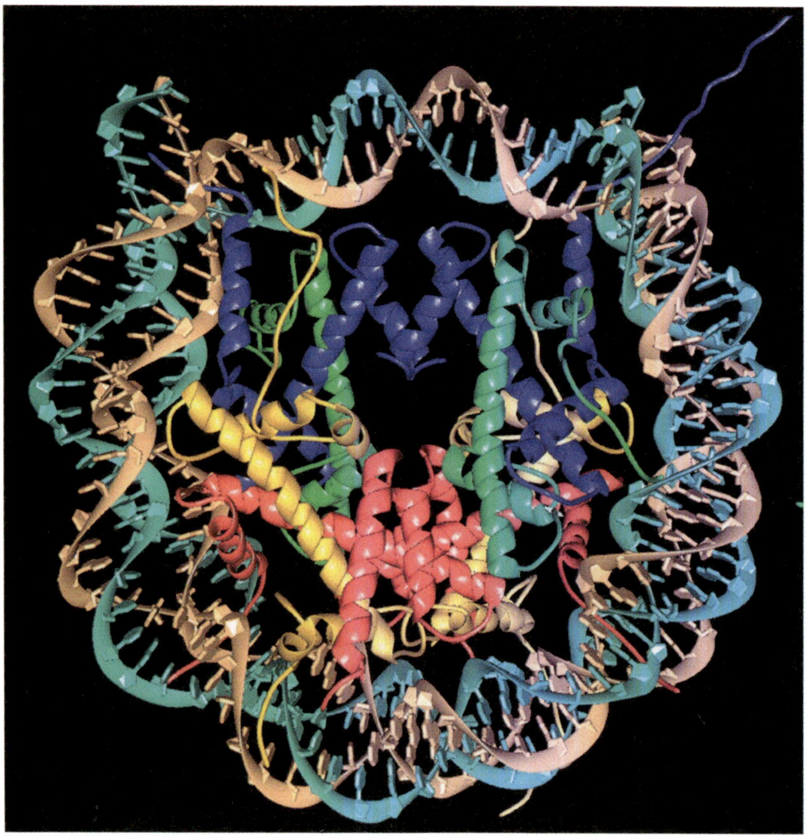

Abb. 7.2 Struktur des kompletten Nucleosoms, wie sie sich unter hoch auflösender Röntgendiffraktion darstellt. Die zweifache Rotationssymmetrie des Proteins um die Vertikalachse dürfte deutlich erkennbar sein. Farbcodierung der Proteine: H2A orange, H2B rot, H3 blau und H4 grün. Das Protein liegt meist in Form einer α-Helix vor (siehe Kapitel 8); die Kontaktstellen zwischen Protein und DNA sind klar zu erkennen. (Die Zwischenräume zwischen den Helices sind mit eng gepackten Seitenketten gefüllt, nicht dargestellt.) Mit freundlicher Genehmigung von Tim Richmond.

Abb. 9.1 Kristalle aus DNA mit der Sequenz AGCATGCT in Kombination mit dem Antibiotikum Nogalamycin. Jeder Kristall ist etwa 1 mm lang. Mit freundlicher Genehmigung von Louise Lockley.

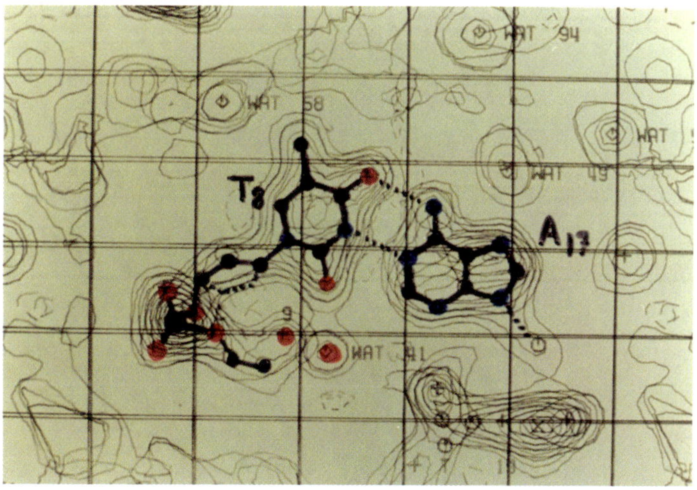

Abb. 9.3 Zuordnung der atomaren Struktur zu einem Ausschnitt einer Elektronendichtekarte, wie sie durch Röntgendiffraktion erzeugt wird. Dieser Teil der Karte zeigt ein A-T-Basenpaar wie in Abb. 2.11a. Wassermoleküle sind mit „WAT" bezeichnet. Aus: Dickerson und Drew, in: *Journal of Molecular Biology* 149 (1981) S. 761–786.

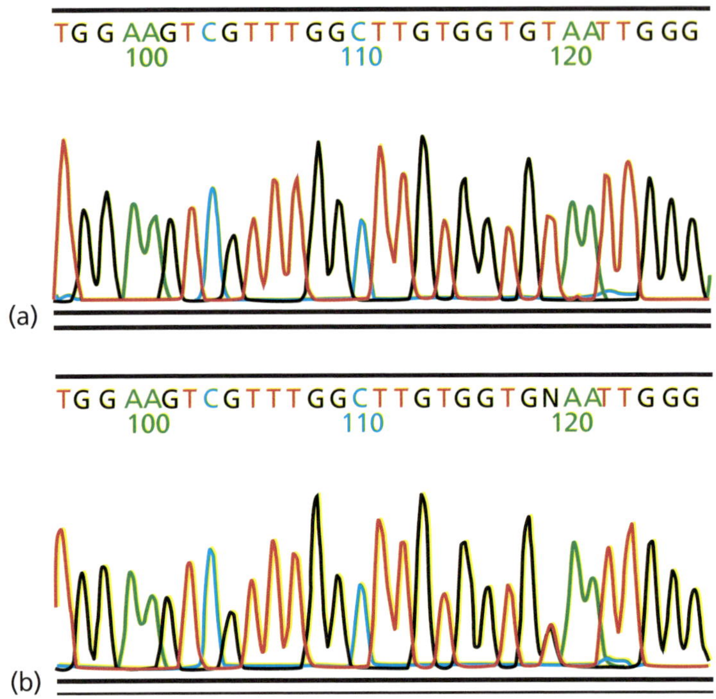

Abb. 10.4 Zwei Beispiele für die Didesoxy-Vierfarb-Sequenzierung unter Verwendung von PCR-Fragmenten, die aus der DNA zweier menschlicher Patienten amplifiziert wurden. Die in Bild a gezeigte Sequenz stammt von einer gesunden Person, die in Bild b gezeigte Sequenz dagegen von einem Patienten, der unter amyotrophischer Lateralsklerose (ALS) leidet, einer neurologischen Erkrankung. Eine mit „N" bezeichnete Punktmutation im rechten Teil von Bild b an Position 119 führt dazu, dass statt einer T-Base an beiden homologen Chromosomen an einem Chromosom T, am anderen aber G vorliegt, sodass die Aminosäure 148 im Enzym Superoxid-Dismutase nicht Valin, sondern Glycin ist; dies ist die Ursache des Leidens. Mit freundlicher Genehmigung von G. Nicholson.

Index

E

F

M

N

O

P